配位聚合物的结构性能及应用研究

陈勇强　著

中国原子能出版社

图书在版编目(CIP)数据

配位聚合物的结构性能及应用研究/陈勇强著.--北京:中国原子能出版社,2018.12

ISBN 978-7-5022-9629-2

Ⅰ.①配… Ⅱ.①陈… Ⅲ.①配位聚合—功能材料 Ⅳ.①TB34

中国版本图书馆 CIP 数据核字(2018)第 298207 号

内容简介

配位聚合物是分子材料中最为活跃的研究领域之一。本书主要论述了配位聚合物的基础知识、前沿动态,而且较全面地描述了一些结构独特的配位聚合物,内容涵盖了配位聚合物研究中处于主流的、最重要的研究方向,使配位聚合物形成一个相对独立的科学研究体系。本书主要内容包括:配合物的结构和成键理论、配位聚合物的合成和表征、配位聚合物的结构、配位聚合物的性能、过渡金属—有机框架功能配位聚合物、典型多酸基功能配合物等。本书结构合理,条理清晰,内容丰富新颖,是一本值得学习研究的著作,可供从事配位聚合物领域研究的广大科研人员参考使用。

配位聚合物的结构性能及应用研究

出版发行 中国原子能出版社(北京市海淀区阜成路 43 号 100048)
责任编辑 张 琳
责任校对 冯莲凤
印 刷 北京亚吉飞数码科技有限公司
经 销 全国新华书店
开 本 787mm×1092mm 1/16
印 张 17.25
字 数 309 千字
版 次 2019 年 9 月第 1 版 2024 年 9 月第 2 次印刷
书 号 ISBN 978-7-5022-9629-2 定 价 69.00 元

网址:http://www.aep.com.cn E-mail:atomep123@126.com
发行电话:010—68452845

前　言

配位化学是在无机化学的基础上发展起来的一门新兴学科，是无机化学的一个极其重要而又非常活跃的分支学科，在化学基础理论和实际应用方面都具有非常重要的意义。目前，配位化学不仅与有机化学、分析化学、物理化学、高分子化学等学科相互关联、渗透，而且与材料科学、生命科学以及医药等其他学科的关系也越来越密切，已成为化学学科中最具活力的前沿学科之一。

其中，配位聚合物是由金属离子或金属簇与无机/有机配体通过配位键组装形成的化合物。近 30 年来，配位聚合物因在吸附、分离、催化、传感、离子导电等方面具有出色的性能和应用前景，吸引了各国化学、化工、材料科学家们的广泛兴趣和深入研究，不仅成为重要的研究热点，而且呈现出交叉学科研究趋势，并开始展示商业应用的端倪。

在撰写本书时，作者力求继承国内外配位化学已有教材、专著的精华，希望做到深入浅出，阐明基本概念，并注重内容的科学性和系统性，便于读者学习和掌握配位聚合物的基本理论、基本知识，了解现代配位聚合物的最新成果及其发展前景，并把本领域的最新研究成果(包括作者自己的研究成果)与传统理论相结合。由于篇幅等原因，本书并没有囊括配位聚合物性质功能研究的全部内容，而只是选择性地介绍其中比较热门的研究内容，包括其吸附功能、异相催化功能、荧光与传感功能、膜分离与膜催化功能及离子电导功能等方面的研究内容。综合起来，本书具有如下三个特点：

①深入浅出，逻辑性强。本书以配位化学中的基本概念、理论以及性质为线索，结合化学学科的学习特点，由浅入深，科学组织内容体系。

②将配位聚合物领域的最新科技成就融入到相关章节，是本书的另一特点。作者将本学科的前沿研究和最新研究成果编入本书，重点对目前研究比较热门的配位聚合物的结构设计以及性质加以论述，以便读者能跟踪本领域的科学进展。

③本书通过具体实例和图片直观地加以描述，力求做到结构描述清楚、合成方法具体、规律总结可信、性质选取有代表性。整体内容具有系统性、新颖性和很强的实用性。有了这把钥匙，相信读者将会更好地理解配位聚合物的本质。

全书共 7 章。第 1 章为配位化学概论,第 2 章介绍配合物的结构和成键理论,第 3 章介绍配位聚合物的合成和表征,第 4 章介绍配位聚合物的结构与分析,第 5 章介绍配位聚合物的性能,第 6 章介绍过渡金属-有机框架功能配位聚合物,第 7 章介绍典型多酸基功能配合物。

作者在多年研究的基础上,广泛吸收了国内外学者在配位聚合物性能和应用方面的研究成果,在此向相关内容的原作者表示诚挚的敬意和谢意。

由于作者水平有限,加之时间仓促,错误和遗漏在所难免,恳请读者批评指正。

作 者

2018 年 10 月

目　录

第 1 章　配位化学概论 …… 1

1.1　配位化学的形成与发展 …… 1
1.2　配合物的组成 …… 4
1.3　配合物的分类和命名 …… 8

第 2 章　配合物的结构和成键理论 …… 17

2.1　配合物的空间构型 …… 17
2.2　配合物的异构现象 …… 19
2.3　配合物的化学键理论 …… 24

第 3 章　配位聚合物的合成和表征 …… 36

3.1　概　述 …… 36
3.2　配位聚合物的合成 …… 47
3.3　手性配位聚合物的设计 …… 64
3.4　配位聚合物的合成实例 …… 67
3.5　配位聚合物的表征 …… 69

第 4 章　配位聚合物的结构与分析 …… 80

4.1　配位聚合物的结构设计 …… 80
4.2　配位聚合物的结构分析 …… 86
4.3　配位聚合物的结构实例 …… 117

第 5 章　配位聚合物的性能 …… 120

5.1　自旋转换配位聚合物 …… 120
5.2　二阶非线性光学效应配位聚合物 …… 131
5.3　铁电效应配位聚合物 …… 144
5.4　金属-有机框架材料及其性能 …… 157
5.5　其他性能的配位聚合物及多孔配位聚合物 …… 173

第 6 章　过渡金属-有机框架功能配位聚合物 …………………………… 187

6.1　第ⅠB 族金属-有机框架功能配合物 ………………………… 187
6.2　第ⅡB 族金属-有机框架功能配合物 ………………………… 200
6.3　第ⅦB 族金属-有机框架功能配合物 ………………………… 209
6.4　第Ⅷ族金属-有机框架功能配合物 …………………………… 214

第 7 章　典型多酸基功能配合物 ………………………………………… 224

7.1　多钨酸盐基功能配合物 ……………………………………… 224
7.2　多钼酸盐基功能配合物 ……………………………………… 234
7.3　多钒酸盐基功能配合物 ……………………………………… 240

参考文献 ……………………………………………………………………… 252

第 1 章　配位化学概论

配位化学是无机化学的一个重要分支学科。配位化合物(有时称络合物)是无机化学研究的主要对象之一。它所研究的主要对象为配位化合物(coordination compounds,简称配合物)。按照我国的标准命名,配合物是由可以给出孤对电子或多个不定域电子的一定数目的离子或分子(称为配体)和具有接受孤对电子或多个不定域电子的空位的原子或离子(统称为中心原子)按一定的组成和空间构型所形成的化合物。经典的配位化学则仅限于金属或金属离子(中心原子)和其他离子或分子(配体)相互作用的化学[1]。配位化学的研究虽有近 200 年的历史,但仅在近几十年来,由于现代分离技术、配位催化及化学模拟生物固氮等方面的应用,极大地推动了配位化学的发展。它已渗透到有机化学、分析化学、物理化学、高分子化学、催化化学、生物化学等领域,而且与材料科学、生命科学以及医学等学科的关系越来越密切。目前,配位化合物广泛应用于工业、农业、医药、国防和航天等领域。

1.1　配位化学的形成与发展

1.1.1　配位化学的起源

历史上有记载的最早发现并使用的第一个真正意义上的配合物是我们很熟悉的普鲁士蓝,它是 1704 年德国颜料工人狄斯巴赫(Diesbach)在染料作坊中为寻找蓝色染料,而将兽皮、兽血同碳酸钠在铁锅中强烈地煮沸而得到的。后经研究确定其化学式为 $KFe[Fe(CN)_6]\cdot nH_2O$,然而它的发现并未受到化学家的重视。文献所记载的历史上最早的有关配合物的研究是 1798 年法国分析化学家塔索尔特(Tassaert)所发现的配合物,它是将亚钴盐放在 NH_4Cl 和 $NH_3\cdot H_2O$ 溶液中制得的橘黄色的盐 $CoCl_3\cdot 6NH_3$:

$$4CoCl_2+2NH_3\cdot H_2O+4NH_4Cl+O_2 = CoCl_3\cdot 6NH_3+3H_2O$$

1869 年瑞典 Lund 大学教授勃朗斯特兰(Blomstrand)及他的学生丹麦化学家乔根森(Jörgensen)根据有机化学中碳的四价和碳成链的学说提出

链式理论，试图解释该类化合物的结构。他们认为：Co^{3+} 在配合物中只能有 3 个键，而在 $CoCl_3 \cdot 6NH_3$ 中附加的 6 个 NH_3 和 3 个 Cl^- 距离 Co^{3+} 有某种距离，因而再加入 Ag^+ 时，Cl^- 很容易沉淀为 AgCl。上述化合物的结构分别为

$NH_3—Cl$
$Co—NH_3—NH_3—NH_3—NH_3—Cl$
$NH_3—Cl$

$CoCl_3 \cdot 6NH_3$

Cl
$Co—NH_3—NH_3—NH_3—NH_3—Cl$
$NH_3—Cl$

$CoCl_3 \cdot 5NH_3$

Cl
$Co—NH_3—NH_3—NH_3—NH_3—Cl$
Cl

$CoCl_3 \cdot 4NH_3$

Cl
$Co—NH_3—NH_3—NH_3—Cl$
Cl

$CoCl_3 \cdot 3NH_3$

链式理论认为：连接在 Co^{3+} 上的氯不易离解成 Cl^-。根据这种假定，可以推测配合物 $CoCl_3 \cdot 3NH_3$ 应与配合物 $CoCl_3 \cdot 4NH_3$ 相似。但 Jörgensen 未能制得 $CoCl_3 \cdot 3NH_3$，却制得类似物 $IrCl_3 \cdot 3NH_3$，实验证明，该配合物不导电，加入 $AgNO_3$ 不产生沉淀。因此他推翻了自己和老师先前的看法，指出链式理论是不正确的。

自 1798 年 $CoCl_3 \cdot 6NH_3$ 的发现以来，化学家们对这类化合物的研究持续了近 100 年，但直到 1892 年还未找到正确的答案。

1.1.2 现代配位化学理论的建立

1893 年，年仅 26 岁的瑞士年轻学者维尔纳(A. Werner)冲破经典化学价的概念，抛弃了当时颇为流行的链式理论。目前，较为普遍的看法是将 1893 年 Werner(维尔纳)发表第一篇有关配位学说(配位化学理论)的论文作为配位化学的开始。在他的一系列论文中提出了具有革命意义的配位理论，包括配位键、配位数和配位化合物结构的基本概念，并用立体化学观点成功地阐明了配合物的空间构型和异构现象，奠定了现代配位化学的基础，因而被称为近代配位化学的奠基人[2]。1913 年，维尔纳因其“天才见解”荣获 Nobel 化学奖，他也是第一位获得 Nobel 化学奖的无机化学家。

图 1-1 表示了维尔纳早期对于氨合钴成键的一些设想方案。他认为钴的主要价态和次要价态必须同时满足。图中实线代表配位基团为满足主要价态而形成的键，虚线代表次要价态。在化合物(a)中，三个氯只用来满

足主要价态，六个氨用来满足次要价态。在化合物(b)中，一个氯必须具有双重作用，同时满足主要、次要两种价态。这个用于满足次要价态的氯(同时直接连接 Co^{3+})被断定不能被硝酸银沉淀。化合物(c)有两个具有双重作用的氯，所以只有一个氯可以被沉淀。维尔纳认为，化合物(d)应该是一个中性化合物，没有可电离的氯。这一点与 Jörgensen 在铱的化合物中的发现完全相同。

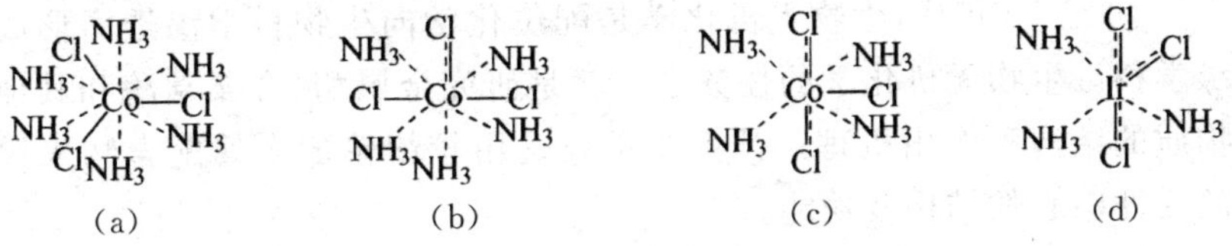

(a) (b) (c) (d)

图 1-1 氨合钴氯化物的 Werner 表达式，实线表示满足钴主要价态或(+3)氧化态的基团；虚线表示满足钴次要价态或配位数(6)的基团；次要价态的基团在空间中有固定的位置

[$CoCl_3 \cdot 6NH_3$(a)；$CoCl_3 \cdot 5NH_3$(b)；$CoCl_3 \cdot 4NH_3$(c)；$IrCl_3 \cdot 3NH_3$(d)]

1923 年，英国化学家 Sidgwick 提出 EAN 规则，揭示中心原子电子数与配位数之间的关系。该规则适用于金属羰基化合物和有机金属化合物。1910—1940 年间，现代研究方法如四大波谱学、XRD、电子衍射、磁学测量等在配合物中得到应用。1929 年，皮赛(Bethe)提出晶体场理论(CFT)，随后哈特曼(Hartman)和欧格尔(Orgel)分别解释了配合物的光谱与稳定性。1930 年，Pauling 用 X 射线测定了配合物的结构，在此基础上提出了价键理论。从维尔纳提出配位理论到 Pauling 提出价键理论，经历了半个多世纪之久，配合物的成键本质才基本被人们弄清楚，为日后配位化学的发展奠定了基础。

1.1.3 配位化学的发展

配位理论的建立使配位化学开始走上正确的发展道路，但是其后它的发展进程仍然是缓慢的，这是因为配位化学是一门边缘学科，它的发展有赖于有机化学、物理化学和结构化学提供的理论观点和研究方法。

20 世纪 40～50 年代，原子能工业、半导体、火箭等尖端技术的发展，要求提供大量核燃料、高纯稀有元素及高纯化合物等新材料、新原料，这种需求大大促进了分离技术和分析方法的发展。而在水溶液中的任何分离方法(如溶剂萃取、离子交换等)几乎都与配合物的生成有关。配位化学在原子能工业、稀有金属及有色金属化学中的应用，促进了无机化学的复兴与繁荣，生物无机、金属有机等新兴交叉学科应运而生。

20 世纪 50～60 年代，现代石油化工和有机合成工业的发展需要高效、专一的催化剂，从而推动了小分子配位的过渡金属配合物的研究。在一定条件下，小分子(如 O_2、H_2、N_2、CO、CO_2、NO、SO_2、烯烃分子等)通过和过渡金属离子配位而获得活化，从而引起插入、氧化加成、还原消除等反应的进行。因此，某些过渡金属配合物成为聚合、氧化还原、异构化、环化、羰基化等反应的高效、高选择性的催化剂。

20 世纪 70 年代，生物无机化学是配位化学向生物科学渗透而形成的边缘学科。生物无机化学的任务之一就是研究金属酶、金属辖酶和其他活性物质的结构和作用机理。其主要手段是用较简单的金属配合物来模拟酶的活性串心的结构及功能。

20 世纪 80 年代，在主-客体化学、分子识别以及生物体系中给体与受体之间的相互作用等研究的基础上发展起来的超分子化学，自 C. J. Pedersen、D. J. Cram 和 J. M. Lehn 获得诺贝尔化学奖后得到了蓬勃发展。

20 世纪 90 年代，随着高新技术的日益发展，具有特殊物理、化学和生物化学功能的功能配合物得到蓬勃发展。例如，混合价桥联的双核配合物 $[(CN)_5Ru-\mu-CN-Ru-(NH_3)_5]^-$ 等具有很大的二阶非线性极化率。另外，利用超分子的观点对配位超分子配合物的研究正在逐步深入。

进入 21 世纪，配位化学又有了新的发展和飞跃。配位化学与生命科学、材料科学的结合、交叉和渗透日趋深入，在不久的将来必将产生新的突破。配位化学的研究热点有：金属有机化合物、原子簇化合物、功能配合物、模拟酶配合物等。其中功能配合物包括：磁性配合物、非线性光学材料配合物、特殊功能的配位聚合物等。

1.2 配合物的组成

配合物是由处于内界的中心原子和配体以及处于外界的抗衡离子两部分组成的。配合物的内界，也叫配位个体，由一个简单阳离子或原子和一定数目的中性分子或阴离子以配位键结合，按一定的组成和空间构型形成一个复杂的离子或分子，形成的离子称为配离子，形成的分子称为配分子[3]。通常把内界用方括号括起来，如 $[Cu(H_2O)_4]^{2+}$。配合物的外界，一般是与内界电荷平衡的相反离子，包括抗衡阳离子和抗衡阴离子(如图 1-2 所示)。有些配合物不存在外界，如 $[Pt(NH_3)_2Cl_2]$ 和 $[Co(NH_3)_3Cl_3]$。

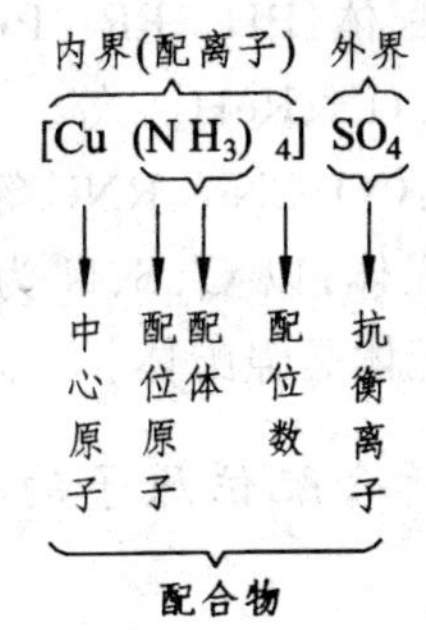

图 1-2 配合物组成示意图

1.2.1 中心原子

配合物中凡是具有能接受配体的孤对电子或 π 键电子空轨道的原子或离子称为中心原子。有时中心原子又称为配合物的形成体或接受体。能够充当配合物中心原子的元素，几乎遍及元素周期表中各个区域，其中尤以 d 区及 ds 区的金属具有很强的形成配合物的能力。

1.2.2 配体和配位原子

配合物中可以给出孤对电子或 π 电子，与中心原子以配位键结合的分子或离子称为配体，如 NH_3，F^-，CO，CN^-，Cl^-，en，py，EDTA 等。配体中直接与中心原子键合的原子称为配位原子。配位原子主要属于元素周期表中右上角ⅤA～ⅦA 族元素，外加氢负离子及碳原子等，常见的是卤素(F、Cl、Br、I)和氧、硫、氮、磷等元素。

1.2.3 配体的类别

1.2.3.1 按配位原子不同分类

①配位原子为氧的配体：H_2O、OH^-、ROH、ROR、CO^{2-}、SO_4^{2-}、R_2CO、$RCOO^-$、ONO^- 等(R 代表烷基)。

②配位原子为硫的配体：S^{2-}、HS^-、CH_3S^-、SCN^- 等。

③配位原子为氮的配体：NH_3、RNH_2、N_3^-、RCN、N_2、NCS^-、C_5H_5N、NO_2^- 等。

④卤素配体：F^-、Cl^-、Br^-、I^-。

⑤配位原子为磷或砷的配体：PH_3、PR_3、$P(RO)_3$、AsR_3 等。

⑥配位原子为氢的配体：H^-、ReH_9^{2-} 等。

⑦配位原子为碳的配体：CO、CN^-、RNC 等。

大体说来，卤离子为弱配体；以 O、S、N 为配位原子的配体是中强配体；以 C 原子为配位原子的配体是强配体。

1.2.3.2 按配体中所含配位原子的数目分类

(1)单齿配体

若配体分子或离子中仅有一个原子可提供孤对电子，则只能与中心原子形成一个配位键，所形成的配体称为单齿配体。

常见的单齿配体有卤离子（F^-、Cl^-、Br^-、I^-）、其他离子（CN^-、SCN^-、NO_3^-、NO_2^-、$RCOO^-$）、中性分子（R_3N、R_3P、R_2S、H_2O、CO、吡啶、$CH_2=CH_2$）等。

常见的两可配体有：$\overline{N}O_2^-$（硝基），$\overline{O}NO^-$（亚硝酸根）；$\overline{N}CS^-$（异硫氰酸根），$\overline{S}CN^-$（硫氰酸根）；$\overline{C}N^-$（氰根），$\overline{N}C^-$（异氰根）；$\overline{C}NO^-$（雷酸根），$\overline{O}NC^-$（异雷酸根）；$\overline{O}CN^-$（氰氧基），NCO^-（异氰氧基）等。

(2)多齿配体

有多个配位点并可占据多个配位位置的配体。当多齿配体中的两对电子同时作用在一个金属原子或离子上时，形成的结构就像一只螃蟹抓着它的猎物一样。通过这种方式与金属原子形成一个或多个环的多齿配体，被称为螯合剂。

常见的多齿配体有：乙二胺(en)、$C_2O_4^{2-}$、CO_3^{2-}、二乙三胺、氮三乙酸、乙二胺三乙酸、二水杨醛缩乙二胺(salen)(四齿)、EDTA(六齿)等，结构如图 1-3 所示。

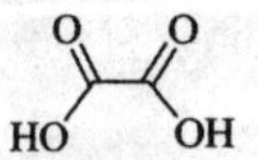

草酸 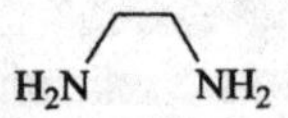　　乙二胺（en） 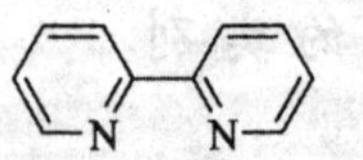　　联吡啶（bipy） 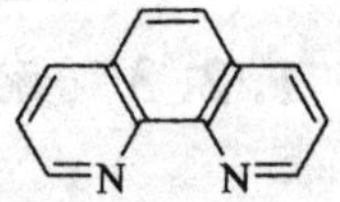　　1, 10-菲罗啉（phen）

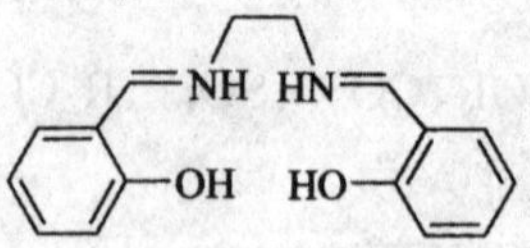

二水杨醛缩乙二胺（shen） 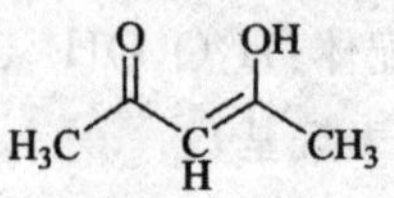　　乙酰丙酮（acac） 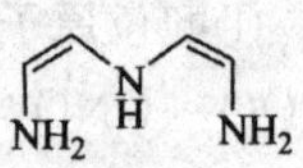　　二乙烯三胺（dien）

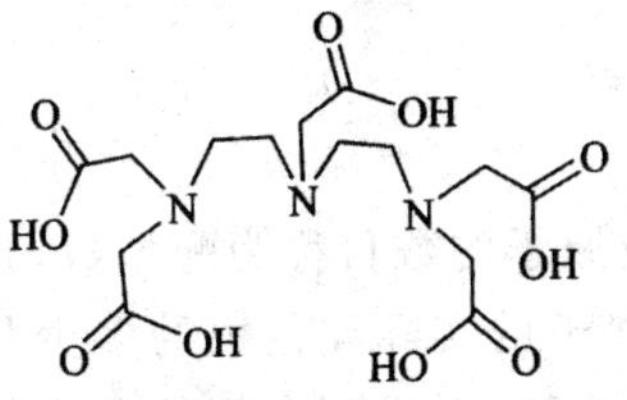

二乙三胺五乙酸（DTPA）

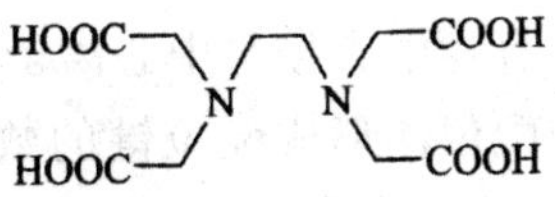

乙二胺四乙酸（EDTA）

图 1-3 常见多齿配体的结构

常见的大环配体有：冠醚、卟啉、卟吩等，结构如图 1-4 所示。卟啉是四齿配位体，配位原子是 4 个 N 原子（具有孤对电子的两个 N 原子和 H^+ 解离后留下孤对电子的两个 N 原子）。

冠醚[15-C-5]

穴醚[2, 2, 2]

卟吩

四氮卟吩

卟啉及其衍生物

酞菁（phthalocyanine）及其衍生物

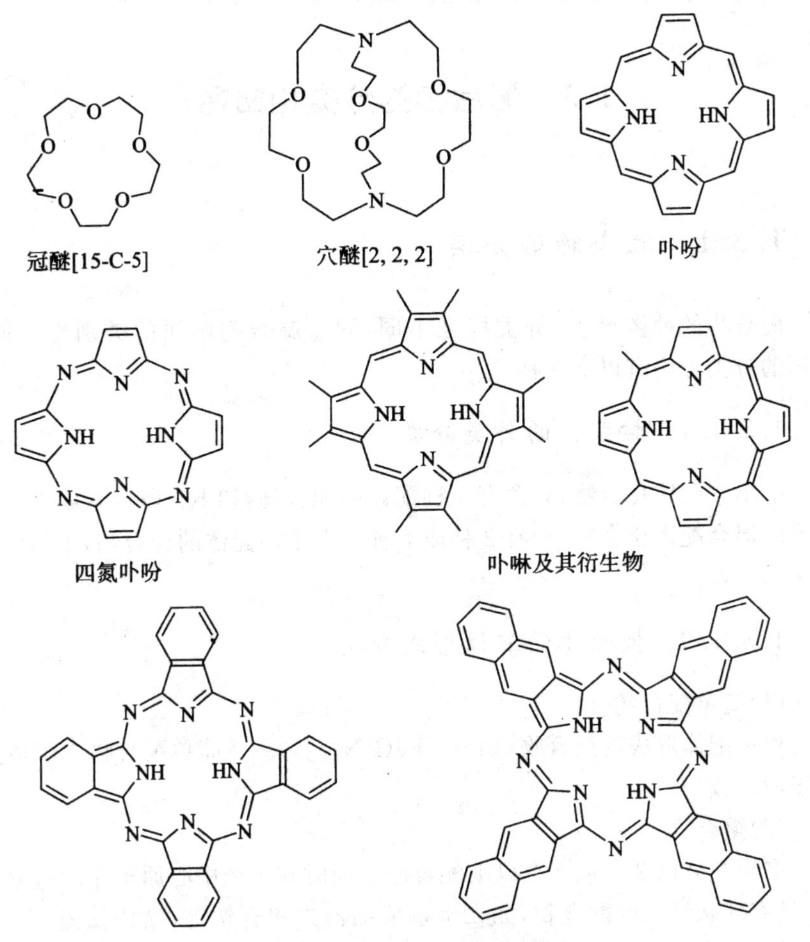

图 1-4 常见大环配体的结构

1.2.4 配位数

配合物中直接与中心离子相连的配位原子的数目称为配位数，是中心离子与配位体形成配位键的数目。中心离子的实际配位数的多少与中心离子、配体的半径、电荷有关，也和配体的浓度、形成配合物的温度等因素有关。

同一中心原子与不同配位体，或与不同浓度的同一配位体都可能表现出不同的配位数，如$[Cu(NH_3)_4]^{2+}$，$[Cu(H_2O)_6]^{2+}$；$[CoCl_4]^{2-}$，$[Co(NH_3)_6]^{2+}$；$[Fe(NCS)_3]$，$[Fe(NCS)_4]^-$，$[Fe(NCS)_5]^{2-}$，$[Fe(NCS)_6]^{3-}$等。同一中心原子的不同氧化态会表现出不同的配位数，如$[PtCl_4]^{2-}$、$[PtCl_6]^{2-}$等。

1.3 配合物的分类和命名

1.3.1 配合物的分类

配合物的种类繁多，分类标准不同，同一配合物归属的类别也不同。常用的分类方法有以下几种。

1.3.1.1 按配体的种类分类

①单一配体化合物：只含有 1 种配体的配合物，如 $K_3[Fe(CN)_6]$等。

②混合配体化合物：含有 2 种或 2 种以上不同配体的配合物，如$[PtCl_2(NH_3)_2]$等。

1.3.1.2 按配体的配位形式分类

(1)简单配合物

单齿配体形成的配合物，如 $K_4[Fe(CN)_6]$等。在简单配合物中配体数等于配位数。

(2)螯合物

多齿配体以 2 个或 2 个以上配位原子同时和 1 个中心原子配位所形成的、具有环状结构的配合物，如二水杨醛缩乙二胺合钴等，结构如图 1-5 所示。螯合物的环上有几个原子，就称为几元环。

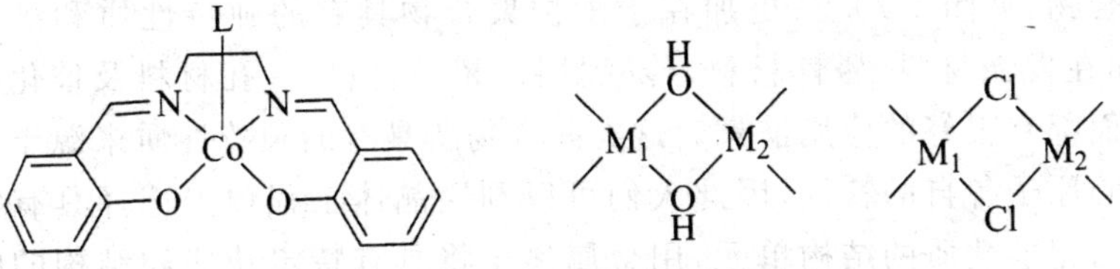

图 1-5　环状结构配合物(M 代表配位中心)

1.3.1.3　按中心原子的数目分类

(1)单核配合物

在配位个体中只含有 1 个中心原子的配合物,如[$Pt(NH_3)_2Cl_2$]和[$Cu(NH_3)_4$]$^{2+}$等。

(2)多核配合物

在配位个体中含有通过桥基连接的 2 个或 2 个以上中心原子的配合物如[$Pt(CO)_6$]、μ-草酸根·二[二水·乙二胺合镍(Ⅱ)]离子,结构如图 1-6 所示。像 Cl^-、—NH_2、—OH 等能同时与 2 个或 2 个以上中心原子配位的原子或原子团称为桥基,以 μ 表示。桥基必须具有 2 对以上的孤对电子才能具有桥联作用。

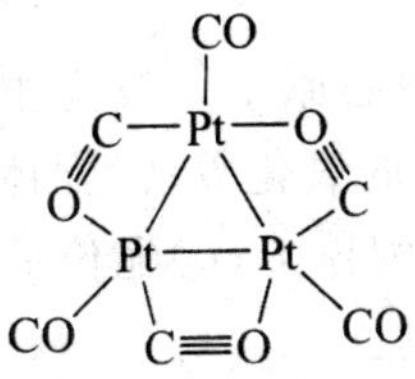

[$Pt(CO)_6$]　　μ-草酸根·二[二水·乙二胺合镍(Ⅱ)]离子

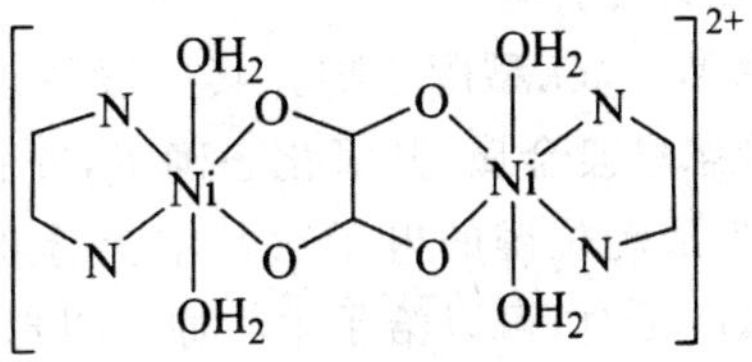

图 1-6　[$Pt(CO)_6$]和 μ-草酸根·二[二水·乙二胺合镍(Ⅱ)]离子的结构

(3)配位聚合物

当金属离子与小分子配体通过自组装过程形成的具有一定的指向性,形成各式各样的一维、二维或三维以及复杂拓扑网络结构的周期性金属有机骨架晶体材料时,我们称之为形成了配位聚合物(coordination polymer)。1989 年,澳大利亚的 Robson 在 JACS 发表的论文"Infinite polymeric framework consisting of three-dimensinal linked rod-like segments"开创了对配位聚合物研究的先河[4]。他将 Wells 在无机网络结构中的工作拓展到了配位聚合物领域。这类配合物之所以受到如此的重视,不仅在于它们的结构类型和拓扑异彩纷呈,如我们选取不同尺寸和构型的二羧酸作为辅助配体,以 4′-(4-pyridyl)-4,2′:6′,4″-terpyridine 为主配体与 $Cd(NO_3)_2 \cdot 4H_2O$ 在水热条件下自组装形成了不同拓扑结构的三维配位聚合物(见图 1-7)[5];更加在于配位聚合物具有的独特性质和潜在应用,如在发光材料、磁性材料、传感材料、超导材料、多孔材料及催化等诸多方面都有很好的应用前景。这类配合物所具有的独特性质来源于配体与中心原子各自的特性,因此人们可以利用晶体工程预先选择具有特定物理与化学性质的结构单元,用金属离子将具有特定功能和结构的配体分子按照预先设想的方式排列起来,从而获得具有预期结构和功能的晶体材料。

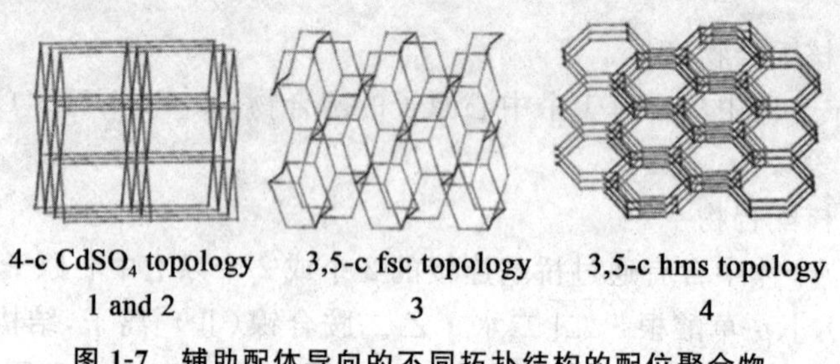

图 1-7 辅助配体导向的不同拓扑结构的配位聚合物

1.3.1.4 按配合物的价键特点分类

(1)经典配合物

也称 Werner 型配合物。其一般特点是:①中心原子一般为主族元素和正常价态过渡金属,其氧化态确定,并且有正常的氧化数;②配体是饱和化合物,形成配位键的电子对基本上分布在各个配体上;③配位原子具有明确的孤电子对,可以给予中心原子以形成配位键。

(2)非经典配合物

也称新型或非 Werner 型配合物,如 π-酸配合物、π-配合物等,结构如图 1-8 所示。其一般特点是:①配体是不饱和化合物,除给予孤对电子或 π 电子外,还接受中心原子的 d 电子对形成反馈 π 键。②中心原子一般为低价、零价甚至负价的过渡金属。其氧化态越低,反馈 d 电子的趋势就越大。③由于配体既给出电子又接受电子,故中心原子和配体的电荷密度难以预测。

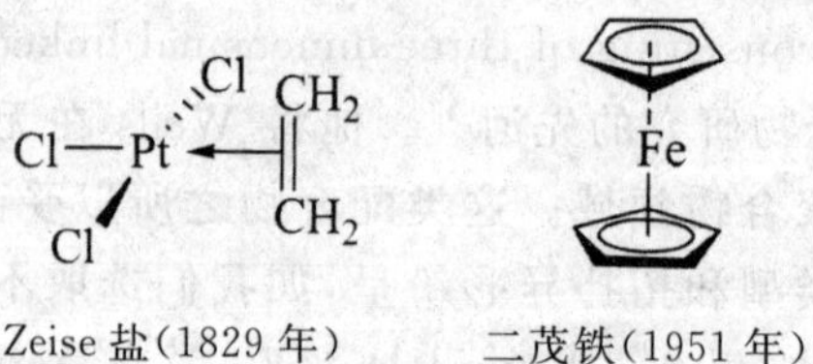

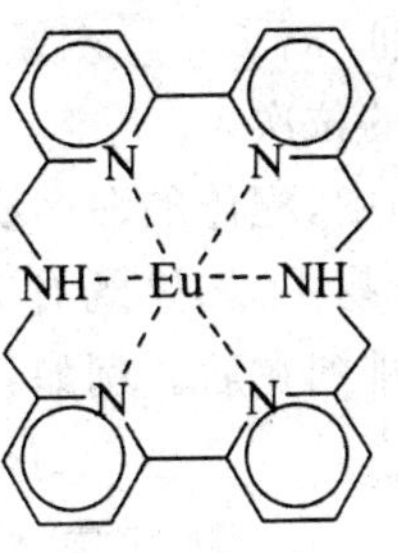

$Rh_4(CO)_{12}$，$CO_4(CO)_{12}$
簇状配合物(1960 年)

大环配合物

图 1-8 常见非经典配合物的结构

1.3.2 配合物的命名

1.3.2.1 一般配合物的命名

(1)配合物的命名

遵循一般无机物命名原则：对于配离子化合物，酸根为简单阴离子时，称为某化某，酸根为复杂阴离子时，称为某酸某。若配合物外界只有氢离子，则称为酸。例如：

$K_2[PtCl_6]$	$Cu_2[SiF_6]$	$H_4[Fe(CN)_6]$
六氯合铂(Ⅳ)酸钾	六氟合硅(Ⅳ)酸亚铜	六氰合铁(Ⅱ)酸
$[Co(NH_3)_6]Cl_3$	$[Cu(NH_3)_4]SO_4$	$[Ag(NH_3)_2](OH)$
三氯化六氨合钴(Ⅲ)	硫酸四氨合铜(Ⅱ)	氢氧化二氨合银(Ⅰ)

(2)配位个体的命名

配体名称列在中心原子之前，不同配体名称之间以中圆点(·)分开，在最后一个配体名称之后，缀以“合”字。每种配体的个数，以倍数词头二、三、四等数字表示。当配体是一长名称的有机化合物或无机含氧酸阴离子时，给该配体名称加一圆括号。中心原子的氧化数常用写在括号内的罗马数字[如 Cu(Ⅰ)、Fe(Ⅱ)等]来表示，也可以用带圆括号的阿拉伯数字[如(1－)或(1＋)等]来表示配离子的电荷数。即按照：配位体数(中文数字)→配位体名称→“合”→中心离子(原子)名称→中心离子(或原子)氧化数(罗马数字)的顺序进行命名。例如：

$K[Fe(CN)_6]$	$[Co(NH_3)_6]^{3+}$	$[Co(NH_3)_5H_2O]^{3+}$
六氰合铁(Ⅱ)酸钾	六氨合钴(Ⅲ)离子	五氨·水合钴(Ⅲ)离子
$[Fe(CN)_6]^{4-}$	$[Fe(CN)_6]^{3-}$	$[Cr(en)_3]^{3+}$

六氰合铁(Ⅲ)离子　　六氰合铁(Ⅲ)离子　三(乙二胺)合铬(Ⅲ)离子

(3)配体的位次

在配合物中,配体的命名次序按以下规定:

①在配合物中,如果既有无机配体又有有机配体,则无机配体排列在前,有机配体排列在后。例如:

cis-$[PtCl_2(PPh_3)_2]$

顺-二氯·二(三苯基膦)合铂(Ⅱ)

②在无机配体和有机配体中,先列出阴离子的名称,后列出中性分子和阳离子的名称:例如:

$K[PtCl_3(NH)_3]$　　　　$[Co(N_3)(NH_3)_5]SO_4$

三氯·氨合铂(Ⅱ)酸钾　　　　硫酸叠氮·五氨合钴(Ⅲ)

③同类配体的名称,按配位原子元素符号的英文字母顺序排列。例如:

$[Co(NH_3)_5(H_2O)]Cl_3$

氯化五氨·水合钴(Ⅲ)

④同类配体中,若配位原子相同,则将含较少原子数的配体排列在前,含较多原子数的配体排列在后。例如:

$[Pt(NO_2)(NH_3)(NH_2OH)(py)]Cl$

氯化硝基·氨·羟胺·吡啶合铂(Ⅱ)

⑤若配位原子相同,配体中含原子的数目也相同,则按在结构中与配位原子相连的原子元素符号的英文字母顺序排列。例如:

$[Pt(NH_2)(NO_2)(NH_3)_2]$

氨基·硝基·二氨合铂(Ⅱ)

⑥配体化学式相同,但配位原子不同,如—SCN、—NCS,则按配位原子元素符号的英文字母顺序排列。若配位原子尚不清楚,则以配位个体的化学式中所列的顺序为准。

1.3.2.2　配体命名

(1)无机配体的命名

一些常见的离子或分子在配合物中的名称:O^{2-}(氧)、S^{2-}(硫)、S_2^{2-}(双硫)、OH^-(羟基)、SH^-(巯基)、N_3^-(叠氮)、CO(羰基)、ONO^-(亚硝酸根)、NO_2^-(硝基)、NH_2^-(氨基)、O_2(双氧)、N_2(双氮)、NCS^-(异硫氰酸根)、SCN^-(硫氰酸根)、NO(亚硝酰)。

①无机阴离子配体:一般称为“某根”“亚某根”。例如:SCN^-(硫氰酸根),ONO^-(亚硝酸根)等。但 NH_2^- 按习惯用法称为氨基。中文名称的单

音节阴离子，也可用单音节名称代替阴离子名称，如 F^-、Cl^-、Br^-、I^-、O^{2-}、H^-、S^{2-}、S_2^{2-}、OH^-、SH^-、CN^-、N_3^- 等。

②中性分子配体：命名时一般保留原来名称不变，但 NO 称亚硝酰、CO 称羰基、O_2 称双氧、N_2 称双氮。

(2)有机配体的命名

①当烃基连接于金属时，一般都表现为阴离子，在计算氧化数时，也把它们当作阴离子，但在配位个体中还是按照一般的基团来命名。例如：

$K_2[Cu(C_2H)_3]$　　　　$K[SbCl_5(C_6H_5)]$

三(乙炔基)合铜(Ⅰ)酸钾　　五氯·苯基合锑(Ⅴ)酸钾

$[Fe(CO)_4(C_2C_6H_5)_2]$

四羰基·二(苯乙炔基)合铁(Ⅱ)

②从有机化合物失去质子而形成的阴离子都用“根”字结尾(上面的烃类除外)。例如：CH_3COO^-(乙酸根)，$(CH_3)_2N^-$(二甲胺根)，CH_3CONH^-(乙酰胺根)。

③有机配体命名时一律用括号括起来。例如：(苯甲酸根)、(对氯苯酚根)、[2-(氯甲基)-1-萘酚根]。

④有机配体命名时均采用系统命名法，一般不得用俗名。例如：铜铁灵应为N-亚硝基-N-苯基羟胺，双硫腙应为：1,5-二苯基硫代缩二氨基脲。但有一些习惯名称可以表明有机物的结构，如乙酰丙酮、8-羟基喹啉等，仍可同时采用。例如：

$[Cu(C_5H_7O_2)_2]$

二(乙酰丙酮根)合铜(Ⅱ)

(3)配位原子的标记

如果一个配体有几种可能的配位原子，为了标明哪个原子配位，必须把配位原子的元素符号放在配体名称之后，例如：二硫代草酸根的硫和氧原子均有可能是配位原子，若硫为配位原子，则用“二硫代草酸根-S,S′”表示，若氧为配位原子，则用“二硫代草酸根-O,O′”表示，如二(二硫代草酸根-S,S′)合镍(Ⅱ)酸钾。

同组分配体的不同配位原子也可以用不同名称来表示。例如：“硫氰酸根”表示—SCN，为硫原子配位，“异硫氰酸根”表示—NCS，为氮原子配位；“亚硝酸根”表示—ONO，为氧原子配位，“硝基”表示—NO_2，为氮原子配位。若配位原子尚不清楚，就用“硫氰酸根”、“亚硝酸根”表示。例如：

$[Co(NO_2)_3(NH_3)_3]$　　　　$[Co(ONO)(NH_3)_5]SO_4$

三硝基·三氨合钴(Ⅲ)　　硫酸亚硝酸根·五氨合钴(Ⅲ)

$[Rh(ONO)(NH_3)_5]^{2+}$　　　　$[Rh(NO_2)(NH_3)_5]^{2+}$

亚硝酸-O-五氨合铑(Ⅲ)离子　亚硝酸-N-五氨合铑(Ⅲ)离子

$$K_2\left[Ni\left(\begin{matrix}S-C=O\\ |\\ S-C=O\end{matrix}\right)_2\right]$$

二(二硫代草酸根-S,S′)合镍(Ⅱ)酸钾

1.3.2.3　几何异构体的命名

(1)用结构词头

顺-(*cis-*)、反-(*trans-*)、面-(*fac-*)、经-(*mer-*),对下列构型的几何异构体进行命名。

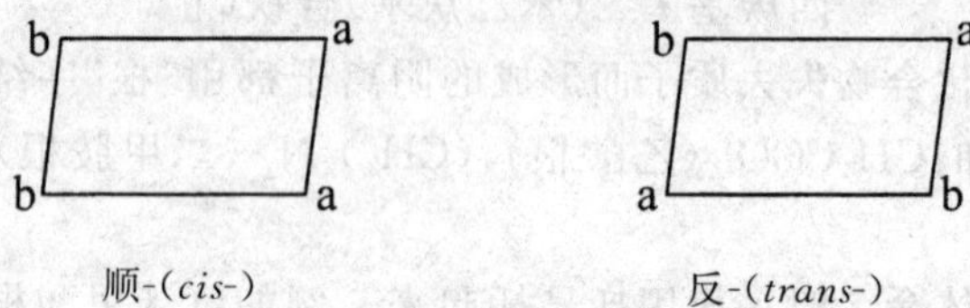

顺-(*cis-*)　　反-(*trans-*)

平面正方形配合物几何异构体的命名,举例如下:

$$\begin{matrix}Cl & & NH_3\\ & Pt & \\ Cl & & NH_3\end{matrix}\qquad\qquad\begin{matrix}H_3N & & Cl\\ & Pt & \\ Cl & & NH_3\end{matrix}$$

顺-二氯·二氨合铂(Ⅱ)　　反-二氯·二氨合铂(Ⅱ)

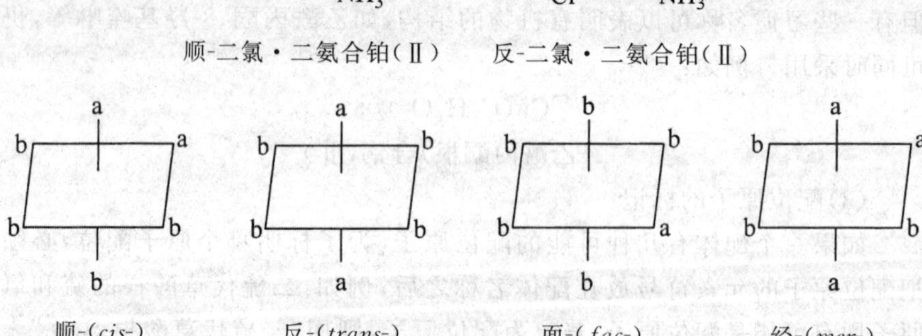

顺-(*cis-*)　反-(*trans-*)　面-(*fac-*)　经-(*mer-*)

八面体配合物几何异构体的命名,举例如下:

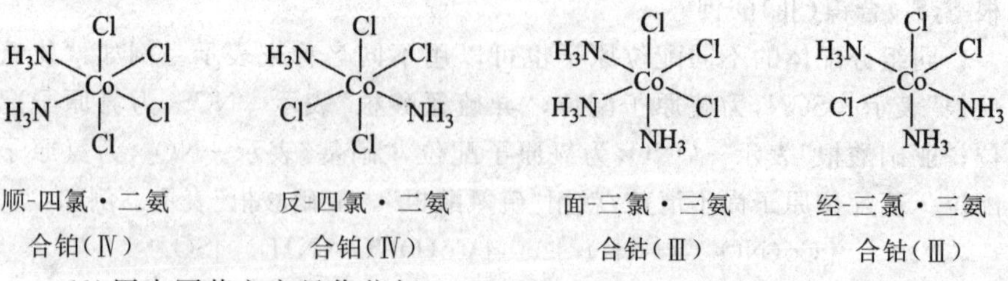

顺-四氯·二氨合铂(Ⅳ)　反-四氯·二氨合铂(Ⅳ)　面-三氯·三氨合钴(Ⅲ)　经-三氯·三氨合钴(Ⅲ)

(2)用小写英文字母作位标

若配合物含有多种配体,上述结构词头不够用,则用小写英文字母作

位标来标明配体的空间位置。平面正方形和八面体构型的位标规定如下：

按配体命名顺序，首先列出的配体给予最低的位标 *a*，第二列出的配体给予次低的位标 *b*，其余的配体则根据其在配位层中的位置按如下所示排好的字母，先上层，后下层，予以标明。例如：

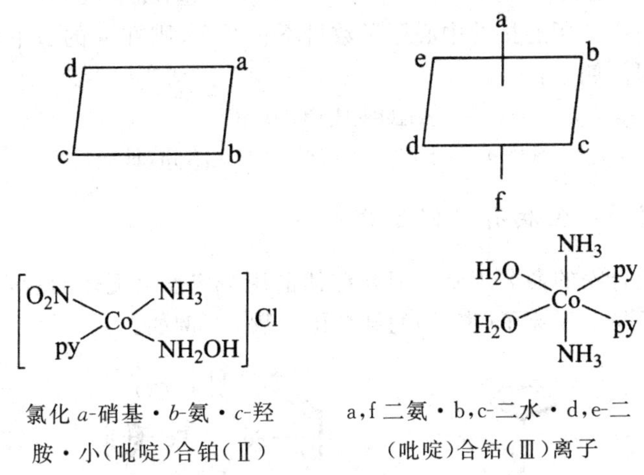

氯化 *a*-硝基 · *b*-氨 · *c*-羟胺 · 小(吡啶)合铂(Ⅱ)　　　a,f 二氨 · b,c-二水 · d,e-二(吡啶)合钴(Ⅲ)离子

1.3.2.4　桥基多核配合物命名

①同一配体有的是桥基，有的不是桥基，则先列出桥基，并在桥基前面加上希腊字母 μ-。即按照：桥联基团(或原子)数(中文表示)→μ-桥联基团(不同桥联基团之间用中圆点分开)→非桥联部分的顺序依次写出。例如：

$[(NH_3)_5Cr\text{-}OH\text{-}Cr(NH_3)_5]Cl_5$

五氯化 μ-羟基 · 二[五氨合钴(Ⅲ)]

$[Cl_2Fe(\mu\text{-}Cl)_2FeCl_2]$

二(μ-氯) · 四氯合二铁(Ⅲ)

二[(μ-氯) · 二(二氯合二铁(Ⅲ))]

②如果桥基以不同的配位原子与 2 个中心原子连接，则该桥基名称的后面加上配位原子的元素符号来标明。例如：

$[(H_3N)_3Co(\mu\text{-}ONO)(\mu\text{-}OH)_2Co(NH_3)_3]^{3+}$

二(μ-羟)μ-亚硝酸根(O,N)六氨合二钴(Ⅲ)离子

③中心原子间既有桥联基团又有金属间键，此类化合物应按桥联配合

物来命名，并将金属-金属键的元素符号在括号中缀在整个名称之后。例如：

$[(CO)_3Fe(CO)_3Fe(CO)_3]$	$[(CO)_3Co(CO)_2Co(CO)_3]$
三(μ-羰基)・二(三羰基合铁)(Fe-Fe)	二(μ-羰基)・二(三羰基合钴)(Co-Co)

④如一桥基所连接的中心原子数目不止 2 个，则在 μ 的右下角用阿拉伯数字标明。例如：

$[Cr_3O(CH_3COO)_6]Cl$

氯化 μ_3-氧・六[μ-乙酸根(O,O′)]合铬(Ⅲ)

1.3.2.5 金属有机化合物命名

遵循配合物的命名规则。但在配体前用“η^n”表示配体的齿合度，即一个配体分子与金属原子(离子)的结合位点数 n。例如：

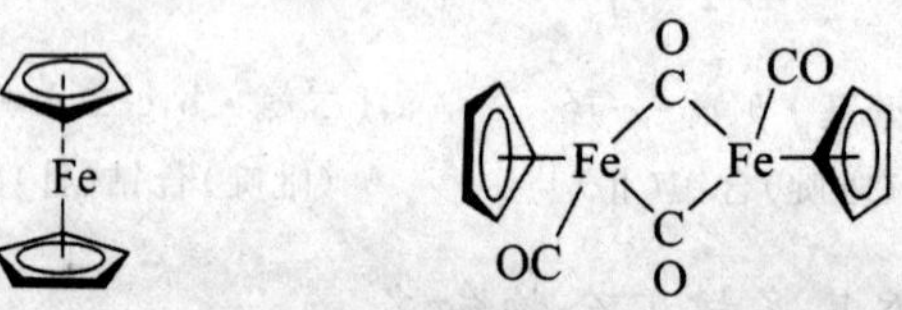

二(η^5-环戊二烯基)铁(Ⅱ)　二[羰基(μ-羰基)η^5-环戊二烯基铁(0)]

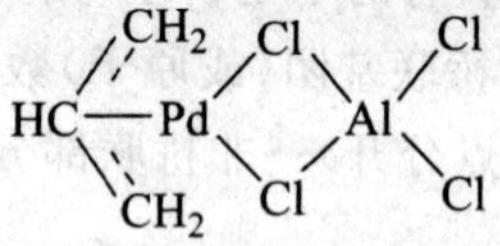

η^3-烯丙基钯(Ⅱ)二-μ-氯二氯合铝(Ⅲ)

第 2 章　配合物的结构和成键理论

早在维尔纳建立配位学说之初，就提出配体围绕中心原子按照一定的空间位置排布，使配合物有一定的空间构型的概念，并根据当时的实验事实论证了配位数为 6 和 4 的一些配离子的空间构型。配合物的空间构型及各种异构现象是配合物研究的重要基础。研究配合物的空间构型和异构现象，对于深入了解配合物的化学键性质、探讨和设计配合物的合成方法、揭示配合物的反应机理和催化作用本质，都具有十分重要的意义。配合物的空间结构可利用许多现代实验方法加以确定。

2.1　配合物的空间构型

配合物的空间构型与中心原子的配位数有着非常密切的关系，配位数不同，其空间构型不同。即使配位数相同，由于中心原子和配体种类以及二者相互作用的不同，配合物的空间构型也可能不同。表 2-1 列出了配位数为 1～12 的配合物所具有的空间构型及其典型实例[6-9]。

表 2-1　配位数和配合物的空间构型

配位数	构型	图形	实例
1	直线形		2,4,6-三苯基苯基合铜(Ⅰ)、2,4,6-三苯基苯基合银(Ⅰ)
2	直线形		$[Cu(NH_3)_2]^+$、$[Ag(CN)_2]^-$、$[Be(CMe_3)_2]$、$[Be(N(SiMe_3)_2)_2]$
3	正三角形		$[HgI_3]^-$、$[Au(PPh_3)_3]^+$、$[Pt(PPh_3)_3]$
4	四面体		$[ZnCl_4]^{2-}$、$[BeF_4]^{2-}$、$[CoCl_4]^{2-}$、$[FeCl_4]^-$、$[CuBr_4]^{2-}$
	平面正方形		$[Ni(CN)_4]^{2-}$、$[Pt(NH_3)_4]^{2+}$

续表

配位数	构型	图形	实例
5	三角双锥	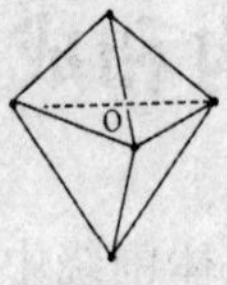	$[Fe(CO)_5]$、$[CdCl_5]^{3-}$
	四方锥	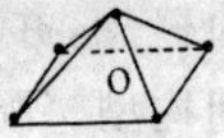	$[Ni(CN)_5]^{3-}$
6	八面体	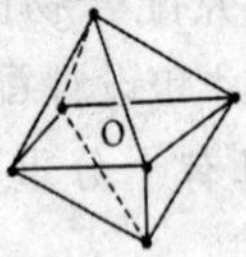	$[PtCl_6]^{2-}$、$[Co(NH_3)_6]^{3+}$
	三棱柱	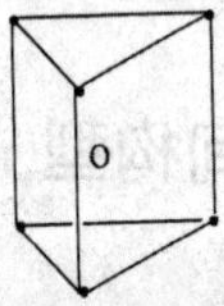	$[Re(S_2C_2Ph_2)_3]$
7	五角双锥	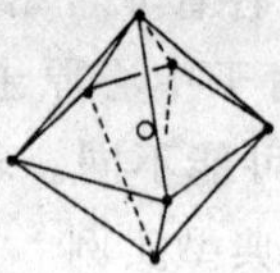	$[ZrF_7]^{3-}$、$[HfF_7]^{3-}$
	单帽三棱柱	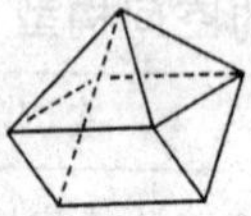	$[NbF_7]^{2-}$
	单帽八面体	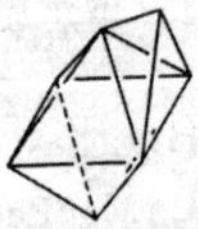	$[NbOF_6]^{3-}$
8	十二面体	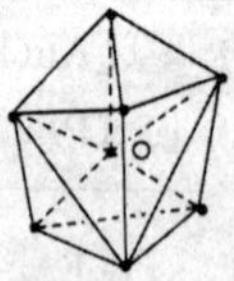	$[Mo(CN)_6]^{4-}$、$[Zr(ox)_4]$
	四方反棱柱	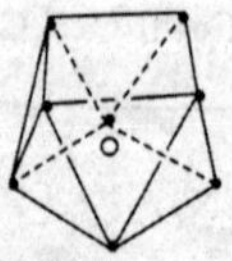	$[TaF_8]^{3-}$、$[ReF_8]^{3-}$

续表

配位数	构型	图形	实例
8	六角双锥	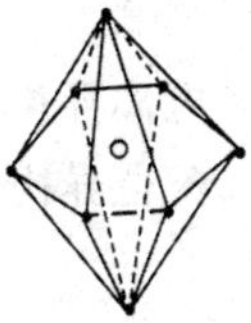	$[UO_2(acac)_3]^-$
9	三帽三棱柱	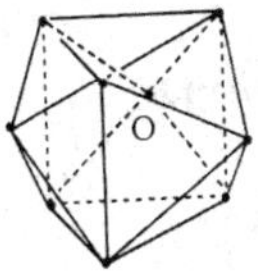	$[ReH_9]^{2-}$、$[La(H_2O)_9]^{3+}$
	单帽四方反棱柱	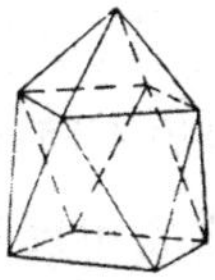	$[Eu_2(NO_3)_2(Glu)_2(H_2O)_4](NO_3)_2 \cdot 5H_2O$
10	双帽四方反棱柱	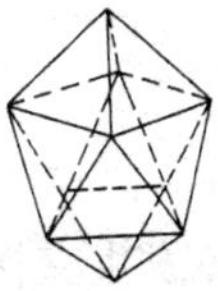	$[Pr(NO_3)_3(Bl_2C_4)]$、$(Ph_4As_2)[Eu(NO_3)_5]$
	双帽十二面体		$[Nd(NO_3)_2(H_2O)_4]$
11	单帽五方反棱柱	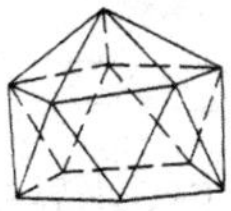	$[Eu(NO_3)_3(15C5)]$
12	双帽五方反棱柱(三角二十面体)	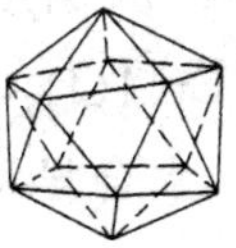	$[Nd(NO_3)_6]^{3-}$、$[Ce(NO_3)_6]^{3-}$

2.2 配合物的异构现象

在化学组成相同的配合物中,因原子间连接或空间排列方式不同而引起的结构和性质不同的现象,称为配合物的同分异构现象。化学式相同但结构和性质不相同的几种配合物互为异构体。配合物的异构现象较为普遍，可分为几何异构和旋光异构等，几何异构又可分为结构异构和立体异构。配合物的同分异构分类情况见图 2-1。

- 配合物的同分异构
  - 几何异构
    - 结构异构
      - 电离异构、水合异构
      - 配位异构、键合异构
    - 立体异构
  - 旋光异构

图 2-1　配合物的同分异构情况

2.2.1　结构异构

配合物的结构异构指因配合物中内部结构的不同而引起的异构现象，包括由于配体位置变化而引起的结构异构现象和由配体本身变化而引起的结构异构现象。

2.2.1.1　电离异构

配合物在溶液中电离时，由于内界和外界配体发生交换而生成不同配离子的现象称为电离异构。如$[CoBr(NH_3)_5]SO_4$（紫色）和$[CoSO_4(NH_3)_5]Br$（红色），前者可以与 $BaCl_2$ 反应生成 $BaSO_4$ 沉淀，后者与 $AgNO_3$ 生成 AgBr 沉淀。

2.2.1.2　水合异构

化学组成相同的配合物，由于水分子处于内、外界的不同而引起的异构现象称为水合异构。例如，$[Cr(H_2O)_6]Cl_3$ 中的 H_2O 分子发生变化时可引起颜色的变化：$[Cr(H_2O)_6]Cl_3$（紫色）、$[CrCl(H_2O)_5]Cl_2 \cdot H_2O$（亮绿色）和$[CrCl_2(H_2O)_4]Cl_2 \cdot H_2O$（暗绿色）。水合异构体的形成主要是 H_2O 分子和 Cl^- 在内、外界中互相交换的结果。

2.2.1.3　配位异构

当只有形成配合物的阳离子和阴离子皆为配离子的情况下才有可能产生配位异构。整个配合物的组成相同，只是配体在配阴离子和配阳离子之间的分配不同而引起的异构现象。例如：$[Co(NH_3)_6][Cr(C_2O_4)_3]$和$[Cr(NH_3)_6][Co(C_2O_4)_3]$。

2.2.1.4　键合异构

含有多个配位原子的配体与金属离子配位时，由于键合原子的不同而造成的异构现象称为键合异构。如 NO_2^- 既可以通过 N 原子和金属离子成键形成硝基(nitro)配离子，也可以通过 O 原子成键形成亚硝酸根(nitrito-)配离子。如图 2-2 所示。

（硝基为配体）　（亚硝酸基为配体）

图 2-2　NO_2^- 的键合异构示意图

2.2.2　立体异构

配合物立体异构现象是指因配合物内界中两种或两种以上配位体(或配位原子)在空间排布方式的不同而引起的异构现象，相同的配体既可以配置在邻近的顺式位置上(*cis-*)，也可以配置在相对远离的反式位置上(*trans-*)，这种异构现象又叫作顺反异构。立体异构包括顺式、反式异构和面式、经式异构两大类共四种，见表 2-2。

表 2-2　配合物的立体异构现象

配位数	配位个体通式	空间构型	空间异构现象
4	MA_3B	正四面体	无
		平面正方形	无
	MA_2B_2	正四面体	无
		平面正方形	顺式、反式异构
6	MA_5B	正八面体	无
	MA_4B_2		顺式、反式异构
	MA_3B_3		面式、经式异构

2.2.2.1　顺反异构

平面四边形配合物二氯二氨合铂(Ⅱ)[$Pt(NH_3)_2Cl_2$]就有顺式和反式两种异构体(见图 2-3)，其中顺式异构体(顺铂)是目前临床上经常使用的抗癌药物，而反式异构体则不具有抗癌作用。而 MA_3B 型配合物呈四面体分布，不存在顺反异构体。

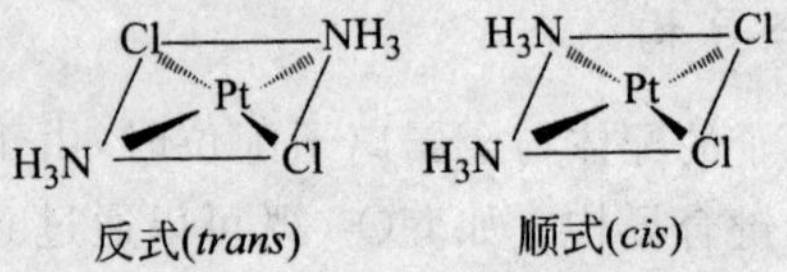

Cl NH$_3$ Pt H$_3$N Cl 反式(*trans*)　　H$_3$N Cl Pt H$_3$N Cl 顺式(*cis*)

图 2-3　顺式-和反式-[$Pt(NH_3)_2Cl_2$]中的顺式和反式结构

2.2.2.2　面式和经式异构

对于 MA_3B_3 型六配位化合物来说，虽然也存在两种异构体，但一般称为经式(*meridional*，缩写为 *mer*)和面式(*facial*，缩写为 *fac*)，而不是顺式和反式。例如，[$PtCl_3(NH_3)_3$]$^+$ 有面式和经式两种异构体(见图 2-4)。在面式异构体中，相同的 3 个配体，位于同一个三角形平面上，在经式异构体中，相同的 2 个配体位于过中心离子的直线两端。可见，空间异构现象不仅与配合物的化学式有关，还与配合物的空间构型有关。

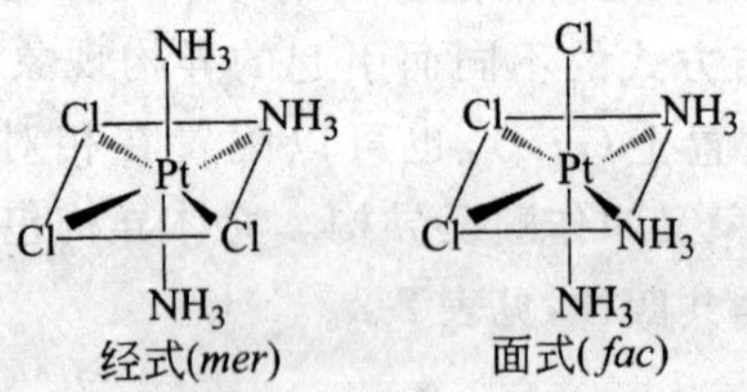

图 2-4　[$PtCl_3(NH_3)_3$]$^+$ 的经式、面式异构体

对于含有不对称或者是配位原子不同的双齿配体的六配位配合物，可简单地表示为 $M(AB)_3$，它们与 MA_3B_3 型配合物一样有经式和面式两种异构体存在(见图 2-5)，由于面式异构体中有对称(*symmetrical*，简写为 *s*-)和不对称(*unsymmetrical*，简写为 *u*-)2 种异构体存在。因此，配合物 M(ABA)$_2$ 中共有三种异构体存在。

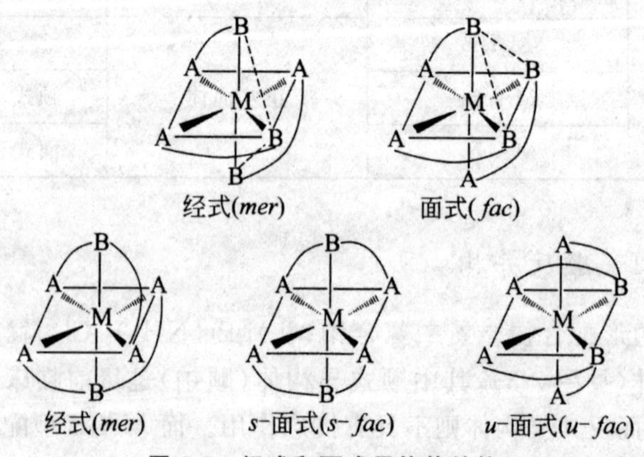

图 2-5　经式和面式异构体结构

2.2.3 旋光异构

旋光异构又叫对映异构，即两种配合物互成镜像，如同人的左右手一样，它们不能相互重合，而且对偏振光的旋转方向相反，这样的配合物互为旋光异构体或对映体。这种异构现象称为旋光异构现象。两个旋光异构体的旋光度大小相等，方向相反。旋光异构体有左、右旋之分，左旋用(－)或 L 表示，右旋用符号(＋)或 D 表示。例如八面体形的$[Co(en)_2(NO_2)_2]^+$具有顺反几何异构体，其中反式$[Co(en)_2(NO_2)_2]^+$不可能有旋光异构。而顺式$[Co(en)_2(NO_2)_2]^+$具有旋光异构体(见图 2-6)。

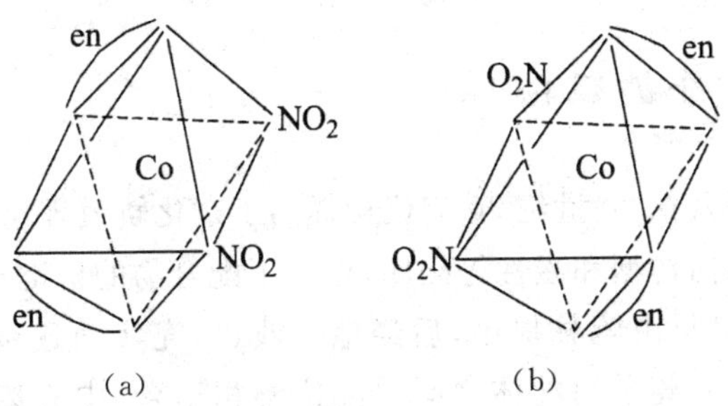

图 2-6　顺-$[Co(en)_2(NO_2)_2]^+$的旋光异构体

[(＋)-顺-$[Co(en)_2(NO_2)_2]^+$(a)；(－)-顺-$[Co(en)_2(NO_2)_2]^+$(b)]

有的配合物既有旋光异构体又有几何异构体存在，配合物$[CoCl(NH_3)(en)_2]^{2+}$的反式结构中有两个对称面，均通过 Cl、Co、N 三个原子，且垂直于分子平面，这两个对称面相互垂直，而顺式结构的$[CoCl(NH_3)(en)_2]^{2+}$则无对称面，有对映体存在。因此配合物$[CoCl(NH_3)(en)_2]^{2+}$共有三种异构体存在(见图 2-7)。

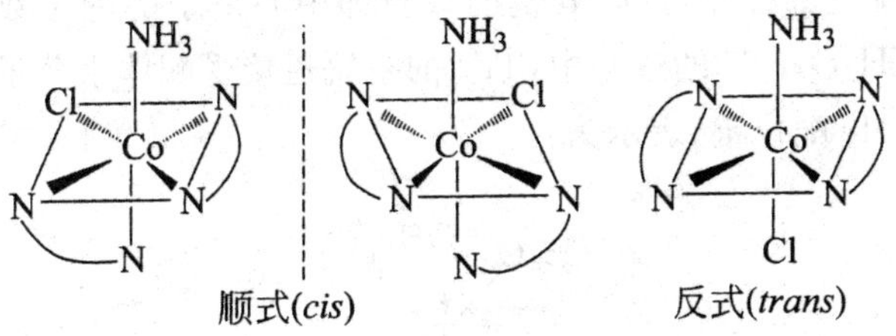

图 2-7　$[CoCl(NH_3)(en)_2]^{2+}$的几何异构体和旋光异构体

2.3 配合物的化学键理论

与其他化合物相比，配合物最显著的特点是含有由中心原子或离子与配体结合而产生的配位键(coordination bond)。研究配合物中配位键的本质，并阐明配合物的配位数、配位构型以及热力学稳定性、磁性等物理化学性质是配位化学中的一个重要组成部分。配合物的化学键理论，是指中心离子与配体之间的成键理论，目前主要有价键理论(valence bond theory, VBT)，晶体场理论(crystal field theory, CFT)，分子轨道理论(molecular orbital theory, MOT)和配位场理论(coordination field theory)四种[10]。

2.3.1 价键理论

Pauling 等人在 20 世纪 30 年代初提出了杂化轨道理论，并用来处理配合物的形成、几何构型和磁性等问题，建立了配合物的价键理论[11]。

价键理论最早由鲍林提出，后经他人改进、充实而逐步形成。价键理论的要点是，中心离子与配体之间以配位键相结合，中心离子提供经杂化的空价轨道，配位原子提供孤电子对而形成 σ 配键。利用上述理论，科学家们不仅能够解释配合物的形成、结构和一些物理化学性质，而且还可以用来预测某些未知配合物的结构和性能。价键理论利用杂化轨道的概念阐明了配位键的形成，合理地解释了配位数、配位构型以及配合物的磁矩等性质。

在配合物的形成过程中，中心离子(或原子)M 必须具有空的价轨道，以接受配体的孤电子对或 π 电子，形成 σ 配位共价键(M←L)，简称 σ 配键。σ 配键沿键轴呈圆柱形对称，其键的数目即中心离子的配位数。如在形成配离子$[Ti(H_2O)_6]^{3+}$的过程中，Ti^{3+}的空轨道接受配体水分子的孤电子对形成 Ti←OH_2 配位键，表示为：

$$\begin{array}{ccc} H_2O & OH_2 & OH_2 \\ \searrow & \downarrow & \swarrow \\ & Ti & \\ \nearrow & \uparrow & \nwarrow \\ H_2O & OH_2 & OH_2 \end{array}$$

金属元素一般有尚未填满的内层$(n-1)$d 以及未填充的外层 ns、np 及

nd 等空轨道，故其杂化方式有 2 种，即外轨型杂化和内轨型杂化。

①配体的配位原子电负性较大，如 F^-、H_2O、Cl^-、Br^-、OH^-、ONO^-、$C_2O_4^{2-}$，其孤电子对难以给出，中心离子的内层结构不发生改变，仅用外层的 ns、np、nd 空轨道杂化，然后接受配体的孤电子对，这类化合物叫外轨型配合物。

②配体的配位原子的电负性较小，如 CN^-、CO、NO_2^-，较易给出孤电子对，对中心离子的结构影响较大，通常中心离子($n-1$)d 轨道上的成单电子被强行配对，而空出内层能量低的空轨道来接受配体的孤电子对，形成内轨型配合物。

六配位八面体型配合物通常采用 sp^3d^2 或 d^2sp^3 杂化轨道，前者为外轨型，后者为内轨型配合物。例如在$[Mn(H_2O)_6]^{2+}$中由于配位原子氧的电负性较大，不容易给出孤电子对，因此这类配体与中心原子作用时对中心原子的电子结构影响不大。从图 2-8 可以看出，在$[Mn(H_2O)_6]^{2+}$中锰的电子结构没有发生变化，来自水分子 6 个氧的 6 对孤电子对占据了锰的 6 个 sp^3d^2 杂化轨道，从而形成了高自旋的外轨型配合物。

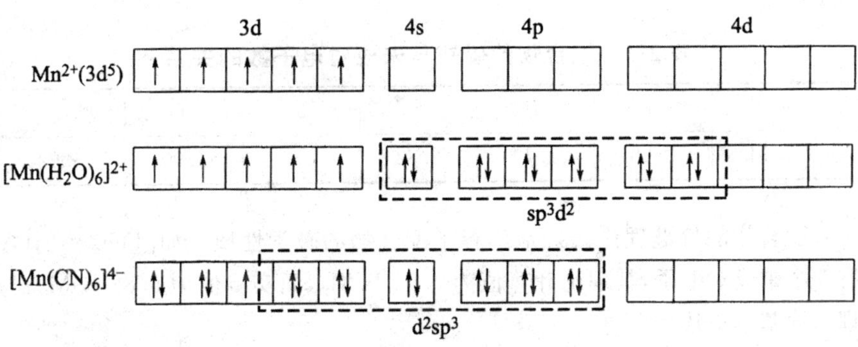

图 2-8　外轨型和内轨型 Mn(Ⅱ)配合物

与此相反，由于 CN^- 配体中配位原子较容易给出孤电子对，因此在$[Mn(CN)_6]^{4-}$的形成过程中，配体对中心原子电子结构的影响较大，使 Mn^{2+} 的 3d 轨道上的 5 个不成对电子发生重排，从而空出 2 个 3d 轨道参与形成 d^2sp^3 杂化轨道，因此$[Mn(CN)_6]^{4-}$为低自旋内轨型配合物。同理，对于($n-1$)d^8 电子构型四配位的配合物如 $Ni(NH_3)_4^{2+}$ 和 $Ni(CN)_4^{2-}$，前者为正四面体，后者为平面四方形，即前者的 Ni^{2+} 采取 sp^3 杂化，后者的 Ni^{2+} 采取 dsp^2 杂化，如图 2-9 所示。而 Pd^{2+}、Pt^{2+} 为中心体的四配位配合物一般为平面四方形，因为它们都采取 dsp^2 杂化。

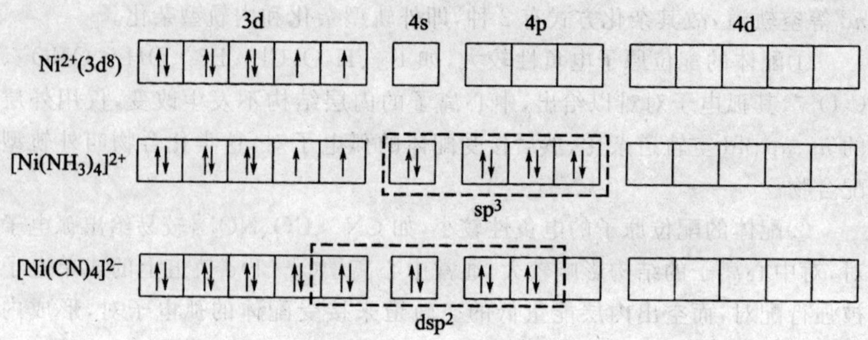

图 2-9 外轨型和内轨型 Ni(Ⅱ)配合物

通过测定配合物的磁矩可以确定配合物属于外轨型还是内轨型。磁矩 μ 的单位为波尔磁子(B. M.)，用 μ_B 表示，可以用下面的公式进行近似计算

$$\mu_B=\sqrt{n(n+2)}$$

在上面式子中，n 为成单电子数，依此公式计算出配合物的磁矩如表 2-3 所示。

表 2-3 配合物的磁矩与未成对电子数的关系

n	0	1	2	3	4	5
μ_B/ B. M.	0.00	1.73	2.83	3.87	4.90	5.92

配合物的价键理论较好地解释了配合物的磁学性质。如$[FeF_6]^{3-}$中含有 5 个未成对电子，其理论计算值为 5.92 B. M.，而实测值为 5.88 B. M.，与理论值基本一致。

价键理论对配合物的磁性解释的比较好，也用中心原子的原子轨道杂化解释了配合物的几何构型。然而，它没有反键轨道的概念，不能考虑激发态，解释电子光谱就遭遇了困难。此外，对含有较多 d 电子的过渡金属配合物的稳定性也不能给予满意的说明，因此逐步让位于新的理论，这就是下面要介绍的晶体场理论、分子轨道理论和配位场理论。

2.3.2 晶体场理论

晶体场理论起源于 1929 年，贝特(H. Bethe)在“晶体中谱项的分裂”论文中证明了自由离子特定电子组态的简并态在晶体中必然分裂，一定对称性的晶体环境导致的分裂状况可用群论决定，并给出纯静电作用假设下计算分裂能大小的方法。后来，范弗莱克(J. H. Van Vleck)指出，若假设过渡金属配合物的中心离子与配体之间只是静电相互作用，晶体场模型也适用于配合物[11]。

晶体场理论认为配合物中金属-配体键由点电荷之间的作用形成，类似于离子晶体中的电价键。它将配体视为点电荷或偶极子，而不考虑中心离子 d 轨道与配体轨道的重叠，不考虑电子交换的共价成分。与晶体环境的差别只在于：配合物中心离子仅与周围有限的少数配体发生作用，而不像离子晶体中任一离子那样与周围无穷多个异号和同号离子相互作用。

2.3.2.1　晶体场理论的基本要点

①中心离子 M^{n+} 可以看作带正电荷的点电荷，配体看作带负电荷的点电荷，只考虑 M^{n+} 与 L 之间的静电作用，不考虑任何共价键。

②配体对中心离子的 d 轨道发生影响。在自由离子状态中，虽然 5 个 d 轨道的空间分布不同，但能量是相同的。简并的 5 个 d 轨道发生分裂，分裂情况主要取决于配体的空间分布。

③中心离子 M^{n+} 的价电子在分裂后的 d 轨道上重新排布，优先占有低能量 d 轨道，进而获得额外的稳定化能量，称为晶体场稳定化能(crystal field stabilization energy，CFSE)。

2.3.2.2　中心体 d 轨道在不同配体场中的分裂情况

如果只考虑中心离子和配体的静电作用，配体产生的电场称为晶体场(crystal filed)。在孤立的原子或离子状态下，金属原子或离子中的 5 个 d 轨道的能量是相同的，称为简并轨道。当配体与中心离子形成配合物时，d 轨道受到晶体场的作用，中心离子的正电荷与配体的负电荷相互吸引，中心离子 d 轨道上的电子受到配体电子云的排斥。在不同方向，这种相互作用的大小不同，d 轨道能量变化的程度也不相同。

在八面体晶体场中，5 个 d 轨道的能量都有所上升，但因上升程度不同而出现了能量高低差别。中心离子 d_{z^2} 和 $d_{x^2-y^2}$ 轨道的伸展方向正好处于正八面体的 6 个顶点方向，与配体迎头相遇，其能量上升较高，而 d_{xy}、d_{yz}、d_{xz} 轨道与正八面体轴向相错，与配体的相互作用小，能量上升较少，如图 2-10 所示。因此，本来简并的 5 个 d 轨道分裂为 2 组，即能量相对较高的轨道(d_{z^2}、$d_{x^2-y^2}$)称为 e_g 轨道，能量相对较低的轨道(d_{xy}、d_{yz}、d_{xz})称为 t_{2g} 轨道。两组 d 轨道之间的能量差称为分裂能(cleavage energy)，以 Δ_o 表示。特别注意 Δ_o 只是表示能级差的一种符号，对不同的配合物体系，分裂能不同，Δ_o 的值也不同(见图 2-11)。

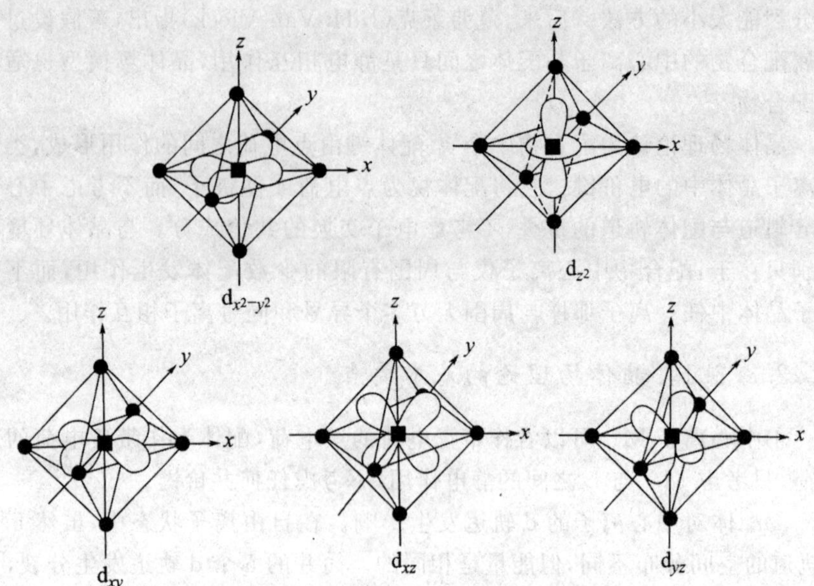

图 2-10　正八面体场对 5 个 d 轨道的作用

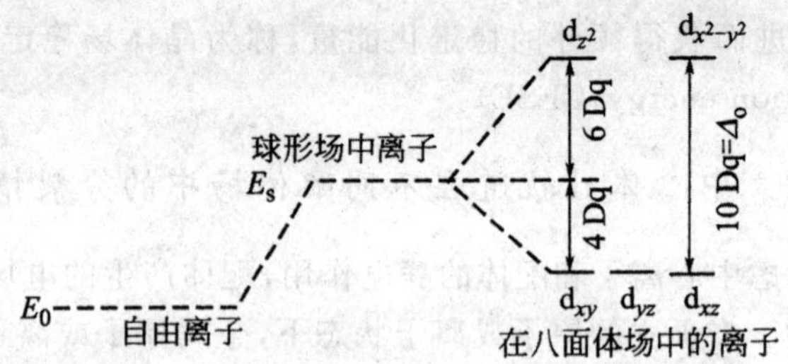

图 2-11　中心离子 d 轨道在八面体中的分裂

为了便于定量计算，将 $\Delta_o/10$ 当作一个能量单位，用符号 Dq 表示，即 $\Delta_o=10\ \text{Dq}$，则有以下关系：

$$\begin{cases}2E(e_g)+3E(t_{2g})=0\\E(e_g)-E(t_{2g})=10\ \text{Dq}\end{cases}$$

解联立方程得：

$$E(e_g)=+6\ \text{Dq}$$

$$E(t_{2g})=-4\ \text{Dq}$$

这意味着在八面体场中，中心离子的 t_{2g} 组轨道能量低于平均值 4 Dq，而 e_g 组轨道能量高出平均值 6 Dq。

配合物的几何构型不同，d 轨道的分裂情况也不同。在正四面体场中，中心离子 d 轨道受作用情况如图 2-12 所示。在正四面体配合物中，配体占据立方体的 4 个顶点，配体与 d 轨道之间不会出现迎头相碰的作用，所以正四面体的分裂能(Δ_t)低于正八面体的分裂能(Δ_o)，仅相当于正八面体分裂能的 4/9。由于 d_{xy}、d_{yz}、d_{xz} 轨道指向立方体各棱的中点，而 d_{z^2}、$d_{x^2-y^2}$ 轨道指向立方体的面心，相对而言，前者受到配体的作用更强些，所以在正四面体场中，d_{xy}、d_{yz}、d_{xz} 轨道能量高于平均值，而 d_{z^2}、$d_{x^2-y^2}$ 轨道能量低于平均值(图 2-12)。

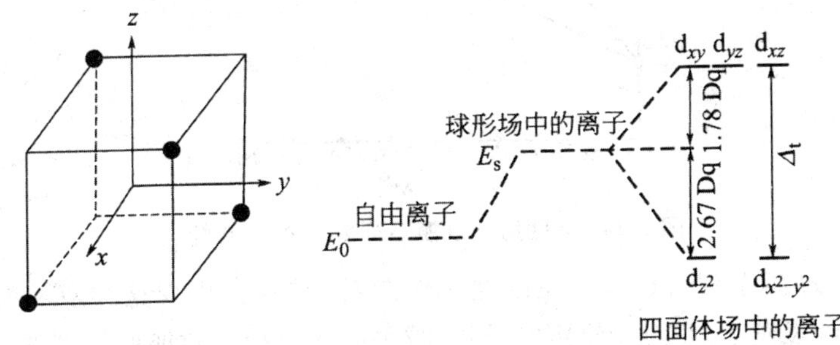

图 2-12 中心离子 d 轨道在四面体场中的分裂

[正四面体场与 d 轨道的关系(左)；d 轨道在正四面体场中的能级分裂情况(右)]

2.3.2.3 晶体场理论的应用

(1)离子半径

对给定的氧化态，周期表中的过渡金属系列，离子半径从左到右依次减小。填入反键轨道(即填充在八面体中的 e_g 能级)会导致离子半径增大。因此，离子半径依赖于金属的自旋状态(即高自旋态或低自旋态)(图 2-13)。

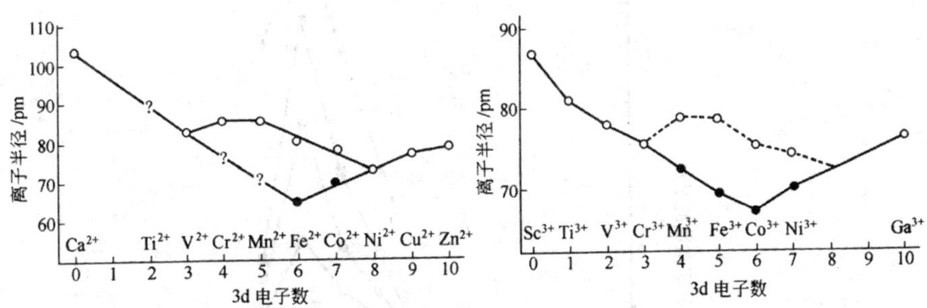

图 2-13 离子自旋状态与离子半径之间的关系

(2)水合焓

以 M^{2+} 水合焓的变化为例。由于水是弱场配体，所以配合物是高自旋态的。

$$M^{2+}(g)+6H_2O(l)=[M(OH_2)_6]^{2+}(aq)$$

图 2-14 列出了第一过渡系元素的水合焓曲线。

图中直线显示了当从观察值减去晶体场稳定化能时的变化趋势。在周期表中，从左到右通常的趋势是水合焓(大多放热)逐渐增大。

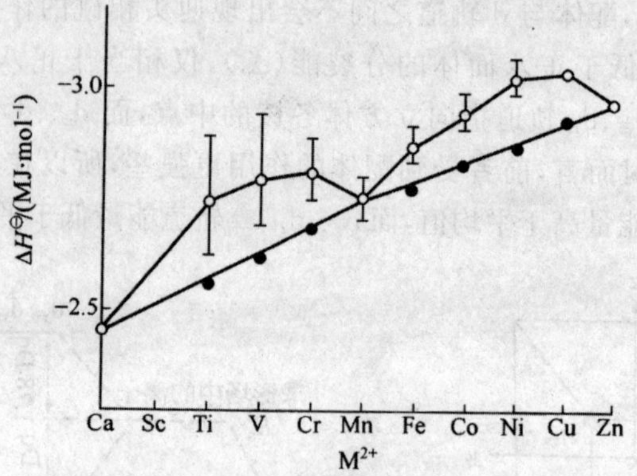

图 2-14 d 区第一过渡系列 M^{2+} 的水合焓

在一过渡系列对过渡金属的性质作图时，常常会出现这种双驼峰形曲线。直线(黑圆点)是对于给定电子数，减去晶体场稳定化能所得到的。在过渡系中，稳定性线性增加，主要是由于酸性的逐渐增加而引起的(主要由于金属阳离子的尺寸和静电效应的降低)。这是 Irving-Williams 系列的基础。

Irving-Williams 系列说明了对一个给定的配体，配合物的稳定性从 Ba 到 Cu 依次增加(到 Zn 时是降低的)(图 2-15)。然而，应该注意的是，向右变化时，后部的(靠右边的)过渡金属更倾向于结合软配体[8]。

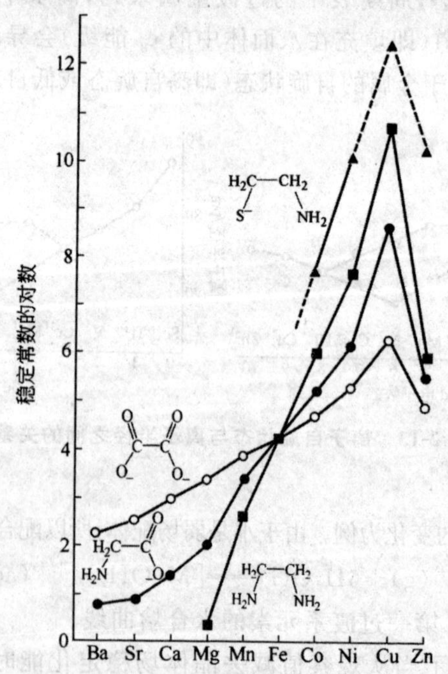

图 2-15 Irving-Williams 效应：从 Ba 到 Cu 稳定性增加，到 Zn 下降

2.3.3　修正的晶体场理论——配位场理论

静电晶体场理论虽然具有模型简单、图像明确、使用的数学方法严谨等优点，但把有体积的配体看作点电荷，即没有按真实情况来描述配体及配体与中心离子的相互作用是该理论的缺陷。因此纯静电理论的观点与某些实验事实相矛盾，对于配位化学中的某些重要实验事实（如前所述的光谱化学序列）不能圆满地加以解释。

人们已经认识到晶体场理论的主要假定不是严格正确的。那么现在的问题是，把它作某些修改和修正后，是否可以在形式上仍然利用晶体场理论来作预测和计算？如果电子离域的程度不太大，这个问题的答案是肯定的。现有的经验表明，对于大多数正常氧化态的金属配合物，其电子离域的程度是不大的，可用这种方法处理。配位场理论（也称配体场理论）是计算配合物中原子的波函数和能级的一种理论方法，是在静电晶体场理论和过渡金属分子轨道理论的基础上发展起来的。事实上这三者之间是密切相关的。

配位场理论认为：

①配体不是无结构的点电荷，而是具有一定电荷分布和结构的原子（或分子）。

②成键作用既包括静电作用，也包括共价作用。对于大多数正常氧化态的金属配合物，可以考虑轨道的适度重叠将有关参数加以修正。

适当考虑共价作用就是承认金属和配体轨道重叠导致 d 电子离域，即 d 电子云扩展，这种现象叫作电子云扩展效应（nephelauxetic effect）。电子云扩展效应的直接后果就是降低了中心离子上价电子间的排斥作用。考虑轨道重叠而对静电晶体场理论作的最直截了当的修正，就是把电子间相互作用的所有参数作为待定参数，它们不等于自由离子的参数值。在这些参数中，轨-旋耦合常数 λ 和电子间的互斥参数（Slater 积分项 F_n 或更常用的拉卡参数 B）是最重要的。

轨-旋耦合常数 λ 在决定许多配离子的精确磁矩（如某些真实磁矩对只考虑自旋的数值的偏差和某些磁矩固有的温度依赖关系）时起重要作用。时至今日的研究表明，一般配合物中的 λ 值是自由离子的 70%～85%。当利用这些较小的轨-旋耦合常数时，晶体场理论的预测和实验观测值可以很好地符合。

拉卡（Racah）参数是配合物中中心原子各谱项的能量间隔的量度。一般说来，自旋多重度相同的各态之间的能量差别只是 B 的倍数，而自旋多重度不同的各态之间的差别则用 B 和 C 的倍数之和表示。例如，由 d^2 组态导出的谱项能可用拉卡参数表示为

$$E(^3F)=A-8B$$

$$E(^3P)=A+7B$$

$$E(^1G)=A+4B+2C$$

$$E(^1D)=A-3B+2C$$

$$E(^1S)=A+14B+7C$$

不同的过渡元素分别有不同的 A、B 和 C 值，实验中发现 $C\approx 4B$。显然同一组态生成的任何两个光谱项的能量差都和参数 A 无关，自旋多重度最大的 2 个光谱项的能量差仅和 B 有关:理论计算中，B 值可作为衡量电子间相互作用的一个参量，因此可以通过修正占值来考虑被静电晶体场理论忽略了的共价作用。配合物中中心离子的 B' 值可通过电子吸收光谱的数据计算，自由离子的 B_0 值可由发射光谱求得。表 2-4 列出了一些八面体配合物的 B 值。

表 2-4　某些八面体配合物中中心金属离子的 *B* 值

M^{n+}	B_0/cm^{-1}	B'/cm^{-1}					
		Br^-	Cl^-	H_2O	NH_3	en	CN^-
Mn^{2+}	960	—	—	790	—	750	—
Co^{2+}	970	—	—	~970		—	—
Ni^{2+}	1 080	760	780	940	890	840	—
Cr^{3+}	1 030	—	510	750	670	620	520
Fe^{3+}	1 100	—	—	770	—	—	—
Co^{3+}	1 065	—	—	720	660	620	440
Rh^{3+}	800	300	400	500	460	460	—
Ir^{3+}	660	250	300	—	—	—	—

Jøgensen 引入一个参数 β 用以表示 B' 相对于 B_0 减小的程度:

$$\beta=B'/B_0$$

式中，β 为电子云扩展系数；B' 为配合物中心离子的拉卡参数 B；B_0 为自由离子的拉卡参数 B。

配合物的 β 值越小，电子云扩展效应越大，金属-配体键的共价性也就越强。

2.3.4　分子轨道理论

两个原子结合时，其原子轨道互相作用形成了分子轨道，其中能量较低的轨道称为成键分子轨道，能量较高的轨道称为反键分子轨道。与晶体场理论中只考虑静电作用不同，分子轨道理论考虑了中心原子与配位原子间原子轨道的重叠，即配位键的共价性。分子轨道理论有下面三个基本原则：

①分子轨道的数目等于结合的原子轨道的数目。两个分子轨道中，能量较低的为成键分子轨道，能量较高的为反键分子轨道。

②电子优先进入能量较低的分子轨道，一个轨道中最多能容纳两个电子。

③电子尽可能分占不同的分子轨道。

通常人们采用简化或某些近似处理的方法来得到分子轨道能量的大小，下面将简单介绍常见八面体配合物中分子轨道形成的情况。

2.3.4.1　中心金属与配体之间不存在 π 相互作用

图 2-16 是中心金属与配体之间不存在 π 相互作用中最简单的一种情况。在 ML_6 中只有 σ 成键作用。在第一过渡系八面体配合物中，金属离子具有 4s、$4p_x$、$4p_y$、$4p_z$、$3d_{xy}$、$3d_{yz}$、$3d_{xz}$、$3d_{x^2-y^2}$、$3d_{z^2}$ 共 9 个价轨道。其中有 6 个轨道的角度分布的最大值处在 $\pm x$、$\pm y$ 和 $\pm z$ 这 6 个方向上，与 ML_6 型八面体配合物中 6 个配体所处方向一致，因此这 6 个轨道可以参与形成 σ 分子轨道，即具有 σ 对称性。当这些金属离子与仅有 σ 轨道参与配位键形成的配体作用形成 ML_6 型八面体配合物时，配合物分子轨道中只有 σ 键存在。在与金属离子轨道作用以前，来自配体的 6 个 σ 轨道必须首先进行线性组合形成配体群轨道。

2.3.4.2　中心金属与配体之间存在 π 相互作用

中心金属与配体之间存在 π 相互作用时，还要考虑配体 π 轨道与金属离子 π 轨道之间的作用。根据配体 π 轨道来源的不同，主要有 3 种情况，如图 2-17 所示，即配体 L 分别提供垂直于 M－L 轴方向的 p 轨道、d 轨道或者 π^* 反键轨道与金属离子 M^{n+} 的 π 轨道作用。

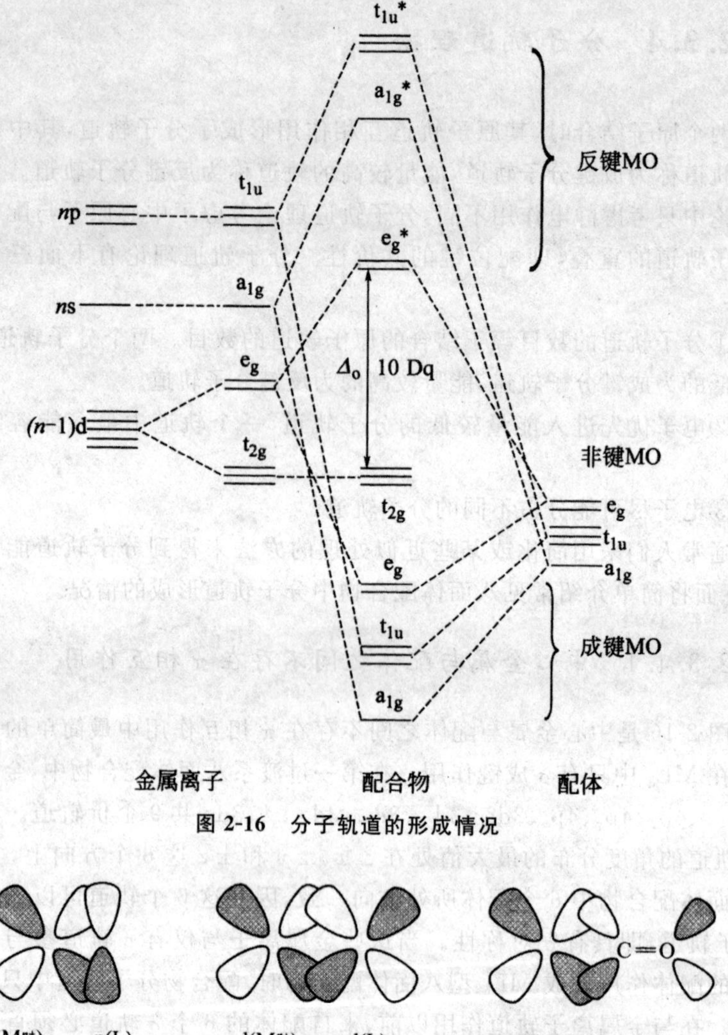

图 2-16 分子轨道的形成情况

C=O
d(M^{n+}) p(L)
(a)
d(M^{n+}) d(L)
(b)
d(M^{n+}) π*(L)
(c)

图 2-17 金属离子 M^{n+} 的 π 轨道与配体 L 的 π 轨道间的重叠

[M^{n+} 的 d 轨道与 L 的 p 轨道(a);M^{n+} 的 d 轨道与 L 的 d 轨道(b);M^{n+} 的 d 轨道与 L 的 π^* 轨道(c)]

另外,由于配体的 d 轨道和 π^* 反键轨道往往是空轨道,因此在形成配合物的分子轨道中这些来自配体的 d 轨道或 π^* 反键轨道就作为电子接受体,称之为行接受体配体,而配体的 p 轨道往往是充满电子的,因此在配合物分子轨道中充当电子给予体,该类配体被称为 π-给予体配体。如图 2-18 所示,根据是作为电子接受体还是作为电子给予体的不同,配体 π 轨道与

金属离子 π 轨道作用形成配合物分子轨道时对分裂能 Δ_o 值的影响是不一样的。

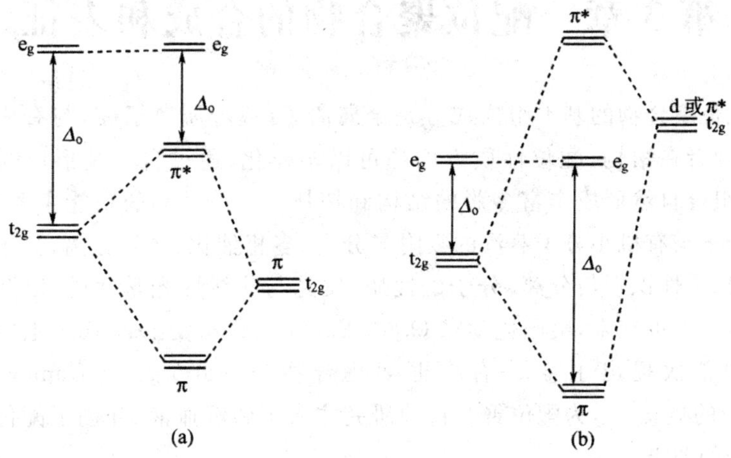

图 2-18　有 π 键的 ML_6 型八面体配合物的分子轨道能级图

［配体作为 π-电子给予体(a)；配体空的 d 轨道或者 π^* 轨道作为 π-电子接受体(b)］

第 3 章　配位聚合物的合成和表征

配位聚合物的基本组成成分是金属离子(或金属离子簇)与有机桥连配体,两者在结构、配位性质方面均可以多样化,通过自组装形成配位键后,其组合自然形成丰富多彩的结构和拓扑。目前已知的功能主要包括:气体分子与有机小分子蒸汽的吸附与分离、多相催化、多相分离、分子与离子交换、手性识别与分离、分子磁性质、发光与非线性光学性质,以及电学性质等。上世纪末,美国化学家 O. M. Yaghi 在其发表在 Nature 上的一篇论文中首次提出了金属-有机框架化合物(metal-organic frameworks, MOFs)的概念[12],为配位聚合物的研究注入了新鲜血液,开创了配位化学研究新的前沿。

3.1 概　述

配位聚合物是指由配体与配位中心体以配位键和其他弱化学键的形式形成无限伸展结构的配合物。

配位聚合物按向空间不同方向伸展的类型可以分为一维链状(1D)、二维层状(2D)与三维网状(3D)配位聚合物;按荷电情形分为带正电荷配位聚合物、带负电荷配位聚合物和电中性配位聚合物。

从配位聚合物的构成看,配位中心可以是带正电荷的金属离子、构造单元,也可以是带负电荷的构造单元以及电中性单元。对配体而言,按荷电情形可以分为带正电荷配体、带负电荷配体和中性配体。带正电荷的配体相对较少,目前构造配位聚合物的配体主要是电中性和带负电荷的配体。带负电荷的配体有卤素、酸根、含金属类等配体;电中性的配体有杂环类以及带有配位原子的脂肪烃类配体或是两者的组合等。按配体空间占据体积的大小,可分为小分子和大分子配体。从与配位中心体配位的配位原子而言,在配位聚合物中使用较为广泛的配位原子有 N、O、S、卤素等。按配体的配位原子的功能看,配体有端接与桥联配体,但这种划分在实际中并不是绝对的,如 Cl^- 一般是单齿配位,但也常以桥联形式出现;4,4′-bipy 一般是桥联配体,但单齿配位也是常见的。

配位聚合物与由 Si-O 构成的无机聚合物以及高分子化合物都有显著的

差异。配位聚合物是合成高分子，与平常意义上的高分子化合物不同的是高分子化合物并不是纯净物，而是一堆混合物，只能用平均相对分子质量来衡量，存在一定的相对分子质量分布，但配位聚合物是纯净物。配位聚合物之所以受到重视与广泛研究，是由于其展现出性质独特、结构多样化以及不寻常的光、电和磁效应，在非线型光学材料、传感材料、磁性材料、超导材料以及催化、储气等诸多方面都有极好的应用前景。配位聚合物的概念由 Bailar 在 1964 年首先提出，配位聚合物的合成、结构与性质研究一直有报道，但一般认为配位聚合物发展的一个重要标志是在 1989—1990 年 Robson 发表的研究工作，Robson 开创性的工作有力地推动了配位聚合物的发展，他们合成的配合物 $Cu[C(C_6H_4CN)_4]BF_4 \cdot xC_6H_5NO_2$ 是具有孔洞的三维配位聚合物[13]。在配位聚合物理论研究方面 A. F. Wells 早在 1977 年就出版了《三维网络和多面体》一书，对于配位聚合物的研究有重要理论意义[14]。

从几何学或拓扑学的观点看，配位聚合物可以剖析成如下两类。

①第一类：用连接点方式描述(connected points)。一维(1D)化合物可以由 2-连接点构成，即一条线-O-O-O-O-O-O-；在二维(2D)网络中，最简单的方式是 3-连接点与 4-连接点，即由两条平行线组成，4-连接点是二维网络中最简单的连接单元，如蜂窝状结构就由这样的连接点构成；三维网络中的连接点组成三条非平行线，有 6-连接点、4-连接点和 3-连接点等。

②第二类：用顶点和间隔子来描述(node and spacer approach)。将配体抽象成几何形状，点、线，即 node(顶点、节点、接点、结点)、spacer(间隔子)以及一定的几何体(如四面体、三角形等)。从分子设计的观点看，每一个网络至少有两种组分(即 node 和 spacer)，用此种方法已成功地进行了网络结构的预测。

从图 3-1 可以看出，即使最简单的网络结构也存在空隙或孔洞，由于结构本身和连接配体的尺寸原因，这些孔隙或孔洞就固有存在。最近十多年有大量文献涉及开放骨架配位聚合物的研究，这些配位聚合物显示出前所未有的孔隙尺寸及高的热力学稳定性，对于开发具有实用价值的储气材料积累了一定的基础。

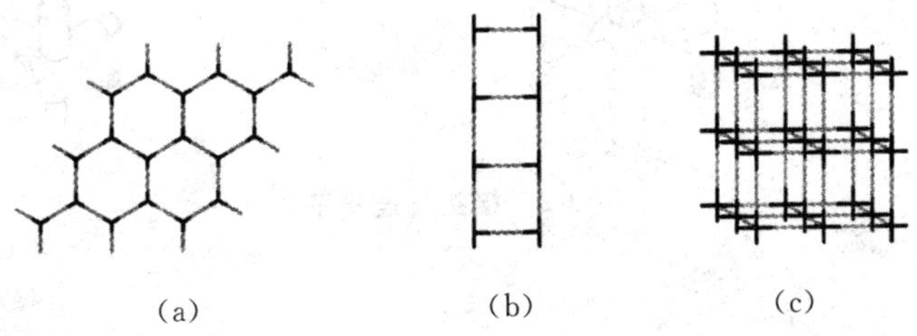

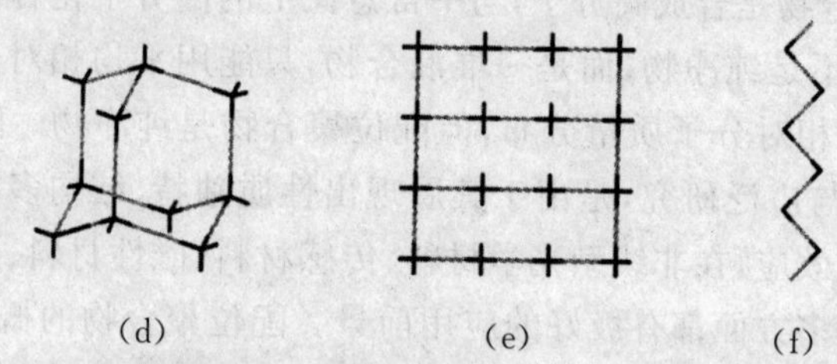

图 3-1　配位聚合物网络结构的几种简单类型

[2D 蜂窝型(a);1D 梯子型(b);3D 八面体型(c);
3D 六角金刚石型(d);2D 方格子型(e);1D 拉链型(f)]

对于配位聚合物的构造,Kitagawa 等进行了总结,概括为配位聚合物的构造与接头(connector 或 node)、连接子(linker 或 spacer)、构造配体、反离子和客体分子有关,总结的接头与连接子见图 3-2,通过接头、连接子构造的网络骨架见图 3-3。

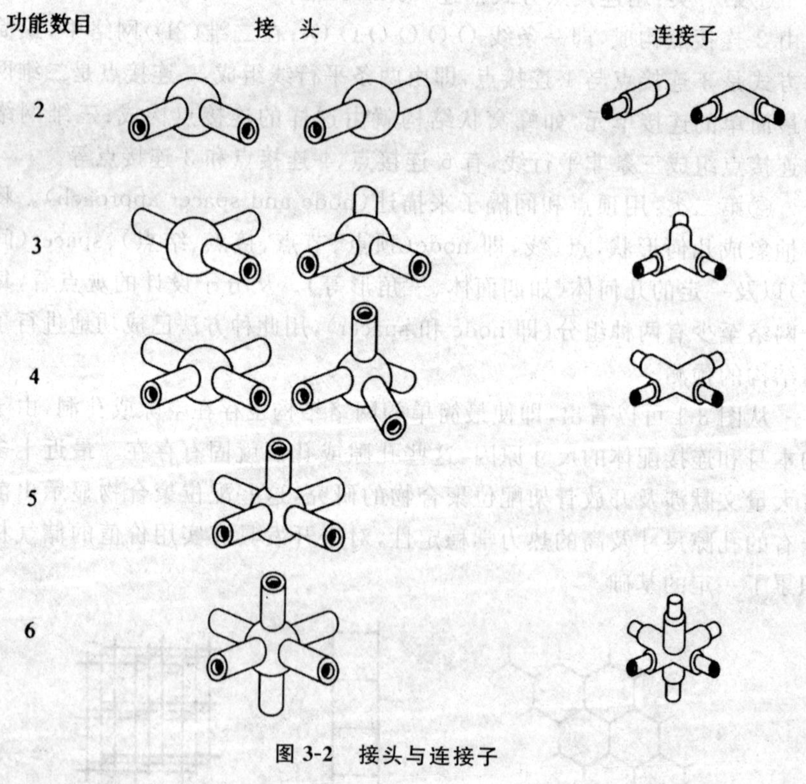

图 3-2　接头与连接子

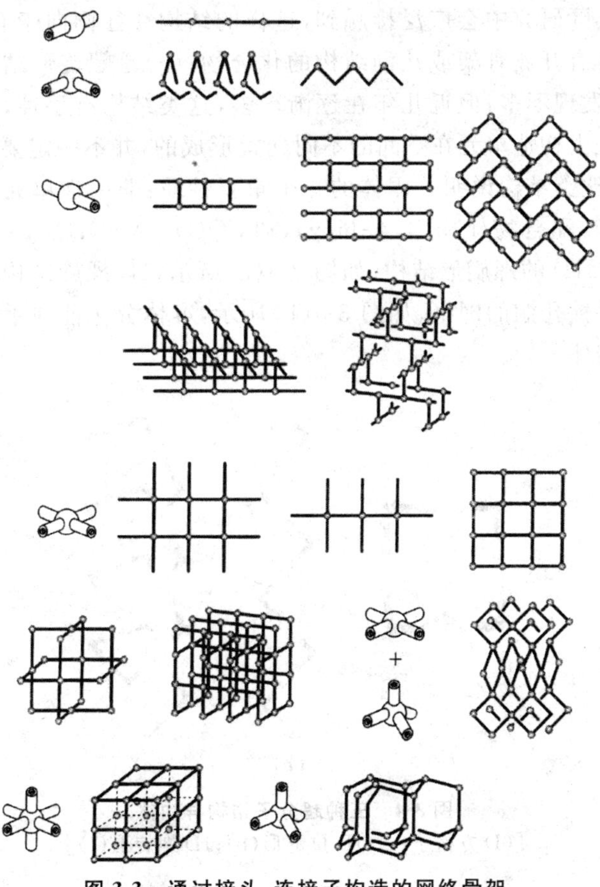

图 3-3 通过接头、连接子构造的网络骨架

3.1.1 1D 配位聚合物

1D 配位聚合物的结构有直线形(linear chain)、拉链形(zig-zag chain)、双链形(double chain)、螺旋形(单股、双股、三股等)(helix)、鱼骨形(fish-bone)、梯子形(ladder)、铁轨形(railroad)、缎带形(ribbon)等。

3.1.1.1 金属与配体计量比为 1∶1 的 1D 配位聚合物

这里讨论的金属与配体比例是对网络扩展有实质影响的组分之比。利用金属与配体可以构造出一系列配位异构物,对系列异构配合物结构的分析有助于进行结构的预测并合成希望结构的配合物,图 3-4 说明了两个构造单元(1∶1)至少可以自组装出 3 个结构类型的网络,这些网络构型特点是两个金属与一个配体(桥联特征)进行组装形成的。

图 3-4 中,(a)是正方形分子,0 维结构;(b)是拉链形配位聚合物(分子

链条)，在实际研究中会广泛接触到，这样的结构往往倾向于有效堆积，但不易形成具有开放骨架或孔洞结构的化合物；(c)是螺旋形结构的配位聚合物，以前发现不多，但近几年在逐渐增多，这类结构有手性，这种内在结构的手性是由构造单元在空间的不同配置形成的，并不一定要有手性原子存在，因此这类结构说明了固体的一个重要性质：非手性单元能产生手性晶体。例如，配合物$\{[Ni(4,4'\text{-bipy})(PhCOO)_2(MeOH)_2]\cdot(PhNO_2)\}_n$本身是一个1D的螺旋形结构，如图3-5(a)所示，1D螺旋结构的堆积可以形成具有手性孔洞的网络，如图3-5(b)所示，客体分子能在手性孔洞中形成手性二聚体[2]。

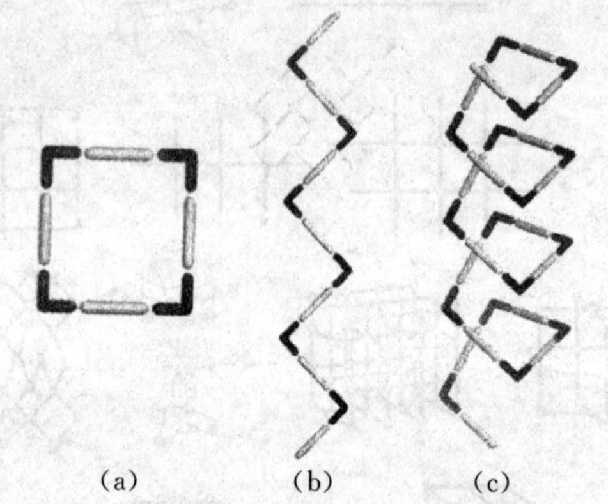

图3-4　三种超分子结构异构体

[0D方格子(a)；1D拉链形(b)；1D螺旋形(c)]

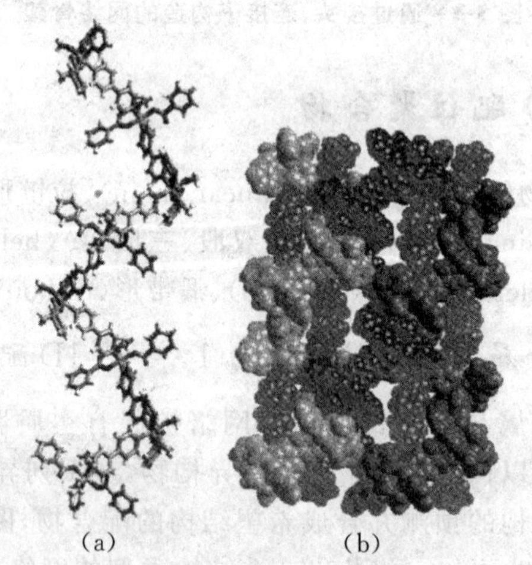

图3-5　配合物$\{[Ni(4,4'\text{-bipy})(PhCOO)_2(MeOH)_2]\cdot(PhNO_2)\}_n$的结构

[1D的螺旋形结构(a)；具有手性孔洞的网络(b)]

1D 配位聚合物中还出现管形结构，如配合物{[Ag(*trans*-tach)](CF_3SO_3)}$_n$ 和{[Ag(*cis*-tach)](CF_3SO_3)CH_3OH}$_n$[tach=1,3,5-三氨基环己烷]具有如图 3-6、图 3-7 所示的一维结构[2]。

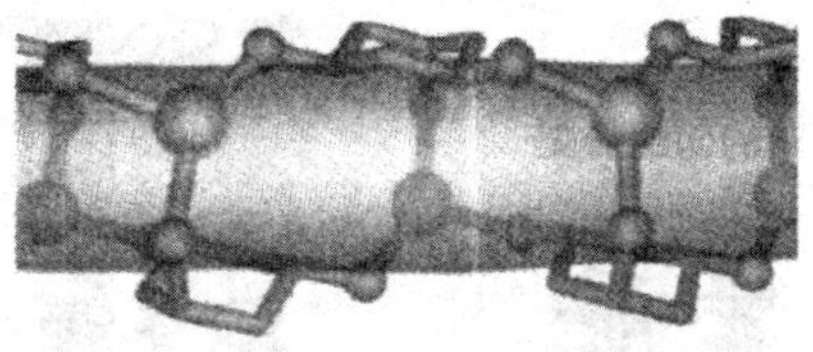

图 3-6　配合物{[Ag(*trans*-tach)](CF_3SO_3)}$_n$ 的结构

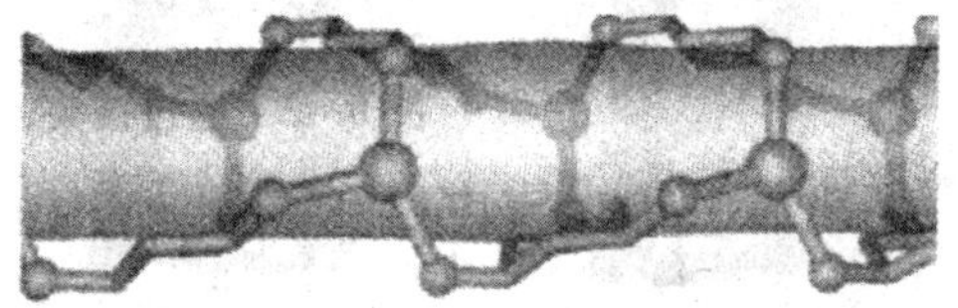

图 3-7　配合物{[Ag(*cis*-tach)](CF_3SO_3)CH_3OH}$_n$ 的结构

配合物{[Ag_2(L)$_2$](SbF_6)$_2$ · CH_2Cl_2}$_n$(L= H_3C N N—N N CH_3 N N N)

的结构见图 3-8，具有一维管状结构[6]。

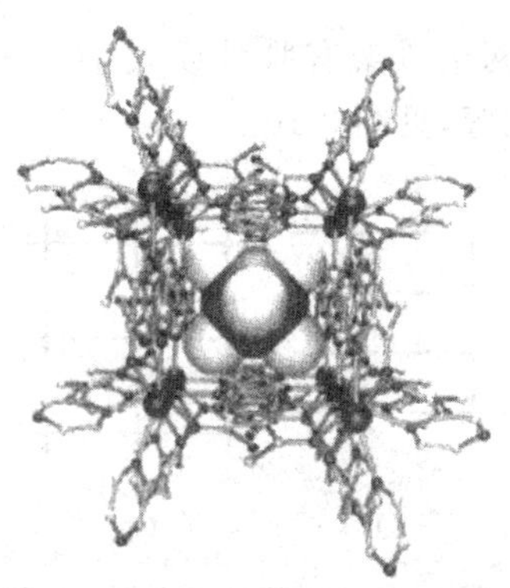

图 3-8　配合物{[Ag_2(L)$_2$](SbF_6)$_2$ · CH_2Cl_2}$_n$ 的结构

3.1.1.2　金属与间隔配体计量比为 1∶1.5 的 1D 配位聚合物

“分子梯子”代表了另一类 1D 配位聚合物(上述介绍了 1D 拉链、螺旋形以及管状结构)。“分子梯子”一般是每个金属与 1.5 个间隔配体自组装形成的，分子构造单元是“T 状”构件；在单个分子梯子中也能包含孔洞，孔洞由间隔配体的长度、形状和取向来决定。分子梯子的简单例子是配位聚合物$[M(\mu\text{-}L)_{1.5}(NO_3)_2]_n$(L＝4,4′-联吡啶(4,4′-bipy),见图 3-9(a);二(4-吡啶)乙烷(bipy-eta),见图 3-9(b))。

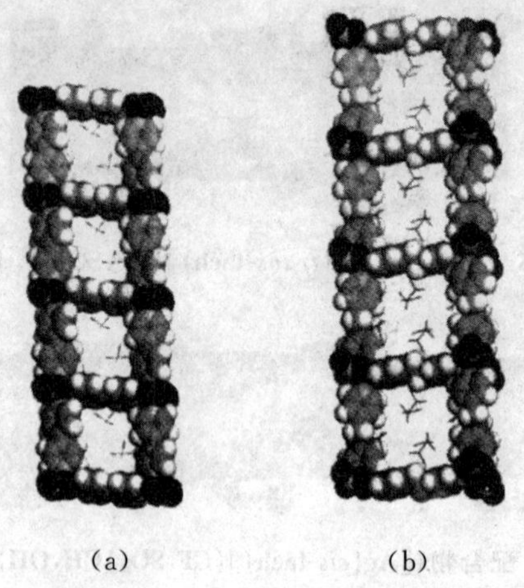

图 3-9 两个分子梯子的晶体结构

$[[Co(bipy)_{1.5}(NO_3)_2]\cdot 2CHCl_3$(a);$[Co(bipy\text{-}eta)_{1.5}(NO_3)_2]\ 3CHCl_3$(b)]

3.1.2 2D 配位聚合物

2D 配位聚合物的网络骨架有腓骨或人字形席纹地板、蜂窝形砖墙结构、正方格子、双层结构等,见图 3-10。

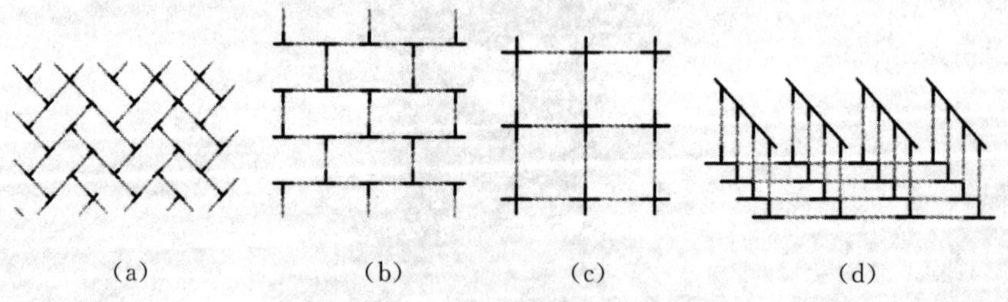

图 3-10 2D 配位聚合物的网络

[腓骨或人字形席纹地板结构(a);蜂窝形砖墙结构(b);正方格子(c);双层结构(d)]

3.1.2.1 正方格子

正方格子网络是一类比较简单、普遍存在并可预测的 2D 配合物网络。正方格子配合物是基于用线型双功能间隔配体以金属配体 1:2 的形式形成的配合物。

开放骨架正方格子网络最早是 Fujita 用 4,4′-bipy 配体合成得到(1994 年)[15]。Fujita 的结构基于 Cd(Ⅱ)金属,随后一系列其他的化合物陆续发表,主要基于过渡金属,如 Co(Ⅱ)、Ni(Ⅱ)和 Zn(Ⅱ)等。

图 3-11 是系列配合物[M(4,4′-bipy)$_2$(NO$_3$)·guest]的结构,这些配合物已得到广泛与深入的研究,观察到有 3 种基本晶体结构类型。

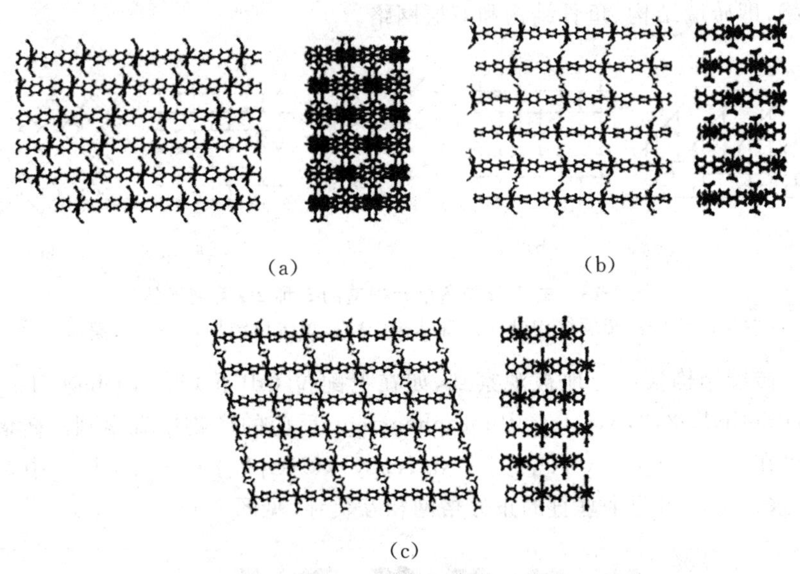

(a)　(b)　(c)

图 3-11　具有方格网络配合物[M(4,4′-bipy)$_2$(NO$_3$)·guest]
[A 型格子(a);B 型格子(b);C 型格子(c)]

除了具有正方格子的配合物有不少报道外,具有长方格子的配合物也能通过引入不同间隔长度桥联配体来合成。图 3-12 就是配合物{[Co(pyca)(4,4′-bipy)(H$_2$O)$_2$][NO$_3$]·(4,4′-bipy)(H$_2$O)$_{1.5}$}$_n$ 的结构。

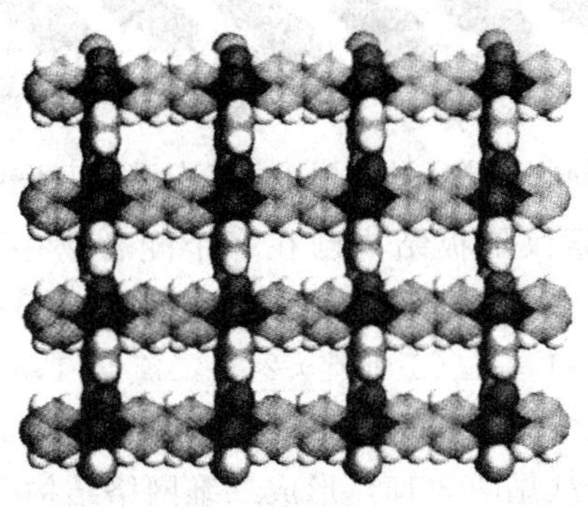

图 3-12　配合物{[Co(pyca)(4,4′-bipy)(H$_2$O)$_2$][NO$_3$]·(4,4′-bipy)(H$_2$O)$_{1.5}$}$_n$ 的结构

3.1.2.2 其他 2D 建筑

T 形构造单元在配位聚合物的合成中有重要意义，用计算方法来计算 T 形的可能配置方式应有 5 种 2D 结构（见图 3-13），利用这样的构造单元已合成了许多 1D、2D 和 3D 网络的配合物，具有 T 形构造单元的 3 种 2D 网络，即砖墙结构、鱼骨结构和双层网络。

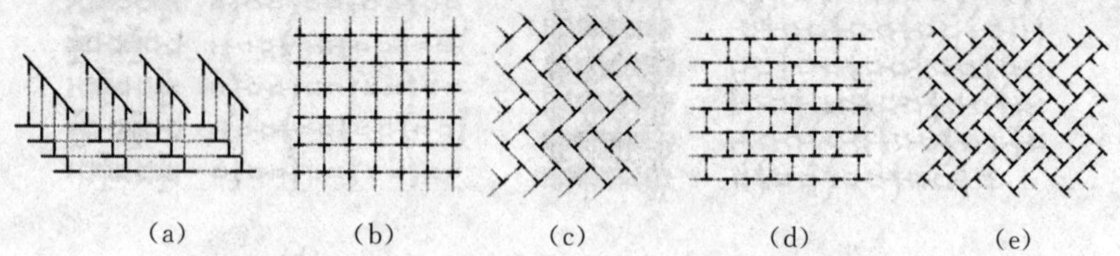

图 3-13 由 T 形构造单元构造的 5 种 2D 可能网络

[双层结构(a)；砖墙结构(b)；鱼骨结构(c)；长短砖块结构(d)；方平编织(e)]

砖墙结构较广泛地被观察到，如在七配位 Cd(Ⅱ)与 1,4-bis((4-pyridyl)methyl)-2,3,5,6-tetrafluorophenylene 反应的产物中观察到。砖墙结构也在{$[Ni(azpy)_2(NO_3)_2]_2[Ni_2(azpy)_3(NO_3)_4]\cdot 4CH_2Cl_2$}$_n$ 中观察到，这一结构用两个垂直的正方格网相互贯穿（见图 3-14）。

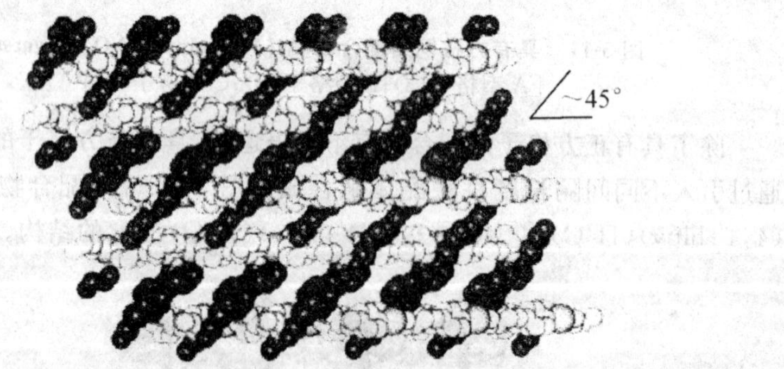

图 3-14 配合物{$[Ni(azpy)_2(NO_3)_2]_2[Ni_2(azpy)_3(NO_3)_4]\cdot 4CH_2Cl_2$}$_n$ 中的网络互穿

人字形结构或席纹地板结构已在多个配合物中观察到，如在配合物 $[Cd(NO_3)_2(C_{12}H_{10}N_4)_{1.5}\cdot CH_2Cl_2]_n$ 和 $[Co(NO_3)_2(C_{12}H_{10}N_4)_{1.5}\cdot CH_2Cl_2]_n$ [$C_{12}H_{10}N_4$-1,4-二(3-吡啶)-2,3-二氮杂-1,3 丁二烯]中配位球类似于砖墙结构：七配位 Cd(Ⅱ)或 Co(Ⅱ)与两个双齿硝酸根以及三个中性桥联配体的一端配位（见图 3-15），形成二维网络结构。

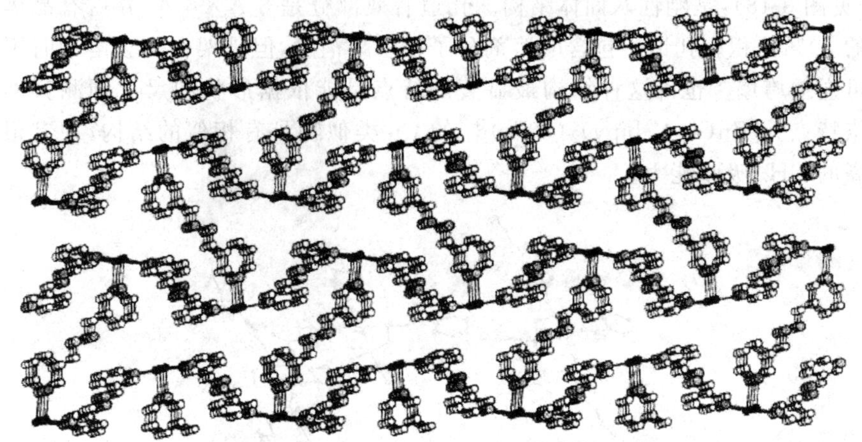

图 3-15　配合物$[M(NO_3)_2(C_{12}H_{10}N_4)_{1.5}\cdot CH_2Cl_2]_n$的结构(硝酸根和客体分子未画出)

3.1.3　3D 配位聚合物

3.1.3.1　金刚石网络

用四面体金属(如 Zn、Cd)作为网络的构造接头,CN^-作为空间连接间隔子形成的金刚石型网络是典型的金刚石型配位聚合物,如$Zn(CN)_2$和$Cd(CN)_2$形成的金刚石型网络具有二重相互贯穿网络,但可以用CCl_4填充其孔穴获得无贯穿单一网络$Cd(CN)_2$配位聚合物。由此可见,网络相互贯穿在适当的模板剂或客体分子存在时可以避免。$Zn(CN)_4^{2-}$通过与Cu(Ⅰ)反应也能得到金刚石型网络,这种阴离子网络可以认为是由四面体Zn组成的,再通过CN^-与四面体Cu(Ⅰ)连接。

图 3-16 显示出配合物$\{[Zn_2(\mu\text{-}OH)(\text{4-pyridylbenzoate})_3\cdot EtOH]\}_n$具有金刚石型网络结构,这个配合物具有网络互穿特征。

应该注意的是,尽管相互贯穿减小或消除孔洞性,但对于这种金刚石网络结构至少有两个重要特性:可预先设计安排形成非心网络,因为在一个四面体接头上没有固有的翻转中心;对于阴离子选择性交换非常有用。

3.1.3.2　八面体网络

合成的金属有八面体网络最早在 1995 年报道,合成的配合物为$\{[Ag(pyz)_3][SbF_6]\}_n$(见图 3-17),Ag(Ⅰ)是六配位八面体阳离子,三维骨架是阳离子性质。另一个中性的类似结构配合物是$[Zn(4,4'\text{-bipy})_2(SiF_6)]_n$

(见图 3-18),是刚性八面体结构。孔道有效部分是 8 Å×8 Å,并占有晶体的 50%体积。孔道中包含的溶剂分子很容易消除,但骨架在失去溶剂时不可逆地垮塌。也许这种结构最显著的特点是能依据形状和尺寸预测其网络特点。$[Zn(4,4'\text{-bipy})_2(SiF_6)]_n$ 的 Cu 类似物具有相似的结构,并有很高的 CH_4 吸收能力。

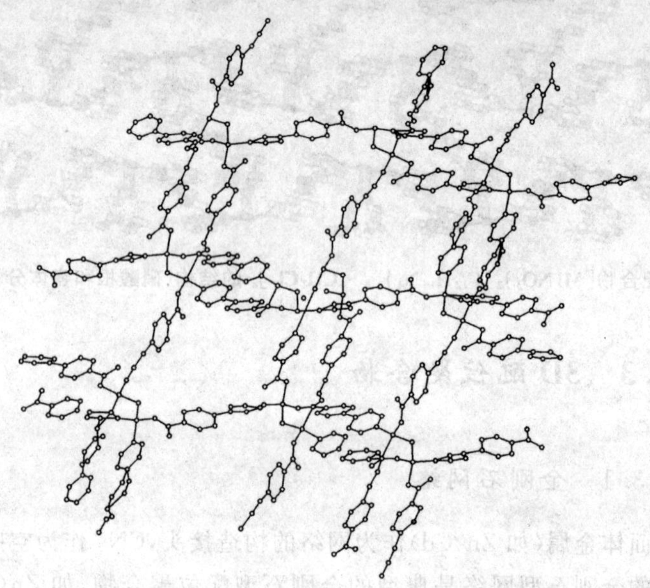

图 3-16　配合物$\{[Zn_2(\mu\text{-OH})(4\text{-pyridylbenzoate})_3\cdot EtOH]\}_n$ 的结构

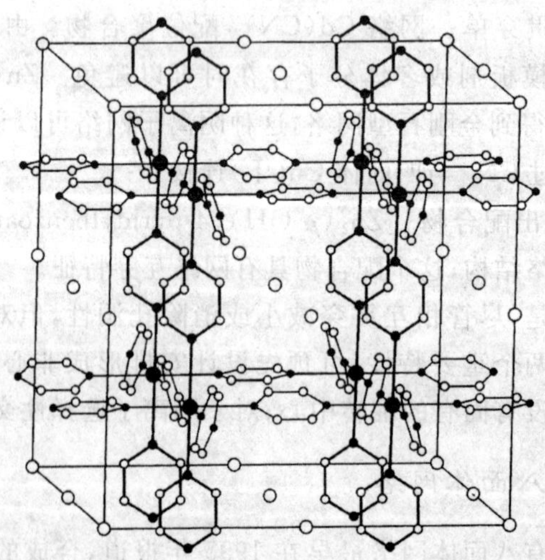

图 3-17　配合物$\{[Ag(pyz)_3][SbF_6]\}_n$ 的结构

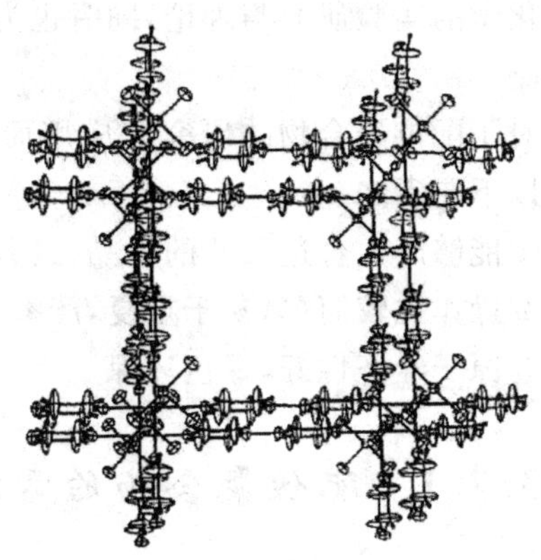

图 3-18　配合物$[Zn(4,4'\text{-}bipy)_2(SiF_6)]_n$ 的结构

$[Zn_4O(BDC)_3]_n$ 是一个相对简单、廉价制得并在失去或交换掉客体分子后十分稳定的配合物，显著特征是具有相当程度的孔洞性(见图 3-19)。它具有很大的自由孔容使客体分子能留在其中，能容纳氯苯和 DMF 等这样较大体积的分子，具有 60% 的孔洞性，而典型的分子筛的孔洞性一般是 30%。

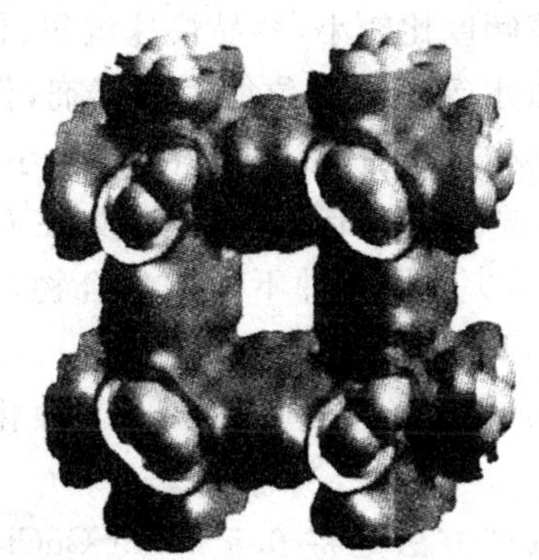

图 3-19　配合物$[Zn_4O(BDC)_3]_n$ 的结构

3.2　配位聚合物的合成

目前，配位聚合物的制备方法主要有普通溶液反应、水(溶剂)热法(包括微波辅助加热)、扩散法、机械研磨等。由于金属离子配位构型及有机配体结构的多样性，功能配位聚合物的定向合成一直是无机化学领域的一大挑战。另外，在制备过程中，多种因素都能够对配位聚合物的结构和性能产生影响。深入探索配位聚合物的合成、结构和性质的调控手段可以丰富

合成化学的实验研究与理论,同时也为新型分子基材料的设计合成提供新的思路。

对于配位聚合物的研究和应用而言,理想、有用的合成方法至少应该具备以下要素之一:

①能够产生合适尺寸的单晶,或者纯相的单晶或微晶(粉末)产物。

②操作比较简单,易于重复,产率较高,最好能够实现大规模合成。

③原子经济性好,绿色环保。

3.2.1 配位聚合物的常规合成方法

3.2.1.1 溶液合成法

溶液合成法指的是直接将金属盐与有机桥联配体在特定的溶剂(如水或者有机溶剂)中混合,必要时调节 pH,在不太高的温度下(通常在 100℃以下),于开放体系中搅拌或者静置,随反应的进程、温度降低或溶剂蒸发,析出反应产物的过程。由于配位聚合物产物具有无限聚合结构,通常在水或普通有机溶剂中的溶解度比较小,容易快速沉积、析出,形成粉末状的产物,必要时,可以加入氨水等具有配位能力的试剂,作为配位缓冲剂,以调控配位聚合物的网络结构,以及控制产物微晶的大小[16]。

在溶液合成法中,常会发生有趣的现象,如在 Cu^{2+}/1,4-bdc/phen 体系中利用溶液合成法可以获得两种不同的化合物,这两种化合物分别为 $\{[Cu(1,4\text{-bdc})(phen)(H_2O)]\cdot(H_2O)(DMF)\}_n$,这种化合物的分子结构是一维链;$[Cu(1,4\text{-bdc})(phen)(H_2O)]$,这种化合物的分子结构是单核。

上述合成过程的具体方法是将 0.5 mmol $CuCl_2\cdot 2H_2O$ 加入到含有 0.5 mmol 的 1,4-对苯二甲酸和 0.5 mmol phen 的 20 mLDMF 溶液中,搅拌溶液 0.5 h,有一些沉淀生成,过滤,将滤液在室温下放置约一个月,就可以获得一种蓝色晶体,这种晶体就是 $\{[Cu(1,4\text{-bdc})(phen)(H_2O)]\cdot(H_2O)(DMF)\}_n$;再放置两个月,晶体 $\{[Cu(1,4\text{-bdc})(phen)(H_2O)]\cdot(H_2O)(DMF)\}_n$ 就会转变为另外一种蓝色晶体 $[Cu(1,4\text{-bdc})(phen)(H_2O)]$,这两种晶体的结构分别如图 3-20 和图 3-21 所示。两者在放置过程中出现了晶体到晶体的转换,这种转换应该是动力学稳定的产物转化为热力学稳定的产物。

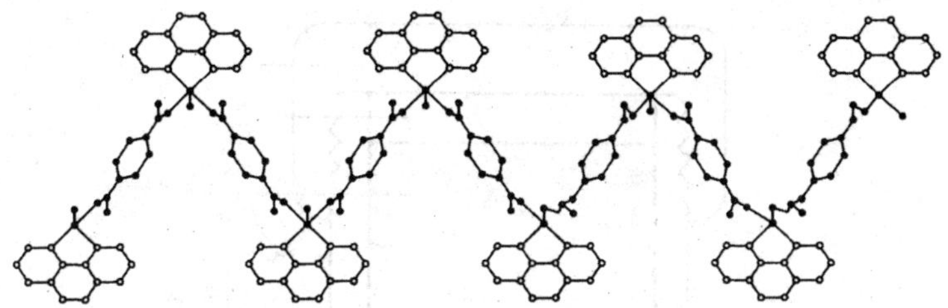

图 3-20　配合物{[Cu(1,4-bdc)(phen)(H_2O)]·(H_2O)(DMF)}$_n$ 的结构

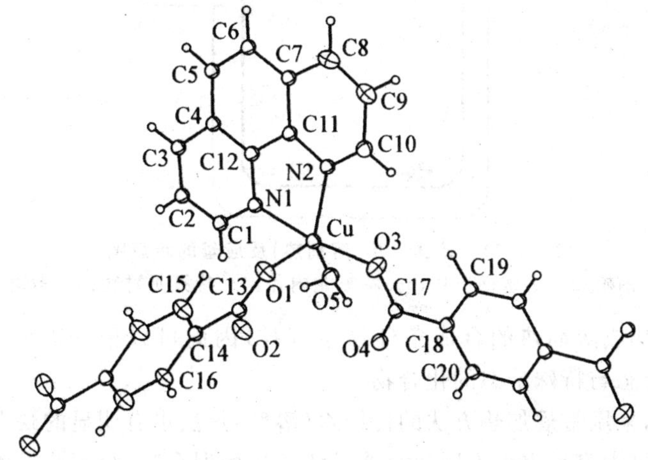

图 3-21　配合物[Cu(1,4-bdc)(phen)(H_2O)]的结构

3.2.1.2　水热或溶剂热合成法

水热或溶剂热合成法通常指的是直接将金属盐与有机桥联配体在特定的溶剂(如水或有机溶剂)中混合,放入密闭的耐高压金属容器(即反应釜)(如图 3-22 所示),通过加热,反应物在体系的自产生压力下进行反应。对于配位聚合物而言,反应及晶化温度通常在 80～200℃之间,很多化合物可以在 150℃左右的温度下合成。在采用高沸点溶剂和较低反应温度时,也可以使用带盖的玻璃瓶作为反应容器。

水热或溶剂热合成特点如下:

①水热或溶剂热无需常温常压下反应物便可溶于溶剂,因此常规溶剂法不能适用的情形在水热条件下可能适用,这样就拓宽了配合物合成体系的选择,对于更广泛地寻求新颖配合物具有重要意义。

②由于在水热或溶剂热条件下,中间态、介稳态或特殊物相易于形成,因此能合成一些特殊形态的新化合物。

③水热或溶剂热的低温、等压和亚临界或超临界溶液条件有利于生长比较完美的晶体。

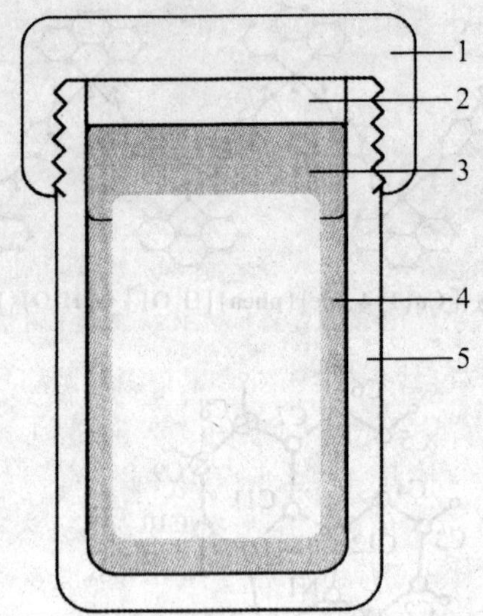

图 3-22 普通水热(溶剂热)反应釜的示意图

1—不锈钢帽；2—不锈钢垫片；3—特氟龙内盖；4—特氟龙衬底；5—不锈钢釜体

④水热或溶剂热的合成条件易于调控，因此可以根据需要合成低价态、中间价态与特殊价态的化合物。

但是，采用常规加热方法的传统水(溶剂)热法也有明显的缺点：

①产物中容易出现不同化合物晶体的机械混合物，分离非常困难。

②能耗比较高，反应时间也比较长。

3.2.1.3 扩散法

扩散法指的是将反应物分别溶解于相同或不同的溶剂中，通过一定的控制，让含有反应物的两种流体在界面或特定的介质中，通过扩散而相互接触，从而发生反应，形成产物。由于反应物需要通过扩散才能相互接触，反应速率就被降低下来，有利于难溶产物的晶体生长，以便获得较大尺寸的单晶。不过，扩散法通常产率降低，反应时间长，且难以进行大量的合成。

例如，在 Cu^{2+}/H_2sal(水杨酸)/4,4′-bipy 体系中，通过溶液分层扩散总共合成了 6 个化合物；这 6 个化合物如下：

①零维化合物一个，称为化合物 1，化合物 1 的分子式为[Cu_2(Hsal)$_4$(4,4′-bipy)(H_2O)$_2$(DMF)$_2$]。

②一维化合物 3 个，分别称为化合物 2、化合物 3 和化合物 4(以下依次类推)，这 3 种化合物分别是：化合物 2 为{*trans*-[Cu(Hsal)$_2$(4,4′-bipy)](DMF)}$_n$，化合物 3 为{*cis*-[Cu(Hsal)$_2$(4,4′-bipy)](2H_2O)}$_n$，化合物 4 为[Cu_2(Hsal)$_4$(4,4′-bipy)]$_n$。

③二维化合物 1 个，化合物 5 为{[Cu(Hsal)$_2$(4,4′-bipy)](H_2O)(H_2sal)}$_n$。

④三维化合物 1 个，化合物 6 为[Cu(sal)(4,4′bipy)]$_n$。

合成使用 0.8 cm 直径的管子，这些化合物的合成如下：

①化合物 1 的合成，用三层溶液，底层为 4 mL 水包含 0.05 mol · L^{-1} 的 $Cu(CH_3COO)_2 \cdot H_2O$，中间层为 4 mL DMF 溶液包含 0.05 mol · L^{-1} 吡嗪和 0.2 mol · L^{-1} 水杨酸，上层为 4 mL 甲醇包含 0.05 mol · L^{-1} 4,4′-联吡啶，几天以后得到天蓝色晶体。其结构如图 3-23 所示。

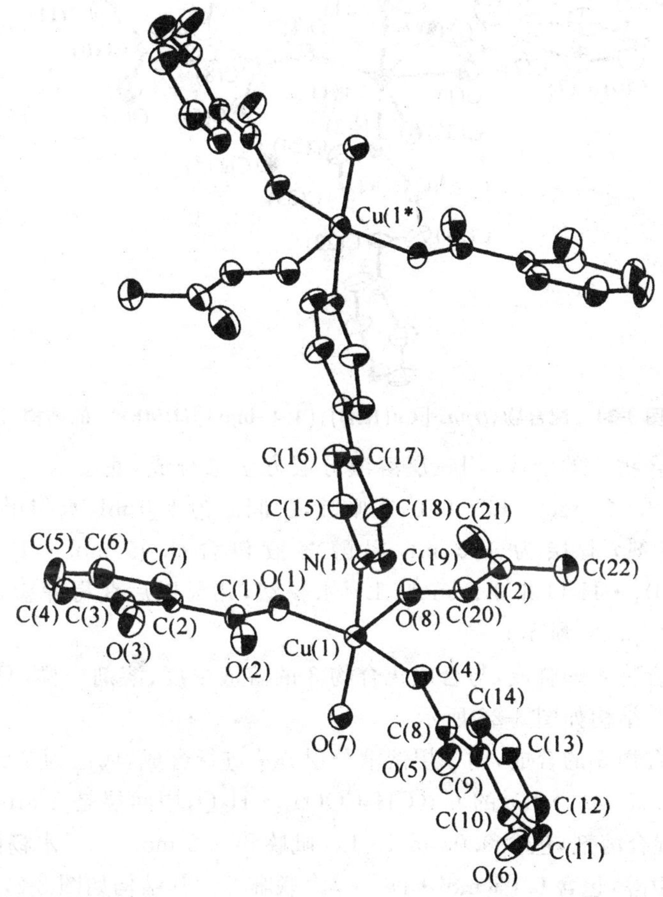

图 3-23　配合物[Cu_2(Hsal)$_4$(4,4′-bipy)(H_2O)$_2$(DMF)$_2$]的结构

②化合物 2 的合成，可以用两层或三层分层方法均可以获得目标化合物，两层溶液分层法如下，底层是 DMF 与水 1∶1 溶液 1.5 mL，含 0.05 mol · L^{-1} 4,4′-联吡啶，上层为 1.5 mL 甲醇溶液，包含 0.05 mol · L^{-1} 的 $Cu(CH_3COO)_2 \cdot H_2O$ 和 0.2 mol/L 水杨酸，几天后获得天蓝色晶体。其

结构如图 3-24 所示。

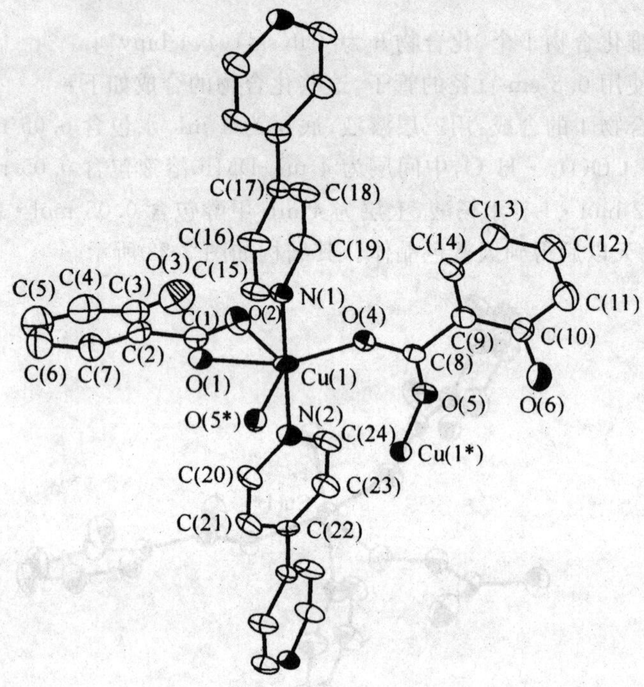

图 3-24　配合物{*trans*-[Cu(Hsal)$_2$(4,4′-bipy)](DMF)}$_n$ 的结构

③化合物 3 的合成，用三层溶液分层方法来合成，底层为 2.5 mL 水溶液包含 0.025 mol·L^{-1} 4,4′-联吡啶，中间层为 1.0 mL 水与甲醇 1∶1 的混合溶剂，上层为 1.5 mL 甲醇溶液包含 0.05 mol·L^{-1} 的 $Cu(CH_3COO)_2 \cdot H_2O$ 和 0.2 mol·L^{-1} 水杨酸，几天以后获得深蓝色晶体。其结构如图 3-25 所示。

④化合物 4 的合成，与合成化合物 3 的溶液浓度、溶剂一样，只是没有中间层。其结构如图 3-26 所示。

⑤化合物 5 的合成，用三层溶液分层方法进行合成，底层为 7 mL 水溶液，包含 0.05 mol·L^{-1} 的 $Cu(CH_3COO)_2 \cdot H_2O$，中间层是 4 mL 甲醇与水 1∶1 混合溶剂，包含 0.05 mol·L^{-1} 吡嗪和 0.2 mol·L^{-1} 水杨酸，上层为 7 mL 甲醇，包含 0.05 mol·L^{-1} 4,4′-联吡啶。其结构如图 3-27 所示。

⑥化合物 6 的合成，用三层溶液混合法合成，底层为 5 mL 水溶液，包含 0.2 mol·L^{-1} 4,4′-联吡啶，中间层为 2 mL 甲醇和水 1∶1 混合溶剂，上层为 5 mL 甲醇溶液，包含 0.05 mol·L^{-1} 的 $Cu(CH_3COO)_2 \cdot H_2O$ 和 0.2 mol·L^{-1} 水杨酸，几天以后获得绿色晶体，将绿色晶体在真空条件下抽滤 2 h，获得配合物 6。其结构如图 3-28 所示。

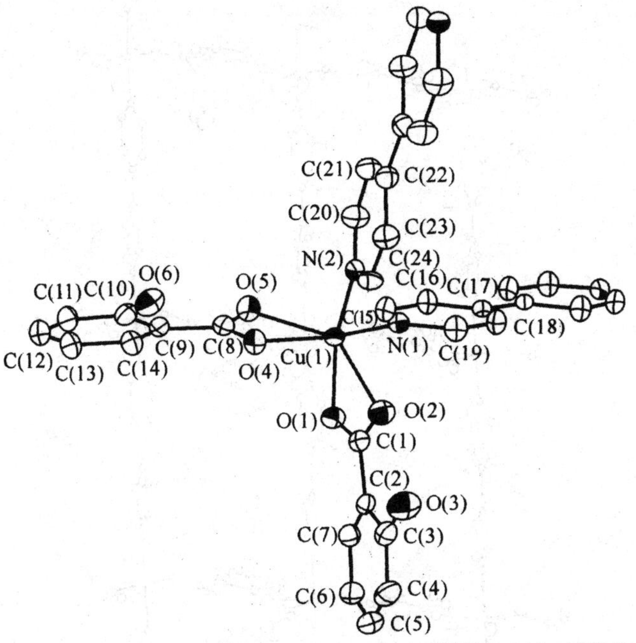

图 3-25　配合物{*cis*-[Cu(Hsal)$_2$(4,4′-bipy)](2H_2O)}$_n$ 的结构

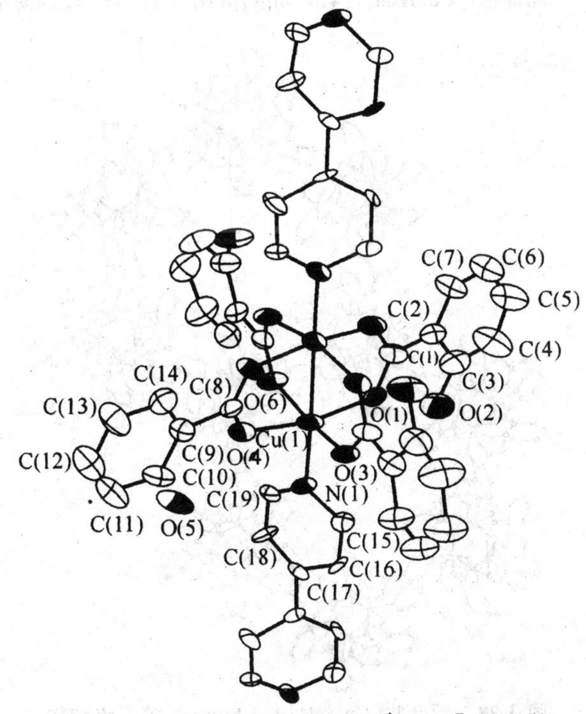

图 3-26　配合物[Cu_2(Hsal)$_4$(4,4′-bipy)]$_n$ 的结构

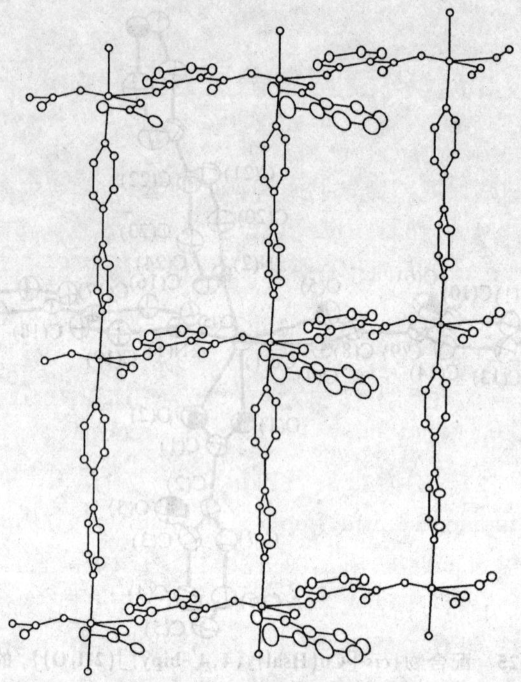

图 3-27　配合物{[Cu(Hsal)$_2$(4,4′-bipy)](H$_2$O)(H$_2$sal)}$_n$ 的网络结构

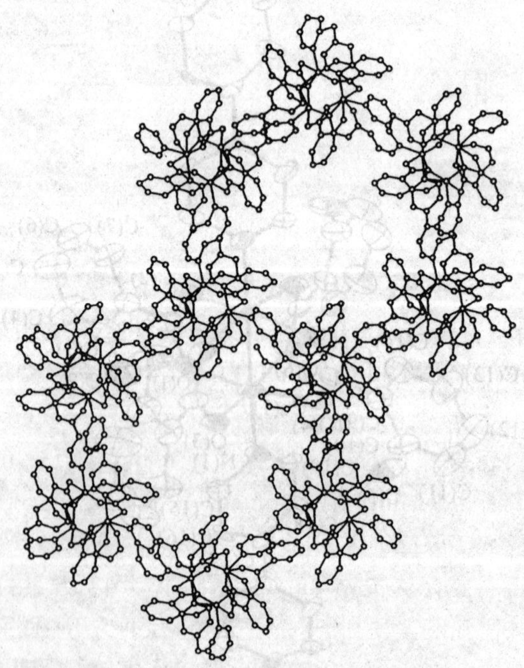

图 3-28　配合物[Cu(sal)(4,4′bipy)]$_n$ 的三维结构

这 6 个配合物均通过溶液分层方法获得，合成过程中考虑合成条件充分变化对配合物合成的影响，仔细控制合成条件并做大量观察实验，最终合成出 6 个配合物，这 6 个配合物的空间维数从零维到三维均覆盖到了，而且发现有动力学与热力学稳定的产物，水杨酸的脱氢形式也有完全脱氢、脱一个氢以及以中性配体存在 3 种情况。

3.2.1.4 固相反应法

固相反应法不使用溶剂，一般产率较高，制备方法简单，已经被广泛应用于多种无机材料的合成。例如将 ZnO 与 2-甲基咪唑加热至 180℃，反应 3 h 就可以生成高纯度 MAF-4(ZIF-8)，反应式如下：

$$\mathrm{ZnO(s)+Hmim(l)\xrightarrow[3\ h]{180^{\circ}C}SOD\text{-}[Zn(min)_2](s)+H_2O(g)}$$

该类反应的产率近乎 100%，除了放出水蒸气之外，没有任何副产物；产物不需要任何预处理，就可以用于吸附实验。而且，由于晶体质量优异、晶体尺寸较小，产物的吸附性能优于通过溶剂热法得到的样品。此种反应方法不仅不需要溶剂，而且反应规模非常灵活，非常易于大量生产。

3.2.2 合成后修饰

合成后修饰指的是在保持原有框架的前提下，通过某种化学反应的方法，对框架进行某种修饰，让框架具有更好的功能基团和活性中心，以便实现优秀的功能性质[17]。

为了修饰孔道表面性质，能够用更强的配体来取代金属位点上容易离去的封端配体。例如，在 MIL-101(Cr) 框架中，每个金属离子有一个封端配体，可以采用较强配位能力的乙二胺取代，形成含有悬挂乙二胺的 MOF 材料[ED-MIL-101(Cr)]（见图 3-29）。因为氨基这一碱性基团的存在，经乙二胺修饰过的 ED-MIL-101(Cr) 具有更强的对 Knoevenagel 缩合反应的催化活性[18]。

对于可变价金属离子，除了通过合成直接形成不同价态金属离子的配位聚合物之外，还可以通过合成后修饰的方法，改变聚合物中金属离子的价态。采用合成后氧化的方法，可以将含 Mn(Ⅱ) 的多氮唑框架 MOF (MAF-X25，见图 3-30) 中约一半的 Mn(Ⅱ) 转化为 Mn(Ⅲ)，形成含 Mn(Ⅲ) 的 MOF(MAF-X25ox)。MAF-X25ox 保持了 MAF-X25 的框架，并具有明显提升催化烷基苯转换为苯基酮的活性[19]。

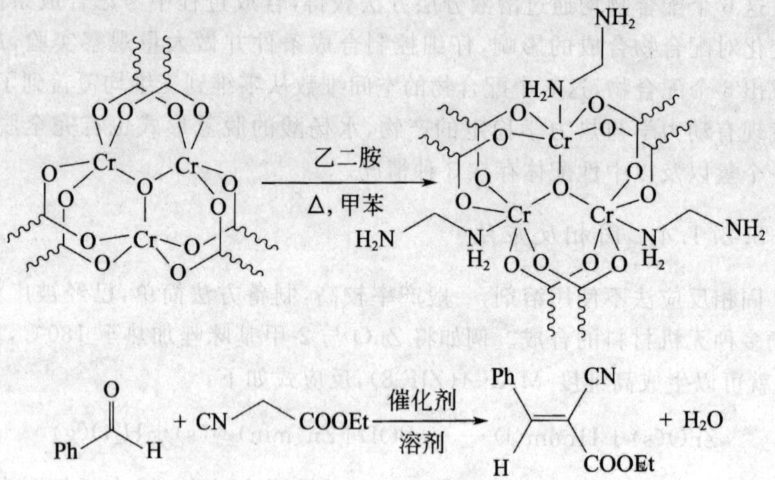

图 3-29　用乙二胺修饰 MIL-101(Cr)中三核 SBU 的示意图

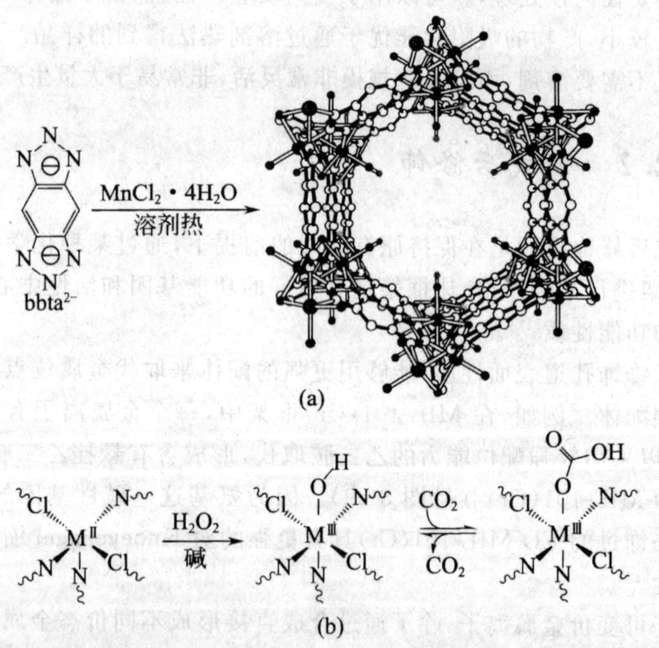

图 3-30　具有蜂窝状结构 Mn(Ⅱ)-多氮唑框架 MAF-X25 的合成及其一维孔道结构(a)；框架中 Mn 位点氧化为 Mn(Ⅲ)，伴随氯化形成的配位氢氧根及其与 CO_2 的反应(b)

与金属位点的修饰类似，一些有机桥联配体也可以进行合成后的共价修饰。通常，为了保持 MOF 结构的完整性，相关配体共价修饰反应均为反应条件温和、易于进行的共价反应。例如氨基的烷基化反应、水杨醛缩合、叠氮与炔基的 1,3-偶极环加成等,如图 3-31 所示。

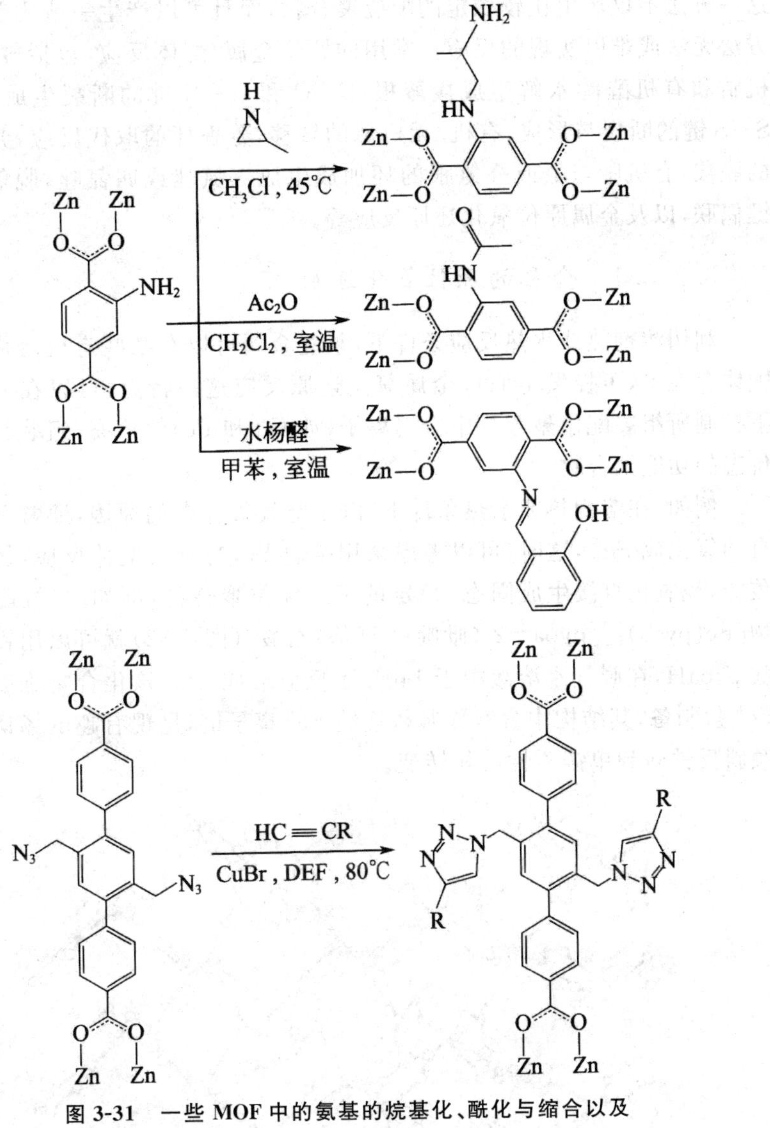

图 3-31 一些 MOF 中的氨基的烷基化、酰化与缩合以及叠氮与炔基的 1,3-偶极环加成等后修饰反应

3.2.3 原位金属/配体反应法

原位金属/配体反应法是一种新颖的合成方法,10 年前开始应用于配位聚合物的合成。由于配位聚合物的溶解性一般比较差,溶剂热或水热反

应条件是制备配位聚合物的有效途径。由于采用相对较高的温度和压力，这一方法不仅产生比较稳定的配位聚合物，而且可以产生一些用普通合成方法无法或难以实现的反应。常用的原位金属/配体反应，包括羧酸酯、有机腈和有机醛的水解生成羧酸根，C—C 和 C—N 键的断裂生成羧酸根，S—S 键的断裂与形成，有机/无机硫的转移，芳香环的取代反应，芳香羧酸的脱羧，有机腈与氨或叠氮根的环加成生成三氮唑或四氮唑，脱氢碳—碳键偶联，以及金属原位氧化还原反应等。

3.2.3.1　金属的原位氧化还原

利用溶剂热或水热反应条件下，某些金属可以在某些有机溶剂或有机配体存在下，可控发生原位金属氧化还原反应这一特点，可以在一定条件下控制所组装配位聚合物中金属离子(如 Cu 和 Fe)的价态，组装具有特定价态的功能聚合物。

例如，在溶剂热或水热条件下，由于空气等存在的原因，通常 Fe^{II} 容易自动氧化成 Fe^{III}，这时，可以考虑采用金属 Fe，与有关配体反应，例如有机羧酸，经氧化直接生成固态、稳定的 Fe^{II} 配位聚合物，例如，二维配位聚合物[$Fe(pyoa)_2$][pyoa＝2-(吡啶-3-氧基)乙酸](图 3-32)就可以用铁粉与羧酸 pyoaH，在脱气水溶液中于 140℃下反应形成[20]。该化合物难以直接用 Fe^{II} 盐制备，其结构中含有羧基桥连纯 Fe^{II} 离子链，呈现有趣的场诱导自旋倾斜反铁磁到单链磁性的相转变。

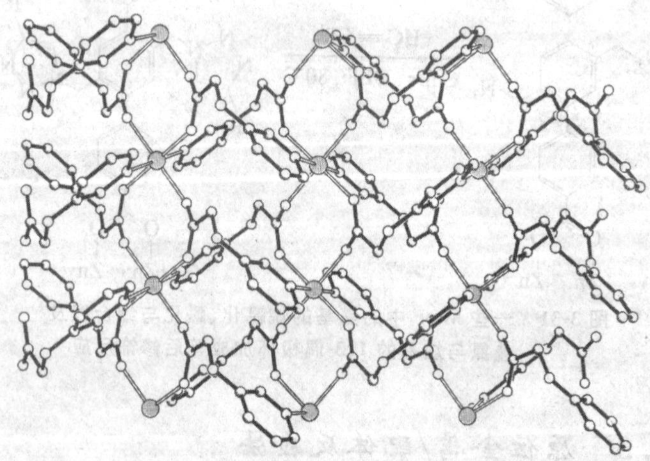

图 3-32　配位聚合物[$Fe(pyoa)_2$]的层结构

溶剂热或水热反应条件下原位金属氧化还原反应还有可能用于制备混价 Fe 或 Cu 的配位聚合物。目前已知的混合价金属配位聚合物基本上都是采用溶剂热或水热反应条件下原位金属氧化还原反应制备的。

3.2.3.2 配体的原位形成

本节仅介绍与特定配位聚合物结构有直接关系的原位产生羧酸根和含硫配体的转换反应。这些配位聚合物难以通过加入相关配体与金属离子反应而直接形成。

直接使用羧酸或羧酸根与金属离子反应时，常常不能获得具有非心和手性配位聚合物。不过，在水热或溶剂热条件下，采用有机腈和酯水解原位生成羧酸根是一种比较有效的方法。

例如，结晶于手性空间群 $P2_12_12_1$ 的[$Zn(ina)_2$](ina＝isonicotinate)(图 3-33)就是在乙醇-水混合溶剂中，于 130℃下用 $Zn(ClO_4)_2$ 与 4-腈基吡啶反应得到[21]。该化合物的晶体结构中，每个 Zn 离子均与来自四个 ina 配体的两个单齿配位羧酸根和两个吡啶基团配位，形成钻石网络结构(参见图 3-1)。由于单重钻石网络结构具有很大的空洞，该钻石网络实际上是三重互穿的。

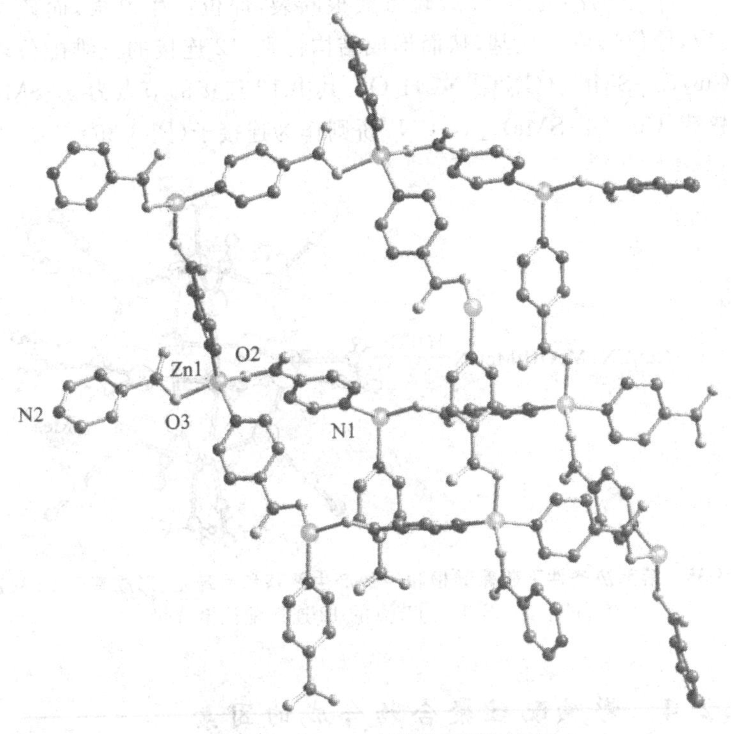

图 3-33 [$Zn(ina)_2$]钻石网络结构

除了采用上述方法外，还可以用杂环化合物或者烯键水解/氧化断裂的方法，产生羧基配位聚合物。这一方法也可以获得与用直接加入羧酸与金属离子反应所生成产物结构不同的化合物，甚至非心、手性配位聚合物。例如，用不对称噁二唑配体 2-(2-吡啶基)-5-(4-吡啶基)-1，3，4-噁二唑在溶剂热条件下与锌盐反应，可以获得具有非心结构的混合配体聚合物[Zn(na)(ina)](na＝烟酸)(图 3-34)[22]。

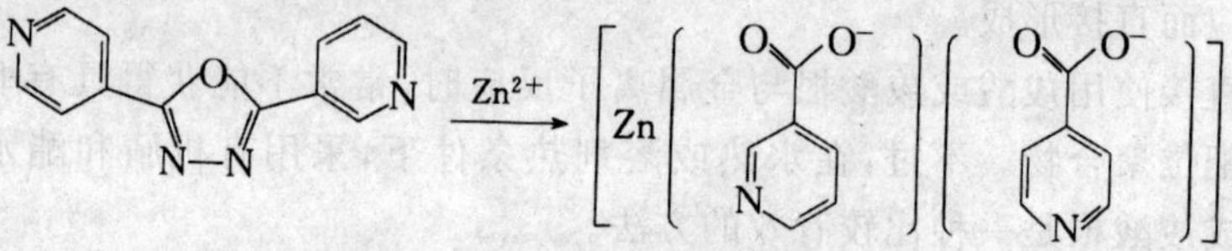

图 3-34　溶剂热条件下不对称噁二唑配体分解成为 1∶1 的 na 和 ina 混合配体并形成配位聚合物

由于 C—S(276 kJ·mol^{-1})和 S—S(317 kJ·mol^{-1})相对比较弱，具有一定的氧化还原性质。一些含硫配体适合作为溶剂热原位配体反应的原料，通过原位配体转化，形成难以直接用相关配体与金属离子反应进行组装的含硫配位聚合物。例如，利用硝酸铜和 NaSCN 在甲醇/乙腈混合溶剂中进行 160℃下的溶剂热反应，硫氰酸根断裂，原位产生氰根，而硫原子与甲醇反应，原位形成甲巯基，从而形成结构特别、12 连接的三维配位聚合物网络[$Cu_{12}(\mu_4$-SMe$)_6(CN)_6$]·$2H_2O$。其中 12 连接的节点为 μ_4-SMe 桥连的 12 核簇[$Cu_{12}(\mu_4$-SMe$)_6$]，μ-CN^- 桥则作为连接子(图 3-35)[23]。

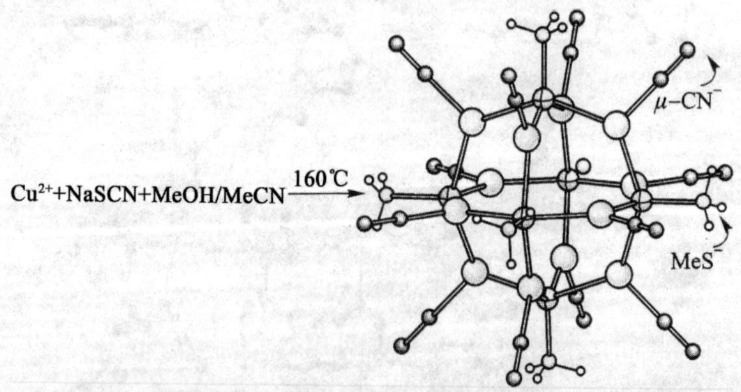

图 3-35　溶剂热条件下硫氰酸根和甲醇产生氰基和甲巯基，形成基于 12 核簇
[$Cu_{12}(\mu_4$-SMe$)_6$]节点的 12 连接配位聚合物

3.2.4　影响配位聚合物合成的因素

由于金属离子配位构型及有机配体结构的多样性，功能配位聚合物的定向合成一直是无机化学领域的一大挑战。另外，在制备过程中，多种因素都能够对配位聚合物的结构和性能产生影响。深入探索配位聚合物的合成、结构和性质的调控手段可以丰富合成化学的实验研究与理论，同时也为新型分子基材料的设计合成提供新的思路[24]。

3.2.4.1 金属离子和配体对配位聚合物构筑的影响

作为配位聚合物主体骨架的组成部分之一，金属离子对配合物结构的影响主要体现在金属离子的配位几何构型以及金属离子的半径和价态等方面[25]。例如，Kostakis 教授选用具有不同配位数的金属离子 Co^{2+}、Cu^{2+}、Mn^{2+}、Cd^{2+} 和 Pb^{2+} 与 terepthaloylbisglycinate（TBG^{2-}）进行自组装，成功制备了 5 种具有不同结构的配位聚合物，阐明了配位聚合物结构维度受金属离子配位数的影响，并对它们相关的性质做了初步研究[26]。再如朱敦如课题组也利用金属离子配位几何构型的差异，与配体 3,3′-二甲氧基-4,4′-联苯二甲酸（L^a）在相同反应条件下构筑了三种不同结构的配位聚合物，$[Cd(L^a)]_n$(1)，$[Zn(L^a)]_n$(2) 和 $[Cu_2(L^a)_2(DMF)_2]\cdot 6H_2O$ (3)（图 3-36）。这 3 个配位聚合物呈现了不同的网络结构[27]。

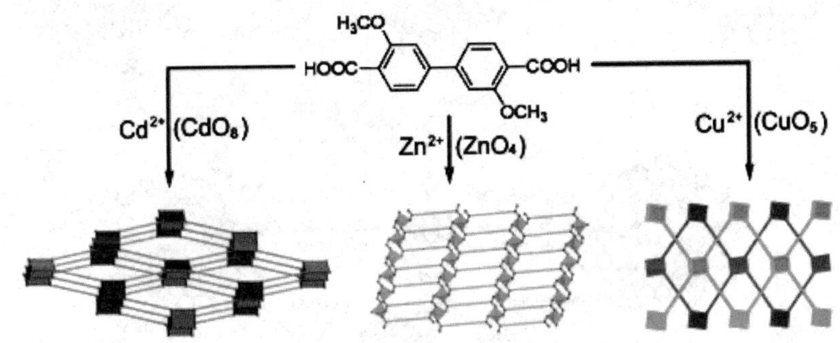

图 3-36 不同金属离子调控的配位聚合物结构

另一个影响配位聚合物结构的主要因素是配体，配体的几何构型及配位能力对于配位聚合物的合成及结构调控至关重要。随着晶体工程构筑策略和方法的日趋成熟，多种配体协同构筑已经成为化学家实现定向组装多变结构配合物的有效方法。例如，南京大学郑和根课题组利用不同长度的脂肪二酸配体能够有效地改变配合物的拓扑结构；当选用较短的丙二酸作为辅助配体时，得到了一例具有(10,3)-d 拓扑的网络；在使用戊二酸时，配体长度的改变导致了配合物拓扑结构的转变，使得配合物 2 展现了(10,3)-a 的拓扑结构（图 3-37）[28]。再如，周宏才课题组通过系列弯折型二羧酸配体连接桨轮式（paddle-wheel）次级结构单元成功组装出不同尺寸的金属-有机多面体（metal-organic polyhedra，简称 MOP）（图 3-38）[29]。这种有效的组装策略已经成为他们课题组的主要研究方向之一。

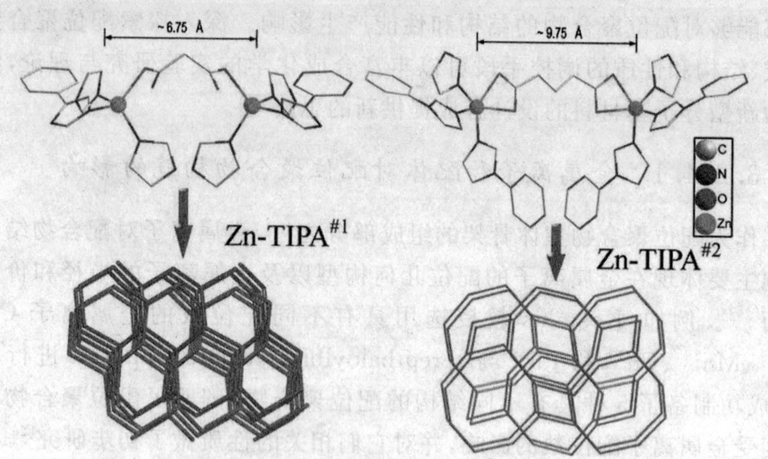

图 3-37　不同长度的辅助配体调控的配位聚合物拓扑结构

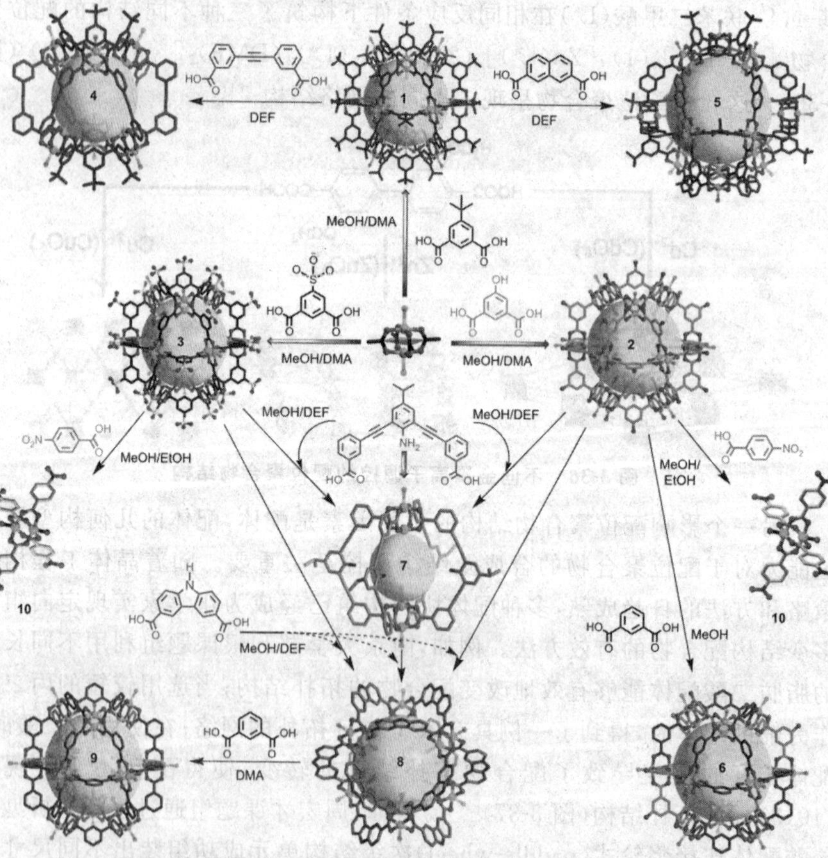

图 3-38　不同尺寸的弯折配体组装的系列金属-有机多面体

3.2.4.2 溶剂、阴离子、温度、pH 等因素对配位聚合物构筑的影响

在配位聚合物的制备过程中，除了金属离子和配体这些内因之外，外部因素如反应溶剂、温度等也不容忽视。它们对配合物最终结构和性能起到了很重要的调节作用。郑和根教授课题组使用 V-型配体 4，4′-dicarboxydiphenylamine 和金属 Cu^{2+} 合成配合物的过程中巧妙地通过溶剂调控的方法成功调节了配合物的拓扑结构、互穿程度以及孔道大小(图 3-39)[30]。

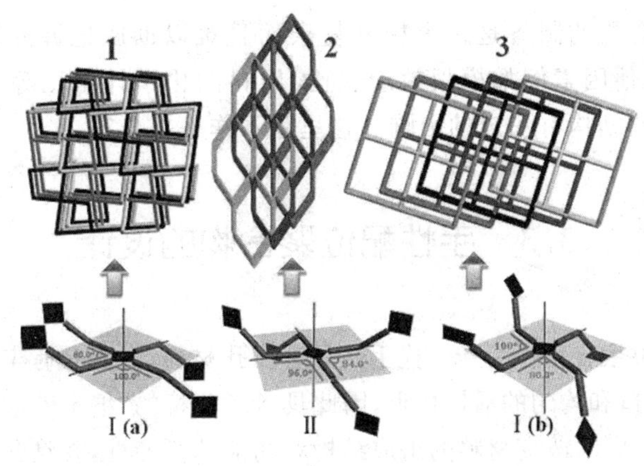

图 3-39 不同溶剂体系调控的配合物结构以及配体配位趋向的改变

在使用中性配体的体系中，阴离子的结构和性质对配合物的影响更为明显。中性配体配合物体系中的阴离子不仅维持整个体系的电荷平衡，而且其配位能力、体积大小以及模板效应等都会对配合物的结构产生影响。例如，Mondal 等用 H_2MDP(3，5-dimethylpyrazole)作为中性配体与 Zn^{2+} 进行反应，通过向反应体系中分别引入多种阴离子作为抗衡离子，实现了对配合物结构的调控[31]。

此外，合成反应的温度和反应体系的 pH 也是影响配位聚合物结构的重要因素。例如，扬州大学张扣林课题组采用相同的反应体系，在不同的温度条件下(室温和高温)能够得到不同框架结构的配位网络[32]。南京大学孙为银课题组通过控制反应体系 pH 实现了配体 5-(4H-1，2，4-triazol-4-yl) benzene-1，3-dicarboxylic acid 处于不同质子化结构的调控，从而有效地实现了配合物结构的调控（图 3-40）[33]。

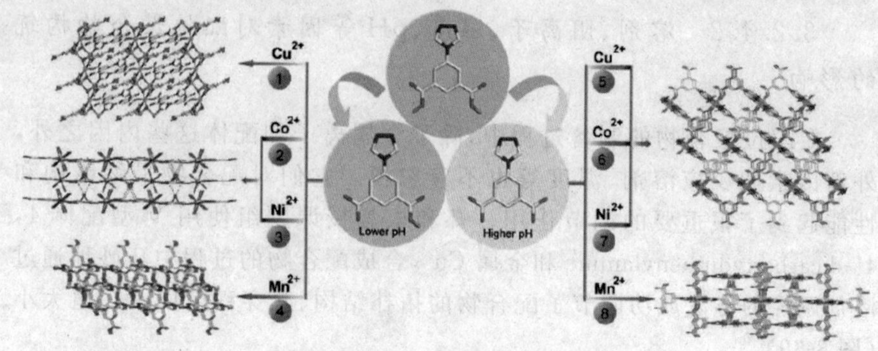

图 3-40　pH 调控的配合物结构

配位聚合物的制备是一个极其复杂而且难以彻底把握的过程。除了以上所述，其他因素例如模板效应、所投原料的化学计量比等等也可能对配位聚合物的结构有一定的影响。这里就不作一一介绍。

3.3　手性配位聚合物的设计

手性配位聚合物作为新一代手性晶态多孔材料，由于具有丰富的晶内孔道、外表面孔口和均匀的活性位点，因此具备了独特的“纳米效应”，不但提供了用化学方法同时改变材料的组成结构和功能的可能性，并且允许了在分子水平上对材料进行理性设计和合成，是一种非常有潜力的手性异相催化剂。

设计和合成手性配位聚合物的第一步也是最重要的一步是如何将手性引入最终的框架结构当中。手性可以来源于各种立体构型中心，如常见的手性碳中心和金属中心，也可以来源于化合物分子自身的空间排列，如形成具有手性形态的螺旋体等。

近年来，人们利用有机配体与过渡金属自组装构筑了大量的手性分子聚集体和手性配位聚合物，就其合成方法而言，至少有以下几种：

①用光学活性的有机配体(即手性配体)与金属离子配位。

②利用固有手性的八面体金属配合物。

③使用光学活性的轴手性配体。

④以上方法的综合。

3.3.1　利用手性配体与金属离子配位

手性配体和非手性配体均可能与金属离子组装得到结构丰富的手性

分子聚集体或手性配位聚合物。以手性配体作为构筑块，在配体上引入手性因素，并进而通过手性传递来控制得到所预期的手性配合物；目前基于手性配体组装得到的手性分子聚集体或手性配位聚合物的例子较少，但是这种方法的优点在于它是利用纯手性配体产生的，其手性是可以预测的。如 U. H. F. Bunz[34] 等设计了具有手性官能团和长链结构的联吡啶配体。该配体与 $Cu(NO_3)_2$ 在 $EtOH/CH_2Cl_2$ 混合溶液中反应得到 $[CuL_2(NO_3)_2]$。配合物属于手性空间群 $P2_1$，配体和金属组装成二维非共面（波浪型）方格，非穿插的二维方格之间采取 ABCABC 的堆积方式（图 3-41）。

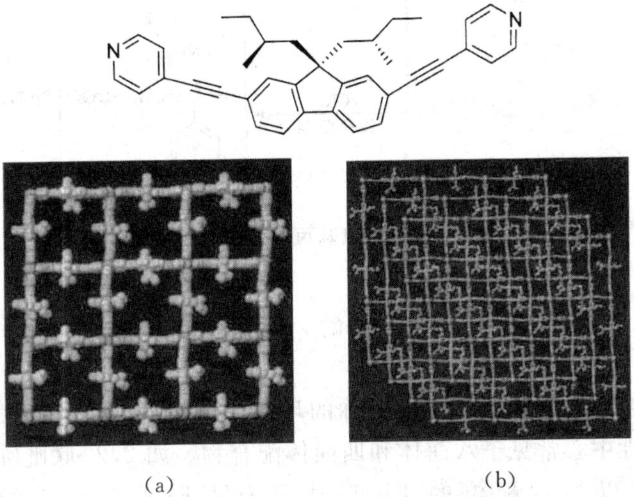

图 3-41 聚合物$[CuL_2(NO_3)_2]$的二维四方格结构(a)；堆积图，显示有 8 Å×8 Å 的孔道(b)

熊仁根等[35]选择具有光学活性的 α-氨基酸及其衍生物组装可得到多种手性配位聚合物。水热条件下，具有光学活性的氰基苯丙氨酸、NaN_3 和 MCl_2(M=Zn,Cd)为起始原料，组装得到了两个同手性的配位聚合物，它们具有非互穿的 $SrAl_2$ 型三维网络结构。

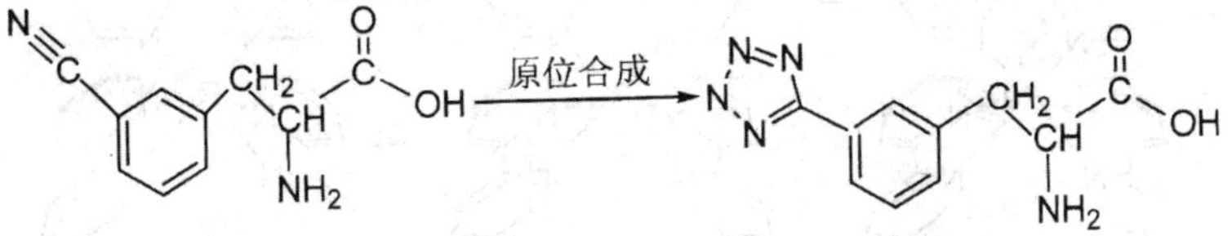

外消旋配体可用于合成手性配位聚合物，自组装过程中这些配体可能实现自我拆分，自发的富集某一手性物种。熊仁根等[36]以外消旋的 3-(3-吡啶)-3-氨基丙酸为起始配体，在不同的水热条件下，与 Zn^{2+} 组装得到三种不同的三维手性配位聚合物 1～3（图 3-42）；其中聚合物 1、3 均为手性(10,3)-a 网络结构，而 2 为类 KDP（磷酸二氢钾）结构的金刚烷手性三维配

位聚合物，见图 3-42。

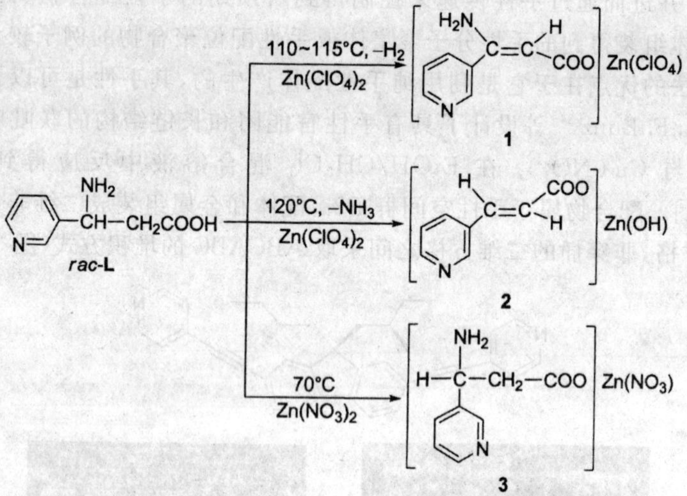

图 3-42　3-(3-吡啶)-3-氨基丙酸形成的手性配位聚合物

3.3.2　利用固有手性的八面体金属配合物

如果金属离子中心处于不对称的环境中时，也可能产生手性，这种金属离子手性中心常见于八面体和四面体配合物。如 2，2′-联吡啶和邻菲啰啉配体可以与六配位的 Ru 形成具有不同手性中心的配合物。F. M. MacDonnell 等[37]对此进行了深入研究，并发展了新的具有立体专一性的合成方法来控制该类手性配合物的构筑，他们利用 2，2′-联吡啶及邻菲啰啉类配体得到了一系列钌的手性化合物。图 3-43 展示了一个线性寡聚多手性中心的钌配合物，三个手性中心分别为 Λ、Δ 和 Λ 方式。

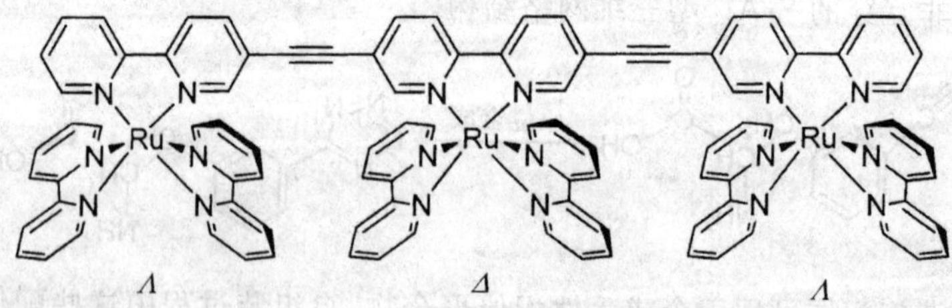

图 3-43　由 2，2′-联吡啶和钌形成的线性三分子的多手性中心的配合物结构示意图

具有两个双齿螯合官能团的四齿配体通常可以与金属中心自组装得到笼状配合物，见图 3-44，当此类配体与处于八面体中心的金属离子组装时，金属中心变成手性 Δ 或 Λ，其中每个中心都与 3 个二齿配体配位。图 3-

44是一个M_4L_6四面体（M为金属离子；L为配体）的例子。这种组装体总共具有T（$\Delta\Delta\Delta\Delta$或$\Lambda\Lambda\Lambda\Lambda$）、$C_3$（$\Delta\Delta\Delta\Lambda$或$\Delta\Lambda\Lambda\Lambda$）和$S_4$（$\Delta\Delta\Lambda\Lambda$）三种对称性。其中$S_4$是内消旋型，因而是非手性的。

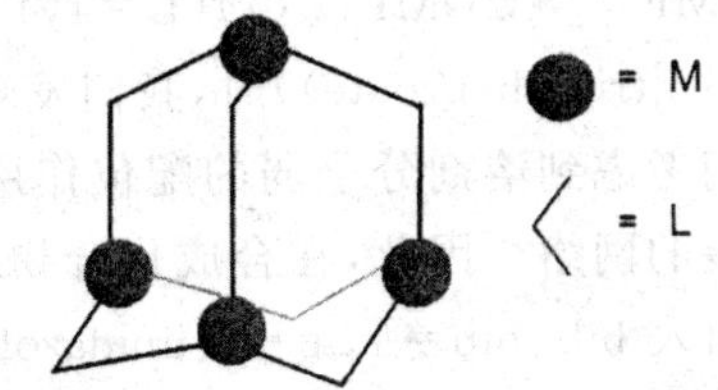

图3-44 M_4L_6四面体的结构示意图

3.3.3 利用轴向手性配体和螺旋或扭曲的有机配体

Wenbin L等[38]研究了两个轴向手性双吡啶配体，如图3-45，可合成两个三维同手性配位聚合物。70℃下，C_2对称性的L^1和L^2与$Ni(acac)_2$在CH_2Cl_2-CH_3CN的混合溶液中反应两天，得到了纳米管状的同手性三维聚合物$[Ni(acac)_2(L^1)]\cdot 3CH_3CN\cdot 6H_2O$和$[Ni(acac)_2(L^2)]\cdot 2CH_3CN\cdot 5H_2O$。其中，手性骨架来源于连锁的五重螺旋。

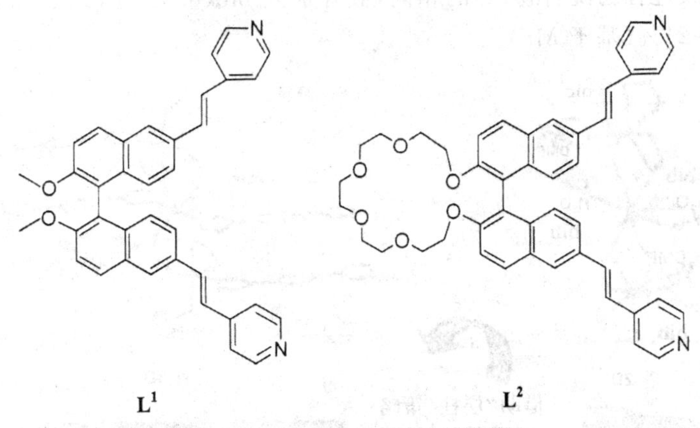

图3-45 具有轴手性的两个配体

3.4 配位聚合物的合成实例

依据配位聚合物的合成方法，同时考虑影响配位聚合物构筑的因素。我们认为辅助配体的加入能够有效地调节配位聚合物的结构。在研究过程中[39]，我们发现化合物中的配位溶剂分子可以通过辅助配体连接子的取代实现从低维网络到高维框架结构的转变。这种合成策略为改变化合物的空间维度，制备 3D“层柱”框架化合物提供了实验依据。当得到化合物 $\{[Mn_3(L)_2(H_2O)_2(DMF)_2]\cdot 2DMF\}_\infty$(1)(L=4,4′,4″-[1,3,5-benzenetriyltris(carbonylimino)]tris-(benzoate))时，我们发现每个 Mn_3 单元上存在 4 个溶剂分子。我们考虑到溶剂分子弱的配位作用，它们有可能被中性有机配体取代形成拓展的网络。因此，在合成化合物 $\{[Mn_3(L)_2(bib)_2]\cdot 2DMF\}_\infty$(2)时，我们加入 bib(bib=1,4-bis(imidazol-1-yl)-benzene) 配体试图去取代溶剂分子。很幸运，一例有趣的 2-重互穿 3D 框架成功获得(见图 3-46)。

化合物的合成方法：

化合物 $\{[Mn_3(L)_2(H_2O)_2(DMF)_2]\cdot 2DMF\}_\infty$(1)的合成：

将 $MnCl_2\cdot 4H_2O$(0.019 8 g,0.1 mmol)，H_3L(0.029 8 g,0.05 mmol)溶解在 6 mL 混合溶剂($V_{H_2O}:V_{DMF}=1:1$)，然后于 15 mL 反应釜中加热到 90℃，恒温 4 d。然后以 10℃/h 的速率冷却至室温，得到无色晶体。产率为：~28%(基于 Mn)。

配合物 $\{[Mn_3(L)_2(bib)_2]\cdot 2DMF\}_\infty$(2)的合成：

合成过程与配合物(1)的相同，额外加入 bib(0.021 g,0.1 mmol)。产率为：~21%(基于 Mn)。

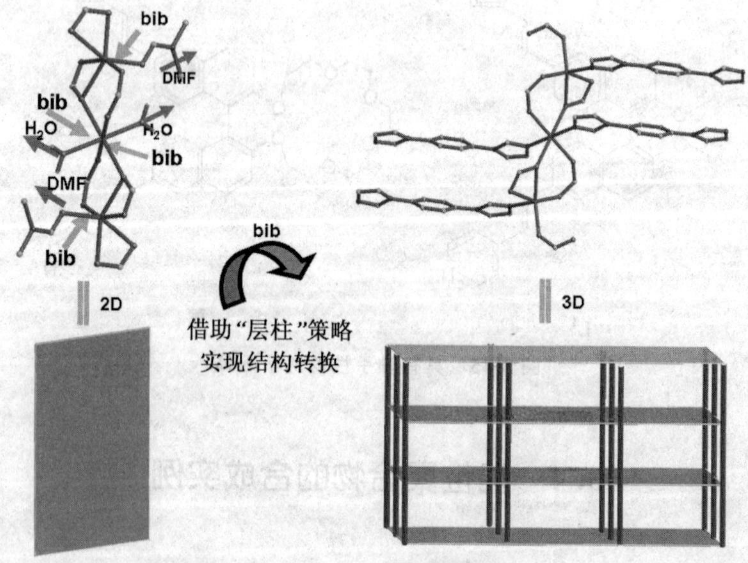

图 3-46　化合物(1)到(2)的结构转换

3.5 配位聚合物的表征

配位聚合物的表征就是应用各种物理方法去分析其组成和结构，以了解配合物中的基本微粒如何相互作用（键型）以及它们在空间的几何排列和配置方式（构型）。有机化合物的表征手段有核磁共振谱、质谱、紫外及红外光谱，配合物是金属离子与有机配体杂化而成的体系，因此配合物的表征与有机物相比更为复杂。配合物可借助紫外-可见吸收光谱、振动光谱、核磁共振谱、质谱、圆二色光谱、X射线结构分析及热分析方法等予以表征。

3.5.1 紫外-可见吸收光谱

过渡金属配位聚合物的紫外-可见吸收光谱主要是由于配体与金属离子间的结合而引起的电子跃迁，因此也称为电子光谱（electronic spectrum）。紫外-可见吸收光谱的波长分布是由产生谱带的跃迁能级间的能量差所决定的，反映了物质内部的能级分布状况，是物质定性的依据。

根据吸收带来源不同将配合物的紫外-可见吸收光谱划分为：配位场吸收带（ligand field absorption bond）、电荷迁移吸收带（charge transfer absorption bond）和配体内的电子跃迁吸收带（electric transfer absorption bond）。配位场吸收带包括 d→d 跃迁和 f→f 跃迁，根据其位置变化和裂分可跟踪考察配合物的反应和形成，波长范围大多在可见光区。电荷迁移吸收带包括配体到金属的电荷跃迁（LMCT）和金属到配体的电荷跃迁（MLCT）。配体内的电子跃迁吸收带有 $\pi\rightarrow\pi^*$、$n\rightarrow\pi^*$ 等，研究配体间的作用方式和关系，波长范围位于近紫外及可见光区。在配合物中生色团和助色团对配合物性质影响显著，生色团通常指能吸收紫外、可见光的原子团或结构体系，如羰基、羧基等。助色团指带有非键电子对的基团，如—OH、—OR、—NHR、—Cl等，它们本身不能吸收波长大于200 nm的光，但当与生色团相连时，会使生色团的吸收峰向长波方向移动，并使生色团的吸光度增加。

3.5.2 振动光谱

配合物中金属离子配位几何构型不同，其对称性也不同，由于振动光谱对这种对称性的差别很敏感,因此可以通过测定配合物的振动光谱定性地推测配合物的配位几何构型,常用的是红外光谱(infrared,IR)和 Raman 光谱。

产生红外吸收的条件:一是辐射光子的能量应与振动跃迁所需能量相等;二是辐射与物质之间必须有耦合作用,使偶极矩发生变化。分子对称性高,振动偶极矩小,产生的谱带就弱;反之则强。例如 C=C 键,C—C 单键因对称性高,其振动峰强度小;而 C=X,C—X,因对称性低,其振动峰强度就大。峰强度可用很强(vs)、强(s)、中(m)、弱(w)、很弱(vw)等来表示。

配位聚合物的振动光谱主要讨论 3 种振动:①配体振动:假定它在形成配合物后没有太大变化,则很容易由纯配合物的已知光谱来标记对应的谱带;②骨架振动:它是整个配合物的特征;③偶合振动:它可能是由于 2 个配体的振动,或配体振动和骨架振动以及各种骨架振动之间的偶合而引起的。

通过红外光谱对配合物官能团特征频率的研究,可以深入了解配体的配位方式和配合物的结构。例如,利用红外光谱可以区分键合异构,如 SCN^- 在与金属离子配位时,可能存在 3 种配位形式:SCN—M、M—SCN、M—SCN—M,自由的 SCN^- 中 ν_{S-C}=~750 cm^{-1},$\nu_{C\equiv N}$=~2 050 cm^{-1},当形成 M—SCN 型配合物时,其 S—C 键比在 SCN^- 中的要弱,而其 C≡N 键比 SCN^- 中的强;但当形成 M—NCS 时则 S—C 键增强而 C≡N 键则没有什么变化,如表 3-1 所示。

表 3-1 SCN^- 的红外光谱数据

配合物	$\delta(NCS)/cm^{-1}$	ν_{C-S}/cm^{-1}	$\nu_{C\equiv N}/cm^{-1}$
KSCN		749	2 049
M—SCN	490~450	860~780	低于 2 100(宽)
M—NCS	440~400	~700	2 100(锐)

三足配体 L 与稀土硝酸盐形成的配合物的红外光谱如图 3-47 所示,配体 L 的红外光谱中,酰胺基吸收峰位于 1 650 cm^{-1},形成配合物后,配体 L 的酰胺羰基吸收频率 $\nu_{C=O}$ 产生明显红移,位于 1 606 cm^{-1},位移量大约为 44 cm^{-1},表明配体分子中的酰胺羰基氧全部与稀土金属配位。参与配位的硝酸根的振动吸收峰的位置分别位于 1 482、1 294 cm^{-1} 以及 1 037 和 818 cm^{-1} 附近,其中两个最强的吸收峰的波数差 $|\nu_4-\nu_1|$ 位于 162~169 cm^{-1} 范围。根据 Curtis 等人[40]的判据可知,硝酸根以双齿配位形式参与配位。同时在配合物红外谱中未观察到位于 1 384 cm^{-1} 附近具有 D_{3h} 对称性的自由 NO_3^- 的强吸收峰,说明配合物中没有游离的硝酸根离子存在,结合元素分析、电导率及类似配合物的晶体解析结果,可推断该配体与稀土硝酸盐

形成了如图 3-48 所示的配位比为 1∶1 的配位聚合物。

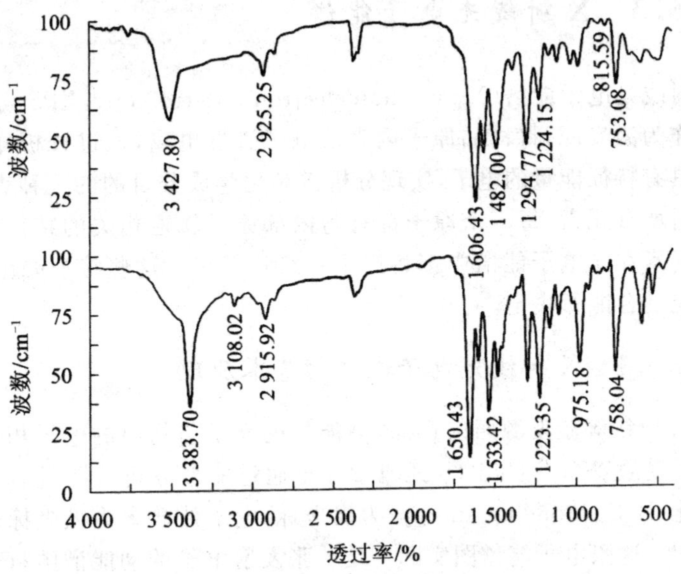

图 3-47　三足配体 L 与稀土硝酸盐的配合物红外光谱图

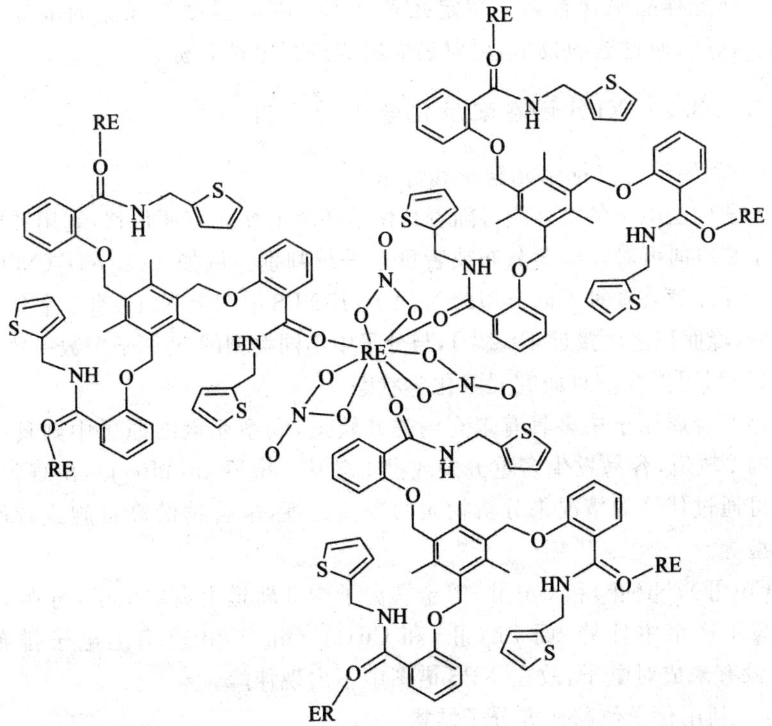

图 3-48　该配体与稀土硝酸盐形成配位比为 1∶1 的配位聚合物

3.5.3 X射线光电子能谱

X射线光电子能谱(X-ray photoelectron spectroscopy,XPS)是利用X射线源作为激发源,将样品原子内壳层电子激发电离,通过分析样品发射出来的具有特征能量的电子,实现分析样品化学成分目的的一种表面分析技术。对所有元素,每一个原子都有与内部原子轨道相关的特征键合能。即每一元素在光电子能谱中都将产生一组特征峰。这些特征峰由光子能量与相应键合能所决定。

3.5.3.1 X射线光电子能谱的基本原理

由X射线等激发源照射样品,高能量的光子与物质的电子相互作用,使得电子受激发而发射出来,其能量分布通过能量分析仪测量后,所测得的结合能(B. E.,bonding energy)为横坐标,电子计数率为纵坐标,得到电子能谱图。这张电子能谱图实际上是一张发射电子的动能谱图,记录了样品中一个特定内层能级(s,p,d)上电子的结合能。在特定能量处峰的存在表明所研究样品中含有某一特定元素,因此,峰的强度与样品的浓度成正比例。这样,通过这项技术,可对表面组成进行定量分析。

3.5.3.2 XPS谱在配位化学中的应用

(1)利用结合能标示元素及其价态

元素内层电子的结合能可随着其化学环境的变化有所位移,利用其位移的大小和方向可对其电荷分布或者价态进行判别。例如,$[Co(en)_2(NO_2)_2]NO_3$ 分子中存在3种不同类型的N原子,其XPS谱图上N(1s)有3个分离的能级峰,峰面积之比接近4∶2∶1,与分子中不同类型的N原子个数一致。

(2)利用伴峰信息研究元素化学状态

过渡金属原子中多具有未充满的d轨道,镧系元素的原子中则具有未充满的f轨道,容易发生多重分裂或携上效应(shake-up effect),出现伴峰。因此可通过伴峰的情况来分析物质的顺反磁性,配合物的高自旋或者低自旋构型等。

Co(Ⅱ),Ni(Ⅱ)和Cu(Ⅱ)等金属离子中d轨道上有单电子,可在X射线激发下产生主伴峰,而Zn(Ⅱ)和Cu(Ⅰ)由于3d轨道上电子排布为$3d^{10}$,没有未成对电子,故在XPS谱图中不出现伴峰。

(3)利用化学位移研究分子结构

电子的精确键合能不仅与光发射的能级有关,而且与原子的表观氧化态和原子所处的物理、化学环境有关。上述条件的改变将会使谱图中峰的位置发生小的位移，这种位移称为化学位移。

这样的位移在 XPS 很容易被观察到，也可得到解释。因为该技术具有内在的高分辨率（原子内层的能级是分立的并通常具有确定的能量）并且是一个电子过程。

由于光发射电子与离子壳之间有很大的库仑作用力，元素的氧化态越高，键合能也就越高。这种鉴别不同氧化态及化学环境的能力正是 XPS 技术的主要优点之一。

例如，$[Ln(phen)_5]_2[B_{12}H_{12}]_3 \cdot nH_2O$ 中，配体 phen 上 N(1s)的结合能相对于自由 phen 上 N(1s)的结合能提高 0.6～1.5 eV，证实配体 phen 上 N 原子将孤对电子给予金属离子。

在过渡金属有机化合物中有反馈 π 键的形成，可以通过 XPS 测试证实。在 $Rh(CO)_4Cl_2$ 中，$Rh(3d_{5/2})$的结合能比 $RhCl_3$ 中相应的结合能高 1 eV，说明 $RhCl_3$ 在形成羰基化合物时，Rh 将部分电荷转移到配体羰基上，氧化态有所增加，证实反馈 π 键的存在。

3.5.3.3 Eu^{3+} 配位聚合物的 XPS 光谱分析

X. Y. Chen 等[41]报道了将含 Eu^{3+} 金属离子的配合物作为单体通过电聚合制备出 poly-1（图 3-49）。后者为一类聚合物发光二极管（polymer light-emitting diode）。该聚合物的表征就是通过 XPS 测试手段确定了其组成成分及 Eu^{3+} 的配位环境。$Eu(3d_{3/2})$与 $Eu(3d_{5/2})$结合能分别位于 1 165.2 eV 和 1 135.2 eV 处。该值与 Eu(Ⅲ)—O 中 Eu(Ⅲ)结合能相当吻合，从而证实 Eu^{3+}与 O 结合。而测得 $S(2p_{3/2})$能级峰在 164.3 eV 处。定量分析表明，Eu∶S 的比例为 1∶1.85，而这点与单体中 Eu∶S 摩尔比（1∶2.03，XPS 所测得）相一致。

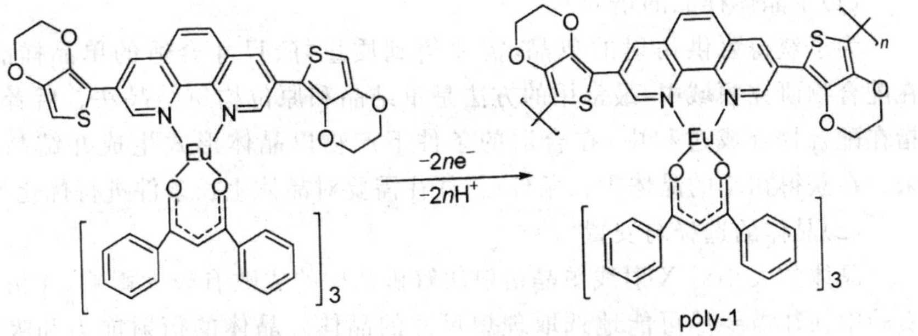

图 3-49 含 Eu^{3+} 发光二极管聚合物的合成

3.5.4 X 射线衍射

X 射线是波长为 1 Å(10^{-10} m)的电磁波,其波长与原子直径的大小相近。它位于电磁波谱中 γ 射线和紫外线之间。1895 年,X 射线的发现使得在原子水平上探测晶体结构成为可能。X 射线衍射已在两个主要领域中得到应用,包括测定结晶材料的精细特征和影响结构的因素。每个晶体都有其特征的 X 射线粉末衍射谱图,这个谱图就像指纹一样可以对它进行鉴定。当材料被识别后,X 射线晶体学可用于确定其结构,即在晶态下原子是如何堆积的,原子间的距离和键角是多少等。在固体化学和材料学中,X 射线衍射是一种非常重要的检测手段,用 X 射线衍射可以很容易地测得任意化合物的晶胞大小和形状。

在化学相关的科学研究与工业生产中,从简单化合物分子到复杂的生物大分子,X 射线为我们提供了很多结构信息。此外,与其他测量方法相比而言,X 射线衍射法表征物质具有无污染、不损伤样品、测量精度高、快捷并可以得到有关晶体完整性和结构中原子排列的大量信息等优点。

3.5.4.1 X 射线单晶衍射法

单晶衍射法依据数学法则和精确的峰强得到结构。X 射线单晶衍射(X 射线晶体学)是一种应用分析技术,X 射线用于确定样品晶体中原子的真实排列。X 射线单晶衍射法表征配合物结构一般包含 6 个步骤:单晶培养;晶体的选择与安装;使用衍射仪收集衍射数据;用衍射数据来解析并继而精修配合物的结构;晶体结构数据分析与总结;画晶体结构以便描述晶体结构。为了与所产生的晶体学参数对应,X 射线单晶衍射法结构测定也可分为 7 个步骤,如图 3-50 所示[42]。

(1)单晶体样品的培养

为了获得可供衍射的单晶,需要得到质量好、尺寸合适的单晶样品。在配合物研究领域中,最常用的方法是重结晶和原位构筑结晶法。后者是指在配合物合成过程中,在合适的条件下产物以晶体形式生成并结晶出来。在获得初步的晶体生长条件后,往往需要对晶体生长条件进行优化。

(2)晶体的选择与安置

晶体的大小对 X 射线单晶衍射法解析结构的成败有较大影响,在衍射实验中往往需要尽可能地选取理想尺寸的晶体。晶体的衍射能力和吸收效率取决于晶体所含化学元素种类和原子之间的堆积密度。X 射线的强度和探测器的灵敏度均取决于衍射仪的配置。随着所研究体系的逐渐复杂化，获得良好的衍射数据日趋困难。但是，随着衍射仪技术的不断升级和衍射线强度的逐渐增加，这类晶体样品的结构测定所遇到的部分问题也逐渐易于解决。

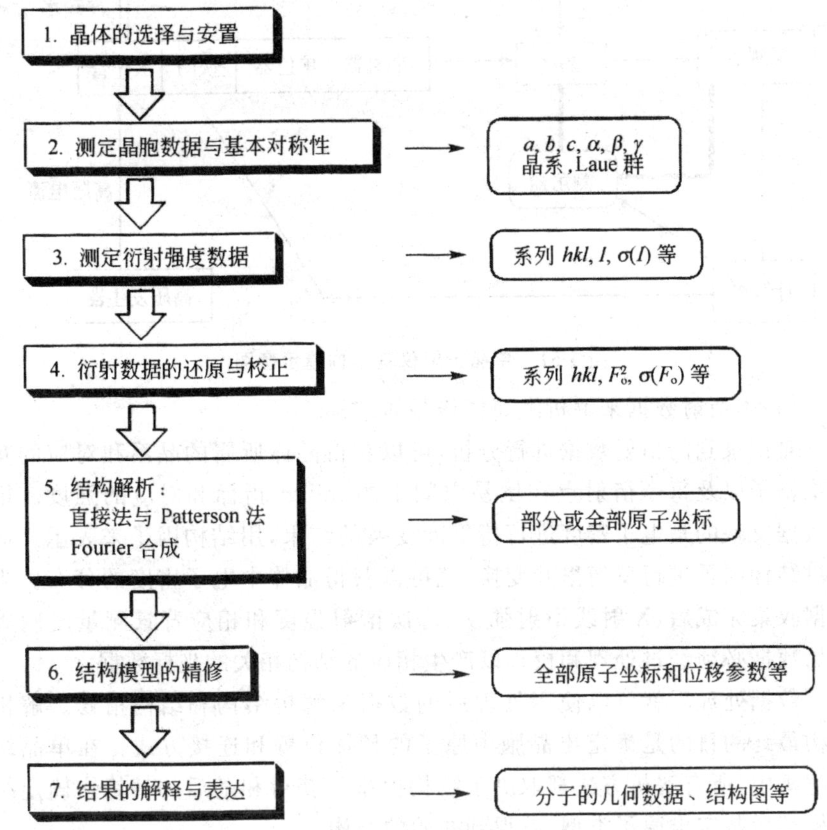

图 3-50　X 射线单晶衍射法结构测定的基本流程图

一般地，使用不对 X 射线产生衍射且对 X 射线吸收能力较弱的黏合剂将合适的晶体安装在一个同样不衍射 X 射线的玻璃毛细管或者其他细长而坚硬的支持物的顶端。应确保 X 射线透过晶体时尽量不被黏合剂和支持物所挡住。然后将此支持物安装在仪器的载晶器上。

(3)使用衍射仪收集衍射数据

在获得单晶之后，就需要进行衍射实验，即用 X 射线照射到晶体上，产生衍射，并记录衍射数据。目前实际使用的衍射仪基本上是传统四圆衍射仪和面探衍射仪两大类。这两类衍射仪的结构基本一致，如图 3-51 所示，主要包括光源系统、测角器系统、探测器系统和计算机四大部分。

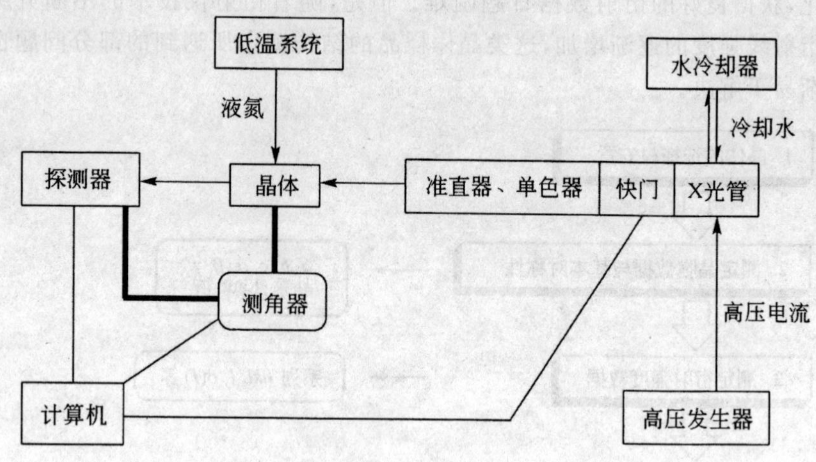

图 3-51　单晶衍射仪基本构造示意图

(4)用衍射数据来解析继而精修晶体结构

对记录到的衍射数据进行分析,可以获得晶体所属的晶系和对应的布拉维格子以及每个衍射点在倒易空间上的 miller 指标和对应的强度。衍射数据反映的是电子密度进行傅里叶变换的结果,用结构因子来表示。通过对结构因子进行反傅里叶变换,就可以获得晶体中电子密度的分布。当数据收集完成后,X 射线衍射强度、每次衍射强度和相应背景测量时间等原始数据必须经过处理和校正以产生相应的结构相关的坐标数据。

数据处理后就可以使用处理后的数据来解析结构和结构精修。解析结构最终的目的是确定出晶胞中原子的具体位置和连接方式。在单晶结构解析中,所有解析方法都取决于结构模型的获得和随后的精修。确定结构模型后制定出原子类型,就得到初始的结构。

(5)晶体结构数据分析与总结

X 射线单晶结构解析得到的主要结构信息包括配合物结晶所在的晶胞参数、晶体密度、键长、键角、构象、氢键和分子之间的其他堆积作用、原子的电子密度以及配位聚合物中的各配位组成部件间的连接方式等。对晶体结构数据的分析主要基于以上所得到的信息。

(6)画晶体结构图以便描述晶体结构

除晶体结构数据之外,单晶 X 射线结构分析也提供了另一个强有力的表达结构的方式,那就是各种形式的晶体结构图。按图形表达方式分类,结构图包括:线形、球棍、椭球、空间填充、多面体、立体构型等图形。除了线形图之外,其他的图形均为透视图。

3.5.4.2 X射线粉末衍射法

X射线粉末衍射与单晶衍射的基本原理相同，不同的是粉末衍射所测量的样品不是一个单晶体，而是微小晶体的混合物或者短程有序的材料。

(1)粉末衍射对配合物晶体样品纯度的鉴定

在合成配合物，特别是合成其晶态样品的过程中，可能有一种以上的产物或者异构体在一个反应体系中形成。在晶体结构测定时往往只挑选一个或者说有限个单晶体来实验，这样所表征的结构不一定代表一个反应中生成物的结构和成分。在这种情况下，最简单的确定产物纯度的方法之一是使用X射线粉末衍射法。简单的测试与分析方法是首先使用X射线粉末衍射法收集产物样品的粉末衍射图，然后将所得的粉末衍射图与通过此配合物单晶体结构数据转化而得到的粉末衍射图对照。如果二者的衍射峰位置能够完全匹配，说明此配合物晶体样品为纯相的，配合物的晶体结构能够代表产物的结构。反之，配合物样品不纯，需要进一步优化合成方法得到纯的产物。

(2)使用粉末衍射来测定配合物的结构

有些固体只以微晶形式存在，因此无法使用单晶衍射技术进行结构分析。此时，可以选择粉末衍射来确定其结构，这种方法开辟了确定固体物质结构的途径。粉末衍射是将三维格子变为一维格子。从粉末衍射的图中可以得到晶胞参数、取向、张力、晶体结构等。

测定过程中涉及的步骤：晶胞的确定；空间群的确定；运用直接法和传统法来分析结构；结构的精修。

用粉末衍射数据确定晶体结构比单晶衍射数据要难，这是由于在用粉末衍射时，三维的晶体结构坍塌变成了一维的晶体结构，所以在晶胞的确定时就有困难。但随着仪器和测试系统的发展，单单使用粉末衍射也是可以得到不同的结构的。当今，粉末衍射已成为晶体材料表征的有前景的技术。

3.5.5 电喷雾质谱

电喷雾质谱(electrospray mass spectrometry，简称ES-MS)或称电喷雾电离质谱(electrospray ionization mass spectrometry，简称ESI-MS)因为采用了温和的离子化方式，使被检测的分子或分子聚集体能够“完整”地进入质谱，因此，电喷雾质谱特别适合于研究以非共价键(包括配位键、氢键、π-π作用等)方式结合的分子或分子聚集体(复合物)。

ESI 与飞行时间(time of flight,TOF)、离子阱(ion trap,IT)等检测技术结合形成 ESI-TOF(电喷雾-飞行时间)、ESI-IT(电喷雾-离子阱)、ESI-IT-TOF(电喷雾-离子阱-飞行时间串联)等质谱方法。另外,电喷雾质谱还可以与液相色谱、毛细管电泳、凝胶色谱等联用,从而为多种分离技术提供灵敏的质谱检测。电喷雾质谱具有需要样品量小、分析速度快、灵敏度高、准确度高、可用于单一组分也可以用于多组分体系的分析等特点,除了用于配位化合物、分子聚集体等化学研究之外,还广泛用于生物学、医药等相关领域的研究。

配体 1,3,5-三(2-噁唑啉基)苯(L1)与 $AgNO_3$ 在甲醇和氯仿中通过分层扩散的方法,反应得到了配位聚合物$\{[Ag_2(L1)(NO_3)_2]\cdot CH_3OH\}_n$,晶体结构解析结果显示该配合物具有一维无限链状结构(图 3-52)。因为配位聚合物在乙腈中有一定的溶解度,因此用其乙腈溶液并以甲醇为流动相测定其 ES-MS,结果如图 3-53(a)所示,观测到了 7 个主要峰,通过同位素分布可将其分别归属为$[AgL1]^+$:394.2;$[Ag(L1)(CH_3OH)]^+$:425.8;$[Ag(L1)(CH_3CN)]^+$:434.8;$[Ag_2(L1)(NO_3)]^+$:562.9;$[Ag(L1)_2]^+$:677.0;$[Ag_2(L1)_2(NO_3)]^+$:847.5;$[Ag_3(L1)_2(NO_3)_2]^+$:1 018.4。利用同位素分布来确认对电喷雾质谱中观测到峰的归属是目前常用的方法。该方法是通过 Isopro 等软件来计算某个组成的同位素分布,然后与 ES-MS 测得的峰形(同位素分布)进行比较,通过两者是否一致来验证峰的归属是否正确。例如,通过对图 3-53(a)中 $m/z=847.5$ 峰的同位素分布的实验值和理论值的比较可以看出两者无论是峰形(同位素分布)还是相对强度都很一致[图 3-53(b)],表明这个峰的归属是正确的。另外,从这些峰的归属中可以看出 ES-MS 中观测到的物种都既含有配体又含有金属离子,表明在电喷雾条件下配体 L1 与 Ag 通过配位作用结合在一起,没有完全解离,而且观测到了单核、双核、三核等物种,说明在电喷雾质谱实验条件下该配合物仍以聚合物形式存在。

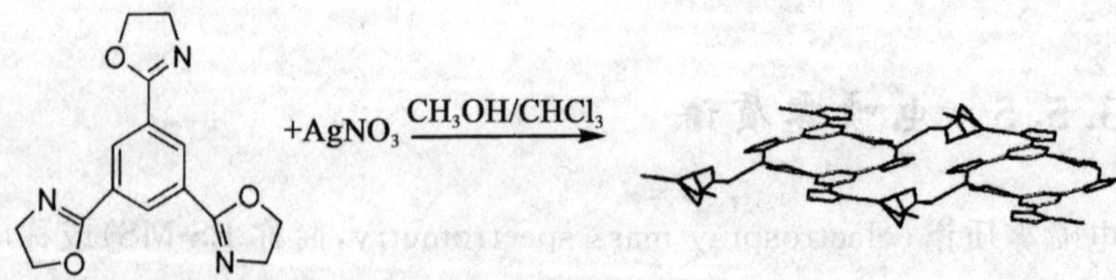

图 3-52 配体 1,3,5-三(2-噁唑啉基)苯(L1)与 $AgNO_3$ 反应生成一维链条状配位聚合物$\{[Ag_2(L1)(NO_3)_2]\cdot CH_3OH\}_n$

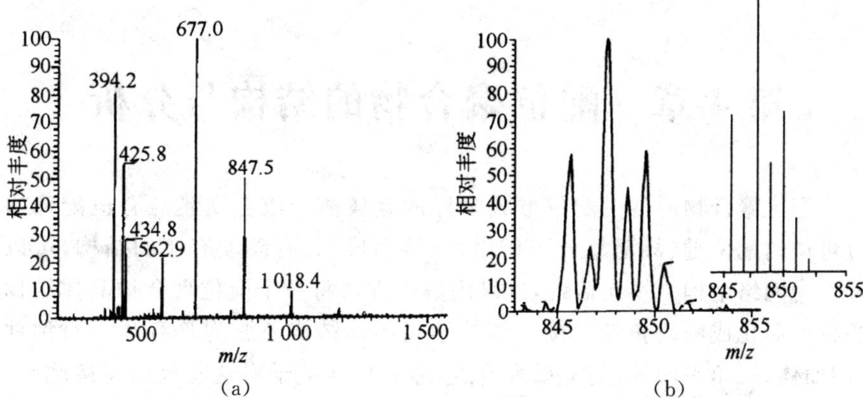

图 3-53　配位聚合物{[$Ag_2(L1)(NO_3)_2$]·CH_3OH}$_n$ 的 ES-MS 谱图(a)；m/z=847.5 峰的同位素分布图：左边为实验值，右边为理论计算值(b)

第 4 章　配位聚合物的结构与分析

配位聚合物通常由配位方式多样的金属离子或金属簇与有机配体通过可逆的配位键(甚至超分子作用)连接而成,具有高度有序的结构,可以抽象为网络结构。换句话说,可以用数学方法将一个配位聚合物晶体结构的特点简化成网络拓扑。按照拓扑学将晶体结构还原为具有某一对称性(四面体、三角平面等)的一系列节点,然后用连接子将这些节点连接起来,形成零维(0D)的多面体,或者无限延伸的一维至三维(1D-3D)周期性网络:早期研究的网络结构主要是无机沸石。随着配位聚合物研究的发展,分子拓扑学就顺理成章地被应用到配位聚合物的研究之中。实际上,分子拓扑学的方法不仅可以用于配位聚合物的结构分析与结构描述,而且可以帮助网络配位聚合物的分子设计与组装。

4.1　配位聚合物的结构设计

既然配位聚合物可以被看成分子拓扑网络,从理论上说,可以选择合适的节点与合适的连接子,组装出特定的网络结构。

4.1.1　拓扑与几何设计

配位聚合物的结构丰富多彩,对于它们的结构仔细分析至关重要,同时可以指导配位聚合物的设计合成。因此,我们可以采用描述无机沸石拓扑结构的方法,将此类高度有序的结构抽象为拓扑网络。通常来说,在配位聚合物结构分析时,我们可以把金属离子或金属簇当作节点,将有机桥联配体当作连接子。当然,当三端或三端以上的有机桥联配体在 MOF 中起三连接子或者更高连接子的作用时,也可以将该多端有机桥联配体作为节点。20 世纪 70 年代中期,A. F. Wells 提出网络结构可以根据它们的拓扑学还原为具有一定对称性的一种或几种节点的组合,通过节点和连接子可以将繁杂的微观晶体结构用简单的数学拓扑符号来表示[14]。随后 Robson 将 Wells 的无机网络结构分析法成功扩展到了配位聚合物领域[43],从而开辟了配合物网络结构研究的热潮。此后,新的结构术语不断涌现,例如 Yaghi 和 O'Keeffe 教授提出的网状化学，Desiraju 提出的超分子合成子及 Wuest 提出的构筑基元[44]。配位化合物的网络结构和数学拓扑学的结合可以有效地将复杂的晶体结构简化，有利于指导配位化合物的定向组装和构建。O'Keeffe 和 Hyde[45]，Öhrström 和 Larsson[46] 等对拓扑结构的描述方法及应用进行了系统的研究，对配位聚合物的归类起到了重要的作用。目前，随着计算机技术的高速发展，化学家借助计算机软件对配位聚合物网络结构的分析，可以更加直观地、形象地展示了各种配位聚合物的结构特征。

到目前为止，人们已经报道了多种多样拓扑结构的配位聚合物。配位聚合物的拓扑网络通常采用三字母符号进行标记。其中，具有分子筛拓扑的网络采用分子筛类型记号，即三个大写字母，如 SOD 是方钠石网络；其他网络则采用 RCSR 符号，即三个粗体小写字母，如 **dia** 代表金刚石网络。目前，对于三维框架配位聚合物来说，常见的拓扑结构有 $SrSi_2$、Perovskite、Diamond、Feldspar、$CdSO_4$、NbO、PtS、Quartz、Sodalite、α-Po、CaB_6、CsCl、Brocite、Pyrite、Rutile、Pt_3O_4 和 CaF_2[47,48]（见图 4-1）。

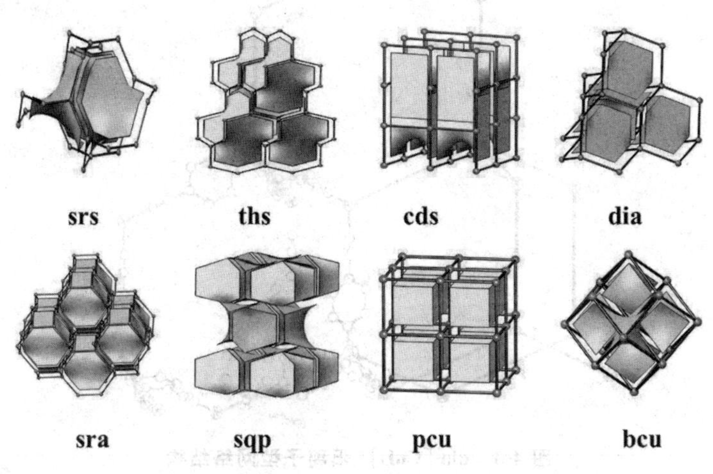

图 4-1　常见的三维拓扑网络

4.1.2　单金属节点

如果以单个金属离子为节点，就必须预先知道金属离子的配位习性。常见过渡金属离子中，不同金属离子由于核外电子数目不同、离子半径不同，可以形成不同的配位结构（见图 4-2）。构筑具有特定网络结构的配位聚合物，必须选择具有合适配位结构的金属离子，才能形成特定类型的网络节点。然后，再选择合适的桥连配体，就可能组装出目标超分子构筑。

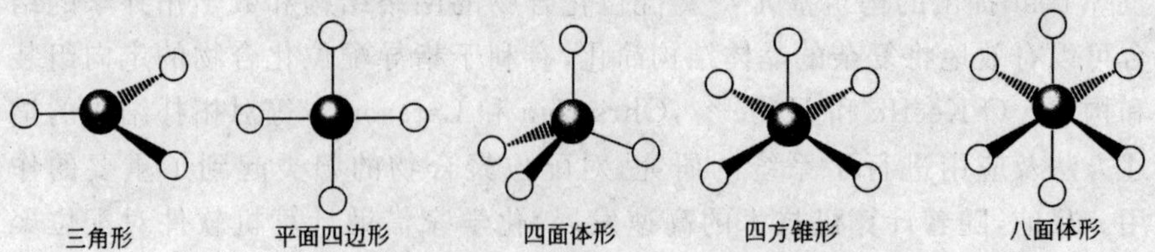

图 4-2 常用于构筑 MOF 的 d 区金属元素的常见配位几何

根据配体特征可以预测配位聚合物的拓扑网络结构，例如将具有四面体配位几何的金属离子[例如 Zn(Ⅱ)]与直线形双端配体进行组装，可以获得具有金刚石网络结构的三维 MOF 化合物。同时，四面体金属离子和四面体配体也可以组装成金刚石网络结构。例如，Cu(Ⅰ)可以与 4,4′,4″,4‴-四氰基苯基甲烷(tetracyanotetr-aphenylmethane，L)组装出具有 **dia** 阳离子型网络的[CuL]·BF_4·8.8$C_6H_5NO_2$(见图 4-3)。

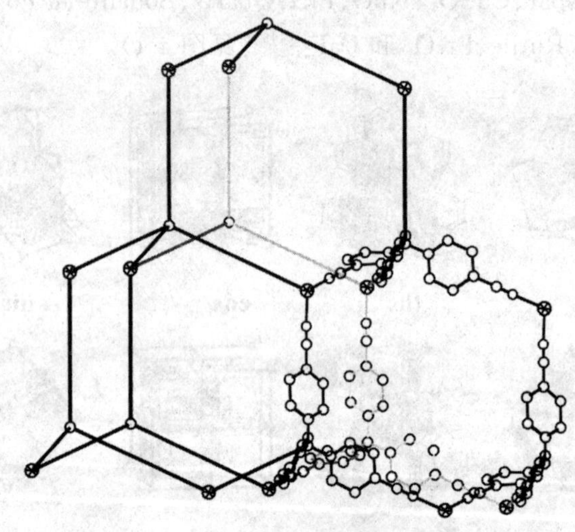

图 4-3 dia-$[CuL]^+$阳离子型网络结构

选择具有弯曲配位结构的配体，可以与正四面体金属离子配位从而破坏理想的四面体 T_d 对称性，导致其他四连接网络结构的产生，包括经典的无机分子筛拓扑结构。例如，脱质子咪唑(Him)中两个氮原子的配位键夹角(135°～145°)和无机分子筛中 Si—O—Si 角度(约 144°)很接近，可以用来构筑具有经典无机分子筛拓扑结构的 MOF 化合物。不过，采用不含取代基团的咪唑(im)并不容易形成经典无机分子筛拓扑结构的 MOF 化合物，而是倾向于形成无孔结构。相反，采用具有取代基的咪唑衍生物与 Zn(Ⅱ)组合则相当容易形成多种多孔而且具有高对称性和分子筛拓扑结构的 MOF 化合物。例如，2-甲基咪唑(Hmim)和 Zn(Ⅱ)盐在水热或溶剂热条件下，可以得到具有天然 SOD 型分子筛拓扑结构的 SOD-[Zn(mim)$_2$]化合物(MAF-4 或称 ZIF-8)，见图 4-4。

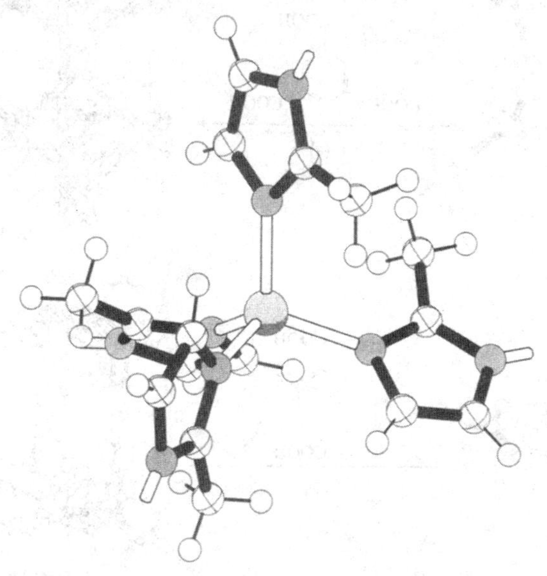

图 4-4　SOD-[Zn(mim)$_2$](MAF-4)的配位结构

改变模板剂或合成条件，可能改变咪唑锌类 MOF 化合物的网络结构。例如，采用 2-甲基咪唑(Hmim)和锌盐(或氧化物)在某些条件下进行反应，可以得到无孔、具有畸变 **dia** 结构的[Zn(mim)$_2$]异构体。因此，简单基于金属离子配位几何和配体结构来预测其组装出来的单金属基 MOF 的网络结构并非百发百中。不仅配位结构的畸变、未配位的侧基能够影响产物的网络结构，而且模板剂、反应结晶的温度等条件均有可能影响产物的网络结构。

4.1.3　金属簇节点

用金属簇当作节点与有机桥联配体进行组装，可以获得结构丰富多彩的配位聚合物。可作节点的常见金属簇是四羧基双金属离子形成的轮桨状(paddle-wheel)双核簇[M_2(COO)$_4$]、μ_4-氧心六羧基[M_4(μ_4-O)(COO)$_6$]四面体簇和 μ_3-氧/羟基六羧基桥联[M_3(μ_3-O/OH)(COO)$_6$]三角簇(见图 4-5)。这些作为节点的金属簇可以称为次级构筑基元(secondary building unit，简称 SBU)，其配位几何对聚合物的结构具有重要的影响。选择合适的多端羧酸配体，可以将这些 SBU 连接成具有特定结构的配位聚合物。

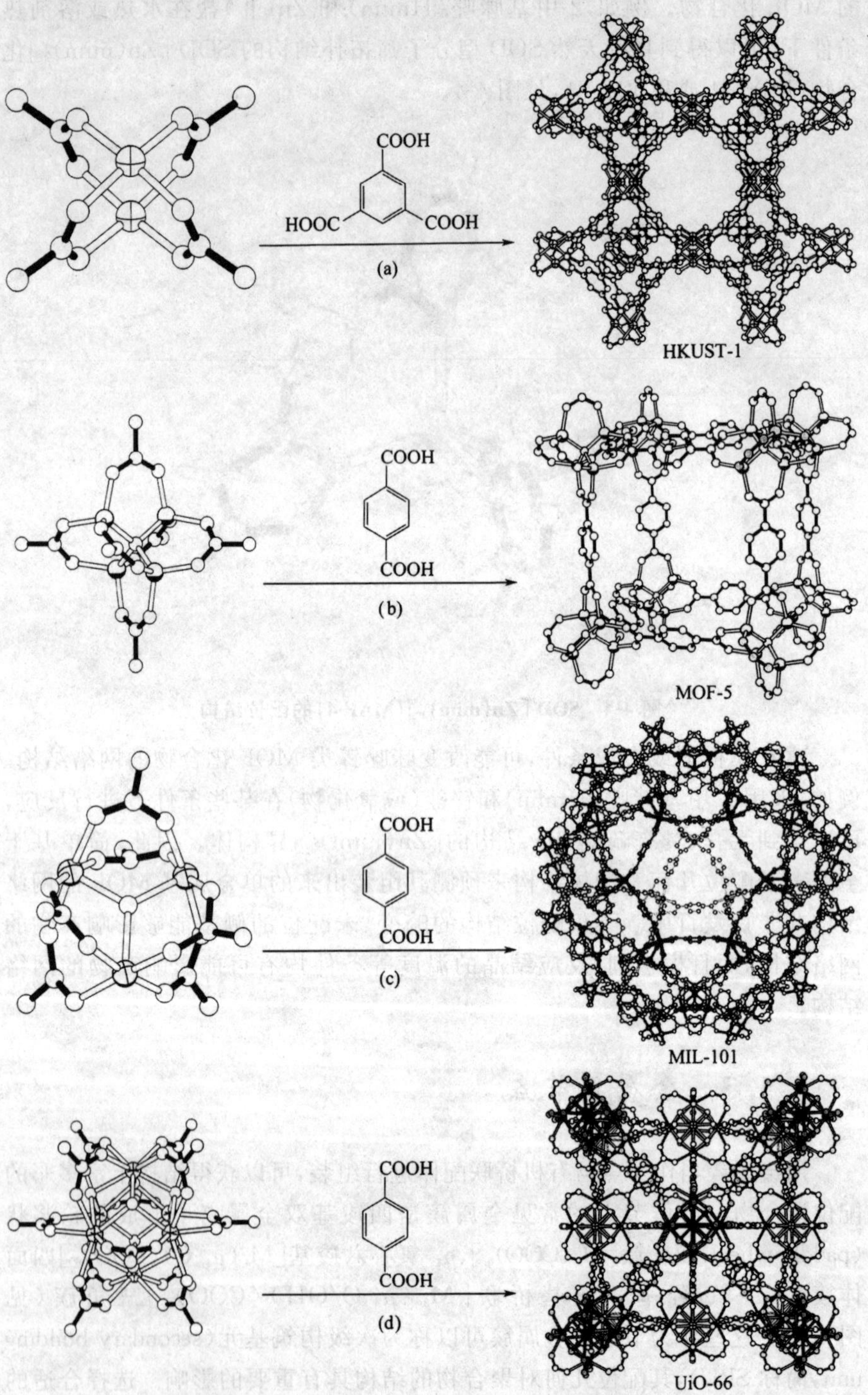
COOH
HOOC
COOH
(a)
HKUST-1
COOH
COOH
(b)
MOF-5
COOH
COOH
(c)
MIL-101
COOH
COOH
(d)
UiO-66

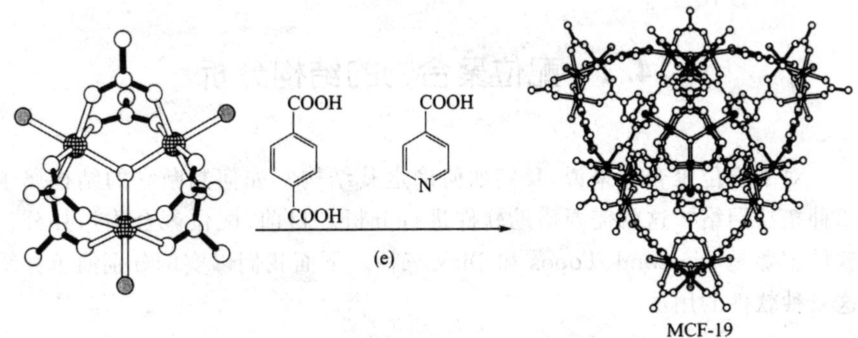

图 4-5 典型的羧基簇 SBU 及其代表性 MOF 化合物

四羧基桥连的轮桨状双核结构是最常见的双核 SBU[见图 4-5(a)]，其中金属离子可以是 Cu(Ⅱ)、Zn(Ⅱ)、Co(Ⅱ)、Fe(Ⅱ)、Cd(Ⅱ)等，以 Cu(Ⅱ)最为常见和稳定。这一 SBU 具有 D_{4h} 对称性，可以简化为平面四边形节点。采用双端羧酸配体，例如对苯二甲酸(缩写为 1,4-bdcH$_2$)，可以形成简单二维四方格 **sql** 网络[见图 4-6]，通过二维网络的堆叠，可以形成有微孔的结构。

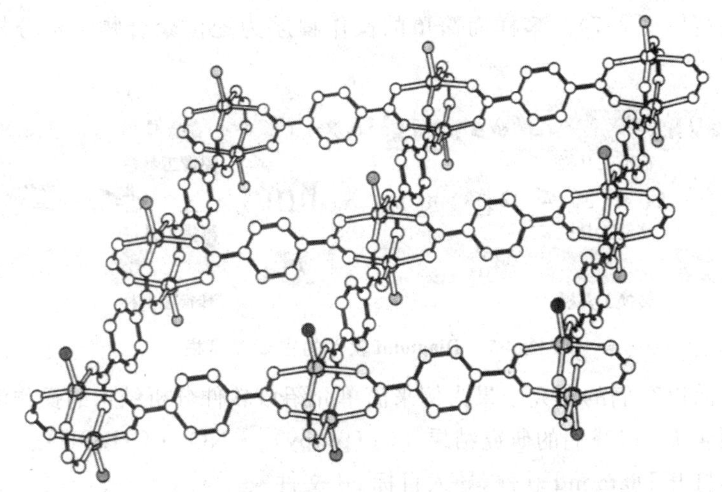

图 4-6 [Zn(1,4-bdcH$_2$)(H$_2$O)]的层状结构

含轮桨状双核 SBU 的 MOF 化合物中，最著名的是[Cu$_3$(tma)$_2$(H$_2$O)$_3$](HK UST-1)[见图 4-5(a)]。该 MOF 由均苯三甲酸根 tma^{3-} 为桥联配体与轮桨状 SBU 相互连接而成，具有三维孔道(孔径 0.9 nm)，且具有一定的热稳定性和化学稳定性，容易合成。同时，由于端基配位水容易脱去并保持框架稳定，具有易于结合客体分子的开放型金属位点，被广泛研究和使用于吸附储存、分离、催化等领域。

4.2 配位聚合物的结构分析

对于配位聚合物来说,我们如何确定其结构?如何判断它的结构属于哪种拓扑网络?这就需要借助软件进行分析。目前,配位聚合物拓扑分析软件主要是 Diamond、Topos 和 Olex 三种。下面我们以实例分别简单介绍这三种软件的用法。

4.2.1 Diamond 软件简化拓扑结构

Diamond 是一款晶体与分子结构可视化软件,软件网址为 http://www.crystalimpact.com/diamond/Default.htm。Diamond 整合了丰富的功能,可以简化处理晶体结构数据冗长的工作,不仅可以绘制出丰富多彩的分子和晶体结构,而且可以简化复杂的网络结构。Diamond 的主要工具栏为“标准工具栏、图像工具栏、移动工具栏、测量工具栏、转换工具栏和视频工具栏”(图 4-7)。多样而简单的操作程序为配位聚合物结构分析提供了便捷。

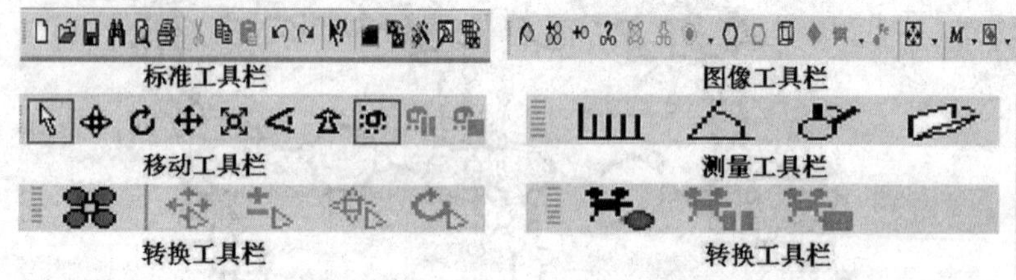

图 4-7 Diamond 软件的主要工具栏

下面以我们的研究结果为例来简单介绍该软件分析结构的操作流程。

例 4.1 以我们的研究结果{[Cu(pytpy)]·NO_3·CH_3OH}$_{\infty}$[49]为例。

①打开 Diamond 软件,导入目标 cif 文件。

在 File 菜单中点击 Open 可以看到 Diamond 软件可以打开的所有文件类型。前三项是该公司开发 Diamond 及 Endeavour 软件的默认格式。其中 cif 文件格式最为通用。ICSD/Crystin 及 CSD-FDat 是两个晶体学数据库输出的文件格式。Protein Data Bank 格式表示支持蛋白质晶体数据库文件。选择目标 cif 文件后,点击下一步,根据实际所需勾选每一步的选项框或者默认程序选择直至完成。例如“Primary atom creation”步,可以根据所需结构分析和绘图要求选择不同的分子模式。本例中我们勾选

“Create molecule”项(图 4-8),继续点击下一步至打开本例的分子结构图(图 4-9)。

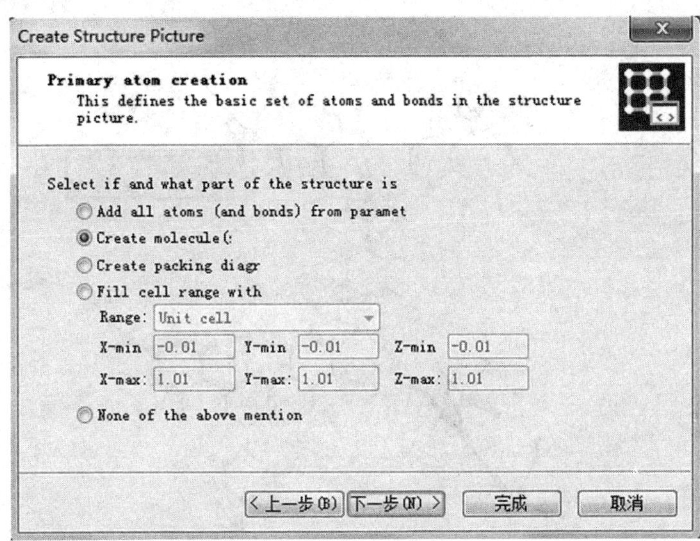

图 4-8　Primary atom creation 界面的选择

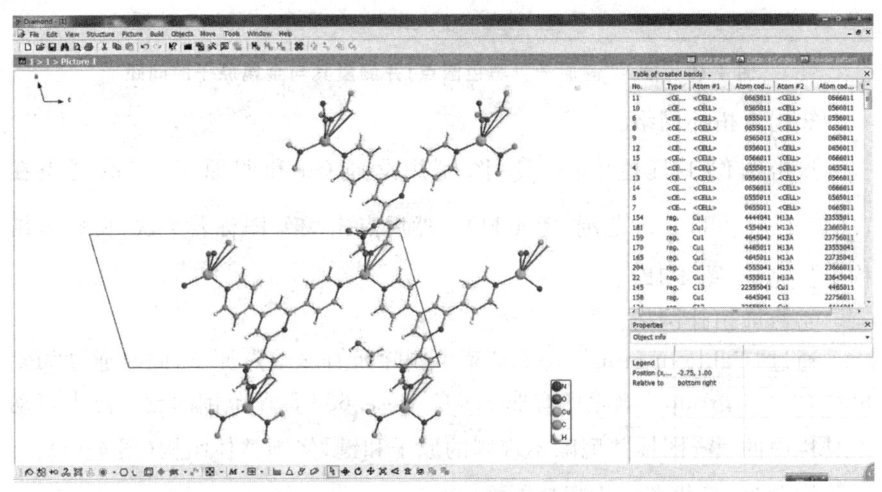

图 4-9　导入 cif 文件

②结合 cif 文件分析配位聚合物的结构。

通过分析晶体结构,我们发现每个配体连接三个铜离子,可以简化为一个节点。然而,每一个铜离子可看作一个节点。基于结构特点的考虑,我们开始简化配体连接方式,点击 shift 选中配体中间的吡啶环,进一步点击转换工具栏中的图标插入“假原子”。点击测量工具栏中的图标测出“假原子”与金属原子之间的距离，分别为 7.645 1 Å，7.647 7 Å 和 7.683 5 Å(图 4-10)。

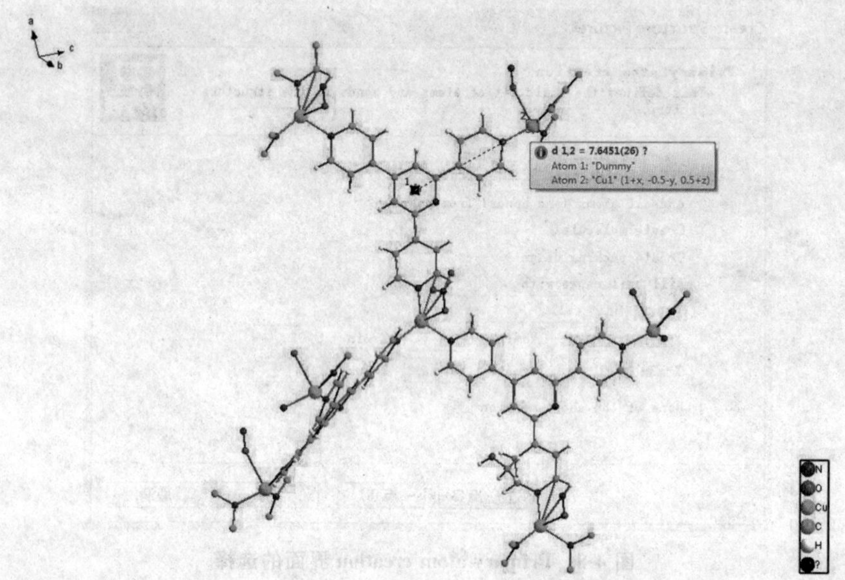

图 4-10　插入“假原子”(黑色圆点)并测量其与金属原子的间距

③构筑拓扑网络。

点击图像工具栏中的 图标并设置 Cu 和假原子“?”的键距在 7.645 1～7.683 5 Å 范围(图 4-11)。然后点击 图标若干次，使整体结构生长完全(图 4-12)。

④修饰拓扑网络。

通过“Table of atom groups”菜单删除所有非节点原子，同时通过“Table of bond groups”删除所有非 7.645 1～7.683 5 Å 范围的键。点击移动工具栏中的 图标并删除不规则的原子和键，修饰整体结构(图 4-13)。

⑤调整、美化和分析拓扑网络。

继续删减不规则原子和键。点击“Picture”选择“Atom Design”将不同节点原子设置成不同的颜色。将拓扑网络调整到合适的角度，得到最终的结构图(图 4-14)。我们采用简单标记法对该拓扑结构进行分析，可以看出网络中最小回路为 10，每个节点的连接数为 3，因此该拓扑结构可标记为(10,3)拓扑网络(图 4-15)。

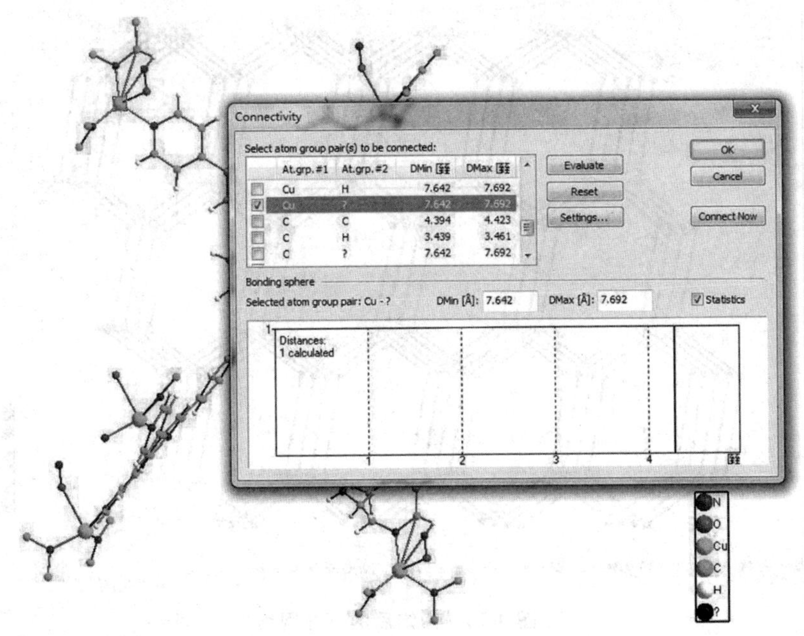

图 4-11 设置 Cu 和假原子“?”的键距

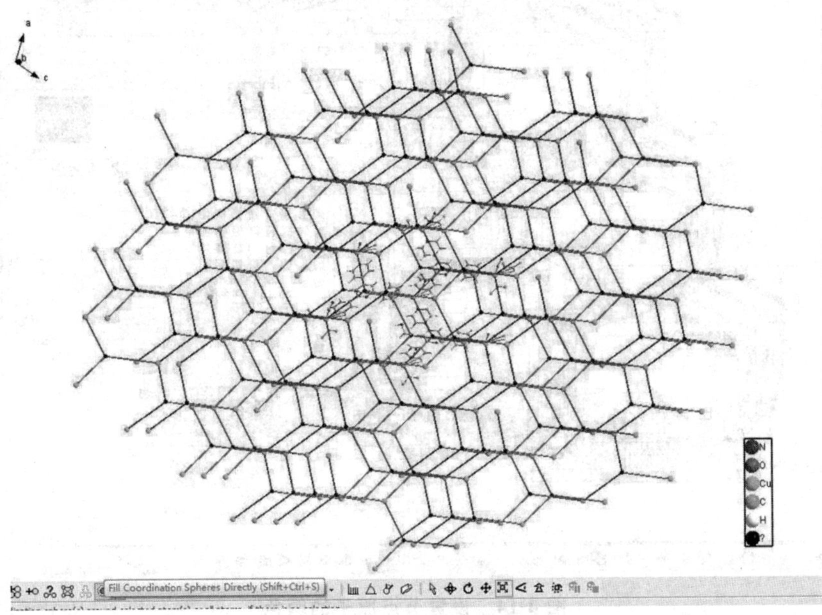

图 4-12 生长网络结构

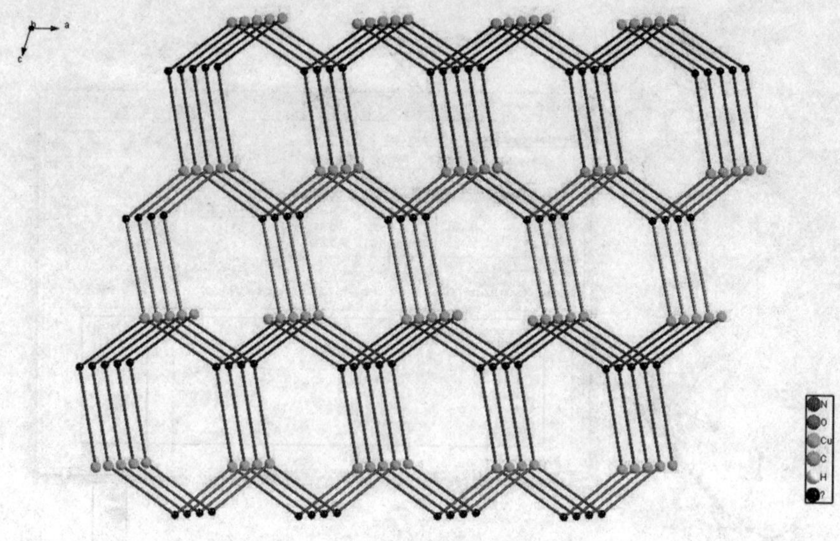

图 4-13　修饰后的拓扑网络

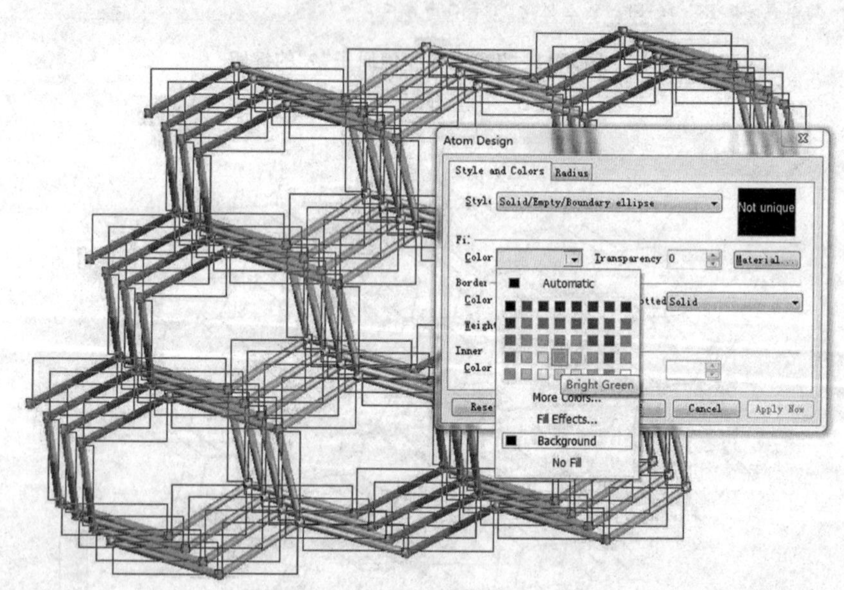

图 4-14　设置节点原子的颜色

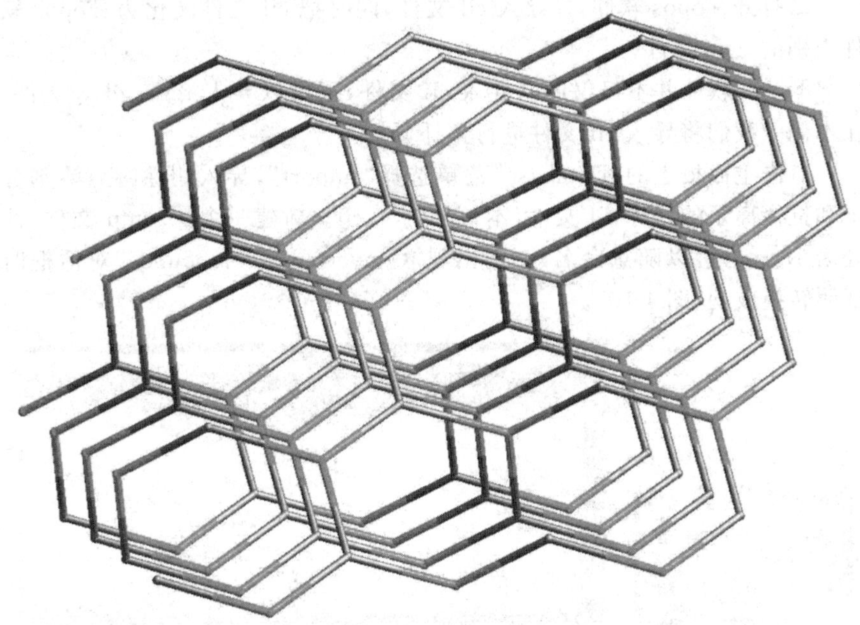

图 4-15　最终的(10,3)拓扑网络

我们将在以下拓扑分析软件的介绍当中进一步深入分析该例的拓扑结构。Diamond 软件对于配位聚合物的拓扑结构只能进行简单的分析，并且也只适用于较为简单的拓扑网络。也就是说 Diamond 软件主要用于绘制配位聚合物的各种网络结构。

4.2.2　Topos 软件简化拓扑结构

Topos 软件网址为 http://topospro.com/，作者是 V. A. Blatov 和 A. P. Shevchenko。该软件不仅可用于绘制分子结构图，而且可以计算分子表面和分子间相互作用的性质，同时可分析空穴尺寸。然而，Topos 最擅长的“工作”是分析分子网络的拓扑结构[50]。下面我们将以实例来介绍该软件的用法。

4.2.2.1　单金属节点网络拓扑结构及互穿结构分析

我们继续以例 4.1 为例，通过 Topos 软件简化并分析其拓扑结构。

①删除 cif 文件中的游离溶剂分子和抗衡离子。

为了简化方便，可以对 cif 文件进行预处理。也就是删除对拓扑结构没有影响的游离溶剂分子和抗衡离子。

②打开 Topos 软件,并导入 cif 文件,同时把 cif 文件转化为 Topos 软件识别的 cmp 文件。

Topos 软件并不仅仅可以导入 cif 文件,还可以导入 res、cgd 等文件。在本例中我们将导入 cif 文件进行拓扑分析。

点击主面板上的"Database"菜单选择"Import",导入删除游离溶剂分子和抗衡离子的目标 cif 文件,本例中为 1. cif。新建一个 * . cmp 文件,此处为 1. cmp(可以随意命名)。当出现"Converted 1 compounds"对话框时证明转换成功(图 4-16)。

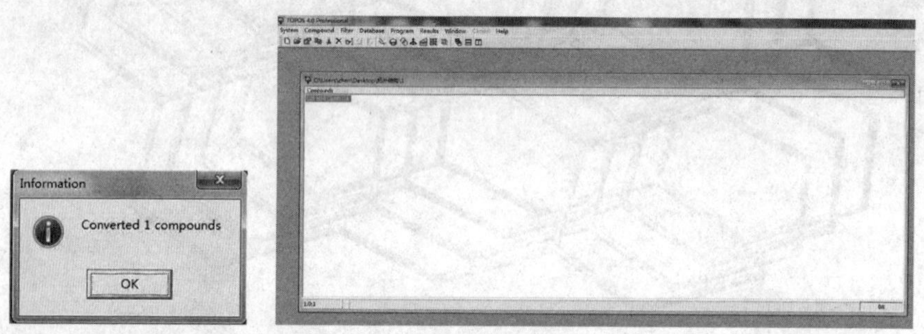

图 4-16 cif 文件转换成 cmp 文件

③点击主面板上的 图标,用"IsoCryst"观察转换成 cmp 文件的结构(图 4-17)。

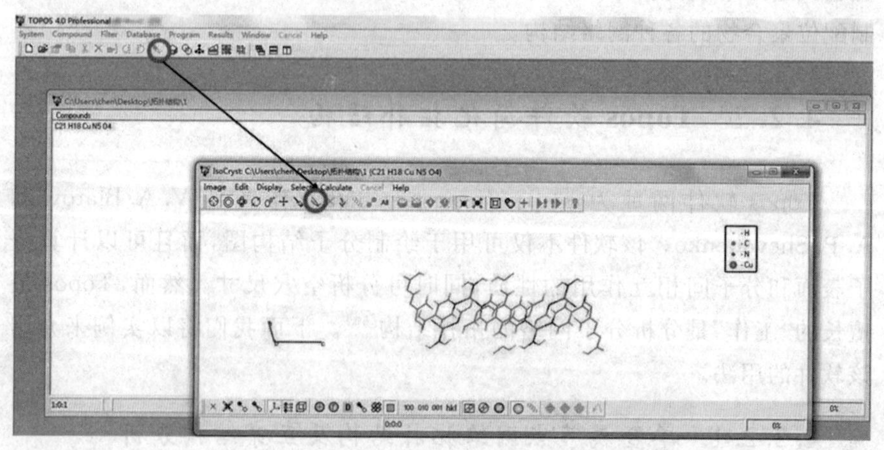

图 4-17 用 IsoCryst 观察结构

④点击主面板上的 图标,用"AutoCN"计算所有原子的连接情况。

Topos 软件不能识别导入文件的成键信息,因此我们要通过"AutoCN"进行转换来识别每个原子的连接情况(配位数),这也是用 Topos 软件分析拓扑结构必须进行的重要步骤。

点击图标，出现一对话框点击“Options”，在弹出的对话框中点击“Matrix”，同时勾选“Sectors”、“Solid Ang.”和“Dist. + Rsds”，然后点击“OK”退出并点击“Run”运算，出现分析结果（图 4-18）。

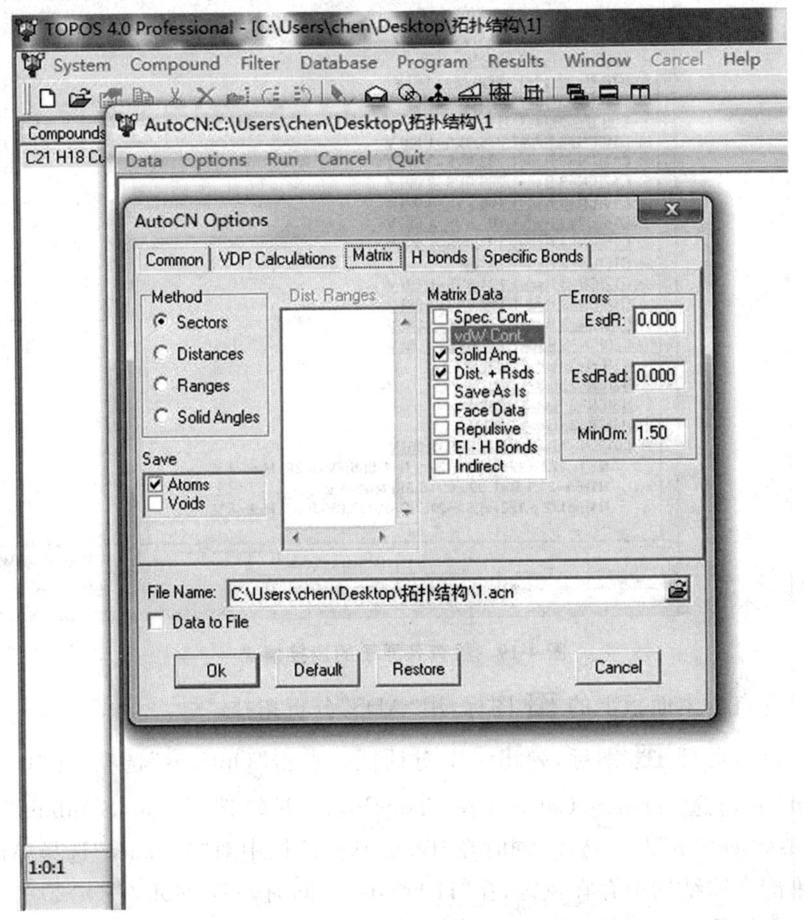

图 4-18　用“AutoCN”计算所有原子的连接情况

此时，我们可以双击配合物的名称会出现一个对话框，点击“Adiacency Matrix”可以检查各原子的连接情况（图 4-19）。同时可以更改键的类型，也可以删除不需要的原子或键。也就是说在需要的情况下可以简化“Matrix”。从计算结果可以看出 Cu 为三连接（配位），与 cif 文件匹配。这一步操作极为重要，不容许出错。

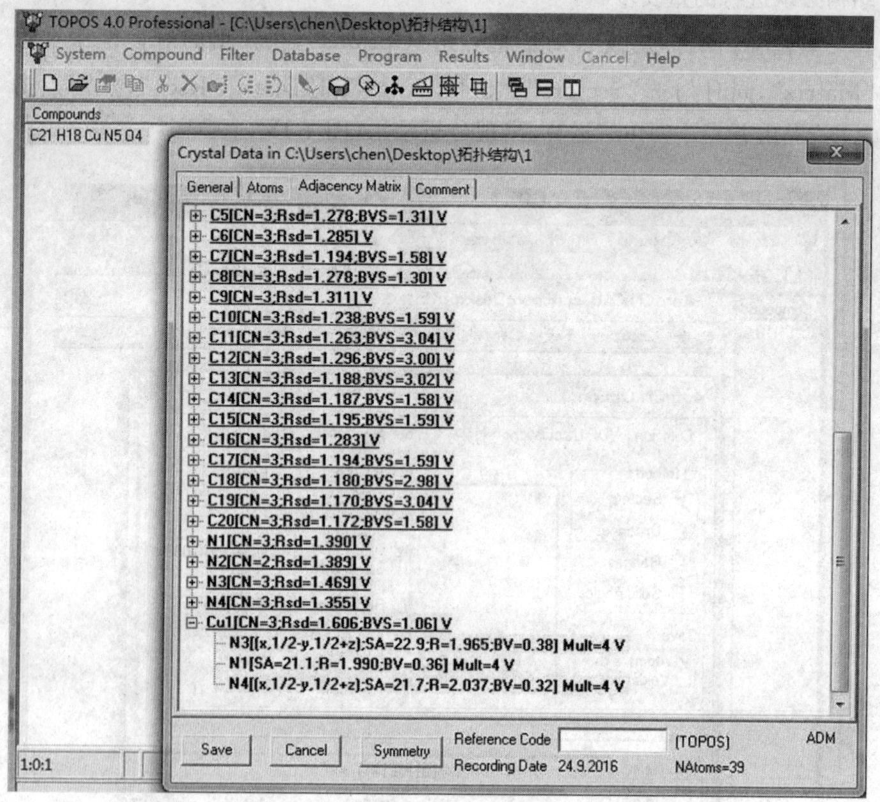

图 4-19 检查各原子的连接情况

⑤点击主面板上的 图标，用“ADS”分析拓扑。

点击运行 图标，弹出一个对话框。点击“Options”选项，在“Common”下勾选“Dimen. Calc. ”，在“Topology”下勾选“Point Symbols”和“Classification”两个选项，同时在“Bond types”栏中对“Valence”选择 At. 。如果配合物结构中存在氢键，在“H bonds”下同时勾选 Mol.（图 4-20）。完成这步操作后点击“OK”退出。

完成上述操作之后点击“Run”进行分析。此时会弹出一个“Choose Central Atoms”对话框，需要我们选择中心原子。中心原子的选择至关重要，只有选对了中心原子“简化节点”才能得到正确的拓扑分析结果。从 cif 文件的分析，我们以 Cu 和三齿配体 pytpy 为中心（节点）。

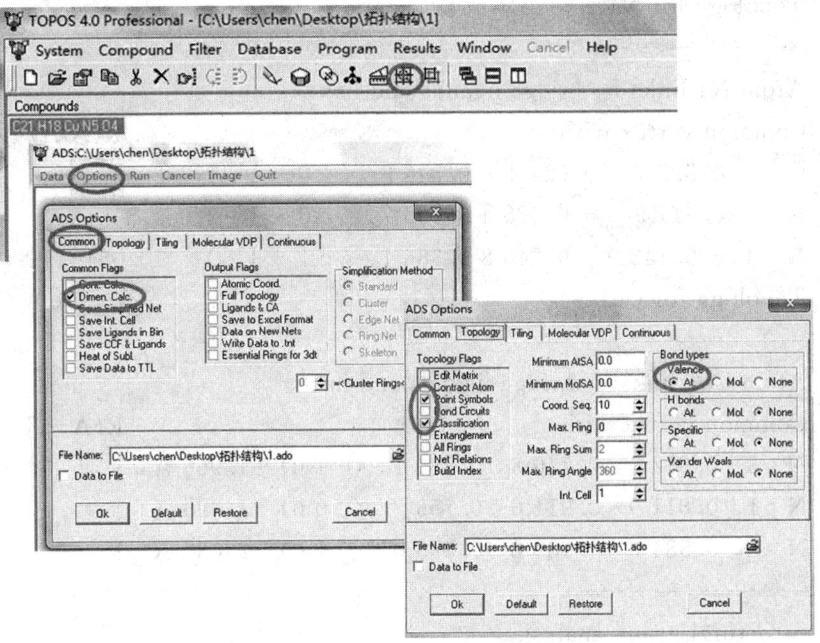

图 4-20　设置“ADS”运行参数

分析结果如下：

```
####################
6:C21 H18 Cu N5 O4
####################
Topology for N1
--------------------
Atom N1 links by bridge ligands and has
Common vertex with                                      R(A-A)
Cu 1   0.693 7    0.875 6   0.846 8    ( 0 0 0)    1.990 A   1
N  3  -0.148 0    0.753 2   0.386 1    (-1 0 0)    9.606 A   1
N  4   0.584 3    1.510 8   0.395 0    ( 0 1 0)    9.828 A   1
Topology for N3
--------------------
Atom N3 links by bridge ligands and has
Common vertex with                                      R(A-A)
Cu 1   0.693 7    0.624 4   0.346 8    (0 1-1)     1.965 A    1
N  1   1.611 9    0.911 6   0.756 7    (1 0  0)    9.606 A    1
N  4   1.584 3    1.510 8   0.395 0    (1 1  0)    10.054 A   1
```

Topology for N4

Atom N4 links by bridge ligands and has

Common vertex with R(A-A)

Cu 1 0.693 7 0.624 4 0.346 8 (0 1 −1) 2.037 A 1

N 1 0.611 9 −0.088 4 0.756 7 (0 −1 0) 9.828 A 1

N 3 −0.148 0 −0.246 8 0.386 1 (−1 −1 0) 10.054 A 1

Topology for Cu1

Atom Cu1 links by bridge ligands and has

Common vertex with R(A−A)

N 3 0.852 0 0.746 8 0.886 1 (0 1 0) 1.965 A 1

N 1 0.611 9 0.911 6 0.756 7 (0 0 0) 1.990 A 1

N 4 0.584 3 0.989 2 0.895 0 (0 1 0) 2.037 A 1

Structural group analysis

Structural group No 1

Structure consists of 3D framework with CuN4C20H14

There are 4 interpenetrating nets

TIV: Translating interpenetration vectors

[0,1,0] (9.30A)

NISE: Non-translating interpenetration symmetry elements

1: −1

PIC: [0,2,0][1,1,0][0,0,1] (PICVR=2)

Zt=2; Zn=2

Class IIIa Z=4[2 * 2]

Coordination sequences

N1:	1	2	3	4	5	6	7	8	9	10
Num	3	4	8	12	16	32	48	46	80	98
Cum	4	8	16	28	44	76	124	170	250	348

N3:	1	2	3	4	5	6	7	8	9	10
Num	3	4	8	12	16	32	48	48	80	96
Cum	4	8	16	28	44	76	124	172	252	348

N4:	1	2	3	4	5	6	7	8	9	10
Num	3	4	8	12	16	32	48	48	80	96
Cum	4	8	16	28	44	76	124	172	252	348

Cu1:	1	2	3	4	5	6	7	8	9	10
Num	3	6	6	12	24	24	48	66	56	102
Cum	4	10	16	28	52	76	124	190	246	348

TD10＝348

Vertex symbols for selected sublattice

N1 Point symbol:{3. 15^2}

Extended point symbol:[3. 15(4). 15(4)]

N3 Point symbol:{3. 15^2}

Extended point symbol:[3. 15(2). 15(4)]

N4 Point symbol:{3. 15^2}

Extended point symbol:[3. 15(2). 15(4)]

Cu1 Point symbol:{15^3}

Extended point symbol:[15(2). 15(4). 15(4)]

Point symbol for net: {15^3}{3. 15^2}3

3,3,3-c net with stoichiometry (3-c)(3-c)2(3-c); 3-nodal net

Topological type: 3,3,3T10 (MOF. ttd) {15^3}{3. 15^2}3-VS [3. 15(2). 15(4)] [3. 15(4). 15(4)] [15(2). 15(4). 15(4)] (78 929 types in 11 databases)

Elapsed time：21. 51 sec.

从以上的分析结果我们可以看出每个 Cu 原子是三连接点，每个配位 N 原子是三连接点。然而，在 cif 文件初始分析中，我们把每个三齿配体 pytpy 看作一个三连接点。因此，我们将继续简化拓扑网络。

⑥继续简化分析拓扑结构。

双击配合物名称，点击“Adiacency Matrix”，展开 Cu1 原子，右击与 Cu1 连接的原子，选择“Change Type”下选项“H bond”将键都设置成氢键。可以看到，设置之后的 N 原子信息都变成了蓝色(图 4-21)。

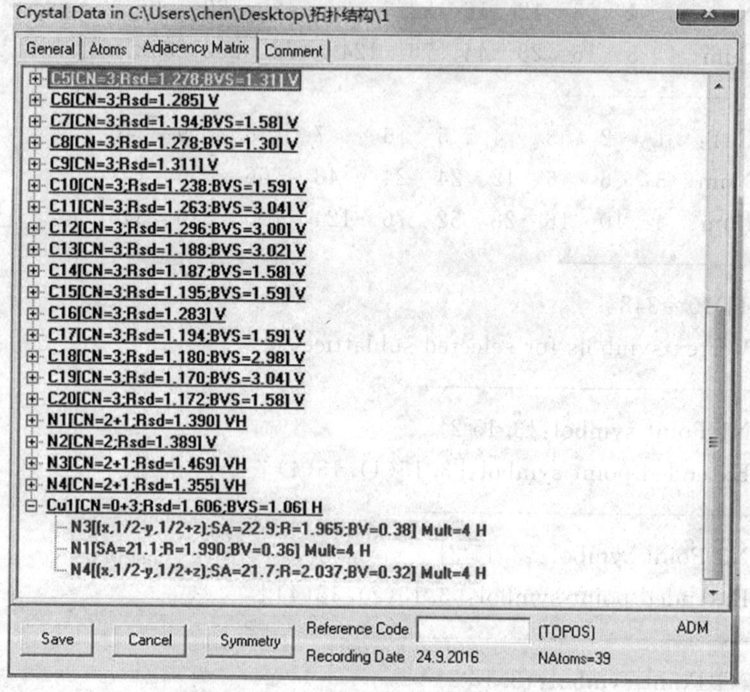

图 4-21　Cu1 原子与配位原子 N 的键设置

继续运行“ADS”，弹出一个对话框。点“Options”选项，在“Common”下勾选“Dimen. Calc. ”和“Save Simplified Net”，对弹出的对话框选“Yes”；在“Topology”下将不能勾选“Point Symbols”和“Classification”两个选项(如果勾选“Point Symbols”和“Classification”将得到拓扑分析结果信息)，并将“Coord. Seq. ”设置为 10，同时在“Bond types”栏中对“Valence”选择 At.，在“H bonds”下同时勾选 Mol.(图 4-22)。完成这步操作后点击“OK”退出。

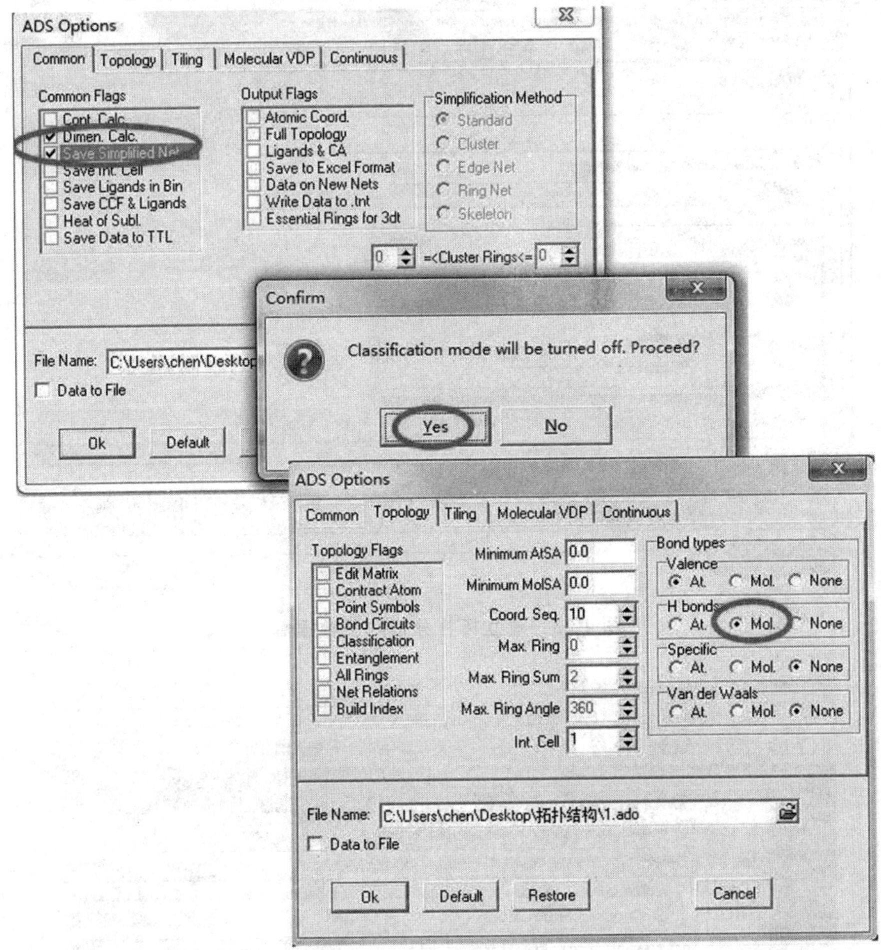

图 4-22　设置 ADS 选项

点击“Run”运行，弹出对话框“Create database”，点击“Yes”后再次弹出对话框“Enter your user code”，输入一个数字，在此例中我们输入数字1，得到一个子配合物名称(图 4-23)。

再次运行“ADS”，弹出的对话框点“Run”会弹出一个对话框“Enter your user code”，输入 1，再次弹出“Choose Central Atoms”对话框。按“Ctrl”选中中心原子 Cu 和配体中心原子 Sc(图 4-24)。点击“OK”退出，点击“Run”得到分析结果如下。

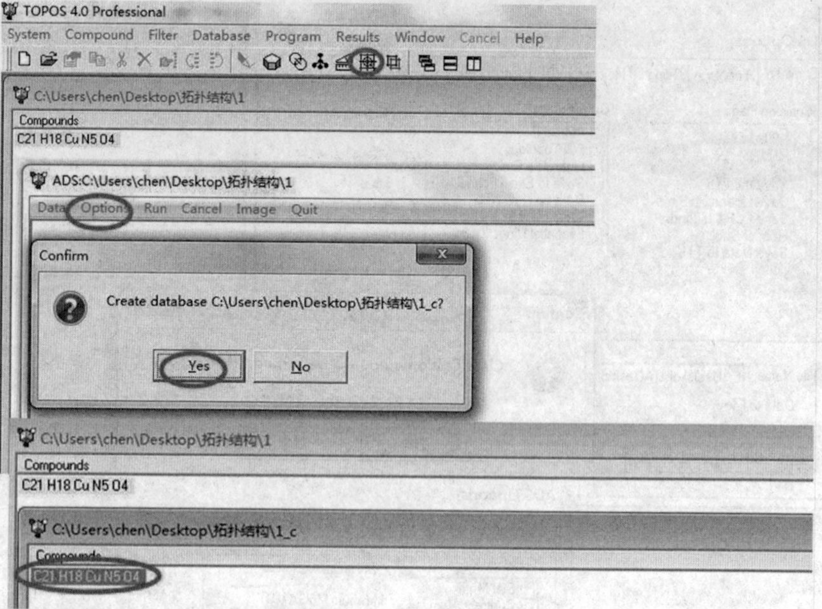

图 4-23　建立拓扑分析的子数据集

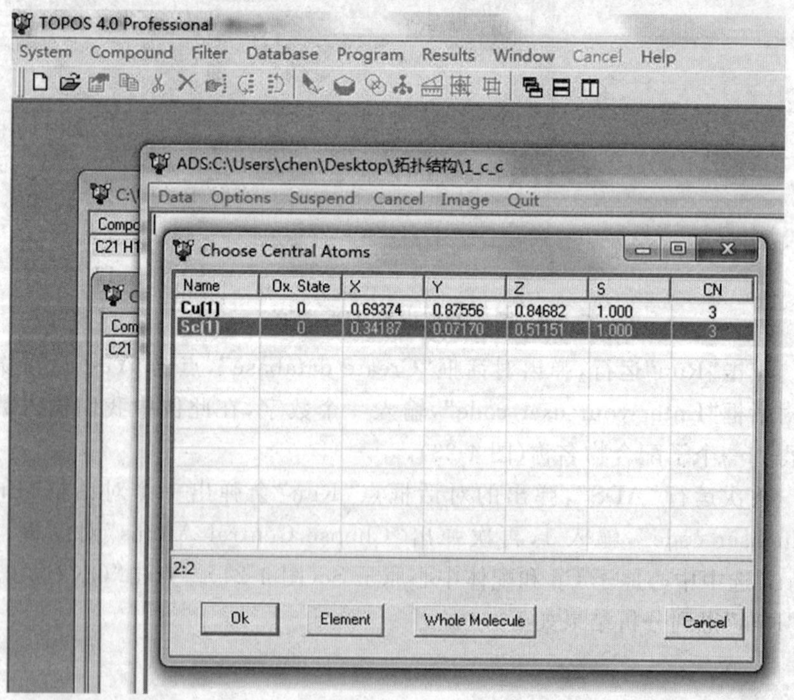

图 4-24　选择中心原子

分析结果

```
####################
2:C21 H18 Cu N5 O4
####################
Topology for Sc1
--------------------
Atom Sc1 links by bridge ligands and has
Common vertex with                                          R(A-A)
Cu 1     0.693 7   -0.124 4   0.846 8   ( 0 -1  0)  7.588A  1
Cu 1    -0.306 3   -0.375 6   0.346 8   (-1  0 -1)  7.638A  1
Cu 1     0.693 7    0.624 4   0.346 8   ( 0  1 -1)  7.733A  1
Topology for Cu1
--------------------
Atom Cu1 links by bridge ligands and has
Common vertex with                                          R(A-A)
Sc 1    0.341 9    1.071 7    0.511 5    (0 1 0)    7.588 A   1
Sc 1    1.341 9    0.428 3    1.011 5    (1 0 0)    7.638 A   1
Sc 1    0.341 9    1.428 3    1.011 5    (0 1 0)    7.733 A   1
-------------------------
Structural group analysis
-------------------------
-------------------------
Structural group No 1
-------------------------
Structure consists of 3D framework with CuSc
There are 4 interpenetrating nets
TIV: Translating interpenetration vectors
-----------------------------------------
[0,1,0] (9.30A)
-----------------------------------------
NISE: Non-translating interpenetration symmetry elements
--------------------------------------------------------
1: -1
```

PIC：[0,2,0][1,1,0][0,0,1] (PICVR=2)

Zt=2；Zn=2

Class IIIa　Z=4[2 * 2]

Coordination sequences

Sc1：	1	2	3	4	5	6	7	8	9	10
Num	3	6	12	24	38	56	77	102	129	160
Cum	4	10	22	46	84	140	217	319	448	608

Cu1：	1	2	3	4	5	6	7	8	9	10
Num	3	6	12	24	38	56	77	102	129	160
Cum	4	10	22	46	84	140	217	319	448	608

TD10=608

Vertex symbols for selected sublattice

Sc1 Point symbol:{10^3}

Extended point symbol:[10(2).10(4).10(4)]

Cu1 Point symbol:{10^3}

Extended point symbol:[10(2).10(4).10(4)]

Point symbol for net：{10^3}

3-c net；uninodal net

Topological type：ths ThSi2；3/10/t4 (topos&RCSR. ttd) {10^3}-VS [10(2).10(4).10(4)] (78929 types in 11 databases)

Elapsed time：5.64 sec.

从以上分析结果我们能够看出此配合物为(10,3)网络，拓扑类型为 $ThSi_2$，点符号为 10^3。此外，Topos 分析结果显示该例配合物为 4 重互穿结构，我们将继续分析其结构特征。

选中子结构名，点击主面板上的图标，用“IsoCryst”观察配合物拓扑的互穿结构(图 4-25)。

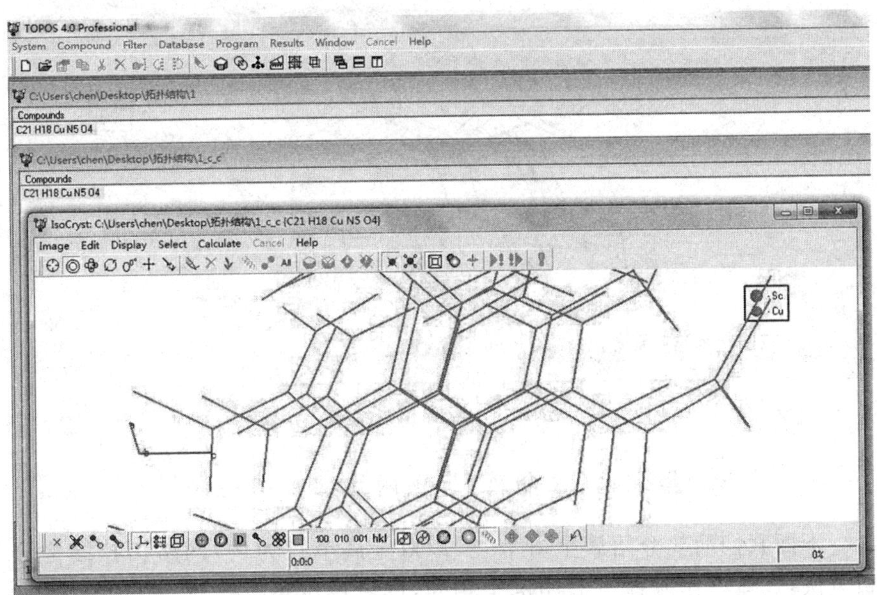

图 4-25　简化后的拓扑网络

在“IsoCryst”界面下点击图标，分别选中每一个单一网络，通过来调节颜色(此界面的各图标功能读者自行参照 http://topospro.com/)。点击图标单击结构网络上的某一原子会弹出一对话框，可任意选择网络颜色，同时勾选“Selected”，点击“OK”退出(图 4-26)。按照这种操作方式把所有单一网络标出，我们发现共有 4 个单一网络，验证了拓扑分析结果(图 4-27)。

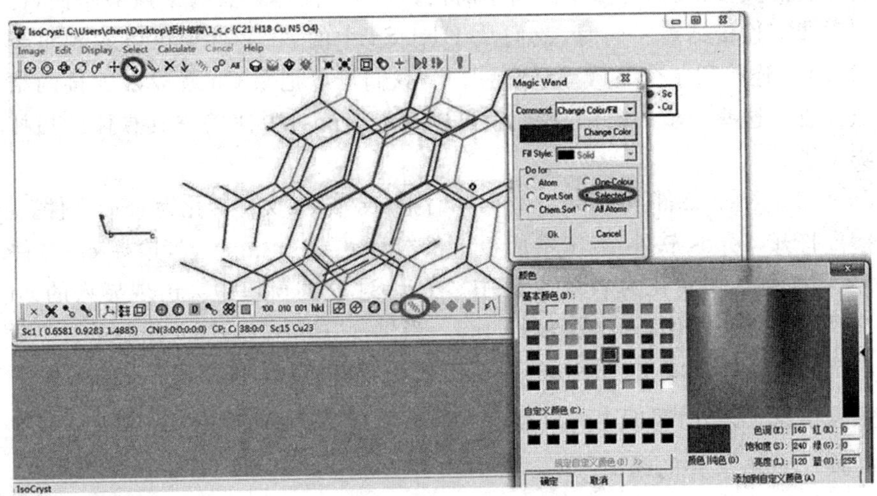

图 4-26　设置单一网络颜色

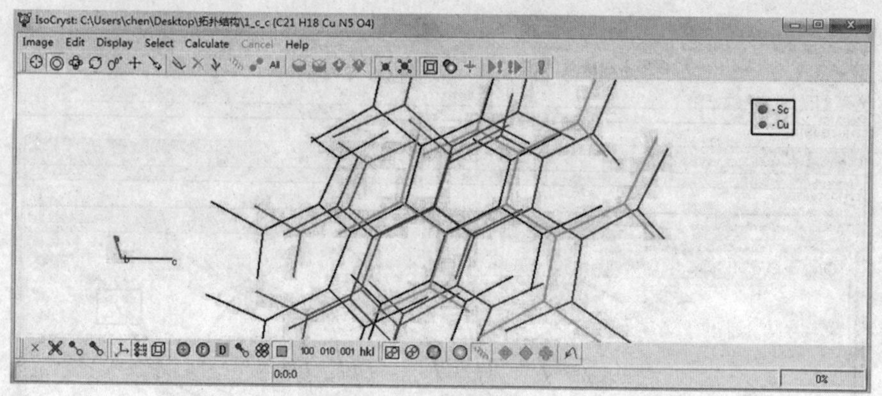

图 4-27　互穿检查结果

4.2.2.2　簇金属(双金属)节点网络拓扑结构分析

下面我们简要介绍簇金属节点(以双金属节点为例)网络拓扑结构分析方法,具体操作流程与上述例子相同,读者可以自行比较一下单金属和簇金属节点配位聚合物拓扑分析的不同之处。

例 4.2　以$[Cu_3(BTC)_2(H_2O)_3]_n$为例[51]。

①cif 或 res 结构预分析。

从 CCDC 数据库中下载 HKUST-1 的晶体结构(http://www.ccdc.cam.ac.uk/)。我们可以看到,在 HKUST-1 晶体结构中,均苯三甲酸(BTC)连接 paddle-wheel 双核 Cu 构成了三维网络结构。按照上述经验,对于它的拓扑,我们可以先做简单的估算,BTC 配体含有 3 个羧酸基团,可以看成三连接结点。同时,我们从 HKUST-1 的 cif 文件中可以看到每个双核 Cu 连接到 4 个 BTC 配体。因此,我们可以把双 Cu 看成四连接的结点。有了这些初步的简化,我们就可以利用 topos4.0 来检查其具体的拓扑类型了。

②导入 cif 文件至 Topos 软件,同时把 res 或 cif 文件转化为 cmp 文件。

打开 Topos 软件,点击主面板上的"Database—Import",选择 cif 文件导入,按例 4.1 转化为 cmp 文件中。Topos4.0 的窗口中会出现导入的 cif 文件的文件头的代码,此处为 1.cmp。当出现"Converted 1 compounds"对话框时证明转换成功(图 4-28)。双击代码,可以查看 HKUST-1 的晶体学数据信息。另外,我们也可以点击主面板上的 图标,用"IsoCryst"观察转换成 cmp 文件的结构。

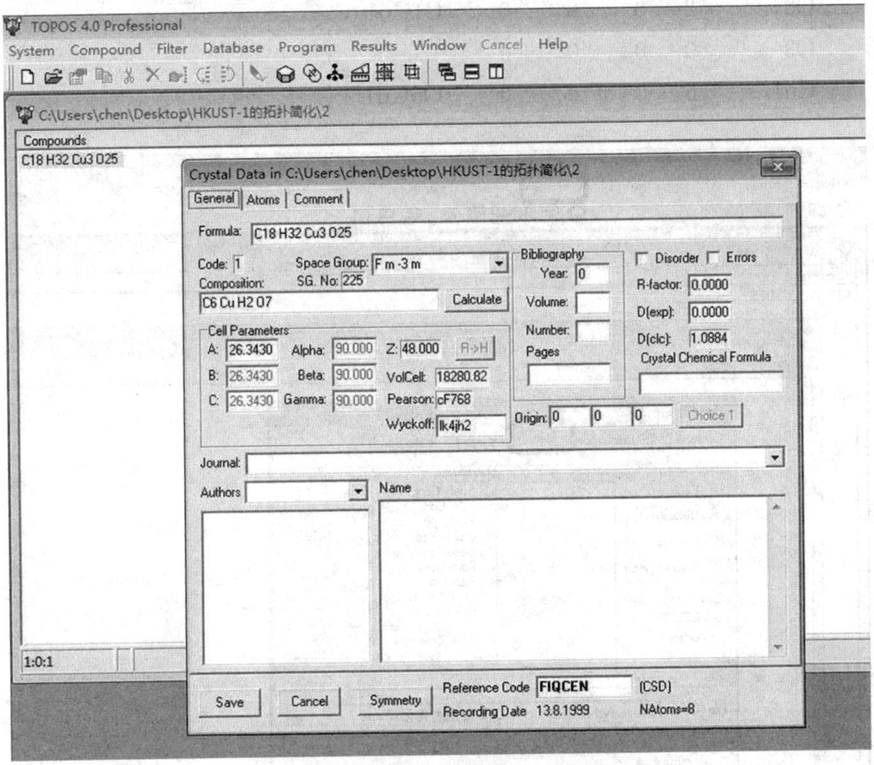

图 4-28　导入 HKUST-1 cif 文件后的 Topos 界面及晶体学数据信息

③运行“AutoCN”计算节点原子的连接情况。

点击主面板上的图标确定结点原子的配位数。点击面板上的“Program—AutoCN”，然后点击“Options”，可以进行一些具体的参数设置。再点击“Run”（图 4-29）。具体操作过程读者可以参考例 4.1。此时面板中会出现一些信息，最下面的就是配位数的信息。

计算结果

Coordination numbers for C18H32Cu3O25

Atom	CN	Sp	vdW	Hb	Composition
H1	1	0	0	0	C1
C1	3	0	0	0	C3
C2	3	0	0	0	C1O2
C3	3	0	0	0	H1C2
O1	1	0	0	0	Cu1

O2	2	0	0	0	C1Cu1
O3	0	0	0	0	
Cu1	6	0	0	0	O5Cu1

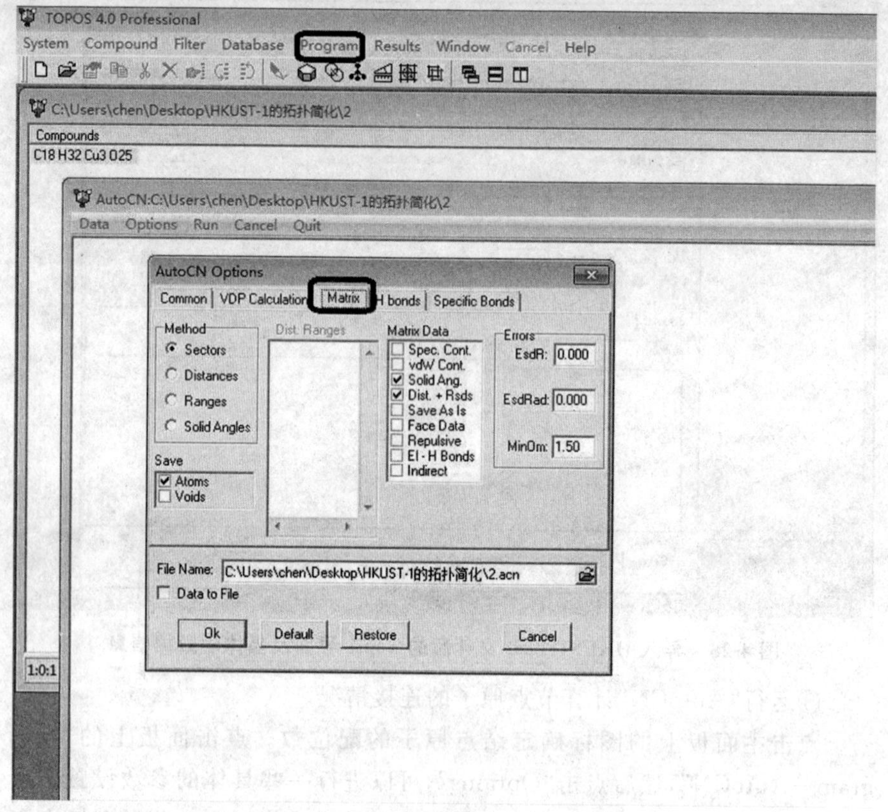

图 4-29 用"AutoCN"计算所有原子的连接情况

从计算结果看，与我们预先的设想简化不一致。因此，在关闭"AutoCN"窗口后有必要进行进一步的简化处理。

注意：在某些情况下可能会有多出来的配位数，那时必须要检查，并除去多余的配位键。

双击 $C_{18}H_{32}Cu_3O_{25}$，在弹出的窗口中可以进行配位数的检查和调整。在"Adjacency Matrix"面板中会显示配位数情况（注：在未运行"AutoCN"之前，不会显示配位数情况）（图 4-30）。点击"＋"可以展开选项，查看具体的配位键信息。

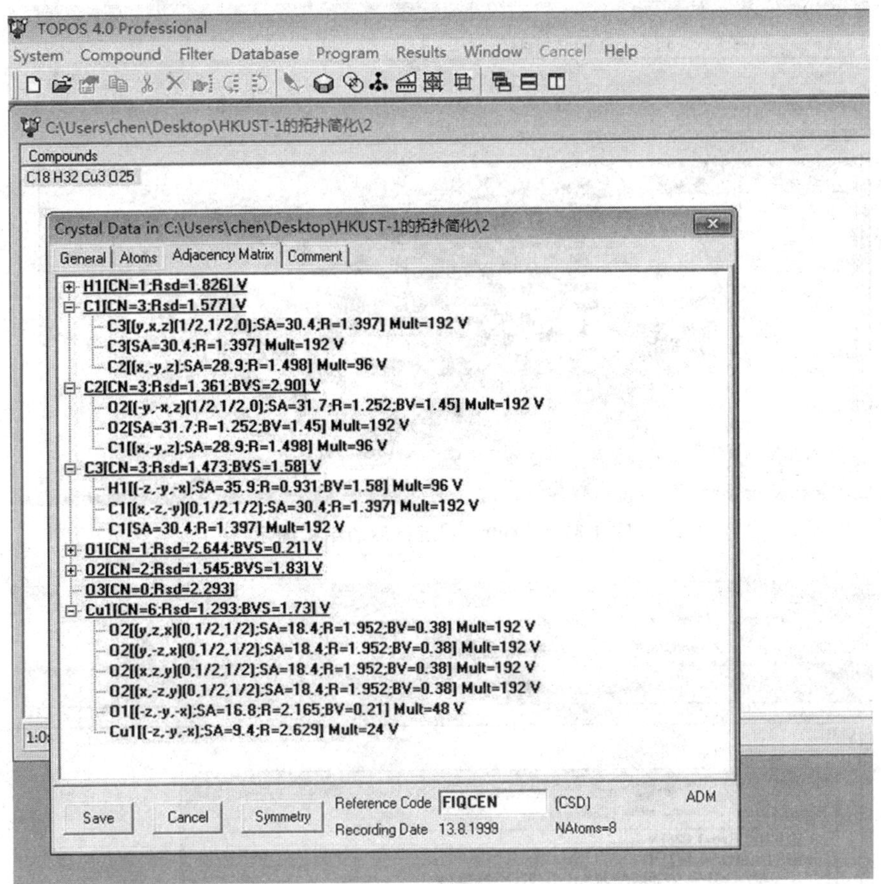

图 4-30　“AutoCN”运行后的各原子连接情况

④对“AutoCN”运行后的结果进行断键处理。

对于“AutoCN”运行后的结果我们通过点击主面板上的 图标，用“IsoCryst”观察分析后的结构（图 4-31）。按照我们预先的分析应当将 C1—C2 做断键处理。双击代码 $C_{18}H_{32}Cu_3O_{25}$，在“Adjacency Matrix”中点开 C1 原子前的“＋”符号，右击 C2 原子。在弹出的对话框中选择“Change Type”并选择“H bond”。可以看到，设置之后的 C2 原子变成了蓝色（图 4-32）。此时，我们再次通过“IsoCryst”观察会发现每个双核 Cu 和 BTC 配体中苯环都变成了独立个体。

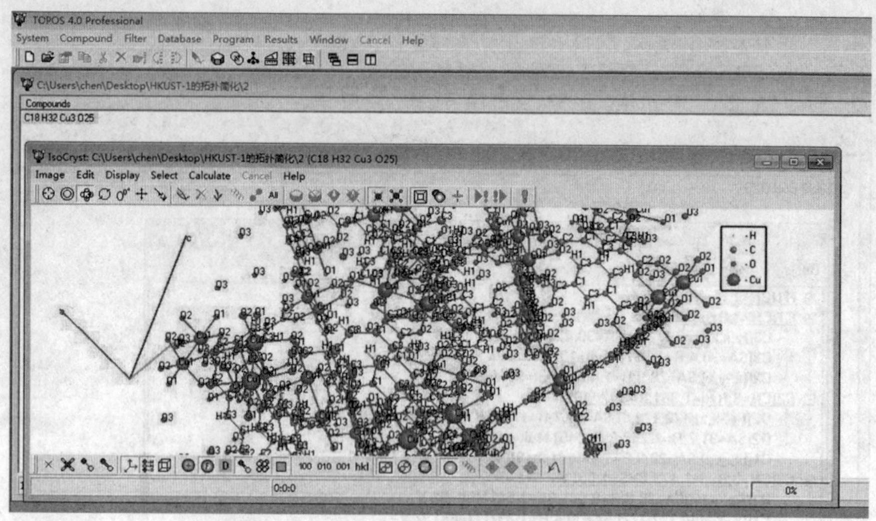

图 4-31 “AutoCN”运行后的结构图示

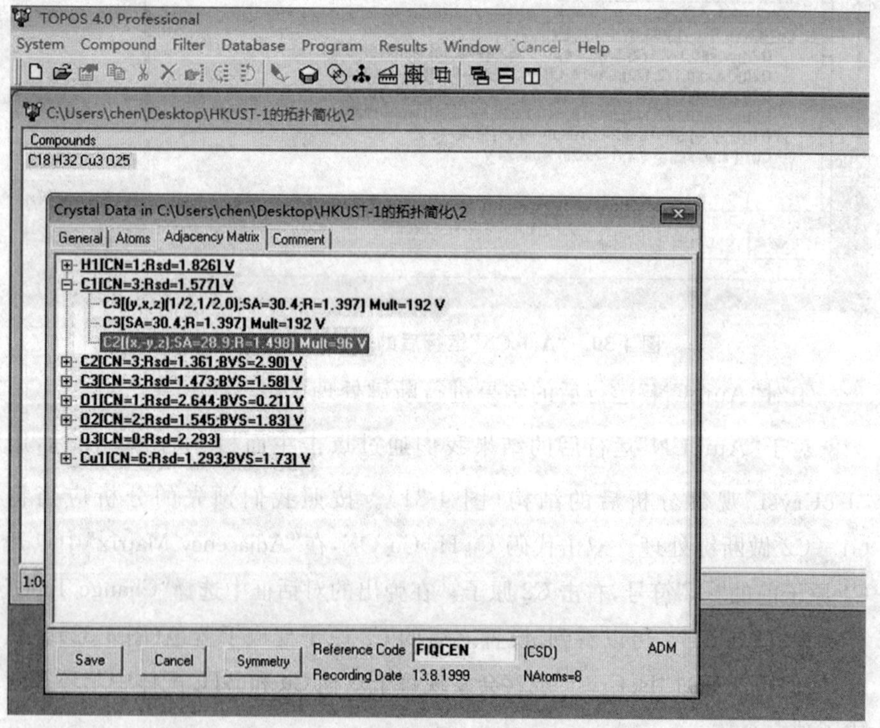

图 4-32 C1 原子与 C2 原子键的设置

⑤运行“ADS”分析拓扑。

点击面板上的“Program—ADS”，点击“Options”选项，在“Common”下

勾选“Dimen. Calc.”，在“Topology”下勾选“Point Symbols”和“Classification”两个选项，同时在“Bond types”栏中对“Valence”选择 At.，在“H bonds”下同时勾选 Mol.。完成这步操作后点击“OK”退出。此后 ADS 面板中出现大量的信息，最下方会给出拓扑信息。

分析结果

```
################################
1;RefCode:FIQCEN:C18 H32 Cu3 O25
################################
Structure consists of molecules (ZD1). The composition of molecule is C6H3
Structure consists of molecules (ZE1). The composition of molecule is C4O10Cu2
Structure consists of molecules (ZF1). The composition of molecule is O
Topology for ZD1
------------------
Atom ZD1 links by bridge ligands and has
Common vertex with                                          R(A-A)
  f Total SA
ZE 1   0.250 0   0.500 0   0.750 0   (0 0 0)   5.398 A   1   33.33
ZE 1   0.000 0   0.250 0   0.750 0   (0 0 1)   5.398 A   1   33.33
ZE 1   0.250 0   0.250 0   1.000 0   (0 0 1)   5.398 A   1   33.33
Topology for ZE1
------------------
Atom ZE1 links by bridge ligands and has
Common vertex with                                          R(A-A)
  f Total SA
ZD 1   0.343 8   0.156 2   -0.156 2   (0 1 0)   5.398 A   1   25.00
ZD 1   0.343 8   0.156 2    0.156 2   (0 0 1)   5.398 A   1   25.00
ZD 1   0.156 2   0.343 8    0.156 2   (1 0 0)   5.398 A   1   25.00
ZD 1   0.156 2   0.343 8   -0.156 2   (0 0-1)   5.398 A   1   25.00
Topology for ZF1
------------------
Atom ZF1 doesn't link with bridge molecular ligands
----------------------
Structural group analysis
```


Structural group No 1

Structure consists of 3D framework with ZE3ZD4

Coordination sequences

ZD1:	1	2	3	4	5	6	7	8	9	10
Num	3	9	15	33	45	82	90	153	150	241
Cum	4	13	28	61	106	188	278	431	581	822

ZE1:	1	2	3	4	5	6	7	8	9	10
Num	4	8	20	30	60	68	120	126	200	180
Cum	5	13	33	63	123	191	311	437	637	817

TD10＝819

Vertex symbols for selected sublattice

ZD1 Point symbol:{6^3}

Extended point symbol:[6. 6. 6]

Rings coincide with circuits

Rings with types:[6a. 6a. 6a]

ZE1 Point symbol:{6^2. 8^2. 10^2}

Extended point symbol:[6(2). 6(2). 8(2). 8(2). 10(4). 10(4)]

Vertex symbol:[6(2). 6(2). 8(2). 8(2). *. *]

Rings with types:[6a(2). 6a(2). 8a(2). 8a(2). *. *]

ATTENTION! Some rings * are bigger than 10, so likely no rings are contained in that angle

----

Point symbol for net:{6^2. 8^2. 10^2}3{6^3}4

如果希望得到简化后的拓扑图，需在“Option”的“Common”面板中把“SaveCentroisd”选中，再次点击“Run”。点击“Yes”，任意输入一个代码，点击“OK”，同前操作，结束后弹出一个新窗口(图 4-33)。

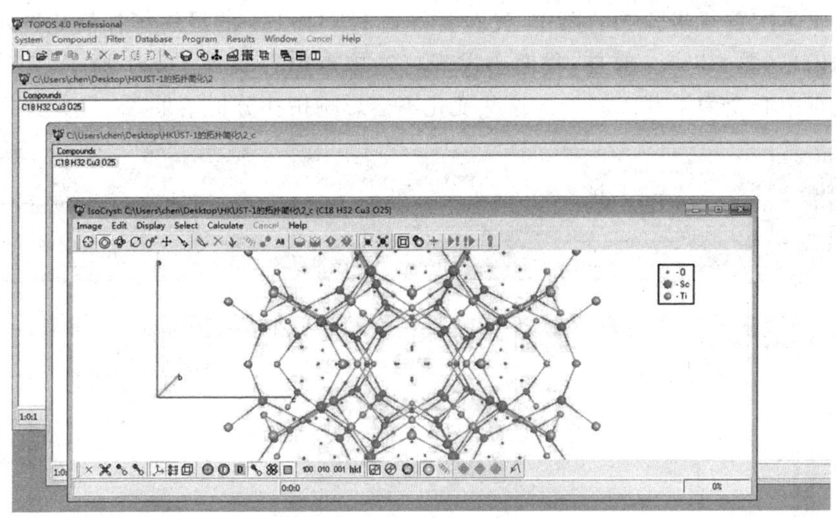

图 4-33　简化的拓扑连接

⑥继续简化拓扑结构。

从以上分析我们发现一些离散的原子存在于简化的拓扑网络中。点击主界面上的"Compound"选择"Auto determine",然后单击"Simplify Adjacency Matrix",同时在弹出的窗口中点击"OK"(图 4-34)。通过这次操作,我们会发现拓扑网络中的离散原子全部除去了。

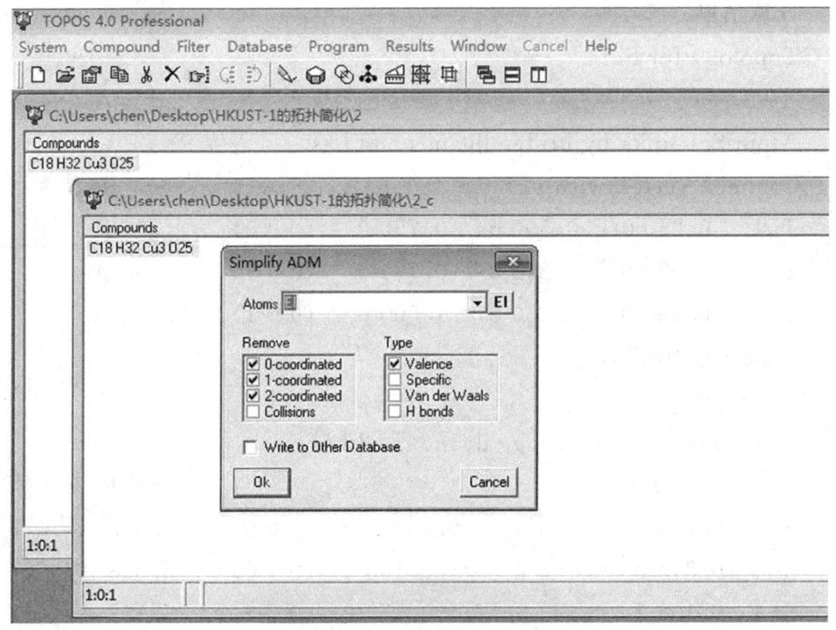

图 4-34　简化非键连原子

再次重复步骤⑤的操作，我们会得到 HKUST-1 的最终拓扑简化图示和信息(图 4-35)。但是，我们会发现三连接点中心变为了 Sc1 原子，四连接点中心变为了 Ti1 原子。这些变化不会影响拓扑分析结果。

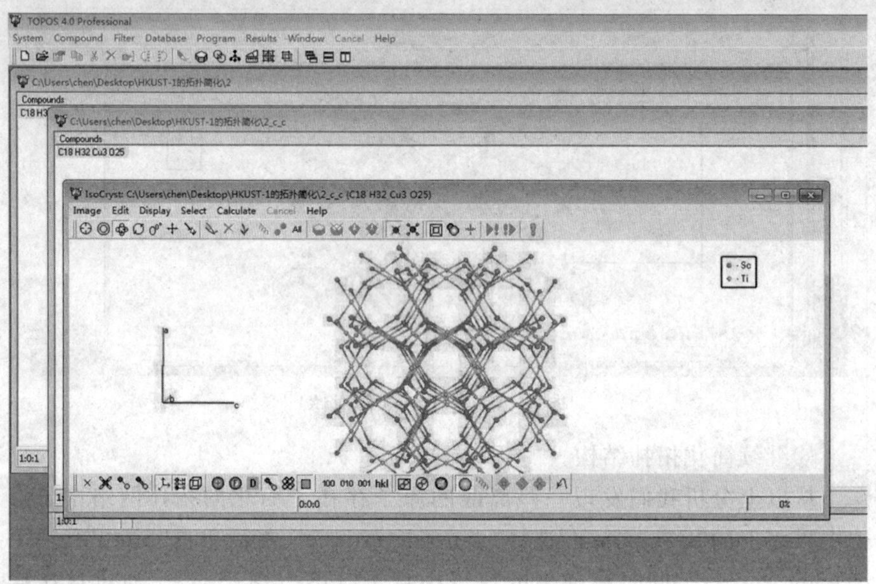

图 4-35 HKUST-1 的最终拓扑网络

计算结果

Topology for Sc1

Atom Sc1 links by bridge ligands and has

Common vertex with					R(A-A)	
Ti 1	0.250 0	0.500 0	0.750 0	(0 0 0)	5.398 A	1
Ti 1	0.000 0	0.250 0	0.750 0	(0 0 1)	5.398 A	1
Ti 1	0.250 0	0.250 0	1.000 0	(0 0 1)	5.398 A	1

Topology for Ti1

Atom Ti1 links by bridge ligands and has

Common vertex with					R(A-A)	
Sc 1	0.156 2	0.343 8	0.156 2	(1 0 0)	5.398 A	1
Sc 1	0.343 8	0.156 2	−0.156 2	(0 1 0)	5.398 A	1
Sc 1	0.156 2	0.343 8	−0.156 2	(0 0 −1)	5.398 A	1
Sc 1	0.343 8	0.156 2	0.156 2	(0 0 1)	5.398 A	1

Structural group analysis

Structural group No 1

Structure consists of 3D framework with Ti3Sc4

Coordination sequences

Sc1:	1	2	3	4	5	6	7	8	9	10
Num	3	9	15	33	45	82	90	153	150	241
Cum	4	13	28	61	106	188	278	431	581	822

Ti1:	1	2	3	4	5	6	7	8	9	10
Num	4	8	20	30	60	68	120	126	200	180
Cum	5	13	33	63	123	191	311	437	637	817

TD10=819

Vertex symbols for selected sublattice

Sc1 Point symbol:{6^3}

Extended point symbol:[6. 6. 6]

Ti1 Point symbol:{6^2. 8^2. 10^2}

Extended point symbol:[6(2). 6(2). 8(2). 8(2). 10(4). 10(4)]

Point symbol for net: {6^2. 8^2. 10^2}3{6^3}4

3,4-c net with stoichiometry (3-c)4(4-c)3; 2-nodal net

Topological type: tbo/twisted boracite (topos&RCSR. ttd) {6^2. 8^2. 10^2}3{6^3}4-VS [6. 6. 6] [6(2). 6(2). 8(2). 8(2). 12(2). 12(2)] (78929 types in 11 databases)

Elapsed time: 5. 91 sec.

4.2.3 Olex 软件简化拓扑结构

Olex 是一款操作简单且免费的拓扑分析软件，网址为 http://www.ccp14.ac.uk/ccp/web-mirrors/lcells/index.htm。Olex 整个操作过程只用鼠标点击即可，弹出的窗口可以叠加在主面板上。正因为 Olex 具有较强的拓扑分析功能，已经在配位聚合物结构分析中被广泛使用。

我们继续以例 4.1 为例，通过 Olex 软件简化并分析其拓扑结构。

①导入 cif 文件。

打开 Olex 软件，点击主面板上的“File”，点击“Open”导入目标 cif 文件（图 4-36）。在 Olex 软件中可以删除结构中对拓扑结构构筑无影响的溶剂分子或抗衡离子。在“Fragments”对话框中单击左键选中这些片段，然后单击鼠标右键选择“Delete”删除。本例中，我们已经预先对 cif 进行了处理，因此不需要进行这一步操作。

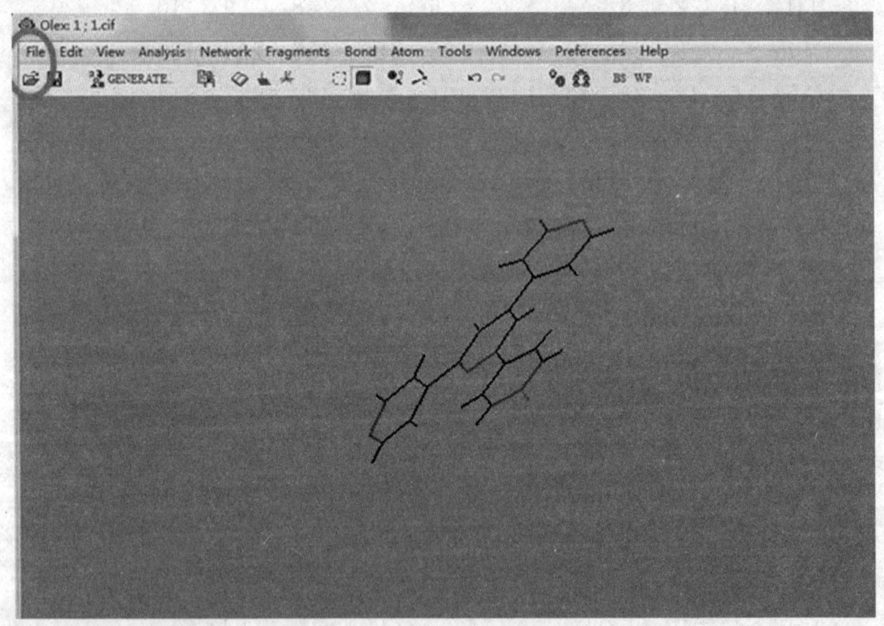

图 4-36 导入目标 cif 文件

②生长骨架，观察结构。

点击“Generate”按钮，设置生长范围，同时勾选“Link change”选项，然后点击“OK”，我们就可以观察到骨架堆积图（图 4-37）。如果在 Olex 界面上显示全部堆积图，可以点“Show view window”图标 ，然后点击图标即可。

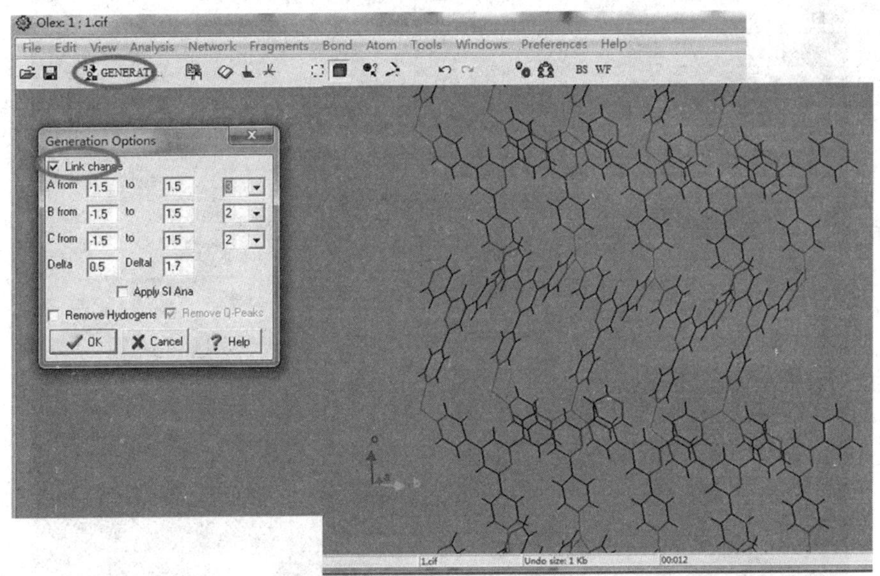

图 4-37　生长骨架

③观察穿插度。

选择“Show structure navigator”，点击 按钮。观察弹出框“Fragments”中原子之后的数字，如果数字相近且都很大的都选上，数字小的不要选，选上几个就说明有几重穿插。为了进一步观察互穿结果，从主面板显示的结构里任意选一个键，再点“Fragments—Properties”，在弹出框中再点击“Monochromatic”选一种自己喜欢的颜色。重复上述步骤，结果显示为四重互穿结构(图 4-38)。

④拓扑分析。

在主面板上点击“Network”菜单选择“Construct Net”，出现如图 4-39 中的红色网络。点击主面板上的“Fragments”选项，然后点击“Hide Bonds”将化学键网络隐藏起来，只剩红色网络部分，仔细观察红色网络。我们在 cif 结构分析时将 pytpy 配体简化为三连接点，因此，我们把三角形都简化为一个节点。选中红色网络中所有三角形，点击主面板上的 按钮，在弹出的对话框中选中 C—C 键，右击鼠标点“Collide to one note”将所有三角形设置为一个节点。然后点击主面板上的“Network”选项，选择“Evaluate Topology”，新建一个记事本，将分析结果粘贴。

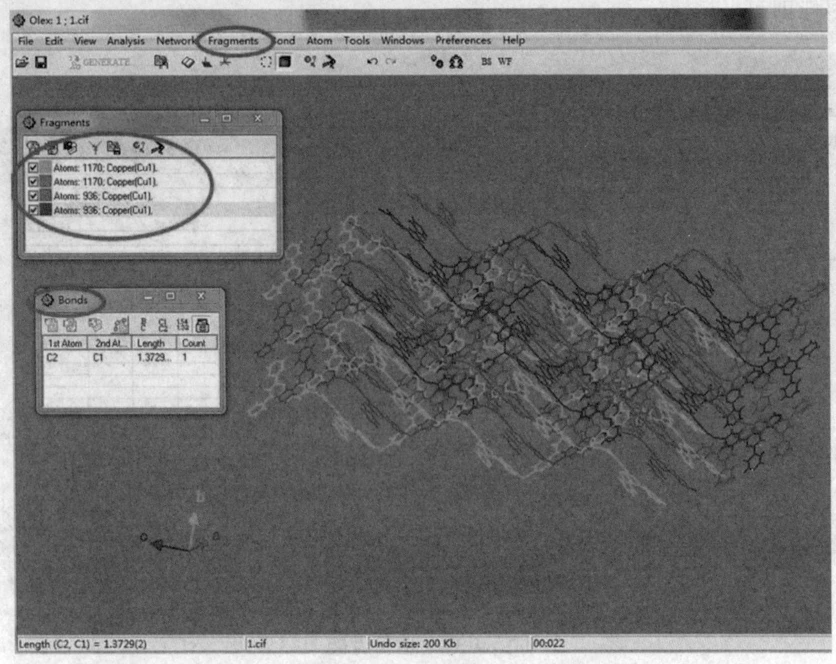

图 4-38 观察互穿程度

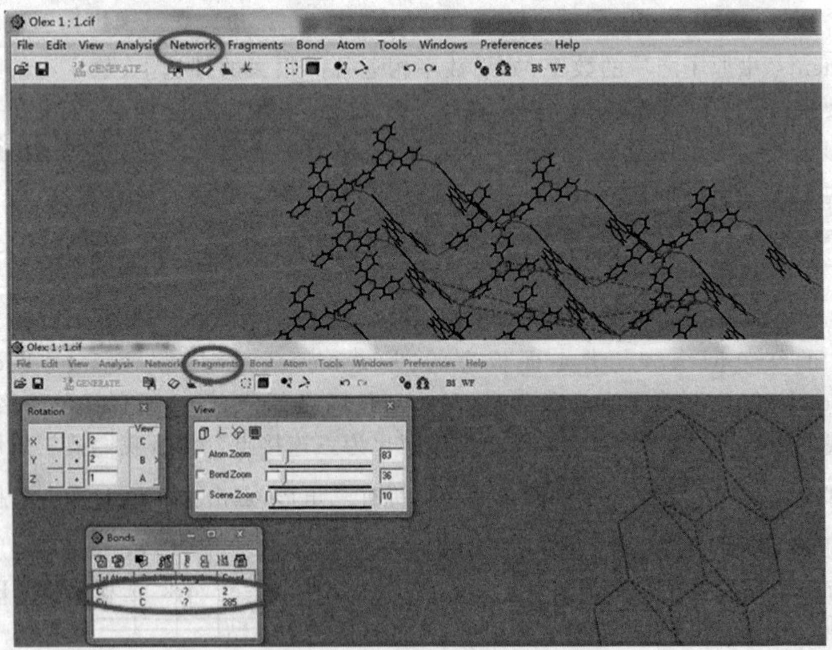

图 4-39 分析网络拓扑

计算结果

Topological analysis for: 1

Topological Terms for:	short	long
LC16 (Carbon, count: 121)	10(3)	10(2).10(4).10(4)
Cu1 (Copper, count: 123)	10(3)	10(2).10(4).10(4)

从 Olex 分析结果看,该例的拓扑为 10^3 网络。

从以上 3 种软件对配位聚合物拓扑分析结果我们可以看出,Diamond 软件主要用于简单拓扑网络的分析,分析结果软件不会给出,只能按照网络结构人为找出最小回路和连接数,适用于简单标记法来分析拓扑结构。Topos 与 Olex 软件相比,各有优势。Topos 软件操作较为复杂,但是能够获得更多的拓扑分析信息,不仅会得到网络的互穿类型,而且可以获得拓扑类型,这是 Olex 软件不具有的功能。相比之下,Olex 的操作较为简便。对于这 3 种拓扑分析软件的优劣,读者可以自行比较,在实际分析过程中进行选择性使用。

4.3　配位聚合物的结构实例

实例一

众所周知,簇基配位聚合物构筑的关键在于第二建筑单元(SBUs),这类晶态化合物与单金属节点的化合物相比具有更加坚固的结构和稳定性。然而,选择合适的连接子是构筑 SBUs 的关键因素。1,2,4-triazole(Htrz=L1)在水热条件下可以去质子而形成 μ_3 桥连配位模式,易于与小分子连接剂协同作用构筑多金属单元。在研究中[52],我们以 1,2,4-triazole(Htrz=L1)为建筑基元,在水热条件下制备了 2 例金属簇基配位聚合物材料{[$M_2(\mu_3$-OH)(L1)(L2)(H_2O)]·$3H_2O$}$_\infty$(M=Ni for 1,Zn for 2,L2=H_2sdba=4,4′-sulfonyldibenzoate)。它们的合成方法是将 $Ni(NO_3)_2\cdot 6H_2O$ 或 $Zn(NO_3)_2\cdot 6H_2O$(0.3 mmol),L1(0.3 mmol)和 L2(0.1 mmol) 混合,然后加入 3 mL 蒸馏水和 5.2 mL NaOH(0.1 mol·L^{-1}),充分搅拌后转移至 25 mL 聚四氟乙烯反应釜中,以 10℃/h 升温至 160℃,恒温 3 d,然后再以 10℃/h 的速率缓慢冷却至室温,得到绿色块状晶体。化合物的结构经单晶 X-射线衍射、红外、元素分析、热重分析、粉末 X-射线衍射等手段进行了表征。结构分析表明,化合物结晶于四方晶系并属于 $I4(1)/a$ 空间群。同时,我们发现化合物 1 和 2 为同晶形化合物。深入分析化合物的结构特征发现相邻的 4 个 M^{2+} 离子通过两个 μ_3-OH 连接形成具有假"椅式"构象的四核

M_4-(μ_3-OH) 亚结构。L1 配体又可连接相邻的 M_4-(μ_3-OH)亚结构扩展为左右螺旋链 SBUs。另外,4 个 L1 配体也可以连接 4 个 M^{2+} 离子构成 M_4-$(L1)_4$ 环状 SBU。也就是说,化合物中包含 4 种 SBUs(图 4-40)。最终,左右手螺旋链交替排列并连接 M_4-$(L1)_4$ 环状 SBU 拓展为三维(3D)结构的化合物(图 4-41)。按照拓扑学的简化方法,如果我们将 M_4-(μ_3-OH) SBUs 看作 8-*c* 节点,化合物的整体结构可看作为一种稀有的具有 **whc**1 拓扑的 8-*c* 3D 框架,它的 Schlöfli 符号为 $3^6 \cdot 4^{10} \cdot 5^6 \cdot 6^6$。进一步分析此拓扑结构,我们发现化合物的 **whc**1 拓扑可拆分为 2D **sql** 和 3D **lvt** 的组合。

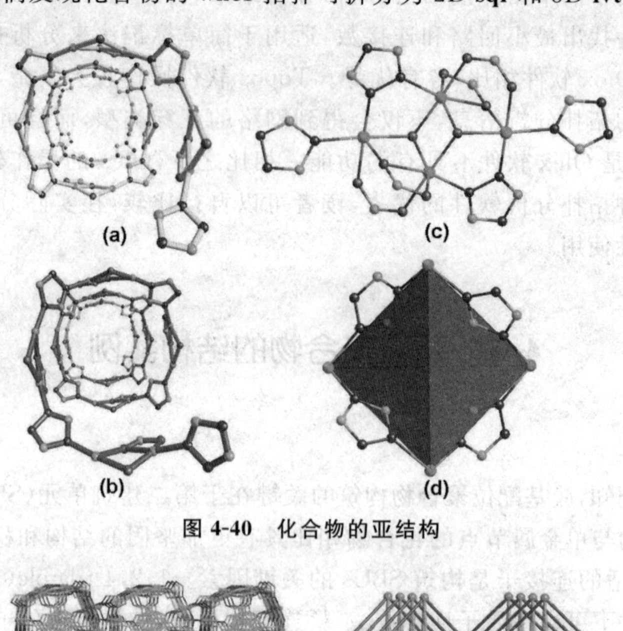

图 4-40　化合物的亚结构

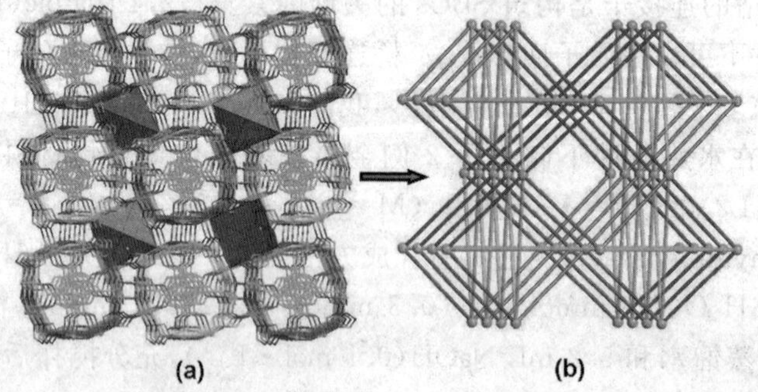

图 4-41　化合物的 3D 结构与拓扑

实例二

在配位聚合物自组装过程中利用配体的配位趋向,通过预先设计有利于获得特点结构的化合物。在研究中[53],我们以三齿吡啶配体 2,4,6-tris(4-pyridyl)pyridine 为主配体,借助(4-phenyl)-2,6-bis(4-carboxyphenyl) pyridine 为辅助配体，与金属离子 Mn^{II} 配位得到了第一例具有二重互穿的 **loh**1 拓扑结构。

从拓扑学来说，Mn_2 SBUs 通过(4-phenyl)-2,6-bis(4-carboxyphenyl) pyridine 和 2,4,6-tris(4-pyridyl)pyridine 配体相连分别形成了 3D NbO 网络(Schläfli 符号为 $6^4 \cdot 8^2$)和 2D 蜂窝型 6^3-**hcb** 网络。对于化合物的整体结构来说，如果我们把 2,4,6-tris(4-pyridyl)pyridine 配体看作一个 3-连接节点(点符号为 4.4.4)，每一个 Mn_2 SBUs 看作一个 6-连接节点(点符号为 $4 \cdot 4 \cdot 4 \cdot 4 \cdot 4 \cdot 4 \cdot 6_2 \cdot 6_2 \cdot 6_2 \cdot 6_2 \cdot 6_4 \cdot 6_4 \cdot 8_{28} \cdot 8_{28} \cdot 8_8$)，那么整个框架展现了一个稀有的(3,6)-连接 **loh**1 拓扑(图 4-42)，根据 TOPOS 软件分析，它的 Schläfli 符号为$(4^3)_2(4^6 \cdot 6^6 \cdot 8^3)_3$。仔细分析这个配合物的结构我们发现它可以看作是由 3D 蜂窝层结构和 3D NbO 框架所组成。

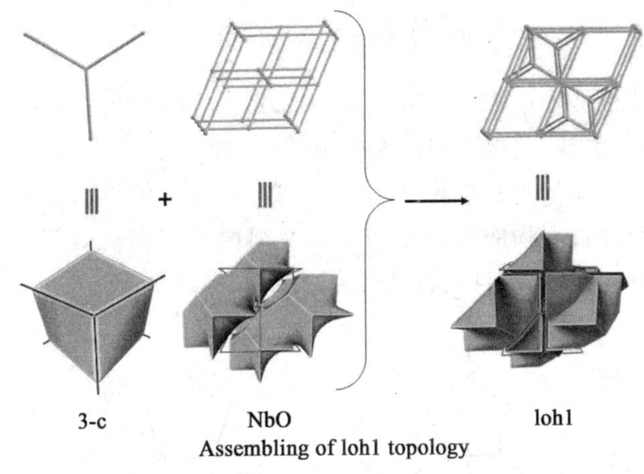

图 4-42　化合物的 3D 结构与组装方式

第 5 章　配位聚合物的性能

功能配位聚合物是分子材料中最为活跃的研究领域之一，随着研究的不断推进，其优良的性能被逐一发现并加以应用。这里我们主要就自旋转换配位聚合物、二阶非线性光学效应配位聚合物、铁电效应配位聚合物、金属-有机骨架结构配位聚合物等各类功能配位聚合物及其性能展开讨论。

5.1　自旋转换配位聚合物

5.1.1　一维自旋转换配位聚合物

1977 年，Haasnoot 等[54]利用 $Fe(BF_4)_2 \cdot 6H_2O$ 和三氮唑（1,2,4-1*H*-三氮唑，Htrz）组装，获得了配位聚合物{[Fe(Htrz)$_2$(trz)](BF$_4$)}$_n$，该配位聚合物中，三氮唑作为桥联配体，与 Fe(Ⅱ)形成一维链状结构。如图 5-1 所示，是该配位聚合物的配位结构图。变温磁化率测试表明，该化合物在室温附近具有突变式的自旋转换行为，且出现滞后效应。

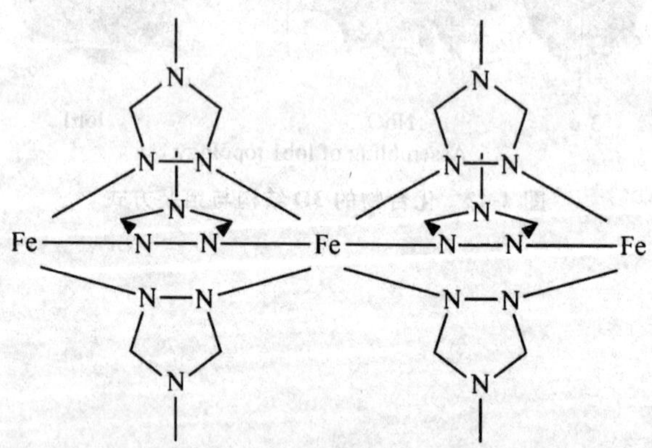

图 5-1　一维配位聚合物{[Fe(Htrz)$_2$(trz)](BF$_4$)}$_n$ 的配位结构图

由于突跃式的自旋转换行为及滞后效应与体系中自旋中心间的跃迁协同性有关，因此该配位聚合物中，由 Htrz 三重桥联 Fe(Ⅱ)离子，形成一维链。独特的配体结构及桥联特性，使自旋中心间跃迁的协同性增加，因而该配位聚合物具有理想的自旋转换特性（突跃式的自旋转换行为及滞后现象，滞后温度约 40 K）。

化合物的微晶尺寸对自旋转换特性有一定影响。换言之，控制微晶的尺寸，在一定程度上可调控配位聚合物的自旋转换行为。Coronado 等利用反相微乳液法，成功地合成了尺寸大小约 10 nm 的$\{[Fe(Htrz)_2(trz)](BF_4)\}_n$配位聚合物晶粒。TEM 测试结果表明，该方法合成的$\{[Fe(Htrz)_2(trz)](BF_4)\}_n$配位聚合物具有非常均匀的晶粒尺寸(如图 5-2 所示)。制备的配位聚合物纳米晶可很好地分散在非极性溶剂辛烷中。温度在 343 K 以下，溶液呈粉红色，配位聚合物为低自旋态；温度在 386 K 以上，溶液呈无色，配位聚合物为高自旋态(如图 5-3 所示)。

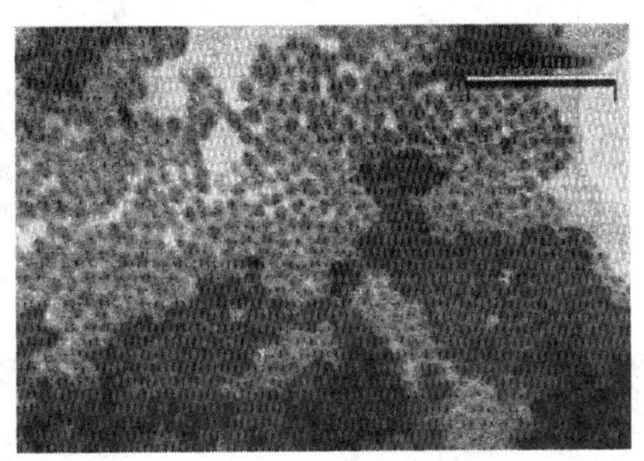

图 5-2　反相乳液法制得的$\{[Fe(Htrz)_2(trz)](BF_4)\}_n$纳米粒子的 TEM 图像

在真空条件下，去除上述$\{[Fe(Htrz)_2(trz)](BF_4)\}_n$纳米粒子悬浮液中的溶剂，将得到的固体样品进行变温磁化率测量，结果表明：$\chi_m T$ 随温度 T 的变化而发生突跃式变化，且在升温和降温循环过程中，$\chi_m T$-T 呈现理想的滞回曲线，滞回宽度约为 40 K(如图 5-4 所示)。升温过程中 LS→HS 的突跃温度 $T_c^{\uparrow}=386$ K，降温过程中 HS→LS 的突跃温度 $T_c^{\downarrow}=343$ K。经多次循环后，$T_c^{\uparrow}$ 值比首次循环略有降低(从 386 K 降为 384 K)。

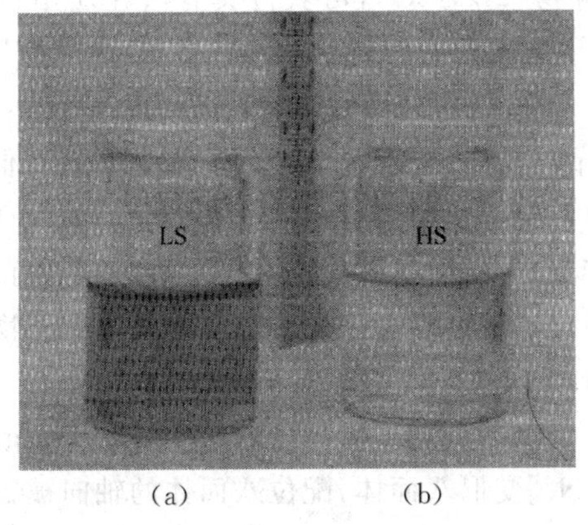

图 5-3　$\{[Fe(Htrz)_2(trz)](BF_4)\}_n$纳米粒子分散于辛烷中，不同自旋态时的颜色变化

[低自旋态(原图为粉色)(a)；高自旋态(无色)(b)][55]

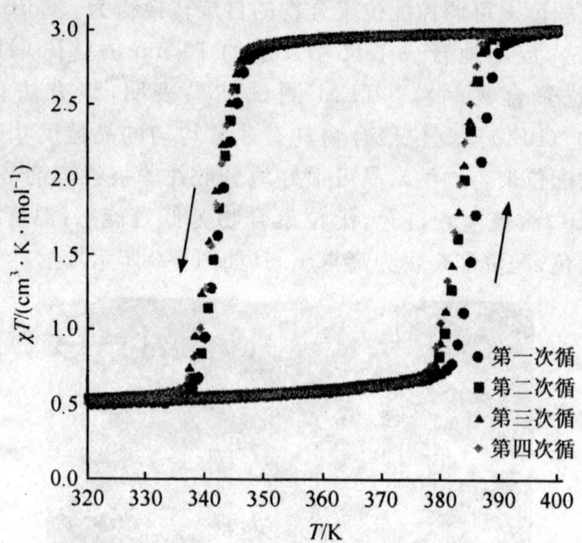

图 5-4　变温磁化率测量中，$\{[Fe(Htrz)_2(trz)](BF_4)\}_n$ 纳米粒子的磁滞回线[56]

通过对$\{[Fe(Htrz)_2(trz)](BF_4)\}_n$ 配位聚合物晶粒尺寸控制，成功获得特定大小的自旋转换纳米晶，为获得可实际应用的自旋转换薄膜材料、纳米器件或与其他材料的复合提供了可能，具有重要的潜在应用价值。

5.1.2　二维自旋转换配位聚合物

通过调控自旋转换配合物的结构，进而调控自旋中心的协同作用，是获得特定性能自旋转换材料的有效途径。为此，设计合成具有二维结构的自旋转换配位聚合物(2D-SCO)，可获得具有潜在应用价值的自旋转换材料。Real 等[57]利用抗磁性的构筑单元$[M^{I}(CN)_2]^-$(M^{I}＝Ag，Au)、$[M^{II}(CN)_4]_2$(M^{II}＝Ni，Pd，Pt)为桥联基团，与 Feu 离子及杂化配体 L(3-Xpy，X：H，F，Cl，Br，I；py：吡啶)进行组装，获得系列具有二维结构的自旋转换配位聚合物$\{Fe^{II}(3\text{-}Xpy)_2[M^{I}(CN)_2]_2\}_n$($M^{I}$＝Ag，Au)和$\{Fe^{I}(3\text{-}Xpy)_2[M^{II}(CN)_4]\}_n$($M^{II}$＝Ni，Pd，Pt)。如图 5-5 所示，给出了配位聚合物$\{Fe^{II}(3\text{-}Fpy)_2[Au(CN)_2]_2\}_n$ 的结构。该系列二维配位聚合物中的部分化合物在室温附近表现出突跃式的自旋转换及滞后效应。

配位聚合物$\{Fe^{II}(3\text{-}Xpy)_2[M^{I}(CN)_2]_2\}_n$($M^{I}$＝Ag，Au)中，$Fe^{II}$ 离子的配位环境为$[FeN_6]$变形八面体，配位八面体的轴向被 2 个 3-Xpy 的 N 原子占据，而赤道平面由 CN^- 的 N 原子构成。$[M^{I}(CN)_2]^-$ 离子桥联 Fe^{II} 离子形成二维网格结构。如图 5-5 所示，给出了配位聚合物$\{Fe^{II}(3\text{-}Fpy)_2$

$[Au(CN)_2]_2\}_n$ 的配位结构、2D 网格结构及层状堆积图。

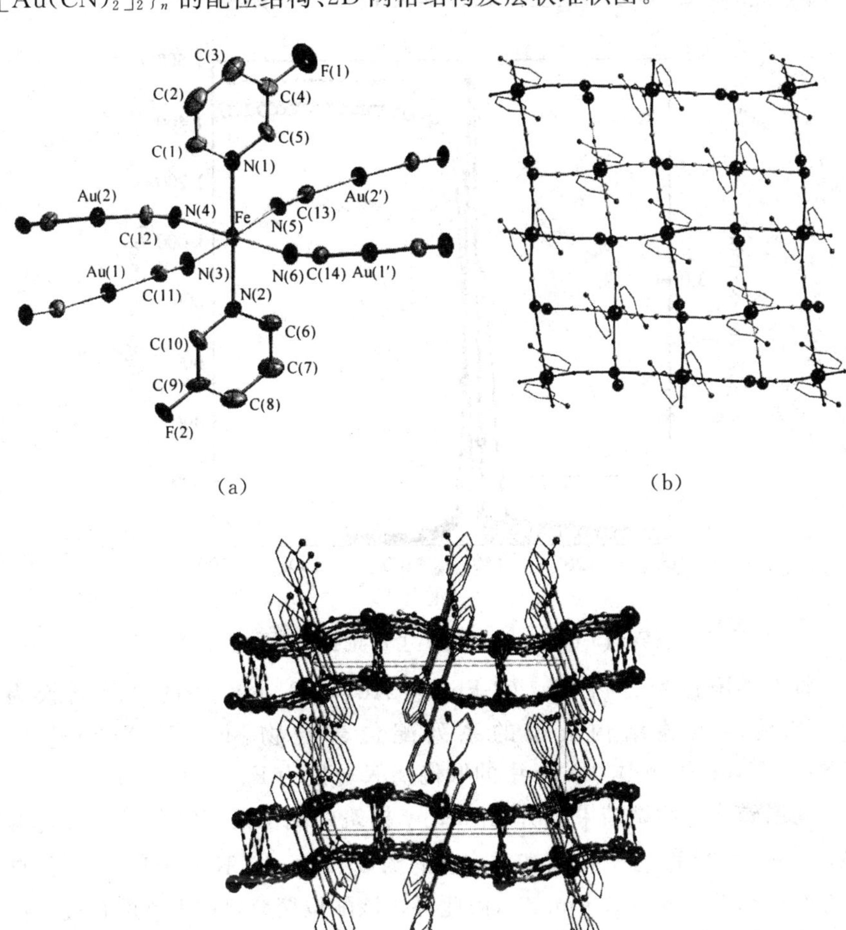

(c)

图 5-5 配位聚合物$\{Fe^{II}(3\text{-}Fpy)_2[Au(CN)_2]_2\}_n$ 的结构

[ORTEP 配位结构图(a);2D 网格结构(b);层状堆积图(c)]

在常压下,配位聚合物$\{Fe^{II}(3\text{-}Fpy)_2[Au(CN)_2]_2\}_n$ 的 DSC 测试(130～300 K,升温速率 5 K/min)表明,在 140 K 附近出现明显的放热峰。变温磁化率测试结果表明,在升温和降温过程中,配位聚合物中 Fe^{I} 存在自旋转换行为。$T_c^{\uparrow}=145$ K,$T_c^{\downarrow}=140$ K,滞回宽度约为 5 K。HS↔LS 转换过程中,$\chi_M T$ 值从高自旋态的约 3.73 $cm^3 \cdot K \cdot mol^{-1}$ 降到低自旋态的约 1.35 $cm^3 \cdot K \cdot mol^{-1}$,由此表明,配位聚合物$\{Fe^{II}(3\text{-}Fpy)_2[Au(CN)_2]_2\}_n$ 中的 Fe^{II} 仅为部分自旋转换(约 50%)。如图 5-6 所示,是配位聚合物$\{Fe^{II}$

$(3\text{-Fpy})_2[Au(CN)_2]_2\}_n$ 的变温磁化率及 DSC 测试结果。

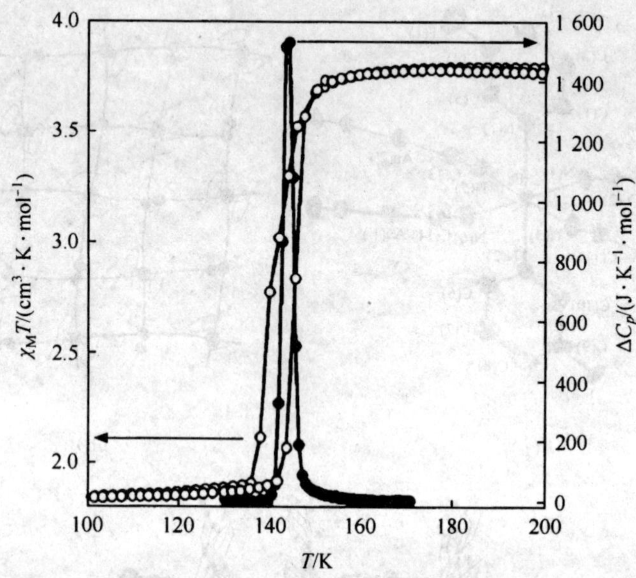

图 5-6 $\{Fe^{II}(3\text{-Brpy})_2[Au(CN)_2]_2\}_n$ 的变温磁化率及 DSC 图

将上述配位聚合物$\{Fe^{II}(3\text{-Fpy})_2[Au(CN)_2]_2\}_n$ 中的 Au^+ 替换为 Ag^+ 得到与上述结构类似的系列配位聚合物$\{Fe^{II}(3\text{-Xpy})_2[Au(CN)_2]_2\}_n$，其中，配体 3-Xpy 中的取代基 X 分别为 F、Cl、Br。

变温磁化率测试结果表明，由 3-Fpy 构筑的配位聚合物$\{Fe^{II}(3\text{-Fpy})_2[Au(CN)_2]_2\}_n$ 的 $\chi_M T$ 值从高自旋态的约 3.68 $cm^3\cdot K\cdot mol^{-1}$降到低自旋态的约 0.18 $cm^3\cdot K\cdot mol^{-1}$，由此可知该配位聚合物中 Fe^{II} 的自旋转换几乎是完全的；自旋转换分两步进行，$T^1_{1/2}=96$ K，$T^2_{1/2}=162$ K；$\chi_M T\text{-}T$ 循环曲线无滞后效应。由 3-Clpy 构筑的配位聚合物$\{Fe^{II}(3\text{-Clpy})_2[Au(CN)_2]_2\}_n$ 仅存在部分自旋转换($T_{1/2}=106$ K，Fe^{II} 的 HS↔LS 转换摩尔分数约 50%)。由 3-Brpy 构筑的配位聚合物$\{Fe^{II}(3\text{-Brpy})_2[Au(CN)_2]_2\}_n$ 没有自旋转换行为。如图 5-7 所示，是系列配位聚合物$\{Fe^{II}(3\text{-Xpy})_2[Ag(CN)_2]_2\}_n$ 的变温磁化率。

系列配位聚合物$\{Fe^{II}(3\text{-Xpy})_2[M^{II}(CN)_4]\}_n$($X=F,Cl,Br,I$；$M^{II}=Ni,Pd,Pt$)具有相似的配位模式，$Fe^{II}$ 离子的配位环境为$[FeN_6]$变形八面体，配位八面体的轴向被 2 个 3-Xpy 的 N 原子占据，而赤道平面由 CN^- 的 N 原子构成，轴向键长 Fe—N_{ax} 大于赤道平面键长 Fe—N_{eq}。$[M^{II}(CN)_2]$离子桥联 Fe^{II} 离子形成二维网格结构。如图 5-8 所示，是配位聚合物$\{Fe^{II}(3\text{-Fpy})_2[M^{II}(CN)_4]\}_n$($M^{II}=Pd,Pt$)的配位结构、2D 网格结构及 3D 堆

积图。在堆积图中，沿 y 轴方向相邻层间的 3-Fpy 环互相平行，采取 face-to-face 方式重叠，其 C⋯C 距离略大于 C 原子的 van der Waals 半径，取代原子 F 处于互相相反位置。

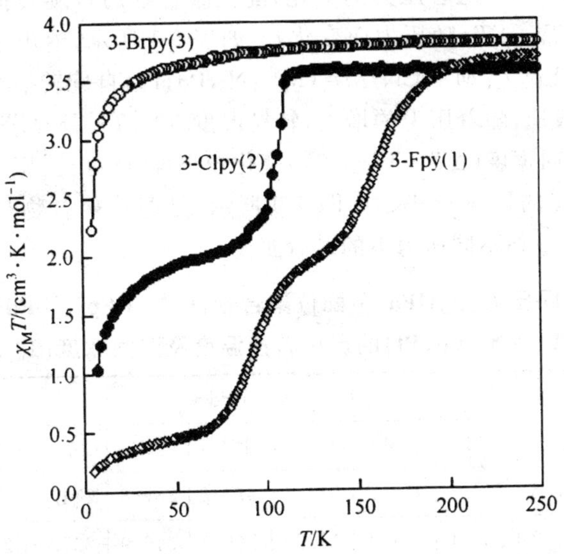

图 5-7　$\{Fe^{II}(3\text{-}Xpy)_2[Ag(CN)_2]_2\}_n$ 的变温磁化率

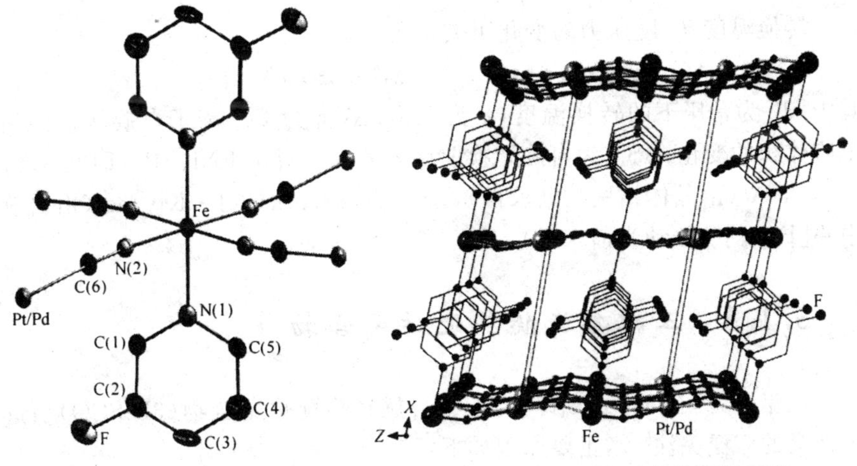

图 5-8　$\{Fe^{II}(3\text{-}Fpy)_2[M^{II}(CN)_4]\}_n(M^{II}=Pd,Pt)$ 的配位结构及堆积图

5～300 K 的变温磁化率测定结果表明，在上述 12 个配位聚合物 $\{Fe^{II}(3\text{-}Xpy)_2[M^{II}(CN)_4]\}_n(X=F,Cl,Br,I;M^{II}=Ni,Pd,Pt)$ 中，3-F/Cl-py 构筑的配位聚合物 FNi、FPd、FPt、ClNi、ClPd、ClPt 等表现出高低自旋转换效应。在常压下，FNi、FPd、FPt、ClPt 表现为完全的高低自旋转换，滞回宽度

为 17～30 K；ClPd 表现为两步自旋转换；ClNi 为部分自旋转换(50%)。而 3-Br/I-py 构筑的其余 6 个配位聚合物是高自旋态的顺磁体，不具备自旋转换效应。

值得注意的是，随着压力的变化，配位聚合物的自旋转换效应发生显著变化($T_c^{\uparrow}$，$T_c^{\downarrow}$，ΔT_c 随压力而变化)。如表 5-1 所示，给出了系列配位聚合物$\{Fe^{II}(3\text{-}Fpy)_2[M^{II}(CN)_4]\}_n$($M^{II}$：Ni，Pd，Pt)自旋转换行为与压力的相关性。一般地，随着压力的增大，转换温度 $T_c^{\downarrow}$、$T_c^{\uparrow}$ 都显著增加；而随着压力增大，滞回宽度($\Delta T=T_c^{\uparrow}-T_c^{\downarrow}$)变化较小，由此可见，压力变化对自旋转换协同效应的影响较小。如图 5-9 所示，是配位聚合物$\{Fe^{II}(3\text{-}Fpy)_2[Pd^{II}(CN)_4]\}_n$ 在不同压力下的滞后曲线。

表 5-1 不同压力(p,GPa)下配位聚合物$\{Fe^{II}(3\text{-}Fpy)_2[Pd^{II}(CN)_4]\}_n$($M^{II}$=Ni,Pd,Pt)的自旋转换温度及滞回宽度($T_c^{\downarrow}$,$T_c^{\uparrow}$,$\Delta T_c$)

	FNi				FPd		FPt		
p/GPa	10^{-4}	0.25	0.30	0.50	10^{-4}	0.12	10^{-4}	0.16	0.30
$T_c^{\downarrow}$/K	207.6	217.8	278.6	323.5	217.7	287.8	214.4	208.4	318.9
$T_c^{\uparrow}$/K	232.3	251.1	307.1	>350	248.0	316.9	237.3	244.4	340.3
ΔT_c/K	24.7	33.3	28.1	>30	30.3	29.1	22.9	36.0	21.4

转换温度 T_c 随压力的变化可表示为

$$T_c(p)=T_c+p(\Delta V_{HL}/\Delta S_{HL})$$

其中，T_c 为常压下的转换温度；p 为压力；ΔV_{HL} 为 Fe^{II} 离子自旋转换前后单胞体积的变化；ΔS_{HL} 为自旋转换前后的熵变。对于 FNi、FPd、FPt，ΔV_{HL} 为 36.3 $Å^3$(由晶体结构数据求得)，ΔS_{HL} 为(89.5±6) J·K·mol(由自旋中心$[FeN_6]$的振动光谱求得)。

5.1.3 三维自旋转换配位聚合物

近年来，具有 MOFs 结构的三维自旋转换配位聚合物(3D-SCO)引起了社会的广泛关注[58]，主要原因如下：

①在配合物分子工程指导下，通过配体设计，可实现 3D 配位聚合物的可控合成。在此基础上调控自旋转换中心的自旋转换行为。

②三维自旋转换配位聚合物(3D-SCO)具有特定的孔道或空腔结构，通过变换空腔内的客体分子(guest molecules)，进而改变自旋转换中心的微环境(host lattice)，从而调变其自旋转换行为[59]。

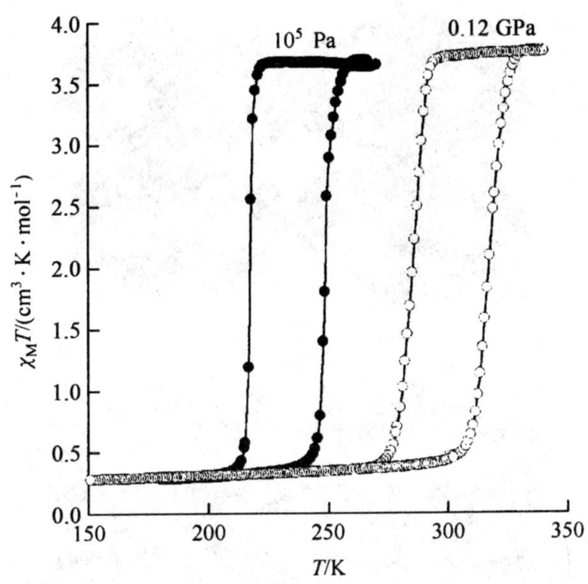

图 5-9 配位聚合物{Fe^{II}(3-Fpy)$_2$[Pd^{II}(CN)$_4$]}$_n$ 在不同压力下的滞后曲线

Halder 等利用 $Fe(NCS)_2$ 与偶氮吡啶(azpy,trans-4,4-偶氮吡啶)在乙醇溶剂中进行组装,获得具有三维 MOFs 结构的配位聚合物[Fe_2(azpy)$_4$(NCS)$_4$·(guest)]$_n$。该三维配位聚合物具有稳定的一维孔道结构,在特定条件(375 K,N_2 气氛)下,孔道中的客体分子可以可逆地进出(XRD 可证实其骨架结构不发生坍塌)。如图 5-10 所示,给出了该三维 MOFs 结构的配位聚合物中客体分子(EtOH)可逆进出的结构图。

变温磁化率测试表明,该配位聚合物孔道内无客体分子存在时,化合物表现为顺磁性,无自旋转换效应。当孔道内有 MeOH、EtOH 等分子存在时,化合物表现为 50%一步自旋转换;当孔道内有 PrOH 分子存在时,化合物表现为 50%两步自旋转换行为。产生这一现象的原因可能是:客体分子与 SCN^-之间的氢键作用对自旋中心 Fe^{2+} 周围的配位场产生微扰作用,从而导致自旋转换效应的发生。

Ohba 等利用[$Pt(CN)_4$]$^{2-}$、吡嗪(pyrazine,pz)和 Fe^{2+} 进行组装,构筑了 Hofmann 型三维自旋转换配位聚合物{Fe(pz)[$Pt(CN)_4$]}$_n$。配位聚合物中,[$Pt(CN)_4$]$^{2-}$ 的四个氰根分别桥联 Fe^{2+},形成二维平面结构,吡嗪分子的两个氮原子分别在垂直于该二维平面的方向上与 Fe^{2+} 配位,形成三维网格结构。晶体结构解析表明,吡嗪分子的环平面发生了较严重的变形。如图 5-11 所示,是配位聚合物{Fe(pz)[$Pt(CN)_4$]}$_n$ 的三维结构图。

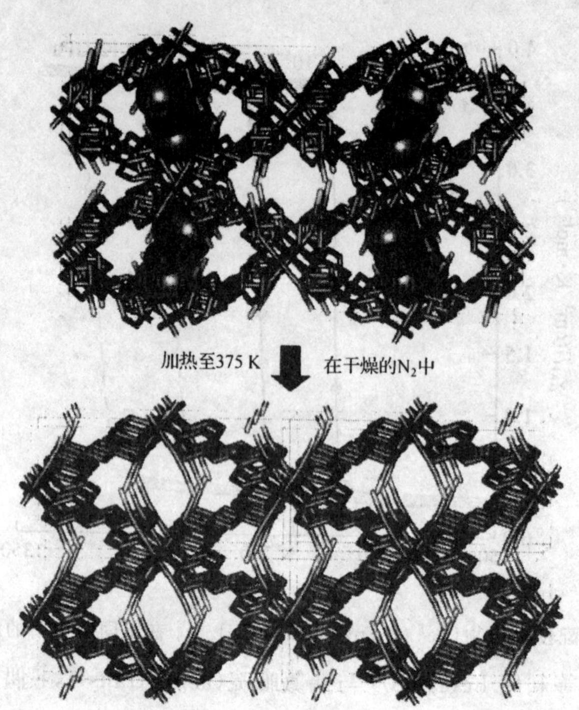

图 5-10 三维配位聚合物[$Fe_2(azpy)_4(NCS)_4 \cdot EtOH$]$_n$ 中客体分子的可逆进出

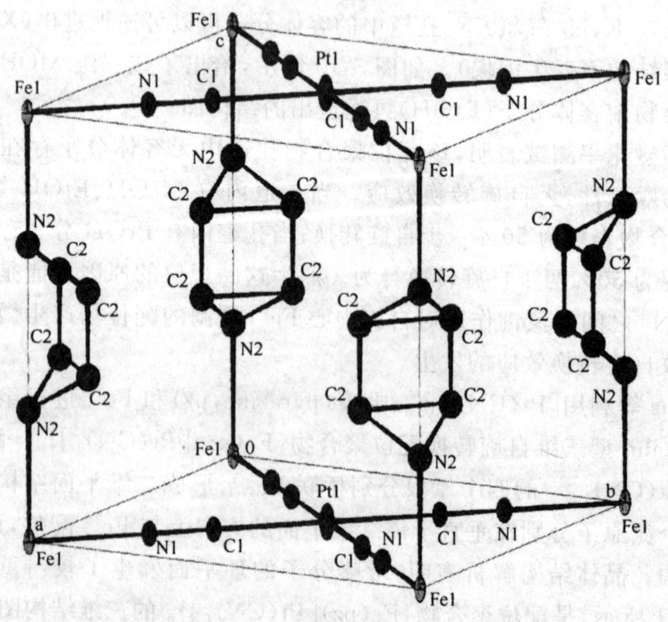

图 5-11 配位聚合物{$Fe(pz)[Pt(CN)_4]$}$_n$ 的三维结构图

配位聚合物单晶样品的变温磁化率测量结果表明，$\chi_M T$ 随温度 T 的变化而发生突跃式变化，且在升温和降温循环过程中，$\chi_M T$-T 呈现理想的滞回曲线，滞回宽度约为 14 K。升温过程中 LS→HS 的突跃温度 $T_c^{\uparrow}=305$ K，降温过程中 HS→LS 的突跃温度 $T_c^{\downarrow}=291$ K。用粉末样品进行变温磁化率测定，配位聚合物表现出与晶体样品相似的自旋转换行为，但滞回曲线的滞后宽度有所不同(24 K)。

配合物处于低自旋态时，吡嗪环面内弯曲所对应的 Raman 峰为 675 cm^{-1}；配合物处于高自旋态时，吡嗪环面内弯曲所对应的 Raman 峰为 645 cm^{-1}。通过变温 Raman 光谱测定这两个峰的面积比，可定量确定特定温度下的高低自旋态百分数(γ_{HL})，以 γ_{HL} 对温度 T 作图，同样可获得高低自旋转换的滞回曲线。通过变温激光 Raman 谱所获得的滞回曲线与 $\chi_M T$-T 呈现的滞回曲线基本一致。如图 5-12 所示，是配位聚合物$\{Fe(pz)[Pt(CN)_4]\}_n$ 通过变温磁化率或变温 Raman 谱获得的滞回曲线。

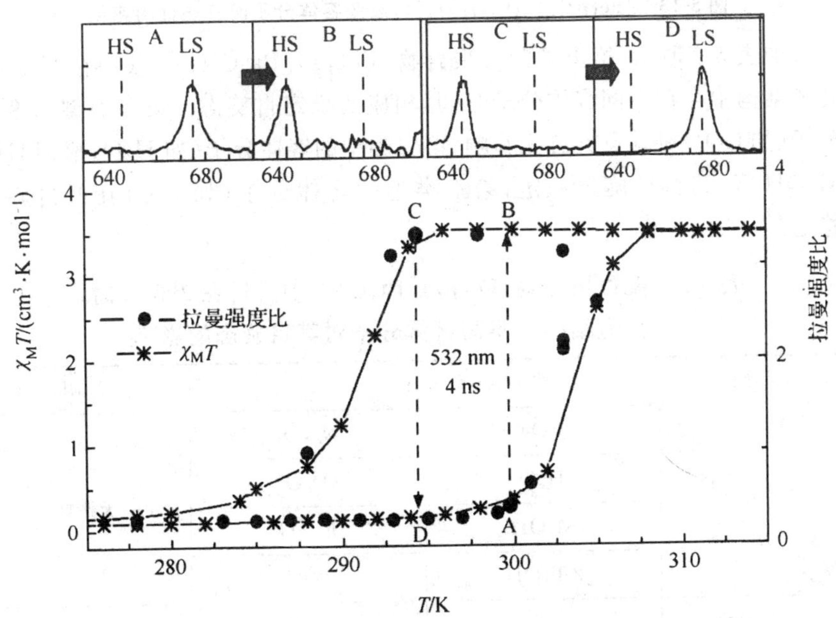

图 5-12 $\{Fe(pz)[Pt(CN)_4]\}_n$ 通过变温磁化率或变温 Raman 谱获得的滞回曲线图

有趣的是，在配位聚合物$\{Fe(pz)[Pt(CN)_4]\}_n$(1)的孔道结构中能够容纳若干不同类型的客体小分子，不同的客体分子对其自旋转换行为具有十分明显的影响。如配位聚合物(1)的孔道中为苯分子时，化合物为高自旋态(不再有自旋转换行为)；配位聚合物(1)的孔道中为 CS_2 分子时，化合物升温过程的自旋转换温度 $T_c^{\uparrow}$ 由原来的 305 K 增加到 330 K 以上。如图

5-13 所示，是配位聚合物$\{Fe(pz)[Pt(CN)_4]\}_n$(1)通过改变客体分子时(11→1·bz→1·CS_2)，其磁性发生的变化。

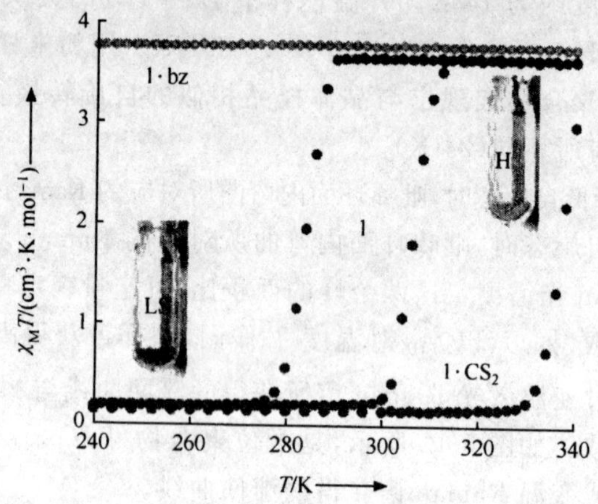

图 5-13　$\{Fe(pz)[Pt(CN)_4]\}_n$(1)改变客体分子时其磁性的变化

如表 5-2 所示，给出了配位聚合物$\{Fe(pz)[Pt(CN)_4]\}_n$(1)在 293 K，孔道结构中存在不同客体分子时，其相应的稳定自旋态。第一类型的客体分子(如 CO_2)对其自旋态无影响；第二类型的客体分子(如 H_2O、苯、THF、MeOH 等)其高自旋态稳定；第三类型的客体分子(如 CS_2)其低自旋态稳定。

表 5-2　配位聚合物$\{Fe(pz)[Pt(CN)_4]\}_n$(1)在 293 K 时，孔道结构中不同客体分子对其自旋态的影响

等级	客体分子		作用
Ⅰ	CO_2	N_2，O_2	无影响
	H_2O	D_2O	
	MeOH	EtOH	
	2-PrOH	丙酮	
Ⅱ	苯	吡嗪	
	甲苯	吡啶	
	吡咯	噻吩	
	呋喃	四氢呋喃	
Ⅲ	CS_2		低自旋稳定

5.2 二阶非线性光学效应配位聚合物

研究表明，分子基二阶非线性光学材料一般具备如下三个条件：

①宏观晶体属非中心对称的点群。

②体系中存在潜在的电荷不对称因素，如 D-π-A 体系、MLCT 体系等。

③在激光工作波长范围的吸收尽可能小，从分子设计的角度出发，在设计二阶非线性光学效应配位聚合物时，桥联配体应选择具有离域 π 电子的不对称有机分子。

如图 5-14 所示，是一些常见的组装二阶非线性光学效应配位聚合物的桥联配体。金属离子主要以 Zn^{2+}、Cd^{2+}、Hg^{2+} 等过渡金属离子为主（这类离子具有 d^{10} 电子结构，可有效避免 d-d 跃迁引起的光吸收）。

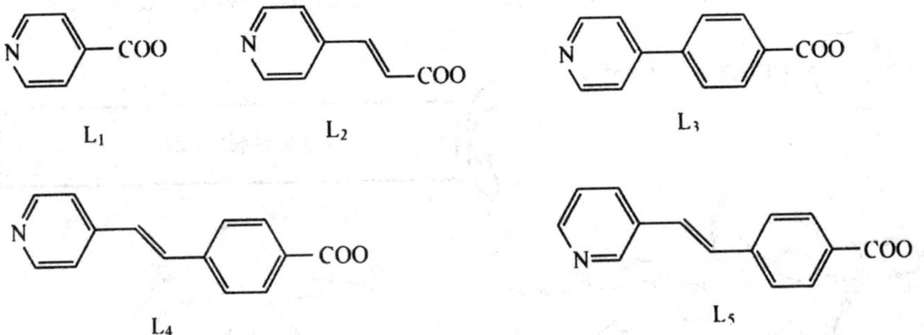

图 5-14 一些常见的组装二阶非线性光学效应配位聚合物的桥联配体

配位聚合物宏观晶体结构的可设计性和性能的可预测性，适于应用在新型二阶非线性光学材料的研究开发中。按照目前已研究过的二阶非线性光学配位聚合物的结构类型，可分为 3D 金刚烷型网络结构、2D 网格结构和 1D 螺旋结构。

5.2.1 3D 金刚烷型网络结构二阶非线性光学效应配位聚合物

3D 配位聚合物的结构可简化为数学上的网络拓扑结构。由四面体构型配位的金属离子和不对称刚性桥联配体形成 3D 金刚烷型结构，由于在节点位置缺乏倒反中心，通常晶体具有非中心对称空间群。与此类似，前面提到的已作为二阶非线性光学材料使用的 KH_2PO_4 晶体就具有这种 3D 金刚烷结构。事实上，对于 3D 网络结构配位聚合物，根据其网络拓扑结构类型，奇数重贯穿（如 3 重、5 重、7 重贯穿等）的情况下形成的配位聚合物为非中心对称结构;偶数重贯穿(如 2 重、4 重、6 重贯穿等)的情况下形成的配位聚合物为中心对称结构。因此,通过 3D 网络结构配位聚合物的拓扑结构可预测其是否具有二阶非线性光学活性。

Lin 与他的团队利用图 5-14 中的不对称配体与金属离子组装,得到了系列 3D 配位聚合物,并研究了它们的二阶非线性光学性能。不对称配体 L_1(异烟酸,该配体是在组装反应过程中由 4-氰基吡啶原位水解生成的)与 Zn^{2+} 在 130℃、EtOH/H_2O 溶剂热体系中组装成配位聚合物$[Zn(L_1)_2]_n$(1),其中 Zn^{2+} 的配位构型为变形四面体,晶体所属空间群为手性的 $P2_12_12_1$ 空间群,配位聚合物具有 3 重贯穿的 3D 金刚烷型网络拓扑结构,具有非中心对称性。如图 5-15 所示,是该配位聚合物的结构及其网络拓扑图。

以相同的配体 L_1 与 Cd^{2+} 进行自组装时[60],Cd^{2+} 采取 6 配位模式,所获得的配位聚合物具有 2 重贯穿的 3D 网络拓扑结构,晶体所属空间群为中心对称的 Pbca 空间群,配位聚合物不具有二阶非线性光学效应。

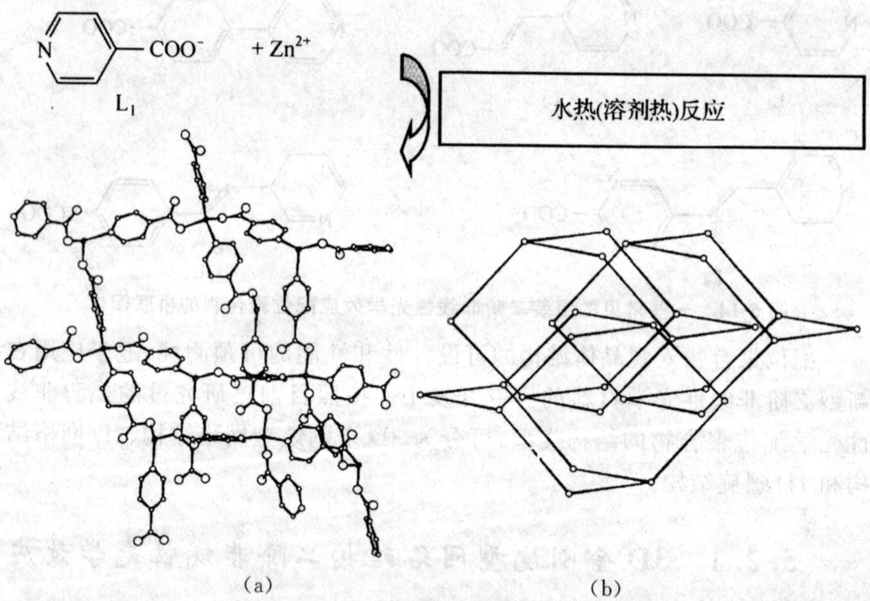

图 5-15 配位聚合物$[Zn(L_1)_2]_n$(1)的晶体结构(a)及其 3 重贯穿网络拓扑图(b)

不对称配体 L_2(4-吡啶丙烯酸,该配体是在组装反应过程中由 4-吡啶丙烯酸酯原位水解生成的)与 Zn^{2+} 在 95℃、MeOH/H_2O 溶剂热体系中组装成配位聚合物$[Zn(L_1)_2]_n$(2),其中 Zn^{2+} 的配位构型为变形四面体,晶体所属空间群为手性的 Cc 空间群,配位聚合物具有 5 重贯穿的 3D 金刚烷型网络拓扑结构,具有非中心对称性。如图 5-16 所示,是该配位聚合物的结构及其网络拓扑图[61]。

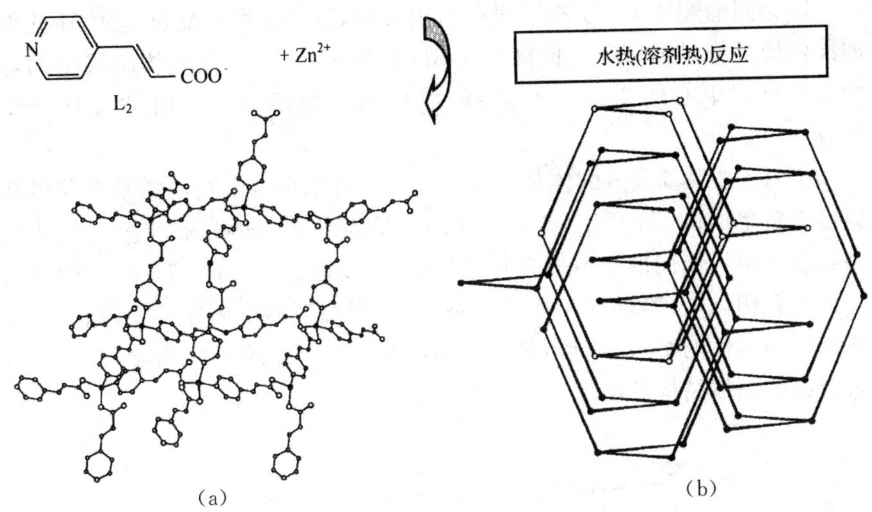

图 5-16　配位聚合物[$Zn(L_1)_2$]$_n$(2)的晶体结构(a)及其 5 重贯穿网络拓扑图(b)

不对称配体 L_3[4-(4-吡啶基)苯甲酸,该配体是在组装反应过程中由 4-(4-吡啶基)苯甲腈原位水解生成的]与 Cd^{2+} 在 140℃、EtOH/H_2O/Pyridine 溶剂热体系中组装成配位聚合物{[$Cd(L_3)_2$](H_2O)}$_n$(3),其中 Cd^{2+} 的配位构型为五配位变形四方锥,晶体所属空间群为手性的 *Ia* 空间群,配位聚合物具有 7 重贯穿的 3D 金刚烷型网络拓扑结构,具有非中心对称性。如图 5-17 所示,是{[$Cd(L_3)_2$](H_2O)}$_n$(3)的结构及网络拓扑图[62]。

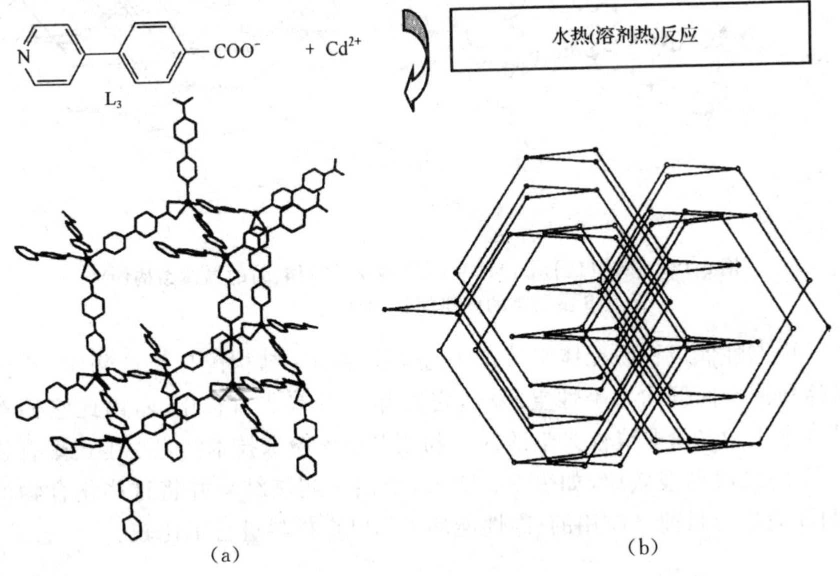

图 5-17　{[$Cd(L_3)_2$](H_2O)}$_n$(3)的晶体结构(a)及其 7 重贯穿网络拓扑图(b)

以相同的配体 L_3 与 Zn^{2+} 进行自组装时，Zn^{2+} 采取 6 配位模式，所获得的配位聚合物尽管具有 5 重贯穿的 3D 网络拓扑结构，但晶体所属空间群为具有对称中心的 $P2_1/n$ 空间群，配位聚合物不具有二阶非线性光学效应。

不对称配体 L_4（该配体是在组装反应过程中由对吡啶乙烯基对苯甲腈原位水解生成的）与 Cd^{2+} 或 Zn^{2+} 在 120℃、EtOH/H_2O/吡啶溶剂热体系中组装成结构相同的配位聚合物$[M^{II}(L_4)_2]_n$（$M^{II}=Cd^{2+}$ 或 Zn^{2+}）(4,5)，配位聚合物(4)、(5)具有 8 重贯穿的 3D 金刚烷型网络拓扑结构，晶体所属空间群为手性的 C2 空间群，具有非中心对称性。如图 5-18 所示，是该配位聚合物的晶体结构及网络拓扑图[63]。

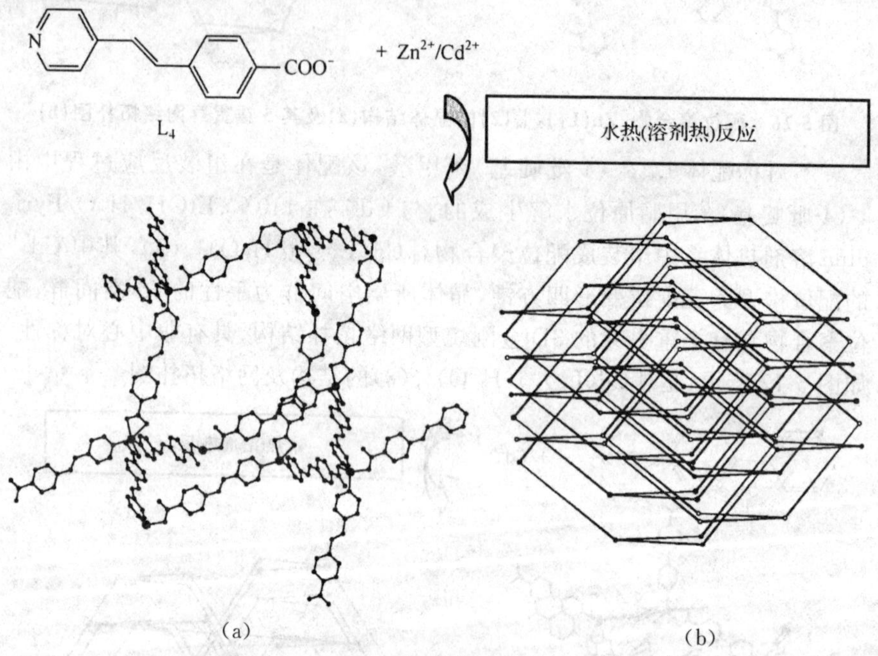

图 5-18 $[M^{II}(L_4)_2]_n$（$M^{II}=Cd^{2+}$ 或 Zn^{2+}）(4,5)的晶体结构(a)及其 8 重贯穿的网络拓扑图(b)

由刚性偶极桥联配体组装的上述 3D-MOFs 结构配位聚合物 1～5 的晶体所属空间群均为手性空间群，宏观晶体具有非对称中心，因此它们都具有宏观的二阶非线性光学活性。利用 Kurtz 粉末技术测定了上述聚合物 1～5 的二次谐波效应，如表 5-3 所示，给出了测试结果并将这些化合物的 SHG 效应与目前已应用的、高性能的 $LiNbO_3$ 材料进行了比较。

表 5-3　3D 非中心对称配位聚合物 1～5 的二阶非线性光学特性(SHG)

配合物	穿插程度	空间群	I^{2m}/I^{2m}(α-石英)
1	3 重	$P2_12_12_1$	1.5
2	5 重	Cc	126
3	7 重	Ia	310
4	8 重	$C2$	400
5	8 重	$C2$	345
$LiNbO_3$			600

Lin 及其合作者的系统研究结果初步表明,图 5-14 中的不对称配体吡啶基羧酸的结构对配位聚合物的结构和性能有重要影响,并呈现一定的规律性:桥联配体吡啶基羧酸的长度越长,配位聚合物的贯穿度越大,二次谐波效应 SHG 强度也越大。表 5-3 中所列出的实验结果明显显示这种规律性。通过设计较长的吡啶羧酸桥联配体,提高互穿网络结构的贯穿度,有可能获得更强 SHG 效应的二阶非线性光学材料。

Lin 及其合作者利用具有 3 重旋转轴的吡啶基硼烷衍生物为桥联配体与 $CdX_2 \cdot nH_2O$($X=Cl^-,Br^-,I^-,NO_3^-,OAc^-,ClO_4^-$)进行组装,获得了同构的 3D 八极配位聚合物$[CdL(H_2O)_2]X_2$(6a～6f)。配位聚合物 6a～6f 晶体所属空间群为手性的 $R32$ 空间群,呈现出非线性光学特性。这类八极分子在可见光区完全透明且具有大的二阶非线性光学系数,使其成为极具前景的新型二阶非线性光学材料。如图 5-19 所示,是该系列配位聚合物的结构及网络拓扑图。

有学者利用 Kurtz 粉末技术测定了上述化合物 6a～6f 的二次谐波效应,SHG 测试结果如图 5-20 所示。通过图 5-20 可以看出,由于配位聚合物中的阴离子不同,导致各化合物的二次谐波效应具有很大差异,上述化合物中 6c(阴离子为 I^- 时)的 SHG 强度最大,而 6d(阴离子为 NO_3^- 时)的 SHG 强度最小。同构配位聚合物 6a～6f 中阴离子对 SHG 强度的影响可解释为:配位聚合物网格中阴离子与节点 Cd^{2+} 的作用,影响了 Cd^{2+} 与桥联配体间的电荷转移,从而减弱了 SHG 效应[64]。上述阴离子中 NO_3^- 与节点 Cd^{2+} 的作用最强,因此,配位聚合物 6d 的 SHG 强度最小。

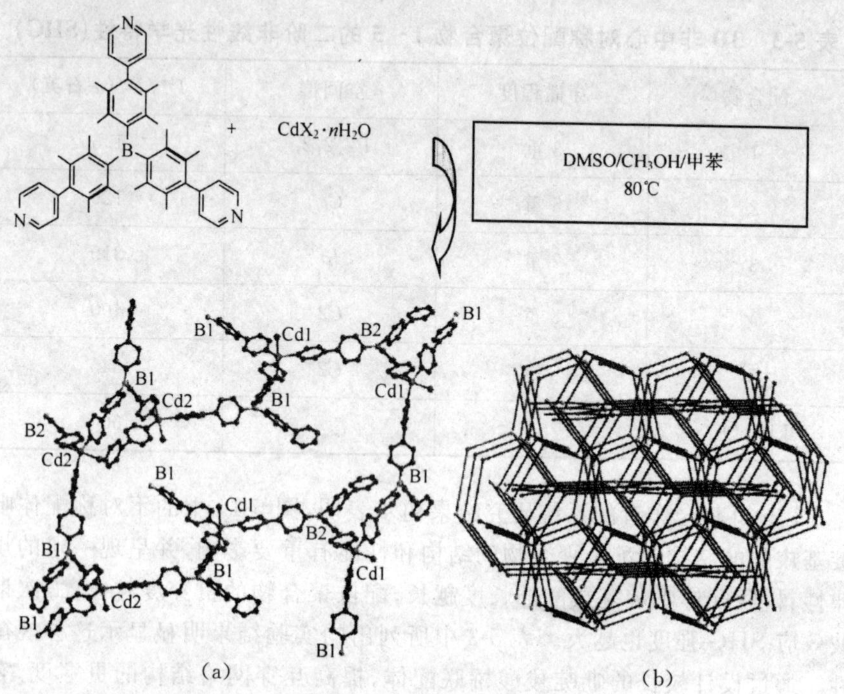

图 5-19 [$CdL(H_2O)_2$]X_2(6a～6f)的结构(a)及网络拓扑图(b)

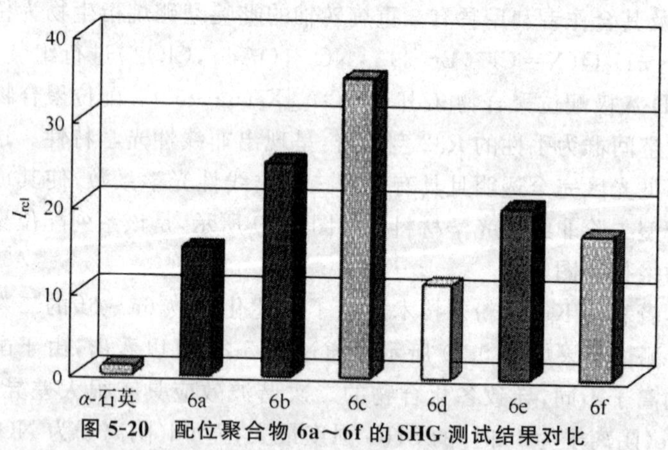

图 5-20 配位聚合物 6a～6f 的 SHG 测试结果对比

5.2.2 2D 网络结构配位聚合物组装形成的二阶非线性光学材料

由顺式八面体(如含有螯合配位的羧酸基团)或四面体构型配位的金属离子其配位环境通常具有 C_{2v} 对称性，由于其不具有倒反中心，当与不对称桥联配体形成 2D 网络结构时，往往会形成非中心对称的 2D 网络结构。

如果这些 2D 网格在堆积成宏观晶体时，层间相邻网格间也不存在倒反中心，那么，由该 2D 网络配位聚合物形成的宏观晶体即为非中心对称，具有二阶非线性光学活性。

Lin 与他的团队利用水热/溶剂热条件下的原位自组装技术，得到了系列 2D 配位聚合物 6～10，并研究了它们的二阶非线性光学性能[65]。如图 5-21 所示，是配位聚合物 6～10 组装过程中的反应。

$Zn(ClO_4)_2\,6H_2O$ + (3-氰基吡啶) —EtOH, H_2O, 130℃→ $[Zn(3\text{-}pyridinecarboxylate\ CO_2)_2]_n$　6

$Zn(ClO_4)_2\,6H_2O$ + (吡啶基乙烯基苯甲腈, CN) —EtOH, H_2O, 吡啶, 105℃→ $[Zn_4(\ldots CO_2)_8(\ldots CO_2H)(H_2O)]_n$　7

$Cd(ClO_4)_2\,6H_2O$ + (吡啶基乙烯基苯甲腈, CN) —EtOH, H_2O, 130℃→ $[Cd(\ldots CO_2)_2]_n$　8

$Zn(ClO_4)_2\,6H_2O$ + (3-吡啶基乙烯基苯甲腈, CN) —MeOH, H_2O, 130℃→ $[Zn(\ldots CO_2)_2]_n$　9

$Cd(ClO_4)_2\,6H_2O$ + (吡啶基乙烯基苯甲酸乙酯, CO_2Et) —EtOH, H_2O, 吡啶, 110℃→ $\{[Cd_3(\mu_3\text{-}OH)(py)_6(\ldots CO_2)_3](ClO_4)_2\}_n$　10

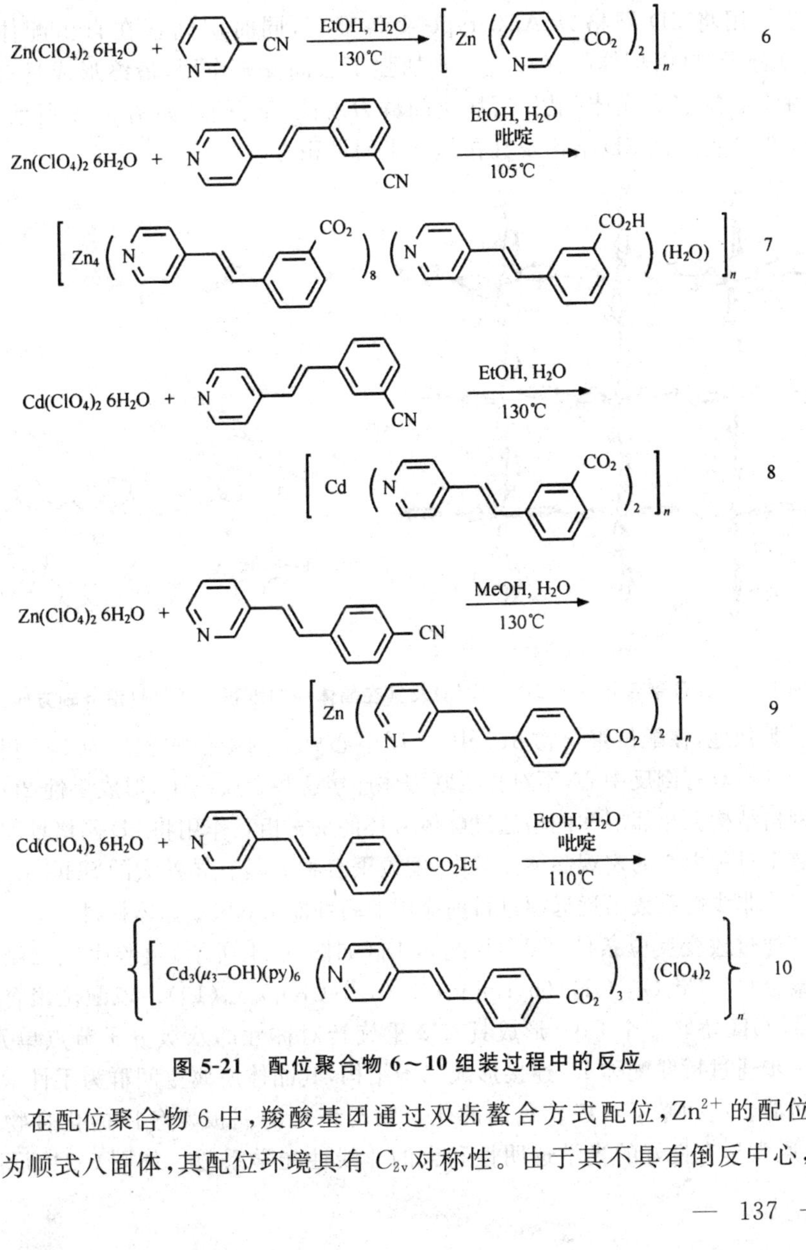

图 5-21　配位聚合物 6～10 组装过程中的反应

在配位聚合物 6 中，羧酸基团通过双齿螯合方式配位，Zn^{2+} 的配位构型为顺式八面体，其配位环境具有 C_{2v} 对称性。由于其不具有倒反中心，不对称桥联配体连接这些金属离子，形成手性 2D 网络结构。相邻层间网格通过 3-吡啶基基团间的 π-π 相互作用将 2D 网格堆积成具有不对称中心的宏观晶体（晶体所属空间群为手性 $P4_32_12$ 群）。如图 5-22 所示，为配位聚合物 6 的 2D 结构及其在晶体中的堆积方式。

在配位聚合物 7 中，羧酸根基团通过单齿方式配位，Zn^{2+} 的配位构型为变形顺式八面体。由于其不具有倒反中心，不对称桥联配体连接这些金属离子，形成手性 2D 菱形网格结构。相邻层间网格通过配体芳环的 π-π 相互作用将 2D 网格以 ABC-type 交替堆积，同时层间存在自由配体及 H_2O 分子，自由配体的存在进一步加强了层间 π-π 作用，最终形成具有不对称中心的宏观晶体（晶体所属空间群为手性 Cc 群）。如图 5-23 所示，为配位聚合物 7 的 2D 结构及其在晶体中的堆积方式[66]。

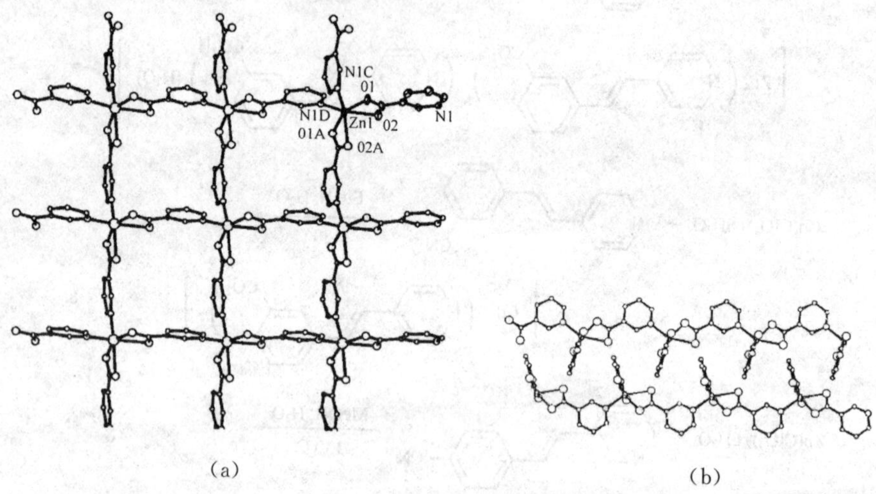

图 5-22　配位聚合物 6 的 2D 结构(a)及其在晶体中的堆积方式(b)(沿 b 轴方向)

类似地，在配位聚合物 8、9 中，金属中心离子的配位构型均为 C_{2v} 对称，由于其不具有倒反中心，不对称桥联配体连接这些金属离子，形成手性 2D 菱形网格结构。相邻层间网格通过配体芳环的 π-π 相互作用将 2D 网格堆积成具有不对称中心的宏观晶体。其中，配位聚合物 8 具有异常大的 SHG 效应，其二阶非线性系数已远远超过目前应用的高性能 $LiNbO_3$ 晶体材料[65]。

通过改变反应条件，Cd^{2+} 与配体 L_4（如图 5-14 所示）组装生成二维配位聚合物$\{[Cd_3(\mu_3\text{-OH})(\text{pyridine})_6(L_4)_3](ClO_4)_2\}_n$(10)。该配位聚合物中 μ_3-OH 桥联 3 个 Cd^{2+} 形成具有 3 重旋转对称性的八级分子节点单元，进一步通过桥联配体 L_4 连接形成二维结构，其晶体所属空间群为手性 $R32$ 空间群。这种基于八极发色团的化合物与传统的偶极发色团的化合物相比，通常具有良好的光学透明性和大的非线性光学系数。如图 5-24 所示，为配位聚合物10的配位组装模式及2D结构。

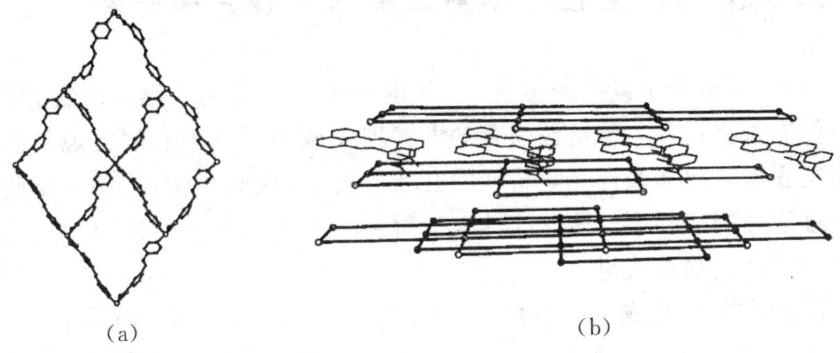
(a) (b)

图 5-23 配位聚合物7的2D结构(a)及其在晶体中的堆积方式(b)(沿c轴方向)

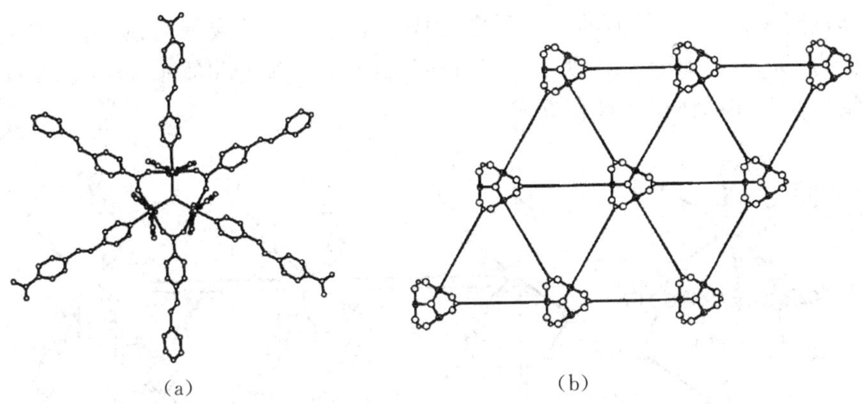
(a) (b)

图 5-24 配位聚合物10的配位组装模式(a)及2D结构(b)

利用Kurtz粉末技术测定了上述化合物6～10的非线性光学二次谐波效应(SHG),测试结果如表5-4所示。其中,配位聚合物8的SHG效应已远远超过目前应用的高性能 $LiNbO_3$ 晶体材料。

表 5-4 2D非中心对称配位聚合物6～10的二阶非线性光学特性

配合物	空间群	I^{2m}/I^{2m}(α-石英)
6	$P4_32_12$	2
7	Cc	400
8	$Fdd2$	800
9	$P2_12_12$	样品风化
10	$R32$	130
$LiNbO_3$		600

5.2.3 1D 配位聚合物二阶非线性光学材料

目前，通过分子设计的方法，可获得非中心对称的一维链状配位聚合物。但能否将这些一维链按需要的方式堆积成非对称中心的宏观晶体(这是物质表现二阶非线性光学特性的必要条件)还很难预测、控制。因此，获得一维配位聚合物型二阶非线性光学材料具有较大的偶然性，目前主要通过大量的合成筛选获得。

Zhang 等[67]合成了一维配位聚合物$\{[Et_4N][Cd(XCN)_3]\}_n$，[X＝S(化合物 11)，Se(化合物 12)]，化合物中 3 个 XCN^- 桥联 Cd^{2+} 形成一维链状结构阴离子$[Cd(XCN)_3]^-$，由于其阳离子 Et_4N^+ 不存在反演中心，且相邻链间平行排列，晶体堆积过程中形成非中心对称的宏观晶体，所属空间群为 $Cmc2_1$。如图 5-25 所示，为配位聚合物$\{[Et_4N][Cd(SeCN)_3]\}_n$ 的 1D 结构及其在晶体中的堆积方式。

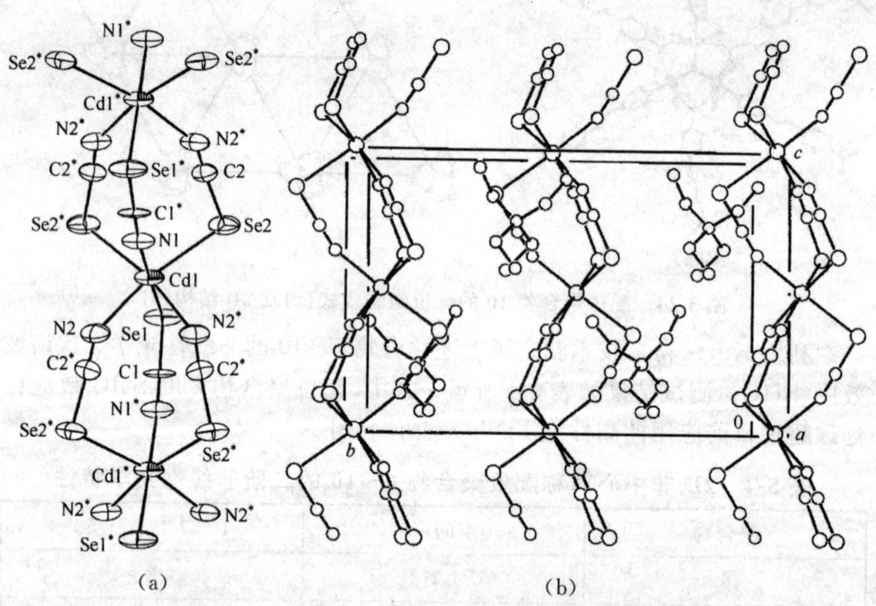

图 5-25 $\{[Et_4N][Cd(SeCN)_3]\}_n$ 的 1D 结构(a)及其在晶体中的堆积方式(b)

利用 Kurtz 粉末技术测定了上述化合物 11、12 的二次谐波效应，如图 5-26 所示，是两个配位聚合物及 KH_2PO_4(KDP)的 SHG 测试结果。测试结果表明，化合物 11、12 的 SHG 强度分别为 KDP 的 1.5 倍和 3 倍(KDP 是目前已应用的二阶非线性光学材料之一)。在 532 nm 处配位聚合物显示最大二次谐波效应，且两个化合物的 SHG 强度与其晶粒尺度大小相关，化合物 12 的 SHG 强度表现出明显的物相匹配性。

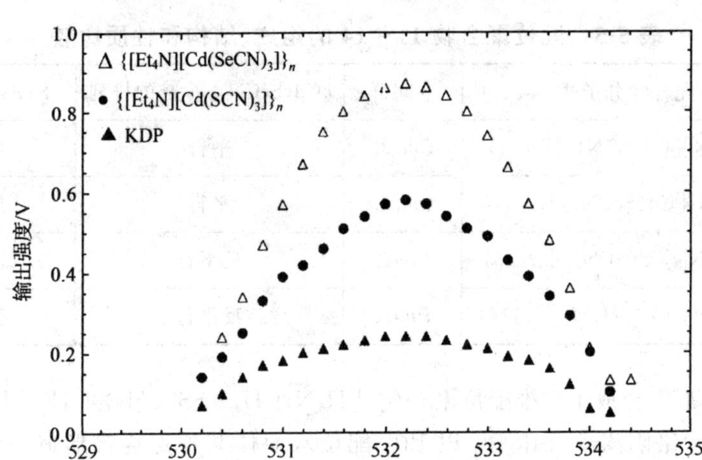

图 5-26　化合物 SHG 信号的比较

将化合物 11、12 中的阳离子 Et_4N^+ 换为 Me_4N^+ 时，分别可获得结构相同的一维链状配位聚合物{[Me_4N][Cd(XCN)$_3$]}$_n$[X＝S(化合物 18)，Se(化合物 14)]。由于其阳离子与前二者的不同，晶体堆积过程中相邻链间反平行排列。晶体堆积过程中虽然也形成非中心对称的宏观晶体，所属空间群为 $Pna2_1$，但反平行排列的一维链间偶极矩相互抵消，导致化合物 13、14 不具有二次谐波效应。如图 5-27 所示，给出了化合物 11、12 及化合物 13、14 中[Cd(XCN)$_3$]$_n$ 链间的平行、反平行排列方式。

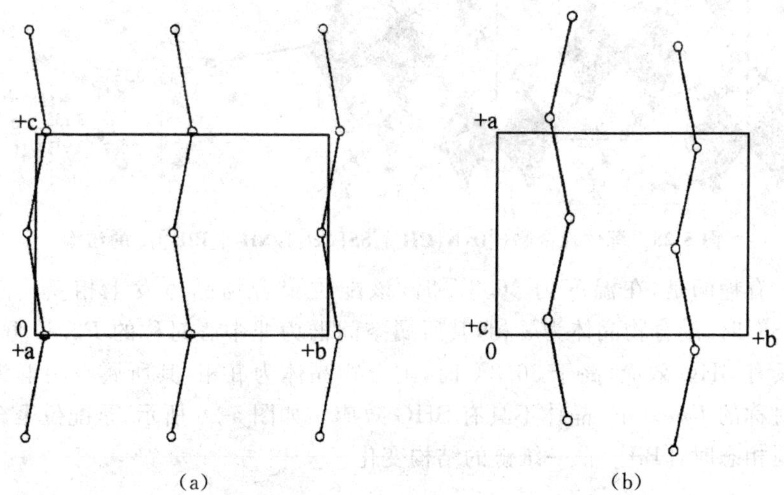

图 5-27　化合物 11、12 中[Cd(XCN)$_3$]$_n$ 链间的平行排列方式(a)及化合物 13、14 中[Cd(XCN)$_3$]$_n$ 链间的反平行排列方式(b)

如表 5-5 所示，是配位聚合物 11～14 的组成、结构和性质比较。

表 5-5　配位聚合物 11～14 的组成、结构和性质比较

配合物分子式	空间群	$[Cd(SeCN)_3]_n$ 链的排列	SHG 效应
$\{[Et_4N][Cd(SCN)_3]\}_n$(11)	$Cmc2_1$	平行	是
$\{[Et_4N][Cd(SeCN)_3]\}_n$(12)	$Cmc2_1$	平行	是
$\{[Me_4N][Cd(SCN)_3]\}_n$(13)	$Pna2_1$	反平行	否
$\{[Me_4N][Cd(SeCN)_3]\}_n$(14)	$Pna2_1$	反平行	否

Bi 等[68]合成了一维配位聚合物$\{[H_3N(CH_2)_2SS(CH_2)_2NH_3][BiI_5]\}_n$，化合物中络阴离子$[BiI_5^{2-}]_n$ 以 BiI_6 配位八面体共顶点连接形成一维链状结构。阳离子$[H_3N(CH_2)_2SS(CH_2)_2NH_3]^{2+}$ 以两种不同的构象（如图 5-28 中所示的 M、P 构象）排列在$[BiI_5^{2-}]_n$ 链间形成宏观晶体。

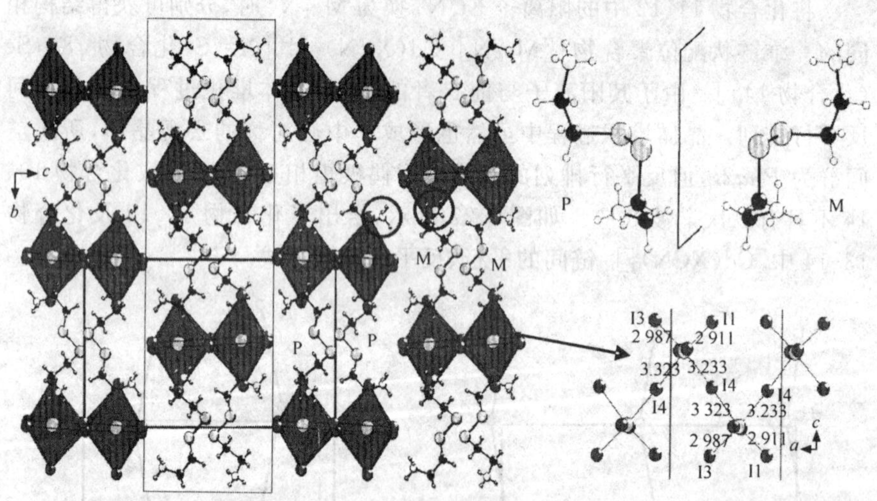

图 5-28　配位聚合物$\{[H_3N(CH_2)_2SS(CH_2)_2NH_3][BiI_5]\}_n$ 的结构

有趣的是，在温度为 36.8℃时，该配位聚合物晶体发生相变。低于 36.8℃时，配合物晶体为 α 相，其所属空间群为非中心对称的 $P2_1cn$ 群，晶体具有 SHG 效应；高于 36.8℃时，配合物晶体为 β 相，其所属空间群为中心对称的 *Pnma* 群，晶体不具有 SHG 效应。如图 5-29 所示，是配位聚合物不同相态时，$[BiI_5^{2-}]_n$ 一维链的结构变化。

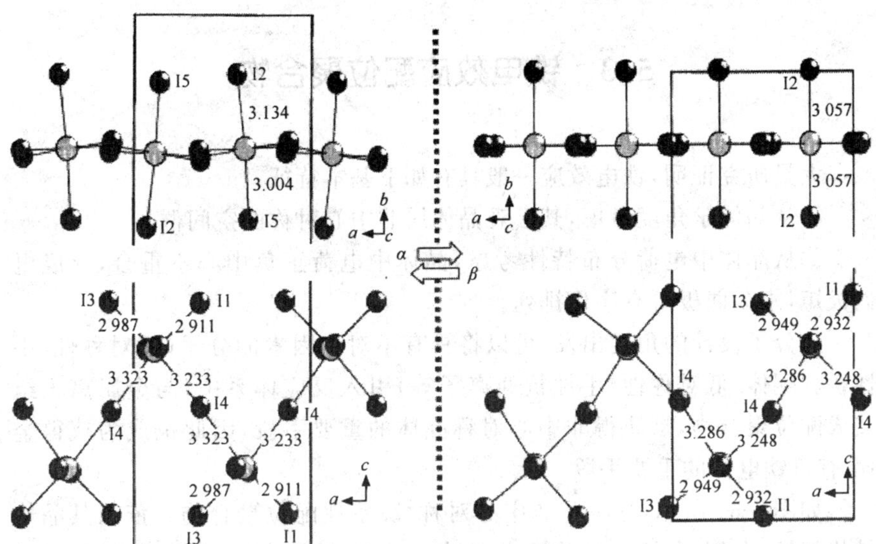

图 5-29　$\{[H_3N(CH_2)_2SS(CH_2)_2NH_3][BiI_5]\}_n$ 不同相态$[BiI_5^{2-}]_n$一维链的结构变化

在温度变化伴随的相变过程中，晶体所属空间群由非中心对称转变为中心对称，因此其二次谐波 SHG 强度发生巨大变化，温度变化对化合物的 SHG 特性显示开关效应。变温 SHG 测试结果表明，在升温和降温过程中，SHG—T 的变化曲线显示出明显的滞后效应。如图 5-30 所示，是配位聚合物$\{[H_3N(CH_2)_2SS(CH_2)_2NH_3][BiI_5]\}_n$的变温 SHG 曲线。

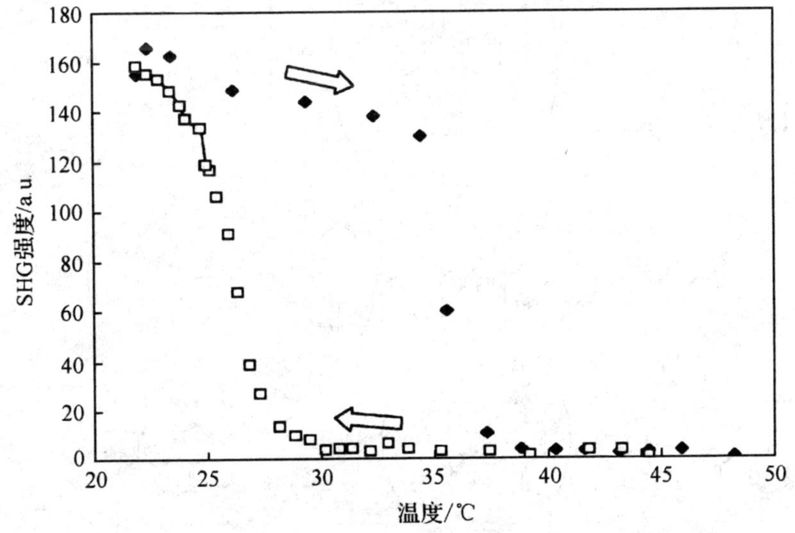

图 5-30　$\{[H_3N(CH_2)_2SS(CH_2)_2NH_3][BiI_5]\}_n$ 的变温 SHG 曲线

5.3 铁电效应配位聚合物

大量研究证明，铁电效应一般具有如下基本特征：

①从晶体学角度考虑，其宏观晶体属非中心对称的空间群。

②从晶体中电荷分布特性考虑，晶体中电荷正负中心不重合，形成电偶极矩，永久偶极可有序化排列。

从分子设计的角度出发，可以将具有不对称因素的分子（低对称性/手性桥联配体、低对称性/手性抗衡离子等）引入反应体系中，与金属离子组装成配位聚合物，是获得非中心对称晶体的重要手段，因此也成为获得金属-有机铁电体的重要手段。

如图 5-31 所示，是一些非中心对称性/手性配位聚合物。依据其晶体结构特征，金属-有机配位聚合物铁电体大致可以分为三类，分别是一维(1D)链状结构、二维(2D)层状结构和三维(3D)骨架结构。

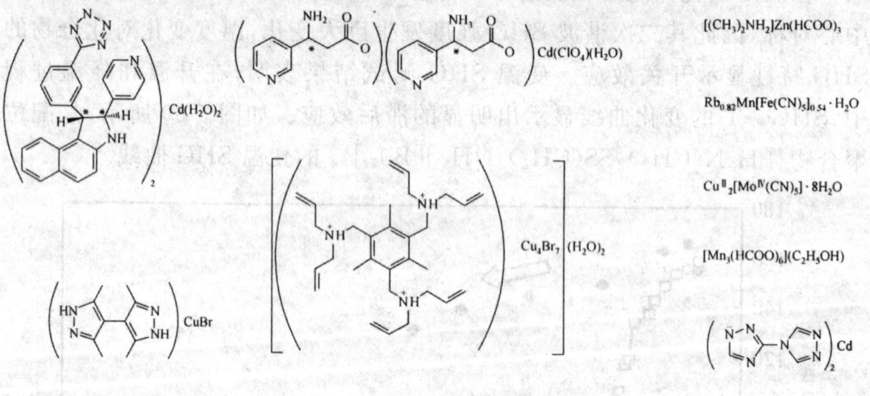

$Cd(H_2O)_2$

$Cd(ClO_4)(H_2O)$

$[(CH_3)_2NH_2]Zn(HCOO)_3$

$Rb_{0.82}Mn[Fe(CN)_6]_{0.54}\cdot H_2O$

$Cu^{II}_2[Mo^{IV}(CN)_8]\cdot 8H_2O$

$Cu_4Br_7(H_2O)_2$

$[Mn_3(HCOO)_6](C_2H_5OH)$

CuBr

Cd

$\{[Cu^I_4Cu^{II}(S_2CNEt_2)Cl_3][Cu^{II}(S_2CNEt_2)_2]_2(FeCl_4)\}$

$Ag_8(NO_3)_8\cdot 4H_2O$

(Cu_5Cl_9)

$(Cu_3Br_7)(H_2O)$

$CuXCu_3X_4$

Cu_3X_4CuX

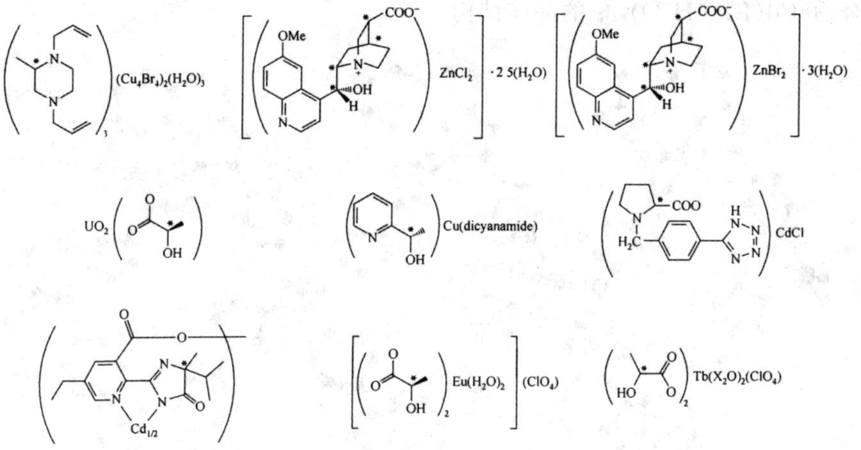

图 5-31 一些非中心对称性/手性配位聚合物

5.3.1 一维链状结构配位聚合物铁电体

5.3.1.1 低对称桥联配体组装的一维配位聚合物

利用不对称配体进行配位聚合物组装，是获得非中心对称晶体的重要手段。水热条件下，利用含—CN 基团的低对称配体，在 N_3^- 存在时，通过[3＋2]环加成反应，形成新的含四氮杂环的低对称桥联配体 L(反-2,3-二氢-2-(4′-吡啶基)-3-(3′-苯腈基)苯并吲哚)，该配体与 Cd(Ⅱ)离子进行原位自组装，获得非中心对称的一维配位聚合物[$Cd(L)_2(H_2O)_2$]$_n$。

如图 5-32 所示，是一维配位聚合物[$Cd(L)_2(H_2O)_2$]$_n$ 的组装过程。

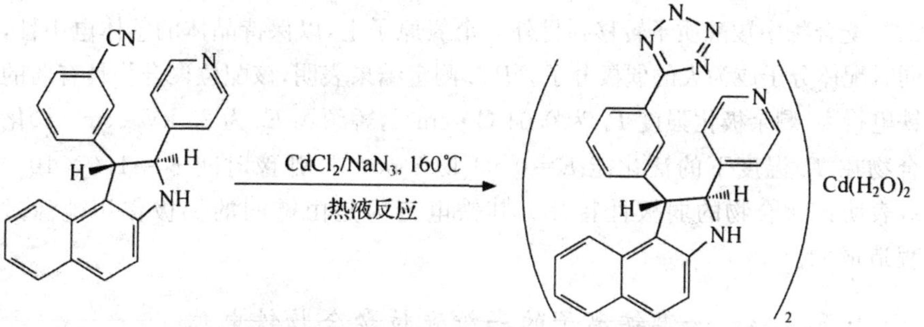

图 5-32 一维配位聚合物[$Cd(L)_2(H_2O)_2$]$_n$ 的组装过程

研究表明，在配位聚合物[$Cd(L)_2(H_2O)_2$]$_n$ 中，Cd(Ⅱ)离子通过低对称 V 形桥联配体连接，形成 M_2L_2 环状一维链。如图 5-33 所示，是配位聚合物$[Cd(L)_2(H_2O)_2]_n$的晶体结构。

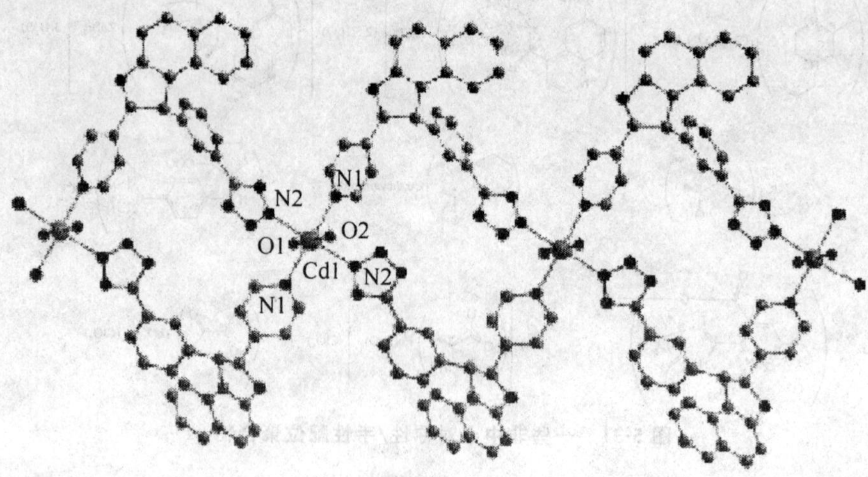

图 5-33 配位聚合物$[Cd(L)_2(H_2O)_2]_n$的晶体结构

晶体所属空间群为非中心对称的 *Aba*2 群，*P-E* 测定结果表明，该配位聚合物具有弱的铁电行为，剩余极化强度 P_r 为 0.12～0.28 $\mu C \cdot cm^2$，矫顽场 E_c 为 10 kV·cm。

实践经验表明，利用单一手性桥联配体进行自组装，是获得手性晶体的重要手段。Xiong 及其合作者[69]利用手性配体 HQA(6-甲氧基-(8S,9R)-奎宁基-9-醇-3-羧酸)与 $ZnCl_2$ 进行组装，得到了手性一维配位聚合物晶体$[(HQA)(ZnCl_2)(2.5H_2O)]_n$。晶体所属空间群为手性的 *P*1 群，邻近 Zn(Ⅱ)离子分别通过 HQA 配体中的喹啉环氮原子及羧基氧原子进行桥联，形成一维链。如图 5-34 所示，是一维配位聚合物$[(HQA)(ZnCl_2)(2.5H_2O)]_n$的晶体结构。

配合物中羧酸质子转移到另外一个氮原子上，以保持晶体的整体电中性，同时配体分子成为大的偶极分子。*P-E* 测定结果表明，该配位聚合物具有弱的铁电行为，剩余极化强度 P_r 为 0.04 $C \cdot cm^{-2}$，矫顽场 E_c 为 25 $kV \cdot cm^{-1}$。化合物在 T_c 温度下的活化能 $E=0.94\ kJ \cdot mol^{-1}$，弛豫时间 $\tau_0=1.6\times10^{-5}$ s，表明该化合物的弱极性特征。其铁电行为是由链间的偶极作用弛豫过程造成的。

5.3.1.2 含季铵离子的一维配位聚合物铁电体

将季铵离子引入配位聚合物中，在高低温条件下季铵离子的有序-无序转变有可能导致化合物铁电效应的产生，这也成为获得铁电材料的一种有效策略。已报道的化合物$[Me_4N]CdBr_3$ 在室温下属六方晶系，$P6_3/m$ 空间群。$[CdBr_3]^-$沿 c 轴方向形成一维链，$[Me_4N]^+$四面体无序排列。当温度降低时，化合物$[Me_4N]CdBr_3$由室温无序相变为低温有序相，温度低于156 K 时，其铁电相所属空间群为 $P6_1$。如图 5-35 所示，是配位聚合物$[Me_4N]CdBr_3$在高低温变化时空间群的转变。

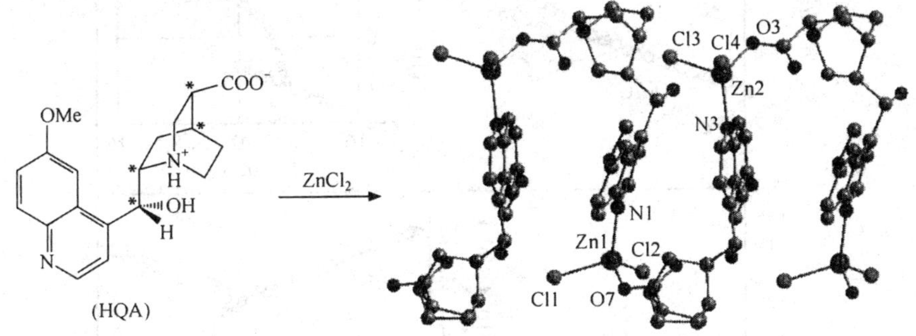

图 5-34 一维配位聚合物$[(HQA)(ZnCl_2)(2.5H_2O)]_n$的晶体结构

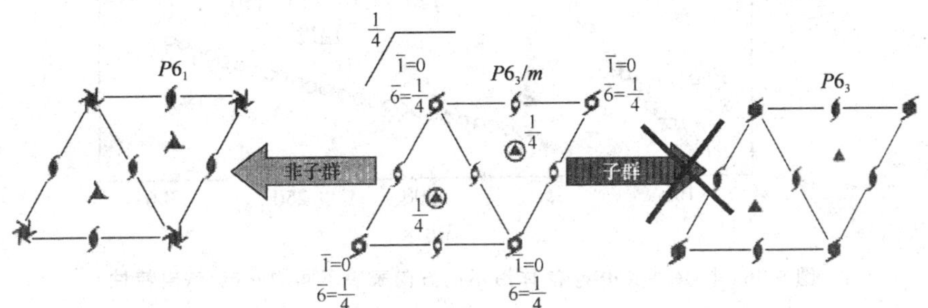

图 5-35 配位聚合物$[Me_4N]CdBr_3$在高低温变化时空间群的转变

通过图 5-35 可以看出，对称元素数目由 12(E,$2C_6$,$2C_3$,C_2,i,$2S_3$,$2S_6$,σ_h)转变为 6(EE,$2C_6$,$2C_3$,C_2)，证明该相变为二级相变。然而，其铁电相所属空间群 $P6_1$ 并不是顺电相空间群 $P6_3/m$ 的子群，证明该相变不符合 Curie 对称性原理，因此，该相变并不是简单的有序-无序型相变而具有部分位移型相变的特征。

如图 5-36 所示，晶体沿不同方向表现出不同的介电特性。沿 c 轴方向，在低于 Curie 温度 156 K 时表现出铁电性。125 K、50 Hz 下电滞回线得到其饱和极化强度 P_s 为 0.12 $\mu C \cdot cm^{-2}$。此外，沿 a 轴方向，介电常数随温度的降低而减小，在 156 K 时突然增大，导致入形曲线最大值的出现。然而，相变点介电常数的变化仅为 20%，且在温度高于 156 K 时并没有出现典型的 Curie-Weiss 规律所描述的特征。该化合物的铁电相变与$[Me_4N]^+$四面体的有序-无序排列密切相关。

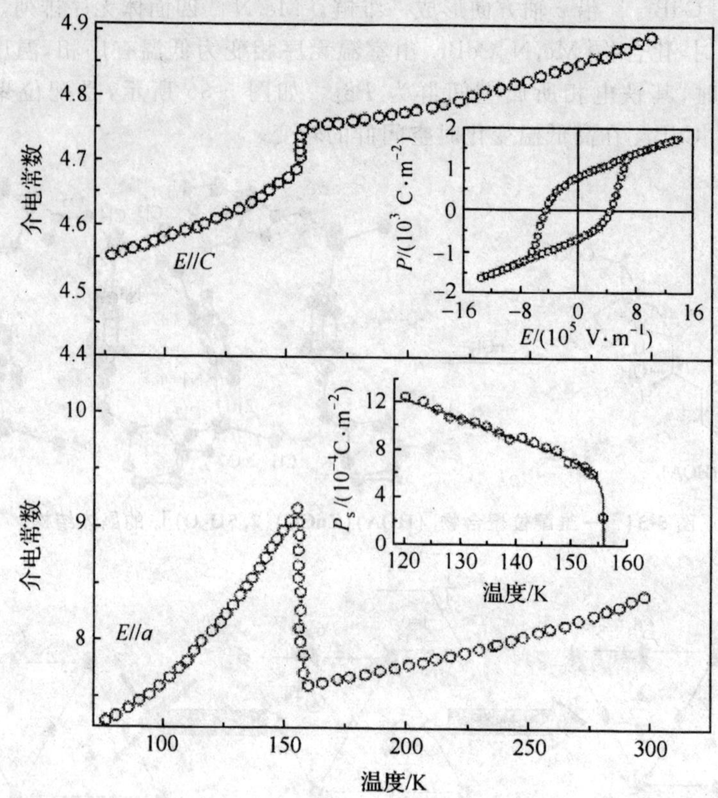

图 5-36　$[Me_4N]CdBr_3$ 晶体沿不同方向表现不同的介电/铁电特性

就目前的研究进展来看，在所有$[Me_4N]MX_3$型铁电化合物中，$[Me_4N]HgX_3(X=Cl^-,Br^-,I^-)$的晶体结构与$[Me_4N]CdBr_3$显著不同。$[Me_4N]HgX_3(X=Cl^-,Br^-,I^-)$类化合物的饱和极化强度值在1～3 $\mu C\cdot cm^{-2}$，是其他已知$[Me_4N]CdBr_3$类似化合物的若干倍。这可能是由于$[Me_4N]HgX_3$的铁电相形成机制不同于化合物$[Me_4N]CdBr_3$所致[70]。

类似的一维结构含季铵盐化合物$[C_5H_{10}NH_2]_2BiCl_5$、$[C_5H_{10}NH_2]_2BiBr_5$和$[C_5H_{10}NH_2]_2SbBr_5$是典型的有序-无序型铁电配位聚合物。所有的相变都与有机阳离子的定向运动有关[71]。

配位聚合物$\{[C_5H_{10}NH_2]_2BiCl_5\}_n$的晶体结构属于正交晶系、铁电相为$Pna2_1$空间群；配位聚合物$\{[C_5H_{10}NH_2]_2BiBr_5\}_n$和$\{[C_5H_{10}NH_2]_2SbBr_5\}_n$也属于正交晶系，其铁电相为$P2_12_12_1$空间群。配位聚合物$\{[C_5H_{10}NH_2]_2BiCl_5\}_n$是由$[BiCl_5]^{2-}$阴离子链和$2n$个$[C_5H_{10}NH_2]^+$阳离子组成，$2n$个阳离子中$n$个是有序的，另外$n$个是无序的。样品$\{[C_5H_{10}NH_2]_2BiCl_5\}_n$的多晶结构分析表明，$[C_5H_{10}NH_2]^+$阳离子的振动能级在相变点附近改变。

上述三种化合物都在高温区域发生结构相变，且具有相似的相变机理，即有序-无序相变。电滞回线表明三种化合物均具有一级相变的特征。有趣的是，含氯化合物的相变温度比类似的含溴化合物的相变温度低 20 K（分别在 344.5 K 和 363.5 K 发生铁电相变），这可能由以下两个原因造成：

①由氯原子到溴原子半径增大，使得有机阳离子所占的空穴增大，有利于阳离子在低温时的旋转运动。

②溴的氢键作用比氯弱。

5.3.2　二维层状结构配位聚合物铁电体

5.3.2.1　含季铵离子的二维配位聚合物铁电体

以化合物$[Me_2NH_2]_3Sb_2Cl_9$ 为例，其顺电相属单斜晶系、$P2_1/c$ 空间群。当温度降至低于 242 K 时，c 滑移面消失，形成铁电相空间群 P_c。晶体结构测定表明，其阴离子点阵是由变形的$[SbCl_6]^{3-}$ 八面体连接而成的与 bc 面平行的平面层状结构。如图 5-37 所示，是二维层状结构配位聚合物铁电体 $A_3Sb_2X_9$（$A=[Me_2NH_2]^+$，$[Me_3NH]^+$）的结构。

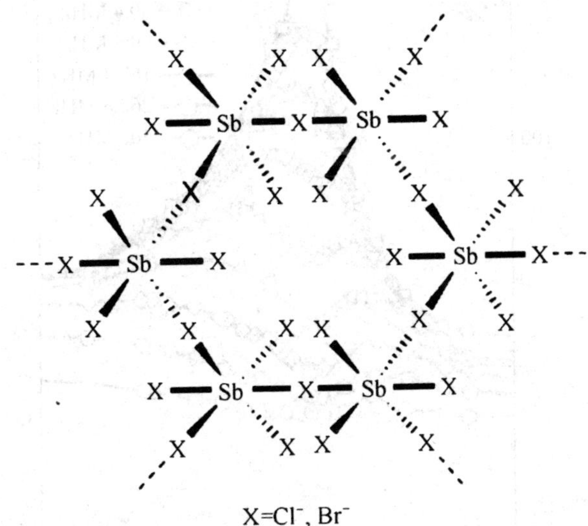

图 5-37　二维层状结构配位聚合物铁电体 $A_3Sb_2X_9$（$A=[Me_2NH_2]^+$，$[Me_3NH]^+$）的结构

研究表明，在每一个独立的晶胞单元中，有 2 个$[Me_2NH_2]^+$ 阳离子与氯离子形成氢键。其中一个阳离子位于层与层间，另一个阳离子位于由 6 个$[SbCl_6]^{3-}$ 八面体形成的空隙中，这两种类型的阳离子都是无序排列的，这在解释铁电相转变机理方面有重要意义。较低温度下阳离子[Me_2NH_2]$^+$趋于有序，证明了该化合物铁电相转变为有序-无序型相变，即顺电-铁电相变是由[Me_2NH_2]$^+$阳离子的冻结引起的。

^{1}HNMR 随温度的变化是不连续的，这就意味着阳离子重新取向的动力学行为有明显的突变。红外和拉曼光谱数据表明，N—H…Cl 氢键对于相转变机理的解释有着重要的意义。低温 X 射线研究显示，相变发生伴随阳离子层的变形，这种晶体点阵的变化是化合物 $A_3Sb_2Cl_9$ 表现铁电性的重要原因。化合物 $A_3Sb_2Cl_9$ 处于顺电相时，具有与 $A_3Sb_2Br_9$ 相似的结构。交流变频介电性能测试表明，化合物[Me_2NH_2]$_3Sb_2Cl_9$ 在相变点附近(T_c=242 K)的交流介电特性为：低频区介电常数的实部 ε'_α 为单峰；高频区介电常数的实部 ε'_α 分裂为双峰，且峰间距随频率的增大而增大，这一特性符合二级相变的特征。如图 5-38 所示，是配位聚合物[Me_2NH_2]$_3Sb_2Cl_9$ 交流变频介电常数的实部 ε'_α 随频率的变化。化合物[Me_2NH_2]$_3Sb_2Cl_9$ 的交流介电特征显示其为一级相变。

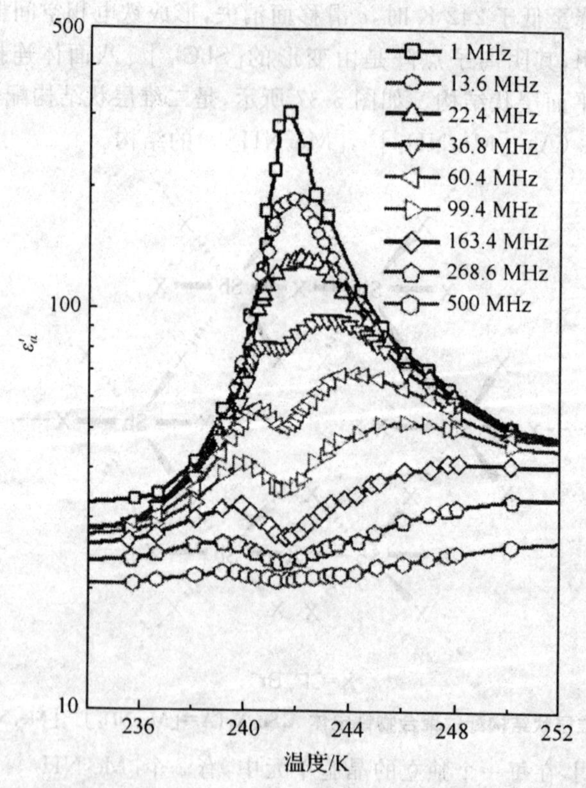

图 5-38 [Me_2NH_2]$_3Sb_2Cl_9$ 交流变频介电常数的实部 ε'_α 随频率的变化

将[Me_2NH_2]$_3Sb_2Cl_9$ 晶格中的部分 Cl 由 Br 取代，形成与之同晶型的掺杂配位聚合物$[Me_2NH_2]_3Sb_2Cl_{9-3x}Br_{3x}$，铁电特性研究表明，饱和极化强度 P_s 随 x 的变化而变化，x 的值为 0.09 和 0.14 时，饱和极化强度 P_s 的值分别为 0.06 $\mu C\cdot cm^{-2}$ 和 0.04 $\mu C\cdot cm^{-2}$。配位聚合物$[Me_2NH_2]_3Sb_2Cl_9$ 的铁电弛豫行为符合 Cole-Cole 分布关系图，在 T_c 温度下的活化能 $E=16\ kJ\cdot mol^{-1}$，弛豫时间 $\tau_0=7\times10^{-10}$ s。

另外，一个重要的含季铵离子的二维配位聚合物铁电体是$[EtNH_3]_2CuCl_4$，该配位聚合物是十分少见的铁磁/铁电共存的多铁材料。如图 5-39 所示，是二维层状结构配位聚合物铁电体$[EtNH_3]_2CuCl_4$ 的结构。如图 5-40 所示，是配位聚合物$[EtNH_3]_2CuCl_4$ 的铁磁行为及铁电行为。

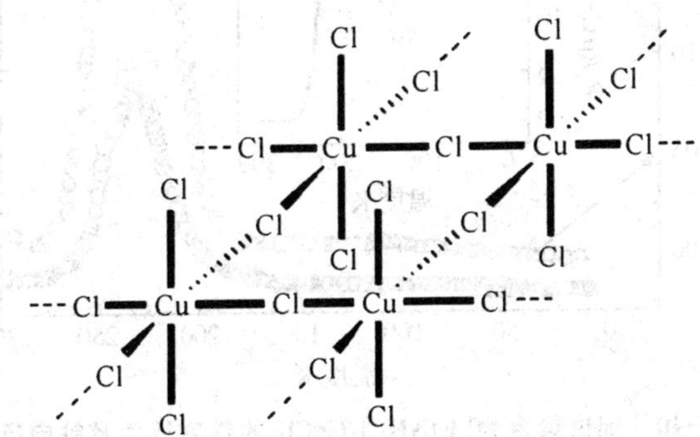

图 5-39　二维层状结构配位聚合物铁电体$[EtNH_3]_2CuCl_4$ 的结构

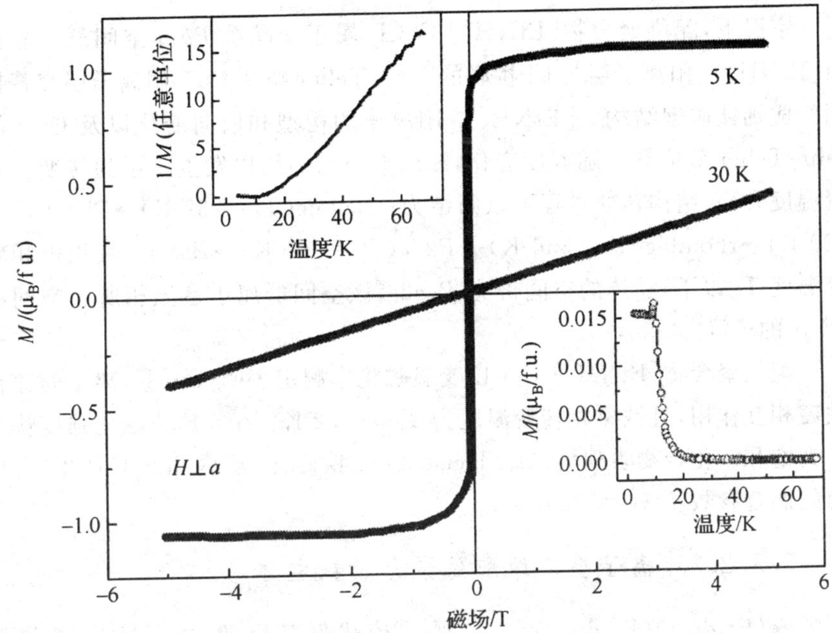

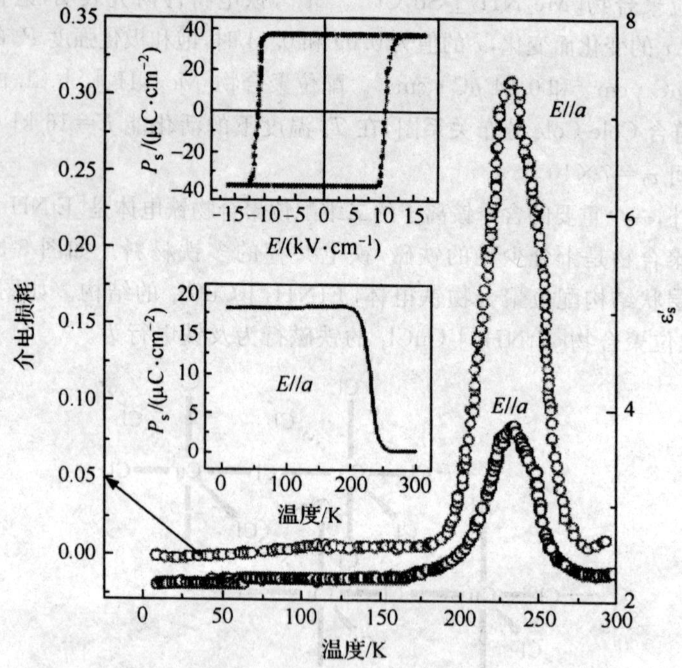

图 5-40　配位聚合物$[EtNH_3]_2CuCl_4$ 的铁磁行为及铁电行为

(注:μ_B/f. u. 表示以玻尔磁子 μ_B 为单位的每分子磁矩)

室温下,配位聚合物$[EtNH_3]_2CuCl_4$ 属正交晶系 *Pbca* 空间群。晶体由$[EtNH_3]^+$阳离子层与 Cl 桥联的 Jahn-Teller 畸变 Cu^{2+} 阴离子层交替排列组成钙钛矿型结构。$[EtNH_3]^+$阳离子的构型和取向变化以及 Cu^{2+} 的 Jahn-Teller 效应导致随温度变化,配位聚合物的结构发生一系列转变。随着温度升高,结构转变过程可以归结为:triclinic(T_4=232 K)→Pbca(T_3=330 K)→rhombic(T_2=356 K)→*P*2/*c*(T_1=364 K)→*Bbcm*。在铁电相转变温度 T_c 以下,晶体的空间群为 $Pca2_1$,该空间群属于室温相所属空间群 *Pbca* 的子群。

配位聚合物$[EtNH_3]_2CuCl_4$ 变温磁化率测定表明,Cu(Ⅱ)离子间存在铁磁相互作用,且铁磁相转变温度为 T_c=10.2 K。在 5 K 下磁化强度快速达到饱和。化合物表现为二维 Heisenberg 铁磁体,层内相邻 Cu(Ⅱ)自旋间的偶合参数 J/k_B=18.6 K。

5.3.2.2　离子型二维配位聚合物铁电体

$Fe(Et_2dtc)_3$(Et_2dtc^-=二乙基二硫代氨基甲酸)的 $CHCl_3$ 溶液与 $CuCl_2 \cdot 2H_2O$ 的乙腈溶液反应,获得混合价态的离子型二维配位聚合物

$[Cu_4^{I}Cu^{II}(Et_2dtc)_2][Cu^{II}(Et_2dtc)_2]_2(FeCl_4)$[72]。

X 射线单晶结构分析表明，该二维配位聚合物由单核桥联单元 $Cu(Et_2dtc)_2$ 连接五核$[Cu_5(Et_2dtc)_2Cl_3]$结构片段，形成带正电荷一维链，$[FeCl_4]^-$ 阴离子通过静电力将上述一维链进一步连接为二维结构（如图 5-41 所示）。

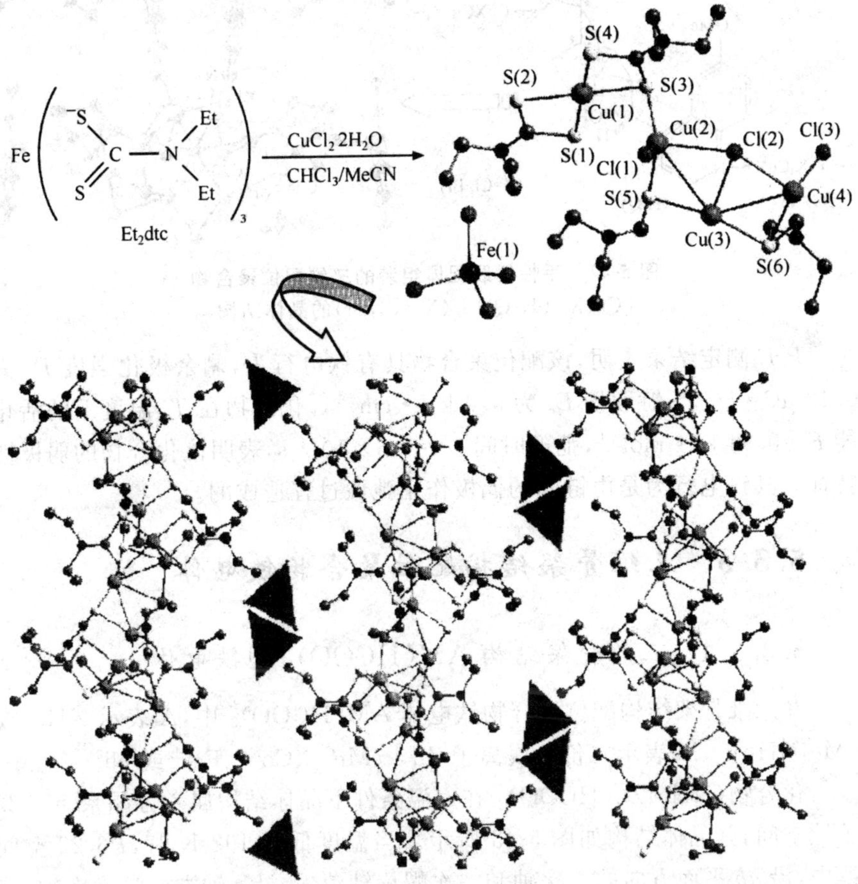

图 5-41 $[Cu_4^{I}Cu^{II}(Et_2dtc)_2][Cu^{II}(Et_2dtc)_2]_2(FeCl_4)$的组装及晶体结构

P-E 测定结果表明，该配位聚合物具有明显的铁电行为，在 260 K 下出现电滞回线。但晶体结构分析表明，该配位聚合物所属空间群为中心对称群 Pnma，出现这一反常现象的原因有待进一步深入研究。

5.3.2.3 手性桥联配体组装的二维配位聚合物

利用单一手性桥联配体进行自组装，是获得手性晶体的重要手段。Xiong 等利用手性配体 H-Q（质子化奎宁）与 $CuCl_2$ 进行组装，得到了手性二维配位聚合物晶体$[Cu_8X_{10}(H\text{-}Q)_2]_n$(X=Cl,Br),如图 5-42 所示。晶体所属空间群为手性的 $C2$ 群,Cu(Ⅱ)离子分别通过 H-Q 配体中的喹啉环氮原子及乙烯基 π 电子基进行桥联,形成二维结构。

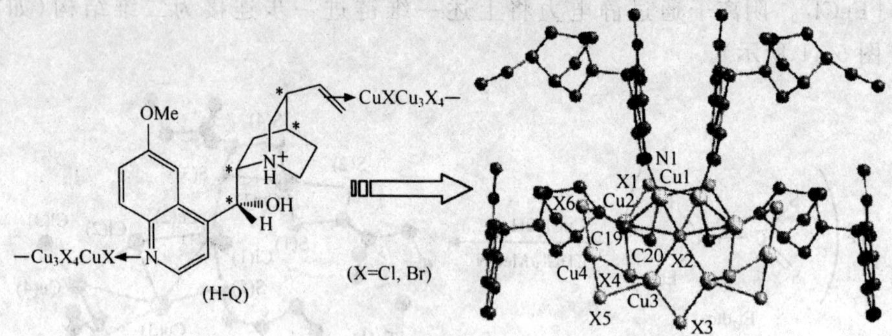

图 5-42　手性桥联配体组装的二维配位聚合物
$[Cu_8X_{10}(H\text{-}Q)_2]_n$(X=Cl,Br)的晶体结构

P-E 测定结果表明,该配位聚合物具有铁电行为,剩余极化强度 P_r 为 0.12 $\mu C\cdot cm^{-2}$,矫顽场 E_c 为 5.0 $kV\cdot cm^{-1}$。化合物在 T_c 温度下的活化能 $E=0.94\ kJ\cdot mol^{-1}$,弛豫时间 $\tau_0=1.6\times10^{-5}$ s,表明该化合物的弱极性特征。其铁电行为是由链间的偶极作用弛豫过程造成的。

5.3.3　三维骨架结构配位聚合物铁电体

5.3.3.1　三维骨架结构 $AM(HCOO)_3$ 型铁电体

在三维骨架结构配位聚合物铁电体 $AM(HCOO)_3$ 中,A 表示 NH_4^+ 或 $[Me_2NH_2]^+$,M 表示二价金属离子 Zn^{2+}、Mn^{2+}、Co^{2+}、Fe^{2+} 或 Ni^{2+}。

化合物$(NH_4)Zn(HCOO)_3$ 在室温条件下晶体结构属六方晶系、$P6_322$ 手性空间,其晶体结构如图 5-43 所示。当温度低于 192 K 时,$P6_322$ 空间群中,沿 ab 平面方向的二次轴和二次螺旋轴消失,沿 c 轴方向的六次轴、三次轴和二次螺旋轴保持不变,最终导致低温相形成 $P6_3$ 空间群,属空间群 $P6_322$ 的一个子群。因此,对称性破缺遵循 Curie 对称性原理,对称元素减半,表明该相变为二级相变。在 100 Hz~1 MHz 的频率范围内,沿 c 轴方向交流介电常数的实部 ε' 随温度的变化曲线在 192 K 处出现峰值,表明在此温度下出现铁电相转变。$1/\varepsilon$ 随温度的变化在 210~260 K 温度范围内很好地符合 Curie 定律,Curie 常数 $C=5.39\times10^3$ K。介电行为与有序-无序型铁电化合物 KH_2PO_4 和 TGS 类似。沿 c 轴方向作化合物$(NH_4)Zn(HCOO)_3$ 的电滞回线,结果显示在略低于 T_c 的 189 K 时出现特征的滞后曲线，饱和极化强度 $P_s=1.03\ \mu C \cdot cm^{-2}$，矫顽场 $E_c=2.8\ kV \cdot cm^{-1}$。$NH_4^+$ 阳离子的有序-无序排列是铁电性出现的原因。

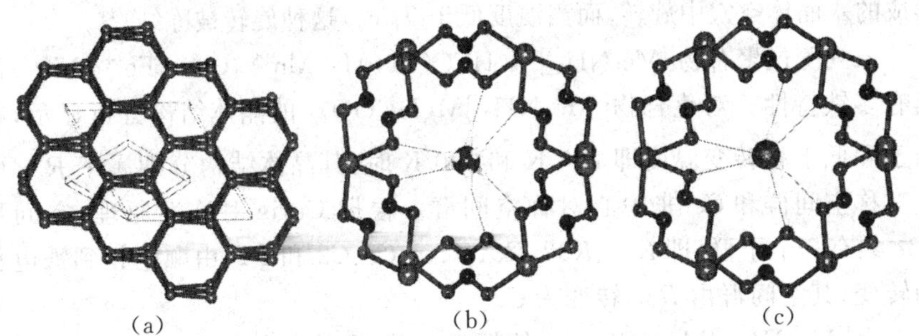

图 5-43　化合物 $(NH_4)Zn(HCOO)_3$ 在室温条件下的晶体结构图

［骨架结构$[Zn(HCOO)_3]^-$ 阴离子在 290 K（原图为绿色）和 110 K（原图为红色）(a)；290 K 时，孔道内 NH_4^+ 无序(b)；110 K 时，孔道内 NH_4^+ 有序(c)］[73]

对化合物$(NH_4)Zn(HCOO)_3$ 进行 DSC 及比热容测量，测量结果如图 5-44 所示。在 192 K 处，DSC 和 C_p 曲线出现峰值，符合顺铁-铁电相转变的特征。热力学计算 ΔH 和 ΔS 的值分别约为 $0.7\ kJ \cdot mol^{-1}$ 和 $2\ kJ \cdot mol^{-1}$，Boltzmann 方程 $\Delta S=R\ln N$ 中，$N=1.3$，低于无序相中存在两个分立状态时 $N=2$ 的值，表明化合物具有复杂的有序-无序相变特征。

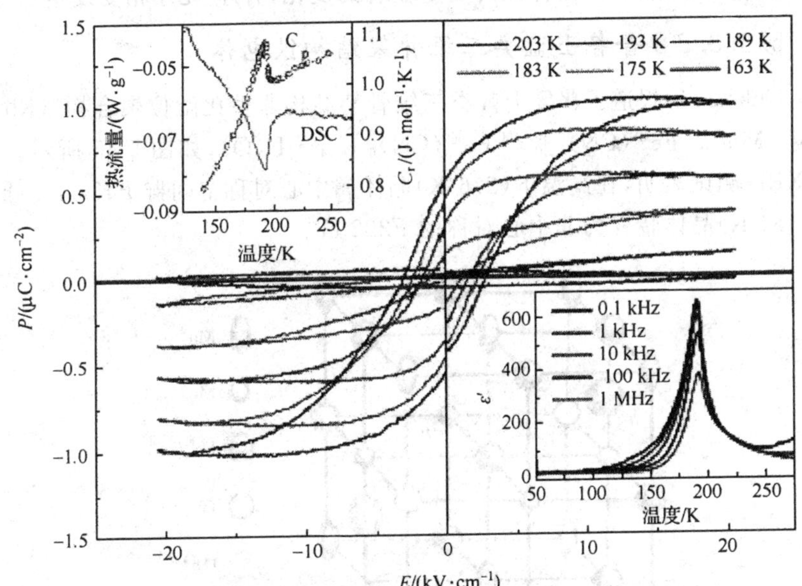

图 5-44　3D 配位聚合物$[(NH_4)Zn(HCOO)_3]_n$ 的 DSC(C_p)曲线、交流变频介电特性及在不同温度下的电滞回线

对于类似的 3D 配位聚合物$[Me_2NH_2]M(HCOO)_3$ ($M=Zn^{2+}$，Mn^{2+}，

Co^{2+}，Fe^{2+}，Ni^{2+}）。引起铁电相变的原因是$[Me_2NH_2]^+$阳离子的有序-无序在低温下冻结所致。当温度高于 T_c 时，阳离子可以在由$[M(HCOO)_3]^-$骨架形成的八面体空穴中旋转，而当温度低于 T_c 时，这种旋转被冻结[74]。

系列配位聚合物$[Me_2NH_2]M(HCOO)_3$（$M=Mn^{2+}$，Co^{2+}，Fe^{2+}，Ni^{2+}）都具有多铁特性。对化合物$[Me_2NH_2]M(HCOO)_3$的晶体结构分析显示，在高于和低于相转变温度即 295 K 和 100 K 时，其晶体结构分别属于 $R\bar{3}c$ 中心对称空间群和 Cc 非中心对称空间群。根据 Curie 对称性原理，空间群 $R\bar{3}c$ 共有 7 个子群，即 $R3c$、$R32$、$R\bar{3}$、$C2/c$、Cc、$C2$ 和 $P\bar{1}$；由顺电相到铁电相的转变，其空间群由 $R3c$ 转变为 Cc。

由$[Me_2NH_2]M(HCOO)_3$的振动光谱得到的介电响应性质如下：当 $T>190$ K 时，该化合物表现顺电行为，因为在该温度范围内，$[Me_2NH_2]^+$阳离子不是静止的，而是在足够大的空穴内旋转，该旋转围绕$[Me_2NH_2]^+$阳离子的两个碳原子所在的轴进行。室温 X 射线衍射表明，该旋转能够发生是由于热运动打破了$[Mn(HCOO)_3]^-$与$[Me_2NH_2]^+$结合的氢键（N—H…O）所致。$[Me_2NH_2]^+$阳离子的电偶极由于这种旋转作用而在各个方向上平均分布，因此表现出顺电性。当温度降低时，N—H…O 键的偶合作用使$[Me_2NH_2]^+$阳离子的旋转变缓，在 190 K 左右，随着$[Me_2NH_2]^+$阳离子旋转的停止，晶体对称性均发生显著的变化，有序-无序相变发生。

5.3.3.2 普鲁士蓝类三维骨架结构铁电体

Ohkoshi 等报道了普鲁士蓝类三维骨架结构非整比配位聚合物$\{Rb_{0.82}Mn^{II}_{0.20}Mn^{III}_{0.80}[Fe^{II}(CN)_6]_{0.80}[Fe^{III}(CN)_6]_{0.14}\cdot H_2O\}$，如图 5-45 所示。变温 XRD 测试表明，在高温下（276 K）晶体属中心对称空间群 $F43m$，在低温下（184 K）晶体转变为非中心对称的 $F222$ 群。

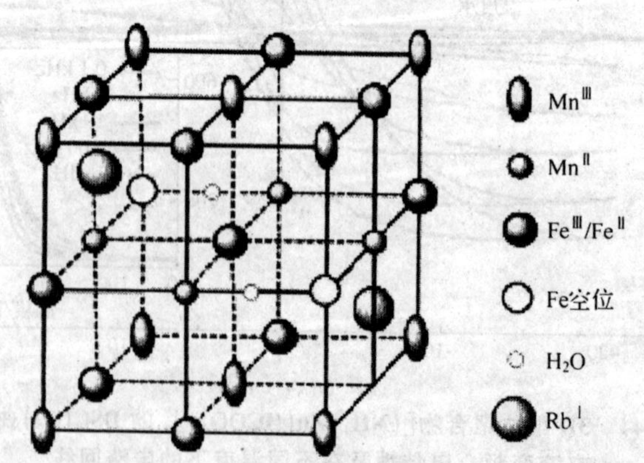

图 5-45　$\{Rb_{0.82}Mn^{II}_{0.20}Mn^{III}_{0.80}[Fe^{II}(CN)_6]_{0.80}[Fe^{III}(CN)_6]_{0.14}\cdot H_2O\}$的晶体结构

磁性测定表明，配位聚合物{$Rb_{0.82}Mn^{II}_{0.20}Mn^{III}_{0.80}[Fe^{II}(CN)_6]_{0.80}[Fe^{III}(CN)_6]_{0.14}\cdot H_2O$}为铁磁体，其铁磁相转变温度为 $T_c=11$ K。P-E 测试表明，低温下该配位聚合物出现电滞回线，77 K 时，剩余极化强度 $P_r=0.041\ \mu C\cdot cm^{-2}$，矫顽场 $E_c=17.5\ kV\cdot cm^{-1}$。其铁电行为与体系中非整比存在的 Fe^{II}、Fe^{III}、Fe 空位、Mn^{II} 及 Jahn-Teller 变形的 Mn^{III} 离子有关。

5.3.3.3 手性桥联配体组装的三维配位聚合物

Qu 等[75]人利用外消旋的手性配体 rac-Hpapa[3-(3-吡啶基)-3-氨基-丙酸]与 $Cd(ClO_4)_2\cdot 4H_2O$ 在 MeOH 中进行溶剂热反应(78℃)，得到了非中心对称的二重互穿网络三维配位聚合物晶体[Cd(rac-papa)(rac-Hpapa)]ClO_4H_2O，其结构及组装过程如图 5-46 所示。晶体所属空间群为非中心对称的 Cc 群。P-E 测定结果表明，该配位聚合物具有铁电行为，电滞回线显示，剩余极化强度 P_r 为 0.18～0.28 $\mu C\cdot cm^{-2}$，矫顽场 E_c 为 1.0 $kV\cdot cm^{-1}$。

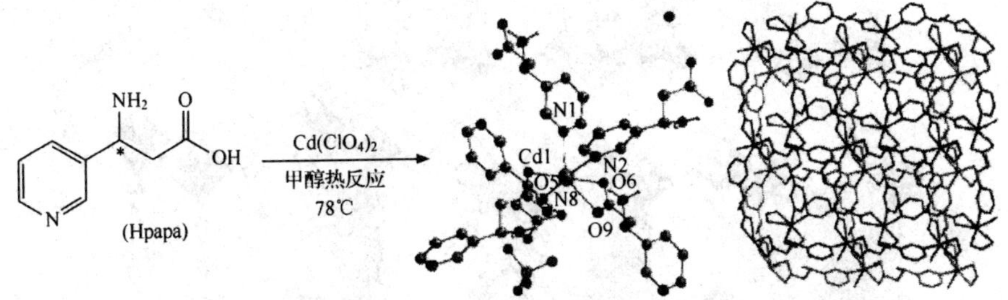

图 5-46 $[Cu_8X_{10}(H\text{-}Q)_2]_n$(X=Cl,Br)的晶体结构

5.4 金属-有机框架材料及其性能

上世纪末，美国化学家 O. M. Yaghi 提出的金属-有机框架(metal-organic frameworks，MOFs)的概念，为配位聚合物性能的研究开创了先河。Yaghi 教授课题组选用对苯二甲酸与 Zn_4O 簇构筑了著名的 MOF-5[76](图 5-47)。该化合物在除去客体分子后框架结构仍然保持稳定，可以有效地吸附气体分子。随后，该课题组通过改变配体的间隔长度和修饰基团成功制备了孔径跨度从 3.8 Å 到 28.8 Å 的系列 MOF(图 5-48)[77]。与传统的无机材料、沸石材料相比，MOFs 不仅具有更加灵活的构筑单元而且易于调节结构，为定向设计功能化的配位聚合物提供了可能。

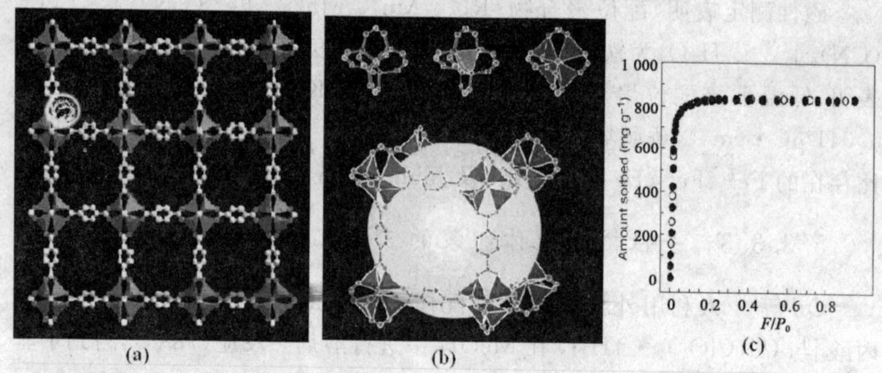

图 5-47 (a)MOF-5 的结构，(b)Zn_4O 建筑单元及框架中的空腔示意图，(c)MOF-5 的 N_2 吸附等温线

图 5-48 系列 MOF-5 类似物

金属-有机框架化合物(多孔配位聚合物)不仅具备类似沸石分子筛的规整多孔结构，而且其结构还具有可设计性、可修饰性以及可裁剪性。多孔配位聚合物相对于其他多孔材料具有以下的特点：

①金属离子与配体间较强的键合作用利于构筑刚性的结构。

②连接金属中心或者金属簇的有机官能团可以按设计要求进行调整。

③移除客体后主体框架不易塌陷，形成持久的孔道或孔穴。

④结构可以通过明确的几何构型进行定义。

⑤具有高结晶度，能够在结构与性质之间建立明确的联系。

⑥兼具有机化合物和无机物的特点[78]。

由于金属-有机框架化合物自身所具有的特点引起了各国化学家的深度关注，它们所表现出的结构与性能的关联性，已在吸附分离、催化、光电、传感、药物缓释及磁性等方面表现出了潜在的应用前景。

5.4.1　金属-有机框架材料的离子导电功能

1979 年 Kanda 和 Yamashita 等最早报道了配位聚合物的质子导电性质，他们研究的半导体化合物($(HOC_2H_4)_2$dtoaCu[$(HOC_2H_4)_2$dtoa＝N,N′-双-(2-羟乙基)二硫代酰胺]是电子质子混合型导体，该化合物的电导响应对氢气的压力十分敏感，表明氢气可能与配合物发生了直接反应，同时其无水样品置于水蒸气条件下时电导率会异常增大三个数量级，从而证实了质子导电性的存在。2002 年，Kitagawa 等研究了氢掺杂((HOC_2H_4)dtoaCu 的质子导电性质，在 27℃时化合物的质子电导率随相对湿度(RH)的增加从 2.6×10^{-9} $S\cdot cm^{-1}$(45%RH)上升到 2.2×10^{-6} $S\cdot cm^{-1}$(100% RH)。该课题组还研究了相关化合物 H_2dtoaCu 的质子导电性质，在室温下电导率约为 10^{-6} $S\cdot cm^{-1}$[79]。

此后，导电性 MOF 的研究进入快速发展时期，一系列新的质子导电性 MOF 材料被报道[80]。根据它们的导电温度，大致可以分为如下两种类型：

①100℃以下，湿度条件下的质子导体，其中氢键和水/溶剂分子参与质子传导。

②100℃以上，无水条件下的质子导体。

有关文献已对已报道的上述两类质子导体材料进行了系统的整理，限于本书篇幅，这里不再赘述。

一般来说，离子电导率可以用方程式

$$\sigma=\frac{n(Ze)^2D}{kT}\exp(\frac{E_a}{kT})$$

来描述。式中，σ 是离子电导率，$S\cdot cm^{-1}$；n 是载流子浓度；Ze 是载流子的电荷(对质子，$Z=1$)；D 是自扩散系数；E_a 是离子传输的活化能。迁移率 η 与自扩散系数成正比($\eta=ZeD/kT$)。显然，MOF 中质子载体的数量增加、扩散系数增大、活化能降低将有助于提高其质子电导率。

一般地，质子导电的机理主要有 Grotthuss 和 Vehicle 机理两种[81]，如图 5-49 所示。Grotthuss 机理是指在氢键网络中的质子传导，设想质子在水簇中形成 H_3O^+，发生质子传递的同时切断氢键，同时邻近水分子发生重排，从而形成不间断的质子迁移轨道。这种机理也可以看作质子通过水分子的质子化和去质子化沿着传导路径“跳跃”，因而又称质子跳跃机制。Vehicle 机理则涉及质子通过质子载体的自扩散进行传导。要判断体系的质子导电由哪种机理主导，可以通过由交流阻抗谱测量得到的活化能进行区分。Grotthuss 机理主导的质子导电过程涉及的活化能通常小于 0.4

eV,因为氢键断裂的能量损耗是 2～3 kcal · mol^{-1}(约 0.11 eV)。Vehicle 机理涉及较大离子的迁移,需要更大的能量贡献,所以活化能通常大于 0.4 eV。

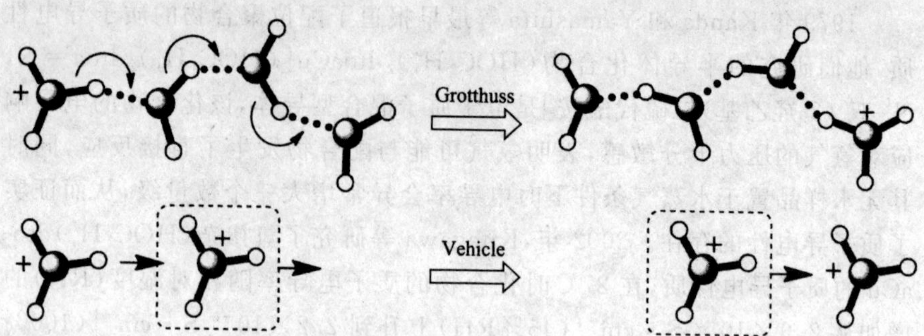

图 5-49　质子导电过程中涉及的 Grotthuss 机理和 Vehicie 机理的示意图

迄今绝大部分 MOF 的电导率是使用粉末样品压片,用双探针或四探针方法测量交流阻抗谱得到的。使用粉末样品虽然可以给出样品整体的导电行为,但缺点是因存在颗粒界面等因素而难以揭示其本征质子导电性质,更不能阐明各向异性的导电现象。由于 MOF 质子导体通常显示高度各向异性的结构,使用单晶样品测量可以解决上述问题,得到其不同方向的本征的质子导电信息,单晶测量还能为了解 MOF 的导电机理提供重要的信息。在水依赖的质子导电测量中,需要测量等温水吸附曲线以便确定水的含量,从而合理解释导电行为。

在 MOF 材料或配位聚合物中,无论材料具有致密结构或是多孔结构,只要存在质子源、质子载体及合适的质子传输途径就可能成为质子导电材料。水分子是最为常见的一种质子载体,它既可以与金属离子配位存在于骨架结构中,也可以通过与骨架结构的弱相互作用存在于晶格空间中。水分子既可以给出质子作为质子给体,也可以接受质子作为质子受体,因此可以与相邻的质子给体如质子酸或质子受体如氮、氧、硫和卤素原子形成广泛的氢键网络。为了得到电导率高并且性能稳定的质子导电材料,人们围绕提高质子载流子浓度和质子迁移率两个关键因素,在配体的设计、孔壁的修饰以及客体分子的调控等方面开展了许多研究工作。质子载流子浓度的提高主要通过三种策略来实现:

①通过金属离子的 Lewis 酸性来活化配位水分子使其更易电离出质子。

②通过配体的设计和修饰,在骨架结构上引入更多的质子酸位点。

③通过客体分子或离子的引入,增加孔道的酸性。

提高材料孔道对客体分子的负载量,增加质子载体的数量形成更广泛的氢键网络作为质子迁移通道,有助于提高材料的质子迁移率。在这里,我们以羧酸桥联化合物骨架结构上的质子酸基团作为质子源的情况为例展开讨论。

如图 5-50 所示,给出了一些有机羧酸配体的结构式。

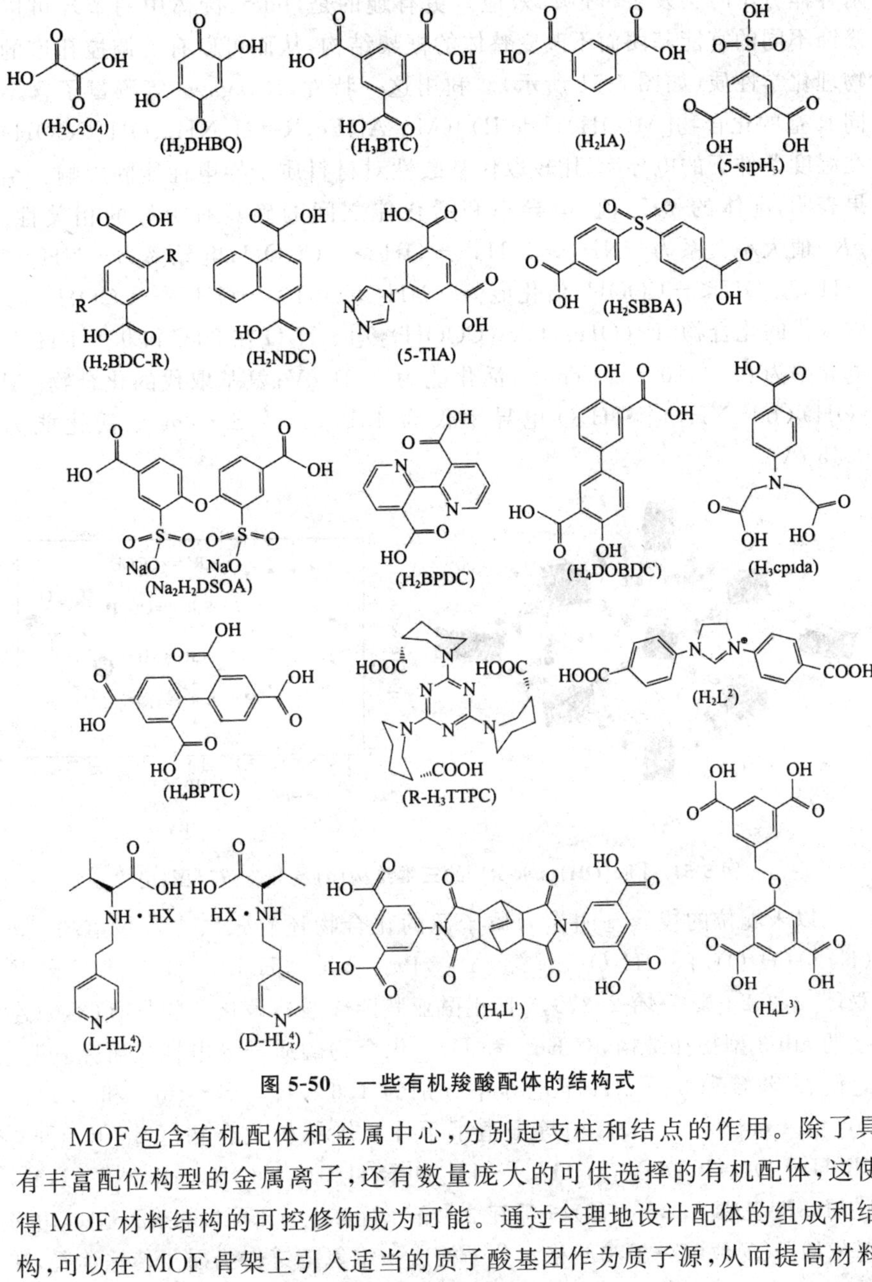

图 5-50　一些有机羧酸配体的结构式

MOF 包含有机配体和金属中心,分别起支柱和结点的作用。除了具有丰富配位构型的金属离子,还有数量庞大的可供选择的有机配体,这使得 MOF 材料结构的可控修饰成为可能。通过合理地设计配体的组成和结构,可以在 MOF 骨架上引入适当的质子酸基团作为质子源,从而提高材料的质子导电性能。

[M(OH)(bdc)](MIL-53)[82]是一类重要的 MOF 材料，其中 $MO_4(OH)_2$ 配位八面体共顶点形成一维链，链之间通过配体的二羧酸桥联成三维结构，结构中包含一维钻石形孔道。这类化合物的结构具有柔性，在吸附客体分子时会发生“呼吸”效应。更有趣的是，bdc^{2-} 配体中的苯环可以修饰不同的官能基团而不改变整体的框架结构，从而可以有效调控孔道的物理化学性质(如图 5-51 所示)。利用这一特性，Kitagawa 等测量了含不同 R 基的化合物[M(OH)(bdc-R)](M＝Al、Fe；R＝H、NH_2、OH、COOH)在湿度条件下的电导率，比较取代基酸性对材料质子导电性能的影响。结果表明，配体的 pK_a 值、电导率和活化能之间的确具有很好的相关性。pK_a 值大小关系为$-NH_2$＞$-H$＞$-OH$＞$-COOH$；电导率为$-NH_2$＜$-H$＜$-OH$＜$-COOH$；活化能为$-NH_2$＞$-H$＞$-OH$＞$-COOH$。羧酸取代的化合物[Fe(OH)(bdc-$(COOH)_2$)]·H_2O 在 80℃和 95%RH 下电导率为 0.7×10^{-5} S·cm^{-1}，活化能为 0.21 eV；氨基取代的化合物[Al(OH)(bdc-NH_2)]·H_2O 电导率仅为 4.1×10^{-8} S·cm^{-1}，活化能为 0.45 eV。

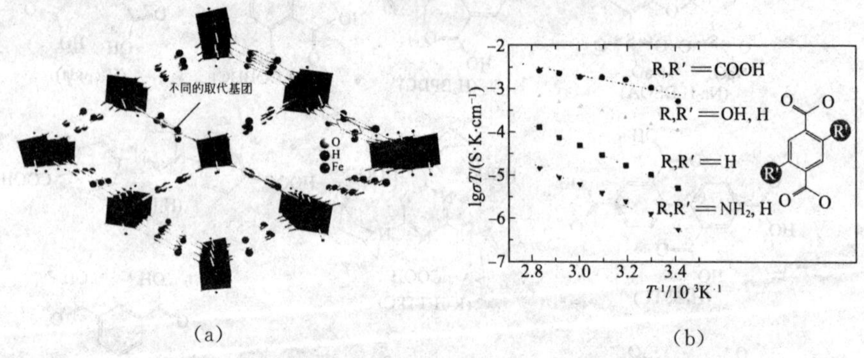

图 5-51 [Fe(OH)(bdc-R)]的三维结构(a)及 $\lg T-T^{-1}$ 图(b)

以未配位的羧酸基团作为质子源的化合物还有张洪杰等报道的[Ln$(HL^1)(H_2O)_3$]·$2H_2O$($Ln^{3+}=Y^{3+}$，Pr^{3+}-Yb^{3+}；H_4L^1＝N-苯基-N-苯基双环[2,2,2]-辛-7-烯-2,3,5,6-四甲酰亚胺四羧酸)，该化合物具有(3,6)连接的 alb-3 型拓扑结构，对 Eu^{3+} 和 Dy^{3+} 化合物的质子导电性质研究表明，它们在 75℃和 97%RH 下电导率分别为 1.6×10^{-5} S·cm^{-1} 和 1.33×10^{-5} S·cm^{-1}[83]。朱广山等报道了手性三维结构化合物[Gd_4(R-ttpc)$_2$(R-Httpc)$_2$$(HCOO)_2$$(H_2O)_8$]·$4H_2O$[R-$H_3$ttpc＝(3R,3′R,3″R)-1,1′,1″-(1,3,5-三嗪-2,4,6-三基)-三哌啶-3-羧酸]，配体上有未配位的羧酸基团，由羧基氧原子、配位水分子和晶格水分子构成一维氢键链作为质子传输途径，在

50℃和约 97%相对湿度条件下，该化合物电导率为 1.5×10^{-4} S·cm^{-1}[84]。

利用氮杂环鎓离子中氮原子上连接的氢原子易以氢离子形式离去，从而可以作为质子源的特性，Bharadwaj 等将咪唑鎓离子引入二羧酸配体中，与锌离子组装得到化合物$[\{(Zn_{0.25})_8(O)\}Zn_6(L^2)_{12}(DMF)_6](NO_3)_2$·$29H_2O$·63DMF[$(H_2L^2)^+$=1,3-双(4-羧基苯基)咪唑鎓]，其中 Zn_8O 簇连接 6 个配体形成三维结构，孔道沿 a 轴、b 轴两个方向，咪唑鎓离子有序排列在孔壁上，孔道内含有水分子、DMF 分子和硝酸根离子。在 25℃和 95%RH 下，该化合物的电导率达到 2.3×10^{-3} S·cm^{-1}，并且具有低的活化能 0.22 eV。用同一个配体还得到一个具有三重穿插结构的三维化合物$[Cd_2(L^2)_3(DMF)(NO_3)]$·3DMF·$8H_2O$，孔道内填充有水分子和 DMF 分子，去除溶剂分子后重新吸水的样品在 25℃、98%RH 下电导率为 1.3×10^{-5} S·cm^{-1}。Cd 化合物中咪唑鎓离子部分位于孔壁上，排列不如 Zn 化合物中密集，相互之间的间距变大，有效载流子浓度降低可能是其电导率低于 Zn 化合物的主要原因。

在骨架结构上修饰磺酸基团，既可以作为质子源，也可以作为亲水基团提高孔道的亲水性。Matsuda 和 Kitagawa 等使用 5-磺酸基间苯二羧酸(5-sulfoisophthalic acid，5-sipH_3)作为配体，合成得到三种多孔化合物[Zn(5-sipH)(bpy)]·DMF·$2H_2O$、$[Zn(H_2O)(5\text{-sipH})(bpe)_{0.5}]$·DMF 和$[Zn_3(5\text{-sip})_2(5\text{-sipH})(bpy)]$·2DMF·DMA[85]，未参与配位的质子化磺酸基指向孔道内，与孔道内填充的二甲胺阳离子有序地沿 a 轴方向排列。[Zn(5-sipH)(bpy)]·DMF·$2H_2O$ 在 25℃和 60%相对湿度条件下表现出较高的电导率(3.9×10^{-4} S·cm^{-1})。

除了通过配体修饰引入质子酸基团，骨架上的质子源还可以通过原位相变或缺陷的引入而得到。Tominaka 和 Cheetham 等报道的无水化合物$[(CH_3)_2NH_2]_2[Li_2Zr(C_2O_4)_4]$具有三维无孔道致密的结构[86]。该化合物在相对湿度从 50%升高到 67%时会部分水合，发生单晶到单晶的转变，得到第二相化合物$[(CH_3)_2NH_2]_2[Li_2(H_2O)_{0.5}Zr(C_2O_4)_4]$，其中 1/4 的 Li^+ 与水配位。之后再进一步吸水形成第三相化合物，H_2O/Zr 摩尔比为 4.0。第一步相变引入的配位水分子作为质子传导的质子源，第二步相变吸入的水分子作为质子传递的介质。在 17℃时第一相至第三相的转变导致材料的电导率由约 5×10^{-9} S·cm^{-1}突变至 3.9×10^{-5} S·cm^{-1}。

Jared 等以$[Zr_6O_4(OH)_4(bdc)_6]$(UiO-66)作为母体材料，系统地研究了缺陷的引入对于 UiO-66 导电性的影响，如图 5-52 所示。通过调节合成时金属与配体的比例，引入羟基缺陷并获得不同缺陷含量的样品$[Zr_6O_4(OH)_{4+2x}(bdc)_{6-x}]$，$x$ 值分别为 0.3、0.8 和 1.4。羟基缺陷引入后，材料基本保持了相同的孔体积，但使材料孔道的表面增加了酸性的配位水分子和—OH，因此提高了载流子的浓度。缺陷浓度越高即 x 值越大材料的导电性越好；当 $x=1.4$ 时，材料在 65℃和 95%RH 条件下电导率为 1.01×10^{-3} S·cm^{-1}。其次，引入另一种单羧酸配体与对苯二羧酸竞争配位，形成配体取代缺陷来提高孔体积，以期提高质子迁移率。当使用甲酸时引入了甲酸缺陷，材料的孔体积略大于羟基缺陷材料，并表现出更大的水负载量，但在相同条件下电导率为 2.75×10^{-5} S·cm^{-1}。当使用分子体积大的硬脂酸时，硬脂酸分子并没有进入材料，材料中形成的依然是羟基缺陷($x=1$)，但表现出最大的孔体积，可以负载最多量的客体水分子。载流子浓度 n 的增加和质子迁移率 μ 的提高在该材料中同时得到体现(如图 5-52(b)所示)，在相同条件下其具有最高的电导率 6.93×10^{-3} S·cm^{-1}和最低的活化能值 0.22 eV。

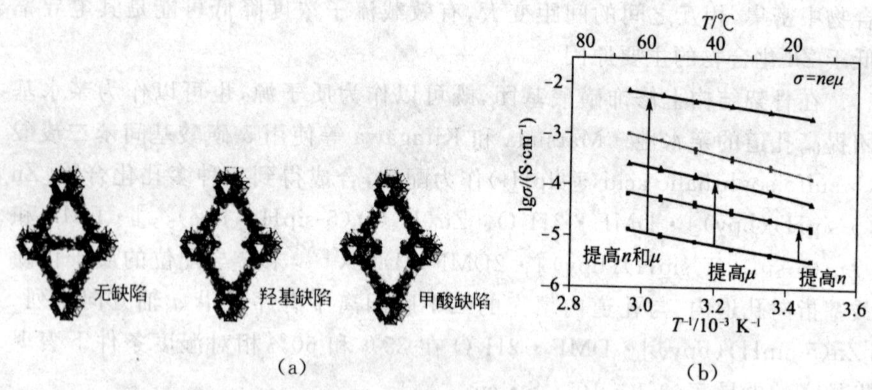

图 5-52　通过缺陷控制的方法调控 UiO-66 的导电性质

[配体缺陷结构示意图(a)；缺陷引入后材料导电性的变化(b)]

5.4.2　金属-有机框架材料的气体吸附与分离

气相吸附是指气态吸附质吸附在固态吸附剂表面上。MOF 吸附研究起始于气相吸附，已经取得了很好进展。众多气体或蒸气在 MOF 上的吸附已被研究，同时已有大量研究针对一些气体吸附基功能应用进行了新 MOF 的设计合成或已有 MOF 的功能化修饰研究，以改良性能，提高功效。

氢气作为一种可再生资源不仅来源广泛而且具有很高的燃烧值。然而，储氢方式是当前的一大难题。多孔配位聚合物由于其高的比表面积和可调节的孔道特征已经成为一种优越的氢气存储材料。从 MOF-5 开始，Yaghi 教授一直致力于氢气存储的研究，并且引发了储氢研究的热潮。例如,2004 年 Yaghi 教授在 Nature 上发表的配合物 Zn_4O(1,3,5-benzene-tribenzoate)$_2$(MOF-177)。该配合物的比表面积达到 4 500 $m^2 \cdot g^{-1}$,在 77 K 下,对 H_2 的最大吸附量可以达到 12.5 $mg \cdot g^{-1}$[87]。2010 年,该课题组在 Science 报道了配合物 MOF-210[88],该材料的比表面积达到了 6 240 $m^2 \cdot g^{-1}$,H_2 的吸附量达到了 86 $mg \cdot g^{-1}$(77 K,1 bar),高压 H_2 吸附量达到了 17 686 $mg \cdot g^{-1}$(77 K,80 bar),远远超过了 MOF-5,MOF-177,UMCM-2 和 NOTT-112(图 5-53)。

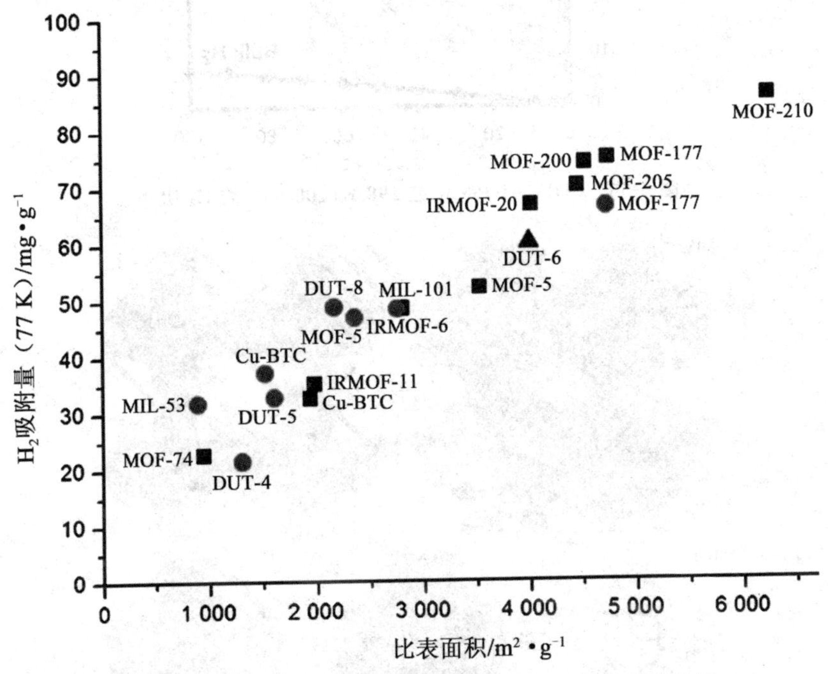

图 5-53　几种 MOFs 的比表面积和 H_2 吸附量(77 K)的比较

到 2012 年,Goddard 报道的一例 covalent organic frameworks (COFs) COF-301-$PdCl_2$ 对 H_2 的吸附能力达到了 60 $g \cdot L^{-1}$(298 K,100 bar)[89](图 5-54),超过了美国能源部(DOE)2015 年目标(40 $g \cdot L^{-1}$)的 1.5 倍,接近于 DOE-2050 年的目标(70 $g \cdot L^{-1}$)。对于 MOFs 材料,关于 H_2 吸附能力的提高和吸附原理、影响因素的探究,化学家付出了艰辛的努力。虽然在这方面的研究上还存在一定的争议,然而一些成功的例子还是值得我们借鉴。2012 年,周宏才课题组采用一种含有氨基功能基团的多齿配体成功构筑了一例包含两种介孔笼的 MOF 材料(图 5-55),PCN-105(PCN=porous coordination network),该材料对 H_2 的吸附量达到 1.51wt%(77 K,1 bar)[90]。该材料的成功制备对于 H_2 存储器件的设计合成具有一定的借鉴意义。

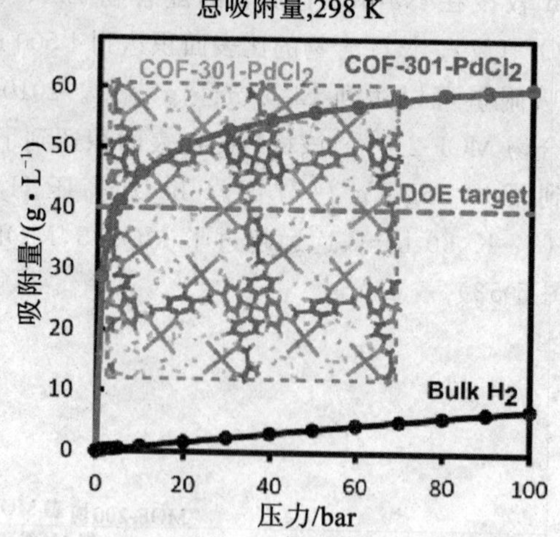

图 5-54　COF-301-$PdCl_2$ 在 298 K(100 bar)的 H_2 吸附

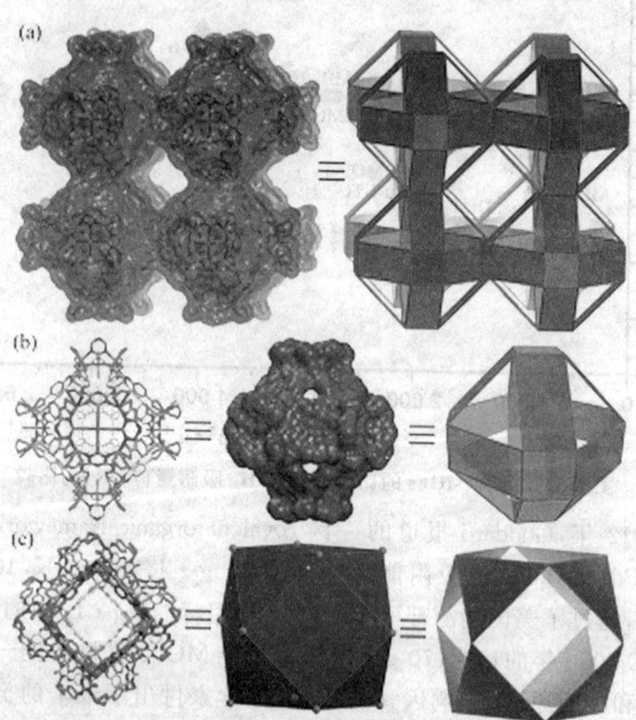

图 5-55　PCN-105 的结构(a)以及两种笼型亚结构(b 和 c)

二氧化碳作为一种形成“温室效应”的污染气体已经引起了世界的广泛关注,MOF 材料因其独有的一些特性有望成为解决这个世界难题的备选材料之一。2012 年对于 MOF 材料来说,CO_2 吸附分离的研究得到了空前的关注。具有代表性的例子如 MOF-74$M_2(C_8H_2O_6)$系列配合物(M=

Zn、Co、Fe、Mg，图 5-56）[91,92]，该系列化合物除去溶剂分子后，具有含不饱和金属配位点的六边形孔洞，这些不饱和配位点对 CO_2 具有很强的物理吸附能力（吸附热为 39 kJ · mol^{-1}），在室温、常压条件下，对 CO_2 的吸附量高达 35.2wt%。同时该材料对甲烷的吸附量极低，对 CO_2 与 CH_4 的混合气体（CO_2 20%，CH_4 80%）具有很高的选择性分离功能。

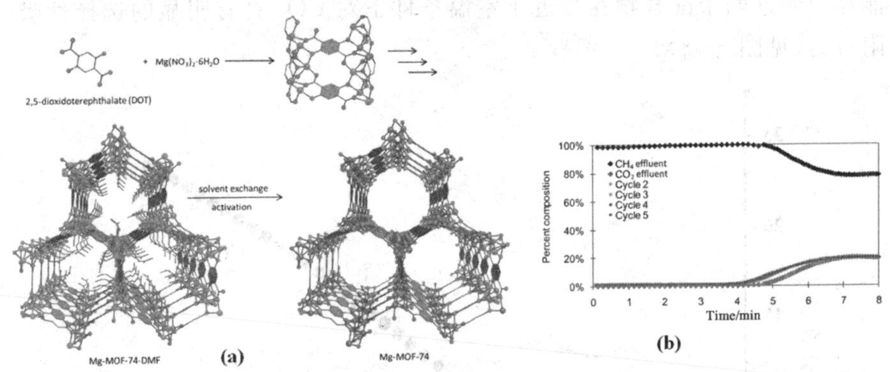

图 5-56 (a) MOF-74 晶体结构以及配体和建筑单元，(b) MOF-74 吸附分离 CO_2 和 CH_4 循环示意图

CO_2 和 CH_4 的选择分离对于工业生产来说至关重要。Zaworotko 教授报道的多孔配合物[Cu(bpy-n)$_2$(SiF_6)](bpy-1＝4,4′-bipyridine; bpy-2＝1,2-bis(4-pyridyl)ethene)在选择性分离这两种气体方面表现出了较好的效果，选择分离能力为 CO_2 : CH_4 大约是 10.5 : 1[93]（图 5-57）。作者分析该材料对于 CH_4、N_2 和 H_2O 较低的吸附量可能是因为该配合物不存在暴露的金属位点。

从现象到本质，这是每个科研工作者应该深度关注的一个问题。对于 CO_2 吸附性能的研究和优化，其他化学家也做出了大量的努力。例如，Matzger 课题组、Suh 课题组、Bai 课题组等等。

2014 年，我们选用含有—NH 功能基团的配体 4,4′,4″-[1,3,5-benzenetriyltris(carbonylimino)] tris-(benzoate) 和 3,3′,3″-[1,3,5-benzenetriyltris(carbonylimino)]tris-(benzoate)分别构筑了两个 Zn^{II} 簇基金属-有机框架化合物。活化后的化合物 1a 对 N_2、CH_4 和 CO_2 的最大吸附量分别为 3.86 $cm^3 \cdot {}^{-1}$(273 K,N_2)和 2.18 $cm^3 \cdot g^{-1}$(298 K,N_2)、13.71 $cm^3 \cdot g^{-1}$(273 K,CH_4)和 8.18 $cm^3 \cdot g^{-1}$(298 K,CH_4)、42.79 $cm^3 \cdot g^{-1}$(273 K,CO_2)和 25.96 $cm^3 \cdot g^{-1}$(298 K,CO_2)。可见化合物对 CO_2 的吸附量大约是 N_2 的 11 倍(273 K 时)和 12 倍(298 K 时)，大约是 CH_4 吸附量的 3 倍(273 K 时)和 3.2 倍(298 K 时)。而活化后的化合物 2a 对 N_2、

CH_4 和 CO_2 的最大吸附量分别为 5.02 $cm^3 \cdot g^{-1}$(273 K,N_2)和 0.04 $cm^3 \cdot g^{-1}$(298 K,N_2)、14.0 $cm^3 \cdot g^{-1}$(273 K,CH_4)和 6.0 $cm^3 \cdot g^{-1}$(298 K,CH_4)、46.23(273 K,CO_2)和 29.12 $cm^3 \cdot g^{-1}$(298 K,CO_2)。那么,化合物对 CO_2 的吸附量大约是 N_2 的 9 倍(273 K 时)和 29 倍(298 K 时),大约是 CH_4 吸附量的 3.3 倍(273 K 时)和 4.9 倍(298 K 时)。根据以上实验结果,我们能够说明这两个配合物在接近于室温条件下对 CO_2 具有明显的选择性吸附行为(见图 5-58)。

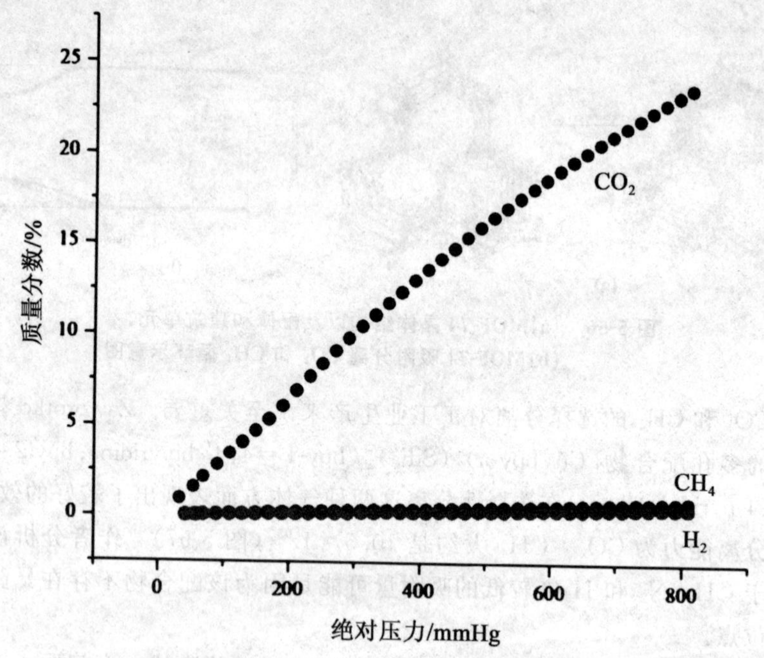

图 5-57 [Cu(bpy-1)$_2$(SiF$_6$)]在 298 K 对 CO_2 选择吸附等温线

MOF 材料的另一重要应用是对燃料气体 CH_4 的存储。2002 年,Yaghi 教授课题组合成了一系列具有相同拓扑结构多孔配合物[94]。该系列配合物以 MOF-5 的结构为基础,采用对配体修饰(—Br,—NH_2,—OC_3H_7,—OC_5H_{11},—C_2H_4 和—C_4H_4)的策略有效地调节了孔径大小(从 3.8 Å 到 28.8 Å)。随后,对它们的 CH_4 贮存能力进行了系统的研究,其中 IRMOF-6 在室温和 36 atm 下对 CH_4 的吸附量达到 155(V/V)。

此外,在现代工业中,甲烷、乙烷、乙烯、乙炔、丙烷和丙烯等低分子量烃类是重要的燃料资源和化学化工原料。乙烯、乙炔和丙烯等不饱和烃类广泛用于乙醇、醋酸等重要化学产品的制造以及树脂、橡胶和纤维的合成。甲烷、乙烷、丙烷以及其他更大的饱和烃类分子的裂解是这些不饱和烃类的主要来源。这些烃类通常以混合物形式获得,利用它们之前需要经过分离提纯。接下来，我们讨论 MOF 材料在 C_2H_2 吸附储存以及 C_2H_2/C_2H_4、C_2H_4/C_2H_6、C_3H_6/C_3H_8 等体系分离中的应用。

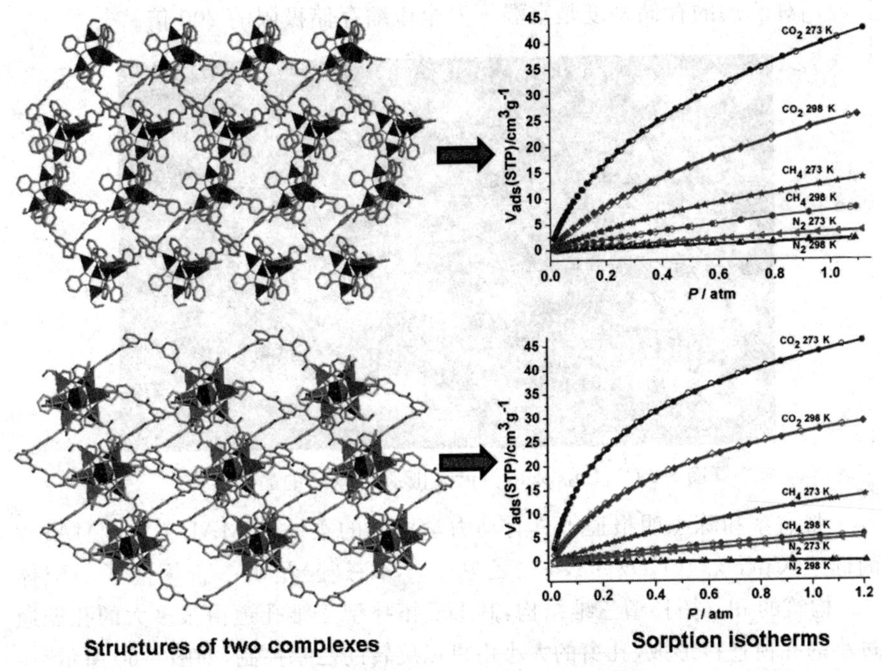

图 5-58　两个化合物的结构及吸附等温线

乙炔广泛用作燃料，并且是很多精细化学制品的重要合成原料。乙炔很不稳定，化学性质高度活泼。纯乙炔在高压下可以发生加成反应生成苯、乙烯基乙炔等物质，反应同时放热。即使在无氧环境下，室温下乙炔储存压力超过 0.2 MPa 就存在爆炸可能。因此，安全有效地存储乙炔极具挑战性。一些 MOF 材料在乙炔储存方面表现出极大的应用潜力。Kitagawa 课题组最早报道了 MOF 材料的乙炔吸附研究，当时他们采用的 MOF[$Cu_2(pzdc)_2(pyz)$]（H_2pzdc＝2，3-吡嗪二羧酸；pyz＝吡嗪）是一个柱-层式结构。它是由 Cu^{2+} 与 $pzdc^{2-}$ 连接而成的 4^4 二维层再通过配体 pyz 作为柱子构筑的三维网络结构，沿 *a* 轴方向[$Cu_2(pzdc)_2(pyz)$]存在着截面大小约 0.4 nm×0.6 nm 的一维通道，孔表面存在未配位的羧酸根氧原子作为吸附位点。在接近室温时，[$Cu_2(pzdc)_2(pyz)$]每个分子式可吸附 1 个乙炔分子，对于相似的 CO_2 分子，相同条件下吸附量明显更少，乙炔吸附量与 CO_2 吸附量比值最高可达 26。乙炔吸附热为 42.5 kJ・mol^{-1}，CO_2 吸附热只有 31.9 kJ・mol^{-1}。同步辐射 X 射线衍射结构分析结果表明，在[$Cu_2(pzdc)_2(pyz)$]孔道中，每个被吸附的乙炔分子与孔壁上的两个未配位氧原子形成氢键作用，相邻乙炔分子之间距离为 0.48 nm，如图 5-59 所示。这一结果进一步得到原位拉曼光谱和第一性原理计算分析支持。$[Cu_2(pzdc)_2(pyz)]$对乙炔的存储密度是室温下安全压缩存储极限的 200 倍。

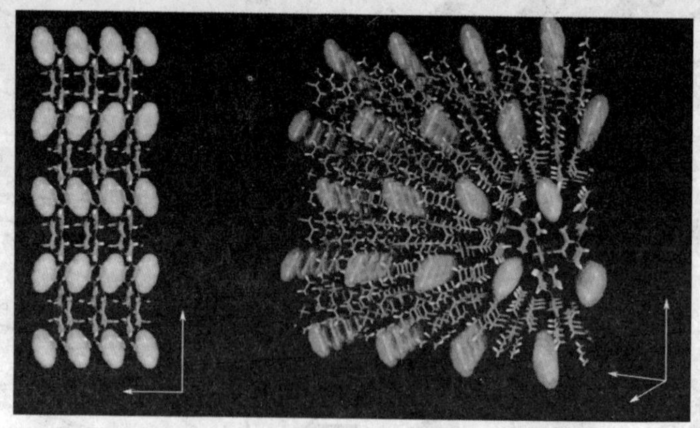

图 5-59 $[Cu_2(pzdc)_2(pyz)]$吸附乙炔后的晶体结构

张杰鹏和陈小明报道了具有动力学控制的柔性的 MAF-2[95]。MAF-2 的框架[Cu(etz)](Hetz＝3,5-二乙基-1,2,4-三唑)是由一价铜离子与配体 etz^- 构筑的 nbo 拓扑型三维结构，其 bcu 拓扑型三维孔道由很多大的孔笼通过小的孔窗连接形成，孔窗的大小由可以旋转的乙基控制，如图 5-60 所示。

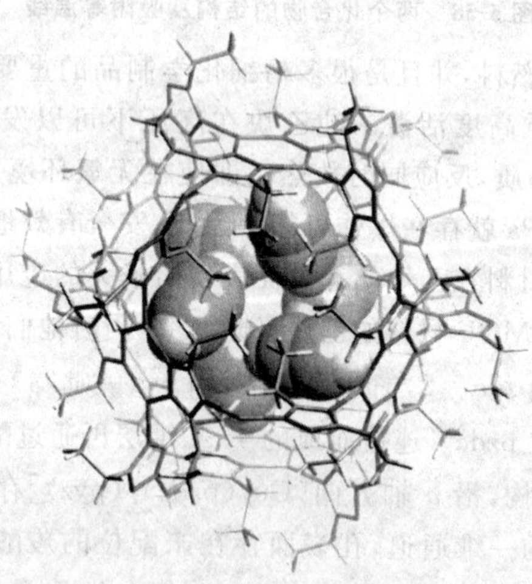

图 5-60 MAF-2 吸附乙炔后的单晶结构

与常见具有热力学控制柔性的 MOF 不同，MAF-2 动力学控制的柔性表现为其孔窗只在客体分子出入的瞬间打开，而其他绝大多数时间保持关闭。由于这一结构特征，MAF-2 表现出独特的乙炔和二氧化碳吸附行为。该 MOF 材料对乙炔的饱和吸附能力可达到 119 $cm^3 \cdot g^{-1}$，而且常温常压下也可达到 70 $cm^3 \cdot g^{-1}$。

此外，MAF-2 乙炔吸附等温线为 S 型，不同于大多数多孔材料的 I 型吸附曲线，如图 5-61 所示。因为脱附可以在较高的压力下实现，这种吸附特征有利于实际应用。在 25℃、1.0～1.5 个大气压下，MAF-2 可以存储其体积的 20 倍的乙炔，相当于同体积气体钢瓶有效储量的 40 倍。此外，在常温常压下，该材料还表现出非常高的乙炔/二氧化碳吸附量比(3.7)，对这两种十分相似气体的分离具有应用潜能。

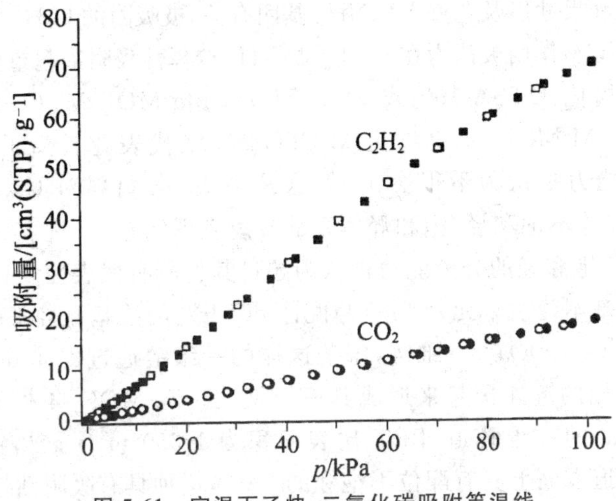

图 5-61 室温下乙炔、二氧化碳吸附等温线

乙炔和乙烯的分离在工业上具有重要意义，但在技术上极具挑战性。裂解产物中通常乙烯和乙炔同时存在。乙炔能使乙烯聚合反应的催化剂中毒，同时降低聚乙烯的质量，此外，乙炔容易形成爆炸性的金属乙炔化物。因此在使用前，乙烯中乙炔的含量需要控制到一定的水平。Chen 课题组对系列 MOF 材料进行了 C_2H_2/C_2H_4 分离的研究[96]。最近，他们通过氨基四氮唑衍生配体 H_2atbdc 合成了 UTSA-100[97]，其框架[Cu(atbdc)]是由 $Cu_2(\text{-COO})_4$ 单元与配体 $atbdc^{2-}$ 连接形成的 apo 拓扑型三维结构，结构内一维锯齿型孔道由直径 0.40 nm 的孔笼通过 0.33 nm 的孔窗连接形成。UTSA-100 的 Langmuir 和 BET 比表面积分别为 1 098 $m^2 \cdot g^{-1}$ 和 970 $m^2 \cdot g^{-1}$，孔体积 0.399 $cm^3 \cdot g^{-1}$。常温常压下 UTSA-100 的 C_2H_2 和 C_2H_4 吸附量分别是 95.6 $cm^3 \cdot g^{-1}$ 和 37.2 $cm^3 \cdot g^{-1}$，C_2H_2/C_2H_4 的吸附量比(2.57)超过除 M′MOF-3a(4.75)之外的其他所有具有代表性的 MOF 材料(Mg-MOF-74，1.12；Co-MOF-74，1.16；Fe-MOF-74，1.11；NOTT-300，1.48)。而且，UTSA-100 的 C_2H_2 吸附热只有 22 $kJ \cdot mol^{-1}$，低于其他所有 MOF 材料(Mg-MOF-74，41 $kJ \cdot mol^{-1}$；Co-MOF-74，

45 kJ·mol^{-1}；Fe-MOF-74，46 kJ·mol^{-1}；NOTT-300，32 kJ·mol^{-1}；M′MOF-3a，25 kJ·mol^{-1}），这一特征表明材料再生容易，对实际应用有利。IASTC_2H_2/C_2H_4（1∶99，V/V）选择性计算表明 UTSA-100 的 C_2H_2/C_2H_4 吸附选择性（10.72）明显高于 Mg-MOF-74（2.18）、Co-MOF-74（1.70）、Fe-MOF-74（2.08）和 NOTT-300（2.17），但低于 M′MOF-3a（24.03）。UTSA-100 的良好 C_2H_2/C_2H_4 分离潜能得到了模拟和实测气体穿透实验的进一步支持。理论计算和单晶结构分析表明 UTSA-100 的这一分离选择吸附特性与孔道形状和尺寸以及孔壁上—NH_2 基团有关，被吸附的 C_2H_2 与—NH_2 基团之间的弱酸碱作用被认为在 C_2H_2 对 C_2H_4 选择性吸附上起重要作用。

虽然，相比 UTSA-100 或 M′MOF-3a，Mg-MOF-74、Co-MOF-74 和 Fe-MOF-74（M-MOF-74 也称为 M-CPO-27，M 代表金属离子）的 C_2H_2/C_2H_4 分离能力被认为不很突出，但这几种 MOF 材料对 C_2H_4/C_2H_6 和 C_3H_6/C_3H_8 等不饱和烃/饱和烃体系的分离表现优异[98]，尤其 Fe-MOF-74 对不饱和烃/饱和烃的分离能力被认为超过其他所有代表性多孔材料。Fe-MOF-74 的基本建筑单元是 Fe^{2+} 与配体 $dobdc^{4-}$ 的羧基和羟基配位形成的无限[$Fe_2O_2(—COO)_2$]一维链，每条这样的一维链通过配体 $dobdc^{4-}$ 与相邻的三条等同的链连接起来形成其三维框架。Fe-MOF-74 框架内存在尺寸约 1.1 nm 的一维孔道，BET 比表面积为 1 350 m^2·g^{-1}，活化后，Fe-MOF-74 孔道表面上具有配位不饱和的 Fe^{2+}，这种具有吸附活性的 Fe^{2+} 密度很高，1 nm^2 孔壁表面含 2.9 个配位不饱和 Fe^{2+}。在 45℃ 和 0.1 MPa 下，吸附结果显示 Fe-MOF-74 对不饱和烃 C_2H_4 和 C_3H_6 的吸附量接近每分子式吸附一个烃分子，对饱和烃 C_3H_6 和 C_3H_8 的吸附量稍少一些。多次吸附和脱附显示 Fe-MOF-74 对这些烃类的吸附完全可逆。中子粉末衍射结构分析表明 Fe-MOF-74 中的配位不饱和 Fe^{2+} 是主要吸附位点，可以与不饱和烃 C_2H_2、C_2H_4 和 C_3H_6 的不饱和碳原子侧向配位，Fe-C 距离为 0.242(2)～0.260(2) nm。对于饱和烃 CH_4、C_2H_6 和 C_3H_8，Fe-C 距离在 0.3 nm 左右，其结构如图 5-62 所示。这表明这些 Fe^{2+} 与饱和烃之间的作用力比不饱和烃之间的弱一些。Fe-MOF-74 吸附这些烃类分子后，磁性也发生了一些变化。结合结构分析以及磁性分析数据，配位不饱和 Fe^{2+} 与这些烃类的相互作用力大小顺序为：$CH_4 < C_2H_6 < C_3H_8 < C_3H_6 < C_2H_2 < C_2H_4$，吸附热数据分析进一步支持了这一些结论。Fe-MOF-74 对 C_2H_2、C_2H_4、C_3H_6、C_3H_8、C_2H_6 和 CH_4 的吸附热分别为 −47 kJ·mol^{-1}、−45 kJ·mol^{-1}、−44 kJ·mol^{-1}、−33 kJ·mol^{-1}、−25 kJ·mol^{-1} 和 −20 kJ·mol^{-1}。IAST 吸附选择性计算显示，在 45℃、1∶1 混合气体组分下，Fe-MOF-74 的 C_2H_4/C_2H_6 选择性在 13～18，高于沸石 NaX（9～14）或同构的 Mg-MOF-

74(4～7)。相对于 Mg^{2+},Fe^{2+} 属于更软的 Lewis 酸金属离子,对不饱和烃的 π 电子作用更强,这与实验结果符合。Fe-MOF-74 的 C_3H_6/C_3H_8 吸附选择性在 13～15,高于其他大多数多孔材料(3～9),不过与沸石 ITQ-12(15)接近。然而,沸石 ITQ-12 的 C_3H_6/C_3H_8 吸附选择性计算是在 30℃条件下进行的,在更高的温度下,其选择性可能降低。对于等量的四种气体混合物(CH_4、C_2H_6、C_2H_2 和 C_2H_4),Fe-MOF-74 的 C_2H_2/CH_4、C_2H_4/CH_4 与 C_2H_6/CH_4 的 IAST 吸附选择性分别高达 700、300 和 20,高于其他一些 MOF 材料。Fe-MOF-74 对上述气体的分离能力进一步得到模拟和实测气体穿透实验结果的支持。气体穿透实验显示 Fe-MOF-74 可以将等量 C_2H_4/C_2H_6 混合物中的两种气体都提纯到 99%～99.5%。

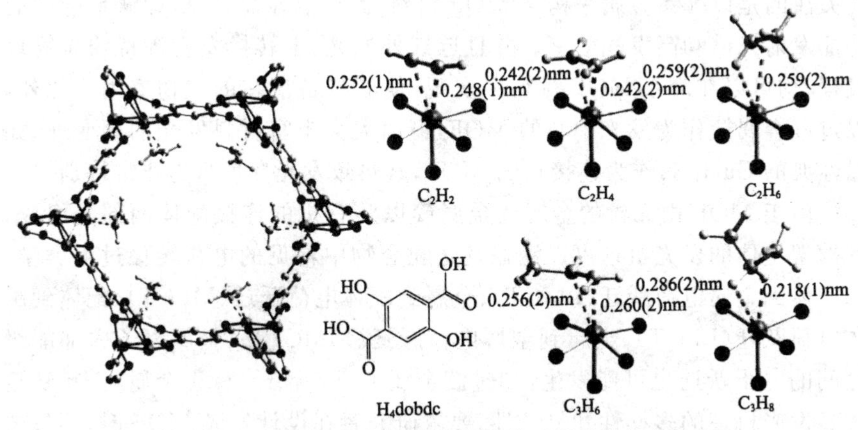

图 5-62 Fe-MOF-74 吸附烃分子后的中子粉末衍射结构

近来,在低碳烃气体的分离研究方面发展迅速并取得了令人瞩目的研究成果。2018 年,李晋平教授的研究团队制备出了 $Fe_2(O_2)$(dobdc)微孔 MOF,通过中子衍射和理论计算研究表明,Fe-超氧位点对乙烷具有优先吸附作用。在室温室压条件下可以实现乙烷/乙炔混合物的分离,并可得到纯度高达 99.99%的乙烯(聚合物级)[99]。该研究成果不仅为通过吸附位点调控来增强乙烷/乙烯选择性分离提供了全新的思路,也推动了 MOF 材料在高效、低能耗的工业分离中的实际应用的发展。

5.5 其他性能的配位聚合物及多孔配位聚合物

5.5.1 配位聚合物的荧光性能

近年来,国内外科研人员对发光金属-有机框架材料进行了系统的研究，因其可设计的主体结构融合了多孔性和发光两大性能，并具有丰富的主客体响应性，发光金属-有机框架材料得到了广泛关注。接下来，我们对MOF材料的发光及传感原理进行简要的探讨。

MOF的发光可以分为材料框架自身的发光和通过主客体作用发光两种类型。在前一种情况中，最常见的设计思路是用含有π-共轭体系的有机配体来构筑材料。此时，框架中的有机发光基团往往仍能得到有效激发，从而产生光致发光。例如以典型的强荧光有机基团芘作为核心的配体，可以构筑具有多孔性的发光MOF，不仅避免了平面共轭分子间常出现的激基缔合物荧光猝灭，还令发光寿命增长到0.1 ms级别，从而适合主客体发光传感应用[100]。另一种思路主要考虑以金属中心作为发光来源，其中最受关注的是以镧系金属来构筑MOF材料，其优点显而易见，即镧系金属的特征发射光谱和高发光效率。并且近红外发光、上转换发光等特殊光物理过程，均可以在镧系MOF材料中实现，使其具备潜在的生物应用。此外，以过渡金属簇作为发光中心的MOF，可以大大丰富材料发光的调变性，如以经典的Cu_4I_4簇作为连接点的MOF，其热致发光变色行为非常特别[101]。

由于MOF由无机的金属或金属簇以及有机的连接配体两部分组成，其框架主体的发光机理可以涵盖发光配合物中常见的电荷转移过程类型，如配体到金属电荷跃迁(LMCT)、金属到配体电荷跃迁(MLCT)、配体到配体电荷跃迁(LLCT)、金属到金属电荷跃迁(MMCT)。金属离子内部能级之间的电子跃迁也可能发生，如过渡金属的d-d跃迁、稀土金属的f-f跃迁等。发光机理的多样性和复杂性，要求研究者在设计发光MOF时，不仅要考虑配体和金属的配位几何及拓扑，还需要考虑其电子结构。如曾有研究报道经典的MOF材料MOF-5($[Zn_4O(bdc)_3]$)的发光来源于羧酸氧到Zn^{2+}的电荷转移(即LMCT机理)，但理论计算和光谱研究却显示MOF-5的发光更可能是基于配体内部的跃迁，后来有实验进一步证明，前期报道的基于LMCT的发光行为，可能是由于合成中引入了氧化锌杂质[102]。

MOF属于超分子体系，在晶格中也可能有包含能量转移过程的发光，一般是基于常见的Förster-Dexter机理。镧系MOF的发光，由于受跃迁选律禁阻的限制，需要通过有机配体的“天线效应”来达到有效发光。在设计有机配体时，除了强吸光能力，还需要考虑所选有机配体的三重激发能与特定镧系金属的发射能级的匹配程度，以提高能量转移效率。此外，多种多样的主客体化学行为(客体可以是原子、离子、小分子甚至纳米颗粒)，涉及各种类型的电子/能量转移过程，大大拓展了MOF体系发光行为的调变性和动态性。

在研究中，我们以一种三极配体3,5-bis-oxyacetate-benzoic acid (L)

为主配体，选择 $Pb(NO_3)_2$ 作为金属源，按照自组装方法并通过温度调控策略合成了三例化合物 $\{[Pb_3(L)_2(H_2O)]\cdot H_2O\}_n$(1)，$\{[Pb_4(L)_2(\mu_4\text{-}O)(H_2O)_2]\cdot H_2O\}_n$(2)和 $[Pb_3(L)_2(H_2O)]_n$(3)，并经单晶 X-射线衍射、红外、元素分析、热重分析、粉末 X-射线衍射等手段对其结构进行了表征。具体的合成方法是将 $Pb(NO_3)_2$(0.2 mmol)，L(0.1 mmol)混合，加入 10 mL 去离子水和 1.5 mLNaOH 溶液(0.2 mol·L^{-1})置于 25 mL 聚四氟乙烯反应釜中，以 10℃·h^{-1} 分别升温至 140℃(化合物 1)、160℃(化合物 2)和 180℃(化合物 3)，恒温 3 d，然后再以 10℃·h^{-1} 的速率缓慢冷却至室温，得到无色块状晶体。结构分析表明，化合物 1 和 2 是分别基于 Pb-L 链和 $Pb_4(\mu_4\text{-}O)(COO)_6$ 簇的 2D 层结构。然而，化合物 3 代表了一种链基 3D 框架。深入分析它们的结构特征，我们发现 L 配体在 3 个化合物中呈现出了有趣的配位模式，共展现出六种模式。通过合成条件的研究，我们证明了反应温度是影响最终产物结构的关键因素。也就是说，在相同的反应体系中，三个化合物结构的转换完全依赖于反应温度的调控。此外，我们也初步研究了三个化合物的发光性质。自由配体 L 在 372 nm(λ_{ex}=310 nm)处存在明显的发射峰。对于化合物 1～3，它们分别在 588 nm、583 nm 和 581 nm 处有明显的发射峰。与自由配体相比，三个化合物的峰位置有明显的红移发生。根据已报道的文献可以认为三个化合物的发光行为应归属于金属中心 s 和 p 的电子转移及 Pb(Ⅱ)离子与配体的协同作用(见图 5-63)。

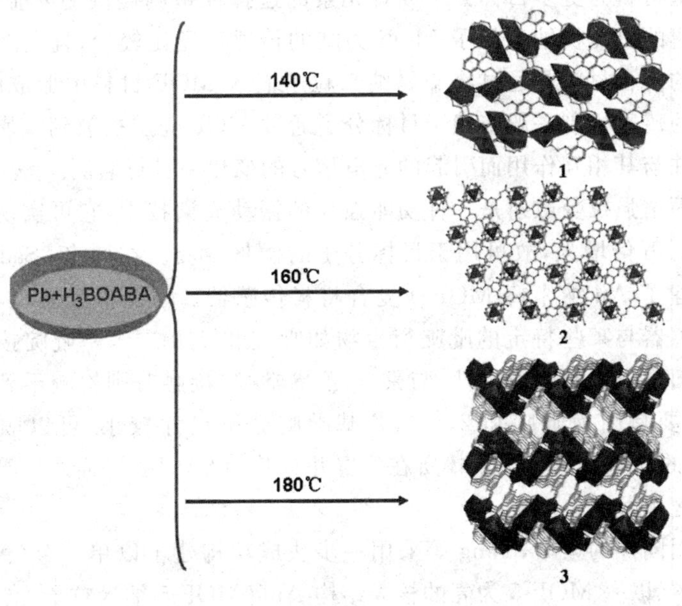

(a)

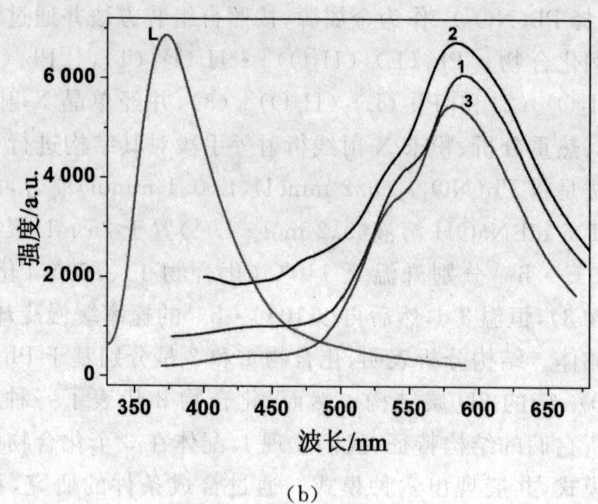

(b)

图 5-63 化合物的结构(a);配体和化合物的荧光光谱(b)

5.5.2 配位聚合物的传感性能

众所周知,无机纳米粒子尤其是金属纳米粒子因其独特的光电特性而被用作传感元件,MOF 则被认为是化学探针的非常好的载体,将两者复合构建新型材料为更多目标分子或者元素的选择性检测提供了可能。然而,目前构建的以无机纳米粒子-MOF 为基的传感器还比较少,且大多数用于传感器的复合材料是通过将金属纳米粒子嵌入 MOF 材料中形成的,故这类材料的传感机制一般依赖于目标分子通过 MOF 壳层扩散到金属纳米粒子表面并与其相互作用而引起的光电信号的变化来进行监测。

表面增强拉曼散射是一种功能强大的振动光谱技术,它可实现对光学信号的百万倍增强,故可用于目标分子的微量检测。2013 年,Sada 等[103]成功构建了 Au 纳米棒-MOF-5 复合材料传感器。性能探索发现,该复合材料传感器与某些特定的吡啶衍生物如吡啶和 2,6-二苯基吡啶接触时可呈现表面增强拉曼散射特性,与聚(4-乙烯吡啶)接触时则检测不到拉曼信号,这主要是因为吡啶和 2,6-二苯基吡啶分子尺寸较小,可以顺利通过 MOF-5 的孔道到达金纳米棒所在位置并与其相互作用,进而产生等离子增强的拉曼信号。

采用同样的策略,Tang 等采用一步法成功构建了以单一金(Au)纳米粒子为核、以一 MOF-5 为壳的核壳结构 Au@MOF-5 纳米粒子,当 MOF-5 壳层厚度为(3.2±0.5) nm 时,其对混合气体中(如 CO_2 与 N_2、O_2、CO 等)

的二氧化碳分子呈现表面增强拉曼活性，可用于二氧化碳分子的检测，如图 5-64 所示。

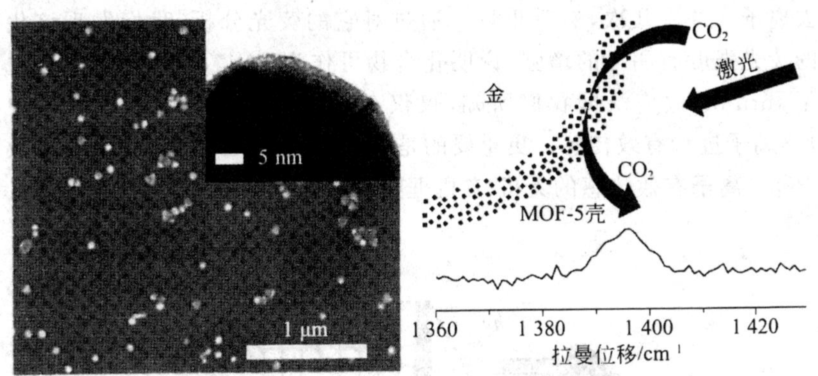

图 5-64　当 MOF-5 壳层厚度为(3.2±0.5) nm 时，核壳结构(Au@MOF-5 纳米粒子的透射电镜照片、二氧化碳分子检测示意图及相应的表面增强拉曼光谱

除了通过监测表面增强拉曼信号来实现对目标分子的检测外，根据构建复合材料的核组分的不同，一些其他类型的金属纳米粒子-MOF 传感器体系亦被成功构建，如用来监测电化学信号变化的 Pt@UiO-66 传感器、监测光电化学信号变化的 ZnO@ZIF-8 传感器、监测发光变化的 CdSe@MOF-5 传感器等。Xu 等发现，在其他组分如抗坏血酸、尿素、碳水化合物等存在的生理条件下，Pt 纳米粒子@UiO-66 改性的玻碳电极对过氧化氢氧化呈现出显著的电催化活性。进一步探索发现，即使干扰组分如抗坏血酸等的浓度和过氧化氢相同，该电极依旧可以保持低检测限、良好的稳定性和重现性以及优异的抗干扰特性，这主要是因为@UiO-66 孔尺寸(直径为 0.6 nm)比较小，在检测过程中可以将干扰组分有效排除在外，进而实现了该类材料对过氧化氢检测的优越性。同样，采用类似的方法和复合材料亦可以实现对过氧化氢光电性能的检测，如利用 ZnO 纳米棒阵列为模板和锌源，将其加入 DMF-水混合溶液中，通过精确控制反应条件制备的核壳结构 ZnO@ZIF-8 复合材料，在光电化学传感器中对分子尺寸小于 ZIF-8 孔径(0.34 nm)的过氧化氢分子表现出较强的光电响应信号，对尺寸较大的抗坏血酸分子的响应则比较弱，如图 5-65 和图 5-66 所示。

此外，在配位聚合物的诸多应用中，具有传感功能的配位聚合物可以通过荧光响应、显色变化来识别水体中的污染物或离子，对于环境保护和生态修复具有重要的指导和借鉴意义。在研究中，我们制备的化合物 $\{[Ni_2(\mu_3\text{-}OH)(L1)(L2)(H_2O)]\cdot 3H_2O\}_\infty$(见第四章)具有良好的水、热稳定性及发光性能，我们研究了其对于水溶液中阴离子的传感性质。将

40 mg 该晶态样品分别浸泡于 5 mL 浓度为 1×10^{-3} mol·L^{-1} 的 NaX 溶液中（X＝F^-，I^-，IO^{3-}，PO_4^{3-}，BF_4^-，SO_4^{2-}）。3 d 后，将浸泡的样品过滤并经去离子水冲洗几次，然后干燥。通过对它的荧光分析，我们发现该化合物的荧光强度有明显的增强，说明化合物可作为 PO_4^{3-} 的化学传感器并显示了 turn-on 效应。据我们所知，仅仅有 3 例 MOFs 能够在水溶液中对 PO_4^{3-} 离子进行有效传感。更重要的是，该化合物是首例通过 turn-on 效应对 PO_4^{3-} 离子有效传感的无机-有机框架材料。

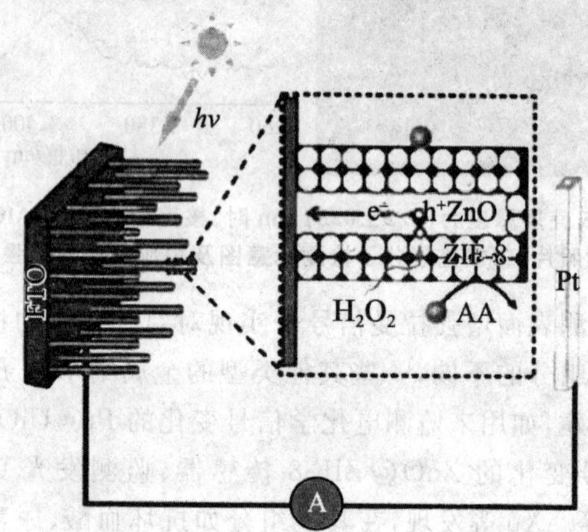

图 5-65　核壳结构 ZnO@ZIF-8 复合材料图

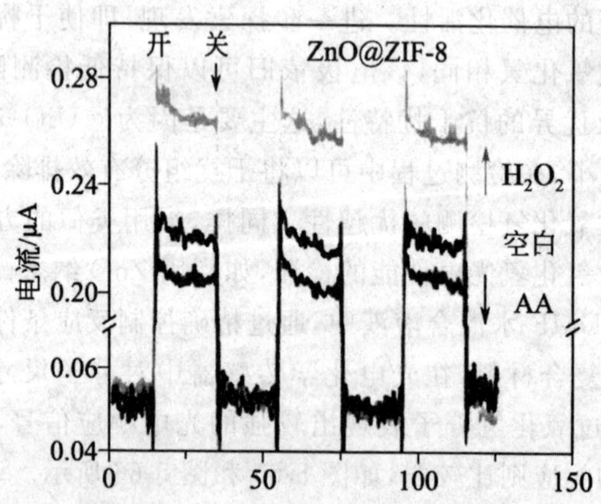

图 5-66　当过氧化氢和抗坏血酸浓度均为对过氧化氢响应示意 0.1 mmol·L^{-1} 时检测到的光电响应特性

在上述研究工作的基础之上，我们采用混合配体策略成功制备了一例化合物{[Zn(bbib)(oba)]·solvents}$_n$（bbib＝1，3-bis(benzimidazolyl) benzene，oba＝4，4′-oxybisbenzoate）。该化合物具有二维(4，4)网络结构。

有趣的是，这个化合物在乙醇溶液中对 Fe^{3+} 和 MnO_4^- 具有高度选择性。根据实验结果，我们发现该化合物对于 Fe^{3+} 和 MnO_4^- 离子的检出限分别为 3.31 ppm 和 8.81 ppm。(图 5-67)

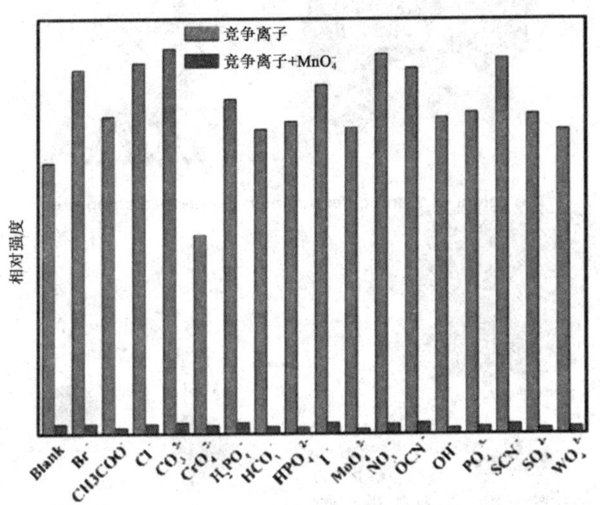

图 5-67　化合物在乙醇溶液中(5×10^{-4} mol · L^{-1})对 Fe^{3+} 和 MnO_4^- 离子的荧光识别(荧光增强的为竞争离子)

尽管，对于具有阴离子识别和传感功能的配位聚合物的研究已成为一个非常活跃的课题。但是，构筑阴离子受体仍然具有大的挑战，特别对于不需借助任何光谱分析直接可以裸眼识别的受体。从配位聚合物的构筑基元来看，使用中性的有机配体构筑配位聚合物易于得到阳离子主体框架。为了平衡整体框架的电荷，阴离子客体以弱配位或游离状态存在于框架之内。这样的材料可能包含功能化的有机连接子和溶剂分子，有助于主体框架与阴离子客体产生弱相互作用，为构筑阴离子受体提供了机会。我们以 2,4,6-tris(4-pyridyl)pyridine(L)为配体制备了一例化合物，它的分子式为$\{[Cu(L)]\cdot NO_3\cdot CH_3OH\}_\infty$(1)。该化合物代表了一例稀有的 4-重互穿 3D 框架，互穿类型属于 IIIa。虽然化合物为互穿框架，但是仍然存在 1D 孔道(大小≈5×6 Å)，孔道被甲醇分子和硝酸根离子所占据。

极为重要的是该化合物具有良好的水稳性，单晶到单晶(SC-SC)转化后的水化物能够比色识别不同的阴离子。室温下，我们将溶剂交换后的晶态化合物 1 Å(每份 100 mg)分别浸泡在 0.1 mol · L^{-1}(8 mL)的 KF,KCl,KBr,KI,NaN_3,NaSCN 和 K_2CO_3 水溶液中。三天后交换的样品过滤分离并用蒸馏水冲洗，然后在空气中干燥。如图 5-68，与最初的化合物相比，阴离子交换后的样品发生了明显的裸眼色变。

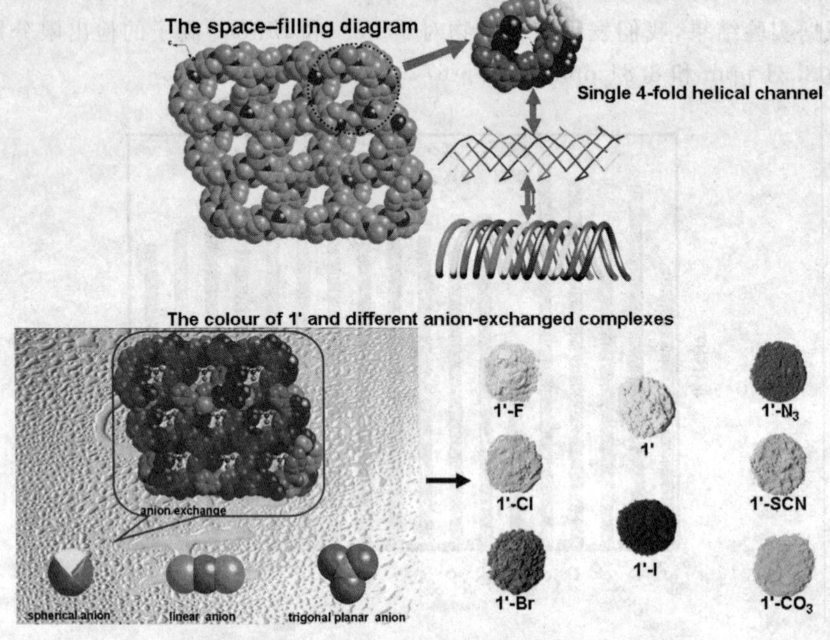

图 5-68　化合物的结构及对不同阴离子的显色识别

5.5.3　配位聚合物的磁性能

单链磁体是继单分子磁体之后分子磁学领域的又一重要前沿课题。对其磁性的研究无论是在基础理论方面还是在实际应用方面都具有非常重大的意义，因此受到了化学界的广泛关注。

1963 年，Glaube 使用统计学的方法研究了单轴各向异性的一维 Ising 磁系统，预言一维 Ising 体系在低温下会出现缓慢的磁化强度弛豫现象。换言之，在特定的低温及某一方向上，体系的磁化强度可被阻塞或冻结，表现出宏观磁体的特性。

然而，由于化学领域的学者对这一理论缺乏了解，相应的实物模型一直未被合成出来，使这一预言在之后的几十年里始终停留在理论阶段。21 世纪初年，Gatteschi 及其团队合成出了一维链状化合物[Co^{II}($hfac)_2$(NITPhOMe)]$_n$(其中，NITPhOMe 代表稳定的有机氮氧自由基，$s=1/2$；hfac 是六氟乙酰丙酮)，该一维体系在低温下出现缓慢的磁化强度弛豫现象，因而首次在实验上对 Glauber 理论进行了验证[104]。

随后，学界又陆续报道了一系列的类似体系。由于这一体系的缓慢磁化强度弛豫现象类比于单分子磁体(SMMs)，因此将其命名为单链磁体

(SC-Ms)[105]。

单链磁体在显示出类似于宏观磁体特性(磁化强度的缓慢弛豫以及磁滞回线)的同时,还显示出重要的量子效应。在理论上,这一体系使不同的理论——宏观和微观、经典和量子的理论,能够互相支持、互相验证,以便更好地理解分子磁学。而且在分子基纳米磁化学新的理论研究领域,成为解释量子效应和经典效应之间的桥梁。揭示了量子力学行为如何在宏观尺度上起作用,从而解释宏观磁学行为。在实际应用方面,这一体系有可能实现分子基的信息存储和量子计算。相比于单分子磁体,单链磁体的各向异性能量壁垒更高(目前阻塞温度 T_b 最高可达到 154 K),这大大趋近了磁信息存储实际应用的条件,因此具有更好的应用前景。

单链磁体(SCMs)是由独立的链单元构成,其磁性质来源于单链本身,而不是常规磁体那样来源于大量自旋载体在三维晶格间长程有序相互作用。对于一个一维链状磁偶合体系,其具备单链磁体行为须至少满足三个基本条件:

①体系必须是一维铁磁、亚铁磁链或反铁磁偶合的自旋倾斜链,构造上要求组成链的基本磁单元的自旋尽可能大,而且链内基本磁单元之间的偶合作用要尽可能强(以保证链的施磁性)。

②自旋载体必须具有很强的单轴各向异性(如 Co^{II} 、Mn^{II} 、Fe^{II} 、Dy^{III} 等),能够在一个方向上阻塞或冻结住磁化强度。

③链间磁偶合作用尽可能小,确保磁性链是孤立的,力求避免三维有序,这就要求链内和链间的相互作用之比非常大,如 Gatteschi 等认为要大于 10^4。

对单链磁体进行磁性测量,低于某一温度下(磁阻塞温度 T_b),变场磁化强度出现磁滞回线;交流磁化率虚部的最大值位置与外场频率相关,表现出超顺磁性;在单晶体磁性测量中,沿不同晶轴方向,变温磁化率的曲线图完全不同,表现出明显的磁各向异性。

各向异性一维 Heisenberg 链模型在磁化学中被广泛应用。在大多数实际体系中,其 Hamilton 算符变得较为复杂。对于具有单链磁体行为的体系,单离子的各向异性必须予以考虑,体系的 Hamilton 算符可表示为

$$H = -2J \sum_{-\infty}^{+\infty} \vec{S}_i \vec{S}_{i+1} + D \sum_{-\infty}^{+\infty} \vec{S}_{iz}^2 \tag{5-1}$$

式中,J 为链内自旋载体 S_i 沿链方向的相互作用;D 为自旋载体 S_i 的单离子各向异性;S_{iz} 为自旋 S_i 在 z 轴方向的投影。

对于一个具有上述 Hamilton 算符的单轴各向异性体系(z 为易轴方向,D 为负值),低温下其磁化率服从关系式

$$\chi T/C \approx \exp[\Delta_\xi/(k_B T)] \tag{5-2}$$

式中，Δ_ξ 为反转磁矩的势能壁垒；C 为每个磁性单元的 Curie 常数；k_B 为 Boltzmann 常量。通过变温磁化率测定，由 $\ln(\chi T)$ 对 $1/T$ 作图，可得一直线，求出该直线的斜率即可求出反转磁矩的势能壁垒 Δ_ξ。在实际体系中，如何将势能壁垒 Δ_ξ 与式(5-1)中的磁相关参数 J、D 进行关联，情况较为复杂。对于纯粹的 Ising 链(Ising limit)，当 $|D/J|>4/3$ 时，$\Delta_\xi=4|J|S^2$；对于纯粹的 Heisenberg 链(Heisenberg limit)，当各向异性较小，且 $|D|\leqslant|J|$ 时，$\Delta_\xi=4S^2\sqrt{|JD|}$。在这两种极限情况之间，$\Delta_\xi$ 的分布变得复杂，需要用数值分析方法确立其与 J、D、S 的关联性。

对于纯粹的 Ising 链，描述这类一维磁系统的磁化动力学行为是一个更为复杂的理论问题。Glauber 利用随机函数模型简化处理典型的一维 Ising 磁系统，磁化弛豫时间(τ)可用公式

$$\tau=\tau_0/[1-\tanh(\Delta_\xi/k_B T)] \tag{5-3}$$

表示。其中，τ_0 为孤立自旋单元的特征翻转时间；$\Delta_\xi=4|J|S^2$。对于链内铁磁偶合的一维 Ising 系统，低温下磁化弛豫时间(τ)可近似表示为

$$\tau=(\tau_0/2)\exp[2\Delta_\xi/(k_B T)] \tag{5-4}$$

在这种体系中，孤立自旋链的特征翻转时间 τ_0 服从 Arrhenius 公式，τ_i 是热活化自旋翻转时间；$\Delta_A=|D|S^2$，其大小与单离子的各向异性有关。

$$\tau_0(T)=\tau_i\exp[\Delta_A/(k_B T)] \tag{5-5}$$

将式(5-5)代入式(5-4)，则体系低温下的磁化弛豫时间可表示为

$$\tau(T)=(\tau_i/2)\exp[(2\Delta_\xi+\Delta_A)/(k_B T)] \tag{5-6}$$

式中，$(2\Delta_\xi+\Delta_A)$为体系的总活化能。因此，单链磁体的活化能是链上每个磁单元自身以及单元之间磁偶合作用的共同结果。由单离子的零场分裂造成的单轴各向异性是能量壁垒产生的根源，基本磁单元之间的磁偶合能够大大增加短程有序，从而增强这种能量壁垒。综合考虑链内偶合作用及单离子的零场分裂造成的单轴各向异性，按照 Coulon 等的观点，体系的总活化能与 J、D、S 的关系为

$$(2\Delta_\xi+\Delta_A)=8|J|S^2+|D|S^2$$

单链磁体的磁化弛豫过程可以用 Debye 模型描述：在某一个固定温度下进行交流磁化率测定，观察到的磁化率信号是一个复数形式，即实部磁化率(χ')和虚部磁化率(χ'')信号。改变交流频率，磁化率虚部的最大值随着频率变化而变化。交流磁化率的实部和虚部的最大值出现在振荡场的频率，等于分子翻越势能壁垒的速率(弛豫作用的速率)。

$$\chi'(\omega)=\chi_S+\frac{(\chi_T-\chi_S)[1+(\omega\tau)^{1-\alpha}\sin(\alpha\pi/2)]}{1+2(\omega\tau)^{1-\alpha}\sin(\alpha\pi/2)+(\omega\tau)^{2(1-\alpha)}} \tag{5-7}$$

$$\chi''(\omega)=\frac{(\chi_T-\chi_S)(\omega\tau)^{1-\alpha}\cos(\alpha\pi/2)}{1+2(\omega\tau)^{1-\alpha}\sin(\alpha\pi/2)+(\omega\tau)^{2(1-\alpha)}} \tag{5-8}$$

式中，χ_S 为 $\chi_{\omega\to\infty}$ 时的绝热磁化率；χ_T 为 $\chi_{\omega\to\infty}$ 时的等温磁化率；τ 为弛豫时间；$\omega(=2\pi\upsilon)$ 为角频率；α 的取值为 0～1(表示弛豫分布宽度，$\alpha=0$ 时表明体系具有单弛豫时间)。将实验测得的 χ''_M-ω 或 χ'_M-ω 曲线用上述公式拟合，可得到 χ_S、χ_T、τ 等参数。在某一固定温度下利用交流磁化率数据还可以得到半圆形的 Cole-Cole 图(χ''-χ' 图，也称 Argand 图)。该半圆形的 Cole-Cole 图对称性越高，α 越趋近于 0，表明体系越接近于单弛豫过程。

理想的单链磁体，链内的自旋载体数(或链长度)$L=\infty$。对于实际体系，自然缺陷(如磁交换破缺、晶格错位等)的存在，使链长度 L 成为有限值，即理想的单链磁体变为有限长度的片段。由于单链磁体中只有一种磁交换途径，因此，即使极小数量的缺陷存在，对单链磁体静态、动态磁性的影响也是极为重要的。从磁相互作用的角度考虑，单链磁体链内有效的磁交换长度称为相关长度(ξ)，实际单链磁体的磁行为与 ξ 密切相关。

对于由 n 个自旋形成的一维 Ising 链段 L，若 $L=\xi$，则体系存在一个转换温度 T^*。在静态磁性方面，Imry 等认为，在高于转换温度 T^* 以上，链段的磁行为类似于理想的一维无限 Ising 链，其磁化率服从指数关系式(5-2)。在转换温度 T^* 以下，其磁化率近似服从 Curie 定律$[(\chi_n T)/C\approx n]$。

在动态磁性方面，Luscombe 等认为，$T>T^*$ 时，链段的磁行为类似于理想的一维无限 Ising 链，磁化弛豫时间 τ 服从关系式(5-6)。当 $T<T^*$ 时，链段的行为不再是一维无限 Ising 链而被看成有限链段。由于链段末端自旋只与相邻的一个自旋发生相互作用，使链段自旋翻转的概率增大，磁化弛豫时间 τ_L 服从关系式

$$\tau_L(T)=\tau'_i\exp[(\Delta_\xi+\Delta_A)/(k_B T)] \tag{5-9}$$

式中，活化能与 J、D、S 的关系为$(\Delta_\xi+\Delta_A)=4|J|S^2+|D|S^2$。

在研究中，我们在溶剂热条件下，以两性配体(4-phenyl)-2,6-bis(4-carboxyphenyl)pyridine(L)为主配体，构筑了一例基于 Co^{2+} 离子的无机-有机框架材料$[Co_2(L)_2(bpy)_2(H_2O)]_n$。具体的合成方法是将 $Co(NO_3)_2\cdot 6H_2O$(0.1 mmol)，L(0.1 mmol)和 2,2′-bipyridine(bpy)(0.2 mmol)混合置于 25 mL 聚四氟乙烯反应釜中，然后加入 10 mL 混合溶剂($V_{N,N\text{-dimethylacetamide(DMA)}}$: $V_{water}=1:1$)加热至 120℃恒温 3 d，再以 10℃ · h^{-1} 的速率缓慢冷却至室温，得到紫色块状晶体。结构分析表明，化合物的整体结构是通过配位 H_2O 桥连形成的 1D 双链结构。在化合物中，L 配体显示了相同的配位模式。然而，L 配体中的两个羧基却采取了不同的配位模式。进一步，这样

的1D链之间通过π-π弱相互作用拓展为3D超分子。化合物的磁性质研究表明300 K时$\chi_m T$值为5.39 emu mol^{-1}K。随着温度的降低，$\chi_m T$值缓慢下降至2 K时，此时的$\chi_m T$值为0.28 emu mol^{-1}K。表明化合物具有弱的反铁磁相互作用。另外，在2～300 K范围内θ，C值分别为−41.45 K和6.2 emu mol^{-1}K，进一步表明化合物具有反铁磁相互作用(见图5-69)。

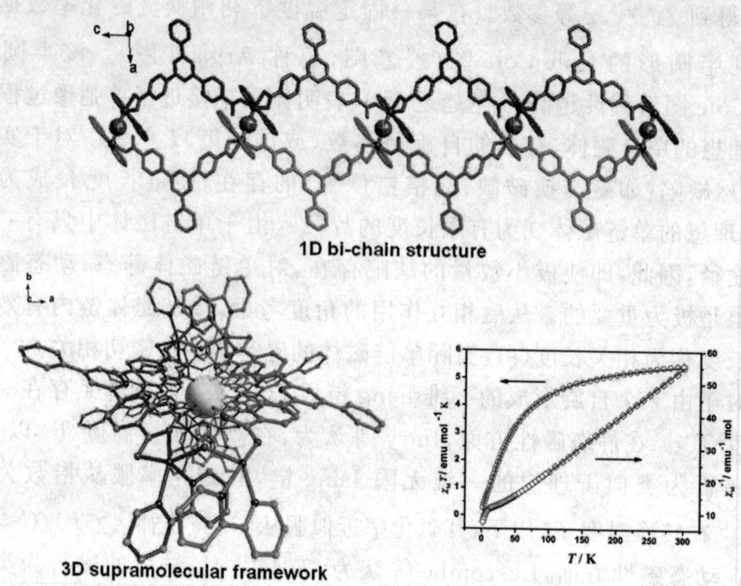

图5-69 化合物的结构与$\chi_m T$～T图

5.5.4 配位聚合物的膜催化性能

膜催化反应技术兼具催化与分离双重功能，涉及材料、制造、流体、催化及反应器工程等多个领域，展现了巨大工业应用前景。目前，膜反应器技术发展迅速，膜的类型不断丰富，膜的作用也从单一的分离作用向功能化方向发展，如催化作用、协同作用、浓度分布等，因此诞生出各种膜催化反应器。

与传统的催化和分离过程相比，膜催化反应器主要具有如下优点：

①催化和分离一体化使工艺流程更紧凑，减少投资、操作费用和能耗。

②对受化学平衡限制的反应，可突破反应热力学的限制，使化学平衡移动，大幅提高反应产率。

③催化选择性更强，且微孔多分布广。

④催化活性更高，提高转化率，降低反应的苛刻度。

⑤可直接以廉价的空气作为氧源，同时消除了氮气对反应、产品的影响，避免高温下形成污染物 NO_x 的可能，简化操作，减少成本和污染。

⑥产品纯度更高，后处理方便。

⑦对于反应底物彼此不相容的多相反应，膜可起接触器的作用，能促进反应物间的传质，增大反应速率。

⑧对于易燃易爆的反应，可利用膜管壁控制反应进料，有效控制反应进度，同时通过膜表面缓和供氧，避免常规反应器存在的爆炸极限、飞温失控等，使反应安全可控。

⑨当一种反应的产物（或副产物）可作为另一反应的原料时，能实现两种反应的偶合。

膜催化反应器主要包括膜层、催化剂和载体。在催化反应中，根据操作模式的不同，膜催化反应器可具有不同的功能，主要表现如下：

①膜本身是催化惰性，仅有选择性分离功能，可将催化活性组分浸渍负载或包埋于膜内。

②膜本身有催化活性，具有催化剂的功能。

③膜具有催化和分离壁垒的双重功能。根据膜层、催化剂及载体的结合方式，膜催化反应器有 4 种组装方式，如图 5-70 所示。其中，图 5-70(a)是膜与催化剂是两个分离的部分，将催化剂颗粒或小球黏结在膜表面，催化剂颗粒起催化作用，下层膜则起分离作用；图 5-70(b)中，膜材料本身具有催化作用，可以起到分离或者催化的作用；图 5-70(c)是将催化剂嵌入膜层内部，使原本仅有分离作用的膜层也具有催化活性；图 5-70(d)是组装复合膜层，膜作为催化剂的载体，上层膜具有催化功能，下层膜用于分离。

根据不同的催化反应体系和膜分离性能，设计高效的膜催化反应器，应注重膜催化反应器结构型式、并流或逆流操作过程、反应与分离区域的浓度、温度梯度优化等流动、传热、传质方面的研究，达到膜催化-分离过程的最佳偶合和优化设计。

膜催化反应器的关键是膜材料，其微观结构特点及渗透扩散性决定了膜催化反应的性能，膜的制备技术对膜材料性能优劣也起着重要作用。因此制备具有良好化学物理稳定性、一定机械强度和孔径分布的膜材料是工艺技术研究的关键。

MOF 是一种类似于分子筛的具有微孔结构的有机-无机杂化材料。在气体的储藏、分离、传感和催化等方面均具有广泛的应用。与分子筛不同的是，可以通过合成后修饰（PSM），即通常利用共价键向 MOF 骨架接枝有机官能团和化合物，进而实现在分子尺寸上对 MOF 的设计，这为突破目前膜材料与传统膜体系设计、制造与操作等方面的限制提供了可能。以这种方式修饰后的材料可以用于催化和分离。

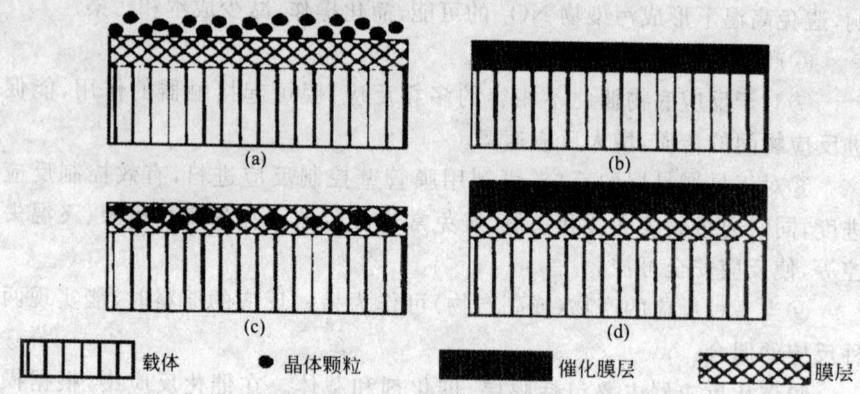

图 5-70 膜催化反应器的组装

在 MOF 基础研发的起步阶段，多是表征和测试一些粉末状的 MOF。为了进一步满足化学或物理应用方面的需求，寻找一定的方法实现 MOF 特定的形状化就显得尤为重要。从实际加工的角度来讲，无机膜的制备方法较多，常用的有固态粒子烧结法、溶胶-凝胶法、薄膜沉积法、相分离-沥滤法、阳极氧化法、喷雾热分解法、轨迹刻蚀法、溶胶-凝胶模板技术等。

一般来说，材料形状的选择也会受到实际应用的影响。对于催化应用，材料的形状应该主要从避免摩擦损耗、增强机械强度、避免外部的扩散局限、促进物质的运输的角度来考虑。当催化剂的活性非常高的时候，将其制作成有支撑的薄层，诸如圆珠或蜂窝陶瓷载体表面的涂层，对于低压降条件下的操作非常有利[106]。

第6章　过渡金属-有机框架功能配位聚合物

金属-有机框架配合物，是一类具有多孔结构的三维功能配合物材料。近年来，对于该类配合物的研究已经实现了分子级别的剪裁与组装，逐步走向可控分子设计合成的高度。尤其是利用其类似分子筛型结构特点，将其应用于选择性吸附、荧光传感、催化等研究领域，受到了国内外众多科研工作者的重视。本章主要介绍第ⅠB族、第ⅡB族、第ⅦB、第Ⅷ族金属离子拓展的金属-有机框架功能配合物的结构和详细合成过程以及IR表征，并介绍该类金属-有机框架的代表性的性质与应用。

6.1　第ⅠB族金属-有机框架功能配合物

第ⅠB族金属离子铜(Cu^{2+})、银(Ag^{+})基金属-有机框架的结构十分多样，这主要是由于上述两种金属离子具有多变的配位数和配位构型。由于铜(Cu^{2+})具有自选单电子，而银(Ag^{+})属于典型的d^{10}金属离子，因此，它们的荧光、磁学性能也备受关注。下面，将分别介绍铜(Cu^{2+})、银(Ag^{+})基金属-有机框架的结构特点和合成过程，阐述代表性化合物的荧光、磁学及吸附性能。

6.1.1　第ⅠB族金属-有机框架功能配合物的合成

6.1.1.1　铜基金属-有机框架功能配合物的结构及合成

2013年，美国的周宏才利用吡啶四羧酸H_4PDDA获得了一例具有罕见的4,4-连接的3D框架[Cu(PDDA)][107]。两个铜离子通过四个来自PDDA的羧基连接成双核结构单元，该结构单元连接四个PDDA，每个PDDA连接四个双核元，最终形成4,4-连接的具有$\{4.6^4\cdot8\}_2\{4^2\cdot6^4\}\{6^4\cdot8^2\}_2\{6^6\}$拓扑结构的3D框架。其中在$c$轴方向存在着1D孔道，整个化合物的结构中，溶剂可填充的体积占约69.8%(图6-1)。

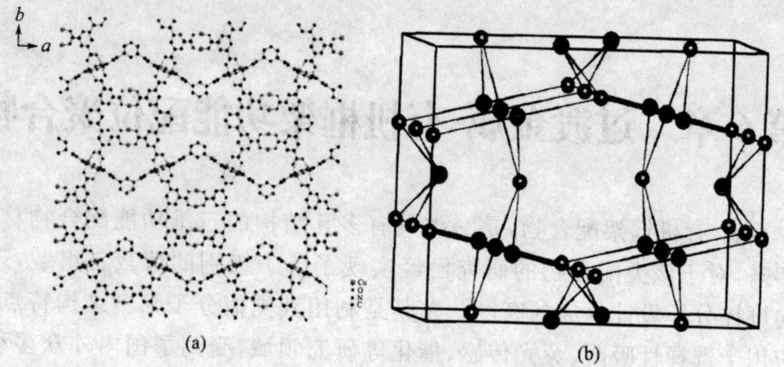

图 6-1 化合物[Cu(PDDA)]的三维框架结构(a)和三维拓扑结构(b)

化合物[Cu(PDDA)]的合成：

将 H_4PDDA(8 mg,0.20 mmol)、$Cu(NO_3)_2 \cdot 2.5H_2O$(160 mg),0.85 mmol、HBF[0.2 mL,48%(质量分数)水溶液]放入到 *N*,*N*-二甲基乙酰胺(DMA;17 mL)中,转移到 20 mL 小瓶中,加热到 75℃,72 h 后得到蓝色块状晶体。IR(KBr,cm^{-1}):3 446(w),2 934(w),1 664(s),1 507(w),1 395(s),1 250(w),1 103(m),1 024(m),958(w),859(w),773(m),729(s),662(m)。

2012 年,南京大学的白俊峰利用一刚性四羧酸 H_4PDEB 合成了一个具有菱形和球形孔穴的 3D 金属-有机框架[Cu_2(PDEB)$(H_2O)_2$]·*x*S(S=溶剂客体分子)[108]。相邻的两个铜离子通过 PDEB 上的四个羧基连接成船桨式双核结构单元,该结构单元进一步通过 PDEB 连接成 3D 框架,在框架结构中,沿着 001 和 100 方向可以观察到不同形状的两种孔道,其中菱形孔穴的最小直径为 1.1 nm,球形孔穴的直径为 1.6 nm,整个化合物中溶剂可填充的体积约占 74.3%(图 6-2)。

化合物[Cu_2(PDEB)$(H_2O)_2$]·*x*S(S=溶剂客体分子)的合成：

将 PDEB(11.33 mg,0.025 mmol)和 $CuCl_2 \cdot 2H_2O$(17 mg,0.1 mmol)放入 2 mL*N*,*N*-二甲基甲酰胺(DMF),0.1 mL 水,50 μLHBF_4 的混合溶液中,搅拌几分钟,将混合物转移到 20 mL 反应釜中,加热到 65%,恒温 3 d,以 5℃·h^{-1}的速率降至室温,得到浅绿色块状晶体,过滤,用 DMF 洗涤,产率 73%。IR(KBr,cm^{-1}):3 412(br,s),1 667(vs),1 551(s),1 516(m),1 406(s),1 362(m),1 280(m),1 242(m),1 106(m),826(m),760(w),720(w),600(w)。

2013 年,汕头大学的李丹利用小体积的氨气或者氨基甲烷分子调控得到两个金属-有机骨架[$Cu_4I_4(NH_2CH_3)Cu_3(L1)_3$]$_n$(1)和[$Cu_4I_4Cu_3(L2)_3$]$_n$(2)[109]。其中有两种结构单元:三个三齿吡啶吡唑配体 L1/L2 连接三个亚铜离子形成三角形环状结构单元,四个亚铜离子通过四个甲氨连接成四核单元,这两种结构单元通过吡啶上的 N 原子拓展成 3,6-连接的 2D 层,相互平行的 2D 层通过三核铜环之间的铜-铜金属键拓展成 3D 框架结构。当没有小分子与四核铜簇配位时，铜-铜金属键较长；当氨气分子与四核铜簇配位时，铜-铜金属键变短；当甲氨与四核铜簇配位时，铜-铜金属键变得更短，铜-铜金属键的长度上的变化导致了该金属有机框架结构中孔穴大小的变化，最终改变了它的发光性能(图 6-3)。

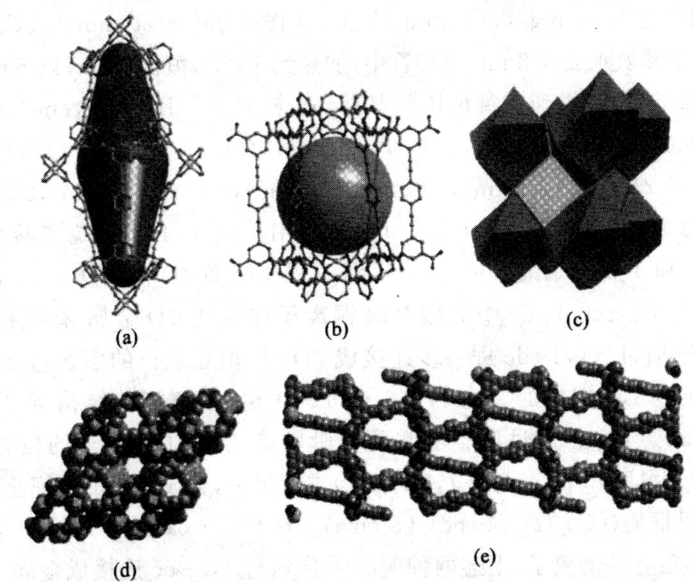

图 6-2　化合物[$Cu_2(PDEB)(H_2O)_2$]·xS(S=溶剂客体分子)的两种类型的孔穴结构(a)和(b)、三维孔穴模拟(c)以及不同角度的三维堆积(d)和(e)

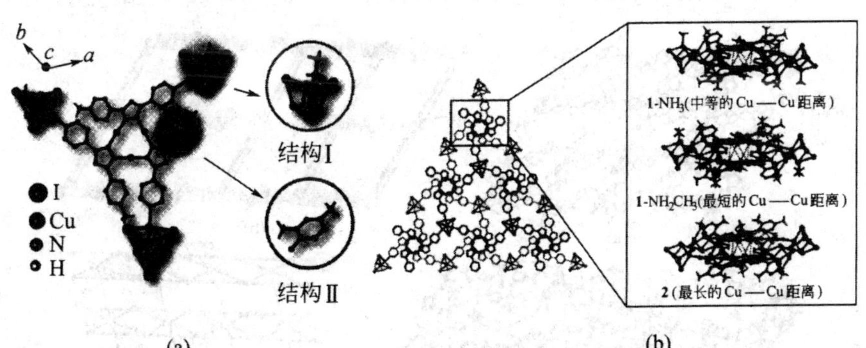

图 6-3　化合物[$Cu_4I_4Cu_3(L2)_3$]$_n$ 的结构单元(a)和不同客体分子导致的铜-铜作用距离(b)

化合物[$Cu_4I_4(NH_2CH_3)Cu_3(L1)_3$]$_n$ 的合成：

将 HL1(11.8 mg，0.05 mmol)、CuI(19.1 mg，0.1 mmol)、C_2H_5OH(3 mL)、一滴甲胺(40%，大约 0.05 mL)放入 8 mL 玻璃管中，加热到

180℃，恒温 72 h，然后以 15℃ · h^{-1} 的速率降至室温，得到亮黄色晶体，产率 25%。IR(KBr，cm^{-1})：3 451(w)，3 368(w)，3 117(w)，3 054(w)，3 019(w)，2 911(w)，2 852(w)，1 612 (vs)，1 475(vs)，1 421(s)，1 219(m)，1 111(s)，1 004(m)，833(m)，792(m)，716(m)，558(m)。

化合物$[Cu_4I_4Cu_3(L2)_3]_n$ 的合成：

将 HL_2(12.4 mg，0.05 mmol)、CuI(19.1 mg，0.1 mmol)、C_2H_5OH(3 mL)、1 滴氨水放入 8 mL 玻璃管中，加热到 180℃，恒温 72 h，以 5℃ · h^{-1} 的速率降至室温，得到亮黄色块状晶体，产率 45%。IR(KBr，cm^{-1})：3 120(w)，3 050(w)，3 006(w)，2 965(w)，2 943(w)，1 608(vs)，1 472(vs)，1 425(s)，1 219(s)，1 130(m)，1 004(m)，830(m)，795(m)，713(m)，532(m)。

2013 年，美国的 Robert L LaDuca 利用反式-1，4-环己烷二羧酸(*t*-1，4-H_2cdc)和 3-吡啶烟酰胺(3-pna)得到一例柱层型 3D 框架[Cu(*t*-1，4-cdc)(3-pna)][110]。*t*-1，4-cdc 中的羧基将铜离子连接成 1D 金属-有机链，该金属-有机链通过 *t*-1，4-cdc 进一步连接成 2D 层，相互平行的层通过 3-pna 拓展成柱层型 3，5-连接的具有$(4 \cdot 6 \cdot 8)(4 \cdot 6^6 \cdot 8^3)$拓扑结构的 3D 框架[图 6-4(a)、(b)]。通过调整酰胺配体吡啶基团中的 N 原子的位置，选用 3-吡啶异烟酰胺(3-pina)与(*t*-1，4-H_2cdc)进行组装，合成了与前者完全不同的金属-有机框架{$[Cu_2(t\text{-}1,4\text{-}cdc)_2(3\text{-}pina)_2(H_2O)] \cdot 5H_2O$。结构中，存在两个晶体学独立的铜离子，上述两种铜离子分别与 1，4-cdc 连接成金属-有机双链和单链，这两种金属有机链通过 3-pina 进一步拓展成为具有$(4 \cdot 6^4 \cdot 8)_2(4^2 \cdot 6^{12} \cdot 8)$拓扑结构的 4，6-连接的 3D 自互穿框架[图 6-4(c)、(d)]。

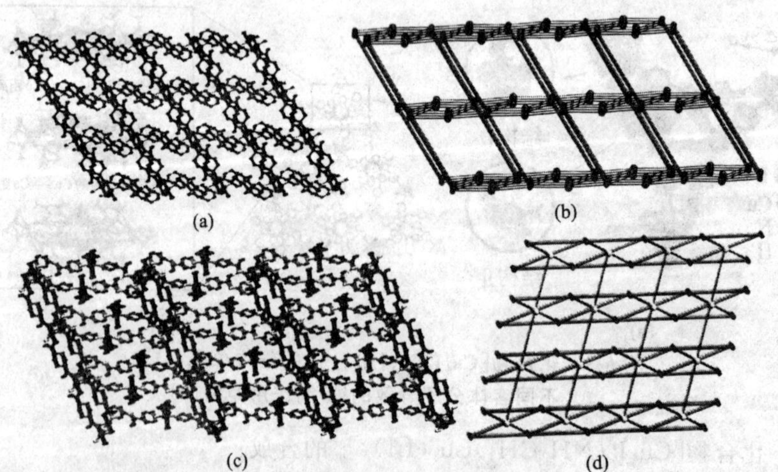

图 6-4　化合物[Cu(*t*-1，4-cdc)(3-pna)]的三维结构(a)以及拓扑结构(b)；化合物{$[Cu_2(t\text{-}1,4\text{-}cdc)_2(3\text{-}pina)_2(H_2O)] \cdot 5H_2O$}的三维结构(c)以及拓扑结构(d)

化合物[Cu(*t*-1,4-cdc)(3-pna)]的合成：

将 $Cu(NO_3)_2 \cdot 2.5H_2O$(43 mg,0.19 mmol)、反式-1,4-环己烷二羧酸(*t*-1,4-H_2cdc)(32 mg,0.19 mmol)、3-吡啶烟酰胺(3-pna)(37 mg,0.19 mmol)、0.25 mL 1.0 mol·L^{-1} NaOH、5 mL 蒸馏水放入 15 mL 玻璃瓶中，在油浴锅中 90℃加热 24 h 缓慢降到 25℃，得到亮蓝色块状晶体，产率 18%，用蒸馏水和丙酮洗涤，空气中干燥。IR(KBr,cm^{-1})：3 256(w),2 927(w),1 679(m),1 606(m),1 585(s),1 571(s),1 553(s),1 490(m),1 414(m),1 386(m),1 336(m),1 307(m),1 238(m),1 219(m),1 195(m),1 123(w),1 063(w),1 031(m),962(w),940(m),925(m),898(m),820(w),795(m),755(m),762(m),724(m),707(s),688(m),653(m)。

化合物{[Cu_2(*t*-1,4-cdc)$_2$(3-pina)$_2$(H_2O)]·5H_2O}的合成：

将 $Cu(NO_3)_2 \cdot 2.5H_2O$(43 mg,0.19 mmol)、(*t*-1,4-H_2cdc)(32 mg,0.19 mmol)和 3-pina(37 mg,0.19 mmol)、0.25 mL 1.0 mol·L^{-1}NaOH、5 mL 蒸馏水，放入 15 mL 玻璃瓶中，油浴中 90℃加热 24 h，降到 25℃后得到深蓝色晶体，产率 29%，用蒸馏水和丙酮洗涤，空气中干燥。IR(KBr,cm^{-1})：3 256(w),2 926(w),1 679(m),1 584(s),1 556(s),1 482(m),1 432(m),1 386(s),1 273(m),1 214(m),1 067(m),1 020(w),924(m),904(w),867(w),851(m),803(m),763(m),692(s)。

6.1.1.2　银基金属-有机框架功能配合物的结构及合成

2014 年，首都师范大学的万重庆利用二-2-吡嗪硫醚(DpzS)和多种简单的阴离子合成了一系列银基配合物{[Ag_3(DpzS)$_2$(ClO_4)$_2$](ClO_4)}(1)、[Ag_3(DpzS)$_2$(CF_3SO_3)$_3$](2)、{[Ag_3(DpzS)$_2$(CF_3SO_3)(H_2O)$_2$](CF_3SO_3)$_2$·H_2O}(3)、[Ag_2(DpzS)(NO_3)$_2$(H_2O)](4)、[Ag(DpzS)(NO_2)](5)、[Ag_2(DpzS)(NO_2)$_2$](6)、[Ag_2(DpzS)($C_2F_5CO_2$)$_2$](7)[111]。化合物(1)的结构中存在三个晶体学独立的银离子(Ag1、Ag2、Ag3)。Ag2 和 Ag3 通过 Ag…Ag 键连接形成双核结构，该结构通过 2 个 DpzS 配体连接到周围的四个 Ag1 形成 2D 层，该金属-有机层通过 ClO_4^- 与 Ag 之间弱的配位键拓展成 3D 框架[图 6-5(a)]。化合物(2)中存在两个晶体学独立的银离子(Ag1、Ag2)，每个 Ag1 只连接 2 个 DpzS，故只用来拓展结构，不能作为节点。每个 DpzS 连接 4 个银离子，每个 Ag2 连接 3 个 DpzS，这样化合物(2)可看成为 3,4-连接的具有{4·6·8}{4·6^2·8^3}拓扑结构的金属-有机框架[图 6-5(b)]。化合物(3)中存在 3 个晶体学独立的银离子(Ag1、Ag2、Ag3)，每个 Ag1 只连接 2 个 DpzS，因此其只用来拓展结构，不能作为节点。每个 DpzS 连接 4 个银离子，每个 Ag2 和 Ag3 连接 3 个

DpzS,这样化合物(3)也可看成为3,4-连接的具有$\{4 \cdot 6 \cdot 8\}\{4 \cdot 6^2 \cdot 8^3\}$拓扑结构的金属-有机框架[图6-5(c)]。化合物(7)中存在2个晶体学独立的银离子(Ag1、Ag2),处于晶体学倒反中心的Ag1和Ag1a通过Ag…Ag键和$C_2F_5CO_2$连接成双核结构,该双核结构通过DpzS连接2个Ag2,每个Ag2通过DpzS连接四个双核银簇,最终,该结构展现出4-连接具有$\{4 \cdot 6^4 \cdot 8\}^2\{4^2 \cdot 6^2 \cdot 8^2\}$拓扑结构的金属-有机框架[图6-5(d)]。

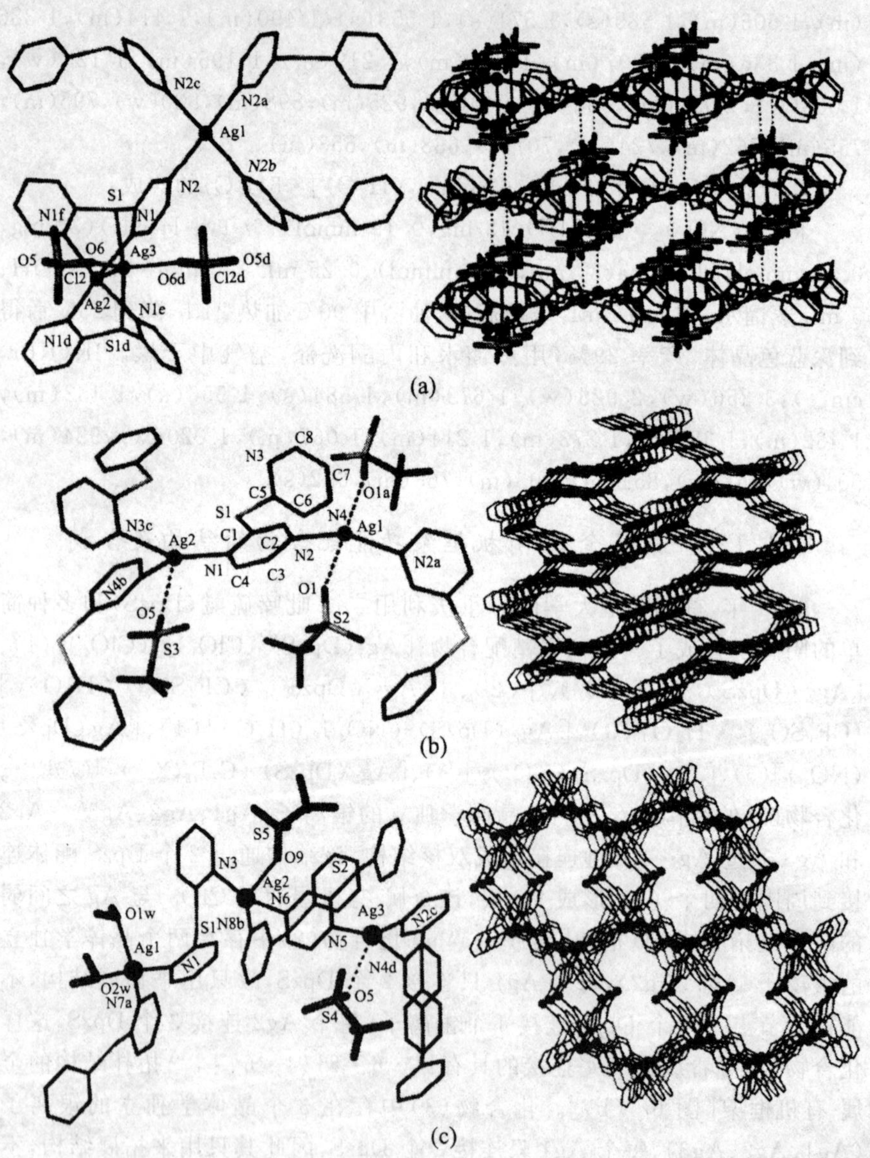

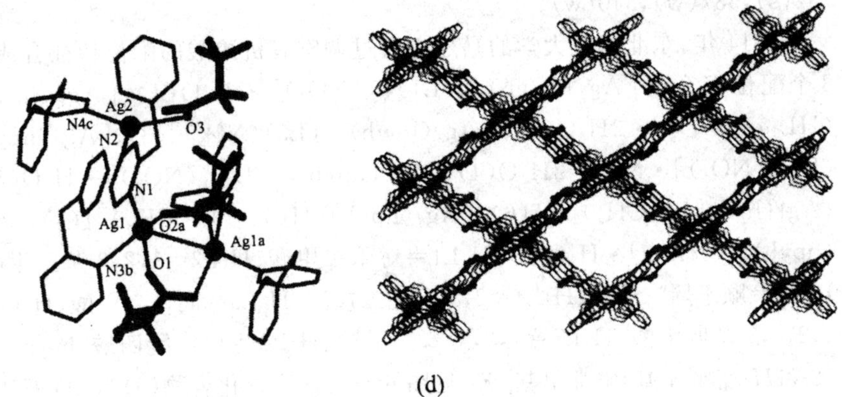

(d)

图 6-5　化合物(1)(a)、化合物(2)(b)、化合物(3)(c)、化合物(7)(d)的配位环境图(左)以及三维结构(右)

化合物{[$Ag_3(DpzS)_2(ClO_4)_2$](ClO_4)}(1)的合成：

将 DpzS(18 mg，0.1 mmol)和 $AgClO_4$(42 mg，0.2 mmol)放入 2 mL 甲醇和 3 mL 乙腈混合溶剂中，3 h 后，过滤后得到无色溶液，空气中缓慢蒸发，一周后得到无色块状晶体(1)，产率 80%。IR(KBr，cm^{-1})：3 432(m)，3 219(m)，1 630(m)，1 506(w)，1 456(w)，1 397(vs)，1 291(w)，1 083(vs)，1 009(m)，858(m)，834(m)，743(m)，626(vs)，547(m)。

化合物[$Ag_3(DpzS)_2(CF_3SO_3)_3$](2)的合成：

(2)的合成方法与(1)相似，用 $AgCF_3SO_3$(52 mg，0.2 mmol)代替 $AgClO_4$，一周后得到无色块状晶体(2)，产率 59%。IR(KBr，cm^{-1})：3 119(m)，1 632(m)，1 511(w)，1 461(m)，1 401(vs)，1 253(vs)，1 160(s)，1 030(s)，853(m)，757(m)，638(s)，572(m)，518(m)。

化合物{[$Ag_3(DpzS)_2(CF_3SO_3)(H_2O)_2$]$(CF_3SO_3)_2 \cdot H_2O$}(3)的合成：

化合物(3)的合成方法与(2)相似，将 1 mL 去离子水加入到混合溶剂中，缓慢蒸发，一周后得到无色块状晶体，产率 53%(31.8 mg)。IR(KBr，cm^{-1})：3 440(m)，3 110(m)，1 630(m)，1 506(m)，1 462(vs)，1 405(vs)，1 250(m)，1 163(s)，1 034(m)，860(m)，756(m)，640(s)，570(m)。

化合物[$Ag_2(DpzS)(C_2F_5CO_2)_2$](7)的合成：

将 DpzS(18 mg，0.1 mmol)和 $AgC_2F_5CO_2$(44 mg，0.02 mmol)放入 4 mL 乙腈和 1 mL 甲醇溶液中，室温下搅拌 30 min，过滤后，将乙醚小心滴加到上述黄色溶液的上层。乙醚缓慢扩散到上述黄色溶液中，2 周后得到无色晶体，产率 45 mg(61%基于 DpzS)。IR(KBr，cm^{-1})：3 417(s)，2 920(m)，2 850(m)，1 681(vs)，1 506(w)，1 457(w)，1 393(m)，1 329(s)，1 291(w)，1 213(vs)，1 163(vs)，1 121(s)，1 032(s)，1 010(m)，835(m)，818(s)，

732(s),587(w),540(w)。

2014 年,东北师范大学的马建方通过调整有机羧酸的配位特征合成了 8 个配位聚合物[Ag_2(hpyb)$_{0.5}$(L1)$_{0.5}$(NO_3)]·H_2O(1)、[Ag_4(hpyb)(HL_2)(NO_3)$_2$]·2H_2O(2)、[Ag_3(hpyb)$_{0.5}$(L3)(NO_3)](3)、[Ag_6(hpyb)(L4)$_2$(NO_3)]·NO_3·2H_2O(4)、[Ag_5(hpyb)$_{0.5}$(L5)$_2$(NO_3)]·H_2O(5)、{Ag_4(hpb)[L6(CH_3)$_2$]$_2$}(6)、{Ag_6(hpyb)(HL7)$_2$[L7(CH_3)]}(7)、[Ag_3(hpyb)$_{0.5}$(HL8)]·H_2O(8){H_2L1=对苯二甲酸、H_3L2=1,2,3-苯三甲酸、H_2L3=顺丁烯二羧酸、H_2L4=2,3-吡啶二羧酸、H_2L5=间苯二甲酸、H_4L6=1,2,4,5-苯四甲酸、H_3L7=1,2,4-苯三甲酸、H_4L8=4,4′-醚四酸、hpyb=六[2-(1*H*-吡唑-3-基)吡啶甲基]苯,见图 6-6(a)}[112]。化合物(5)为 3D 框架结构。该结构中存在 5 个晶体学独立的银离子,其中 Ag1、Ag2 和 Ag3 形成 6 核建筑单元,Ag4 和 Ag5 形成四核建筑单元,上述两种建筑单元通过 hpyb 和 L5 连接成 2D 网络,该网络通过硝酸根拓展成 3D 框架[图 6-6(b)和(c)]。如果将 hpyb 配体、四核和六核建筑单元分别看成 4,8,8-连接点,整个结构展现出 4,8-连接具有(3^4,4^2)(3^4·4^{12}·5^8·6^4)$_2$ 拓扑结构的 3D 网络。

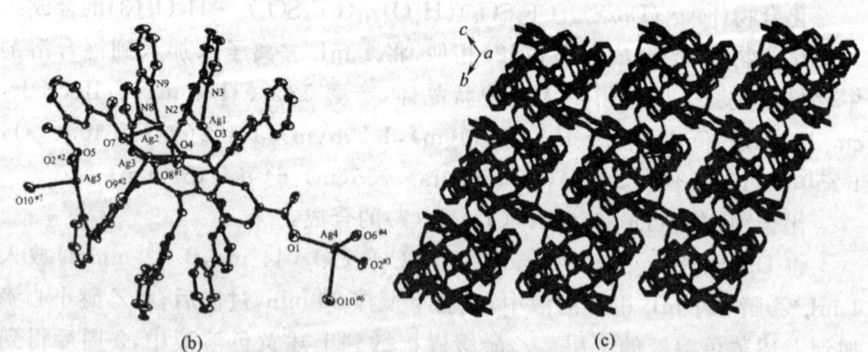

图 6-6 化合物(1)~(8)中所用到的有机配体(a);化合物(5)的配位环境(b)以及三维结构(c)

化合物[Ag_5(hpyb)$_{0.5}$(L5)$_2$(NO_3)]·H_2O(5)的合成:

在甲醇溶液中,用 NaOH(0.80 mmol·L^{-1},32 mg)将 H_2L5(0.40 mmol·L^{-1},

66 mg)去质子化，然后将 hpyb(0.02 mmol・L^{-1}，20 mg)和 $AgNO_3$(0.50 mmol・L^{-1}，85 mg)加入到混合物中，用甲醇做溶剂将混合物的体积保持在 8 mL，将混合物加热到 110℃，恒温 3 d，降至室温后，得到无色块状晶体，产率 36%。IR(KBr，cm^{-1})：3 421(w)，3 105(w)，1 599(s)，1 502(m)，1 436(s)，1 375(s)，1 267(m)，1 230(s)，1 096(w)，1 000(w)，764(m)，688(w)，442(w)。

2014 年，厦门大学的黄荣斌利用二甲基吡嗪(dmpyz)和一系列有机芳香羧酸合成了 7 例配位聚合物：[Ag_4(2,5-dmpyz)$(ndc)_2$](1)、[Ag_2(2,5-dmpyz)$(pma)_{0.5}$](2)、[Ag_4(2,3-dmpyz)$_2$$(mpa)_2$](3)、[$Ag_2$(2,3-dmpyz)(npa)](4)、[Ag(2,3-dmpyz)$_{0.5}$$(opa)_{0.5}$](5)、[$Ag_6$(2,3-dmpyz)$_3$$(mpa)_3$](6)、[$Ag_6$(2,3-dmpyz)$_2$$(tma)_2$・$5H_2O$](7)[113](ndc＝1,4-萘二酸根；pma＝均苯四甲酸根；mpa＝间苯二甲酸根；npa＝3-硝基间苯二甲酸根；opa＝邻苯二甲酸根；tma＝均苯三甲酸根)。其中化合物(7)为 3D 结构。结构中存在 6 个晶体学独立的银离子[图 6-7(a)]，上述银离子通过 Ag…Ag 键连接成 1D 金属-有机带，该金属-有机带通过 2,3-dmpyz 连接成 2D 金属-有机层[图 6-7(b)]，该层通过 tma 拓展成 3D 框架[图 6-7(c)]。

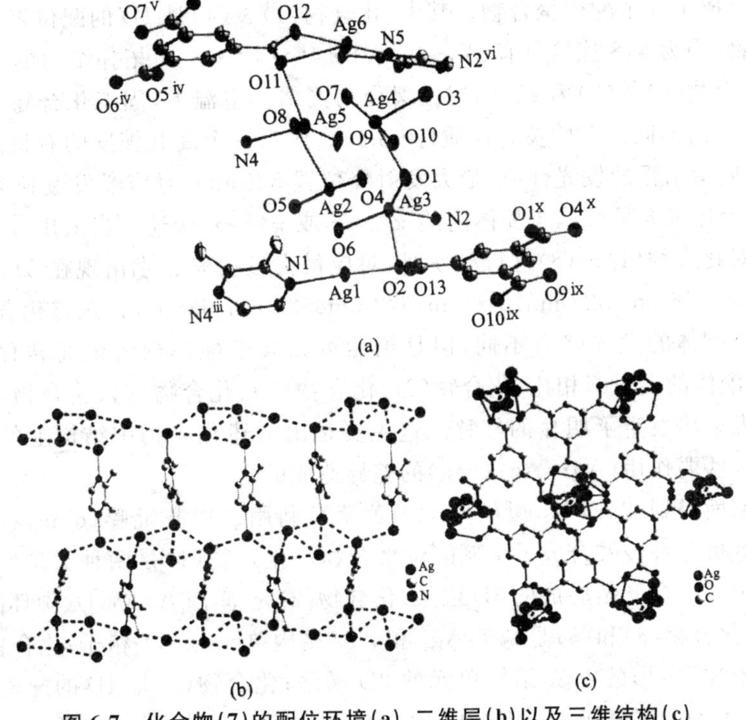

图 6-7　化合物(7)的配位环境(a)、二维层(b)以及三维结构(c)

化合物$[Ag_6(2,3\text{-}dmpyz)_2(tma)_2 \cdot 5H_2O]$(7)的合成：

将 Ag_2O(23.1 mg,0.1 mmol)、H_3tma(21.0 mg,0.1 mmol)、2,5-dmpyz(10.2 mg,0.1 mmol)在搅拌条件下加入到 DMF-H_2O(6 mL,体积比:3/3)中,将氨水溶液(25%,1 mL)加入到混合物中,在超声条件下得到澄清溶液,暗室中缓慢蒸发得到无色块状晶体(7),产率 79%。IR(KBr,cm^{-1}):3 276(m),160(s),1 564(s),1 427(s),1 351(s),1 170(w),1 103(w),1 006(w),983(w),931(w),767(w),723(m)。

6.1.2 第ⅠB族金属-有机框架功能配合物的典型性能

由于 Cu^{2+} 具有自选单电子,而 Ag^+ 属于典型的 d^{10} 金属离子,因此,它们的荧光、磁学性能也备受关注。此外,具有多变孔道结构的第ⅠB族金属-有机框架功能配合物在吸附分离等性能方面也被广泛研究。

6.1.2.1 第ⅠB族金属-有机框架功能配合物的荧光性能

前面提到,2014 年,东北师范大学的马建方通过调整有机羧酸的配位特征合成了 8 个配位聚合物。其中,化合物(1)~(4)是 1D 的配位聚合物;化合物(5)为 4,8 连接具有$(3^4 \cdot 4^2)(3^4 \cdot 4^{12} \cdot 5^8 \cdot 6^4)_2$ 拓扑结构的 3D 网络;化合物(6)~(8)为 2D 的配位聚合物网络。室温下,固态化合物(1)~(8)展现出不同强度的荧光性质(图 6-8)。作为一个高共轭度的有机配体,hpyb 展示出强的发光性质,最大发射峰位置 529 nm,对应激发波长为 343 nm。上述发光可归属于配体内的 $\pi^* \rightarrow \pi$ 或 $\pi^* \rightarrow n$ 跃迁。当采用 370 nm 波长对化合物(1)~(8)进行激发时,对应最大发射峰分别出现在 514 nm、590 nm、546 nm、522 nm、516 nm、572 nm、524 nm、588 nm。虽然化合物的发光与配体的发光略有不同,但是仍然可归属于配体内的电荷转移。与 hpyb 配体的发射峰相比,化合物(2)、化合物(3)、化合物(6)、化合物(8)的最大发射峰发生了明显的红移。这主要是由上述化合物中结构上的差异以及一些弱作用(Ag…Ag、$\pi-\pi$)的差异造成的。

前面提到,2014 年,厦门大学的黄荣斌利用二甲基吡嗪(dinpyz)和一系列有机芳香羧酸合成了 7 例配位聚合物。化合物(1)是两种类型的 Ag_4 簇通过 Ag…Ag 拓展成的 3D 框架;化合物(2)是基于$[Ag_4O_2]$六圆环的 3D 结构;化合物(3)和(6)是基于 Ag_4 和 Ag_6 结构单元的 4,4-格子;化合物(4)是基于“Z”字形的 Ag_4 结构单元的 2D 网络;化合物(5)是 1D 的配位聚合物;化合物(7)是基于 1D 银带结构单元的 3D 框架。室温下,化合物(1)~(7)

表现出不同的荧光性质。室温下，2，5-dmpyz、2，3-dmpyz 分别在 473 nm 和 354 nm(λ_{ex}=300 nm)处出现了最大发射峰。该发射峰可归属于 $\pi^* \rightarrow n$ 或 $\pi \rightarrow \pi^*$ 的跃迁。当采用 300 nm 波长对上述化合物进行激发时，化合物(1)～(7)分别在 407 nm、415 nm、330 nm、332 nm、351 nm、339 nm、336 nm 处出现了最大发射峰(图 6-9)。与配体的发射峰相比，化合物(1)和(2)的最大发射峰位置发生了蓝移。化合物(3)～(7)的发射峰强度与 2，3-dmpyz 相似，主要可归属于配体内的 $\pi \rightarrow \pi^*$ 跃迁。

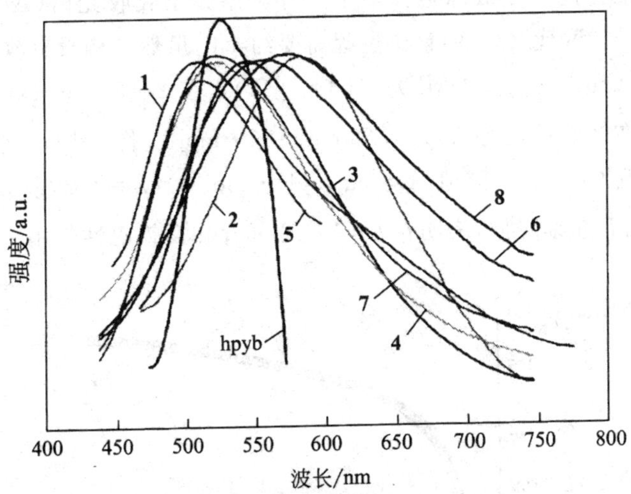

图 6-8 化合物(1)～(8)以及有机配体 hpyb 的荧光光谱图

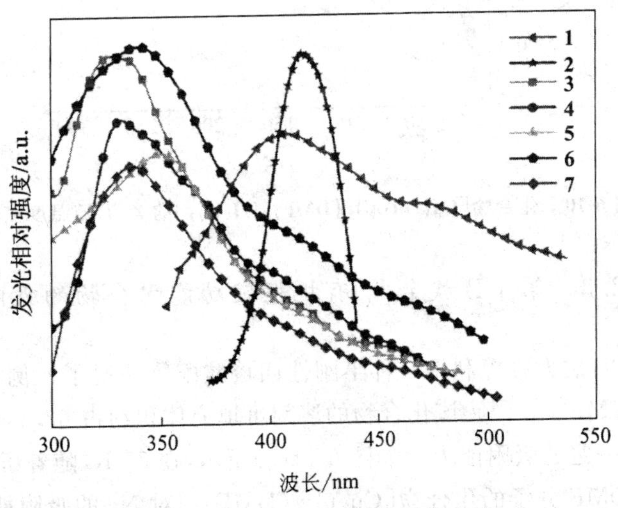

图 6-9 化合物(1)～(7)的荧光光谱

6.1.2.2 第ⅠB族金属-有机框架功能配合物的磁学性能

2014年，郑州大学的侯红卫利用联三苯四羧酸(H_4dcPP)与锌离子获得了一例基于四核Zn簇的3,6-连接的金属-有机框架$[Zn_4(dcpp)_2(DMF)_3(H_2O)_2]$(1)[114]。将无色的化合物(1)的晶体浸泡在10 mL、0.1 mol·L^{-1}的$Cu(NO_3)_2$的乙腈溶液中，在80℃下加热数分钟，晶体在保持原来形状的基础上颜色逐渐变成绿色。整个过程利用原子吸收光谱(AAS)进行检测，完成Cu^{2+}取代Zn^{2+}的整个过程需要约4 h，虽然结构没有改变，但是分子式变成$[Cu_4(dcpp)_2(DMF)_3(H_2O)_2]$(2)。在2～300 K 1kOe条件下，该化合物在300 K的$\chi_M T$为1.66 cm^3·K·mol^{-1}(图6-10)。该值较为接近四个自旋Cu^{2+}的对应值(1.5 cm^3·K·mol^{-1})($S=1/2$，$g=2.00$)。在低温下，$\chi_M T$连续降低，表明在Cu^{2+}中心间存在反铁磁性作用。

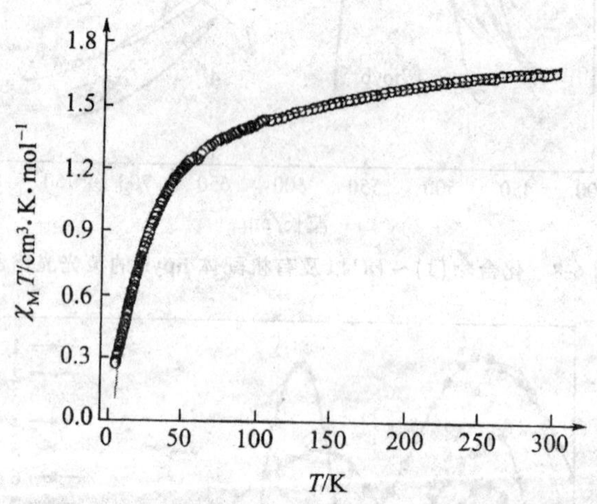

图6-10 化合物$[Cu_4(dcpp)_2(DMF)_3(H_2O)_2]$的$\chi_M T$随温度变化

6.1.2.3 第ⅠB族金属-有机框架功能配合物的吸附性能

2013年，袁大强等利用一种半刚性四羧酸配体获得了一例3D化合物$[Cu_2(L)(DMF)_2]$[115]。该化合物的溶剂可填充体积约占62.1%，对N_2和He均具有一定的吸附能力。如图6-11(a)所示，在77 K，随着压力的增加，去掉溶剂DMF分子的化合物$[Cu_2(L)(DMF)_2]$对N_2的吸附能力明显增加。Langmuir比表面积为510 m^2·g^{-1}，BET比表面积为469 m^2·g^{-1}，整个结构中的空隙率为0.18 cm^3·g^{-1}。在77 K和87 K，该化合物对H_2

的吸附情况，如图 6-11(b)所示。随着压力的增加，化合物[Cu_2(L)($DMF)_2$]对 H_2 的吸附能力逐渐增加。在压力为 800 mm Hg，温度为 77 K 和 87 K 时，化合物[Cu_2(L)($DMF)_2$]对 H_2 的吸附量分别为 100 $cm^3 \cdot g^{-1}$ 和 76 $cm^3 \cdot g^{-1}$。

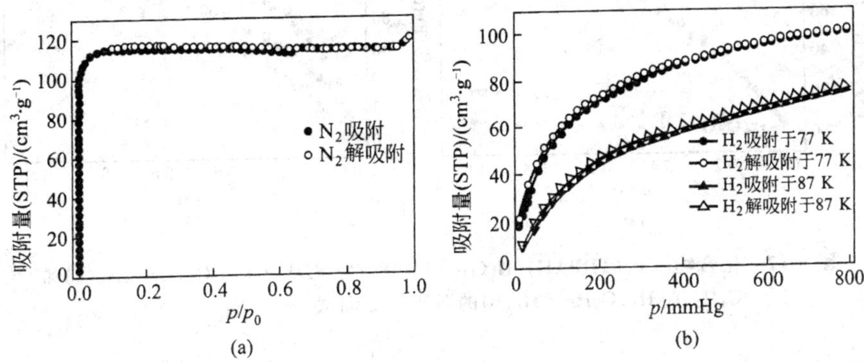

图 6-11 在 77 K 时，化合物[Cu_2(L)($DMF)_2$]对 N_2 的吸附(a)；在 77～87 K，化合物[Cu_2(L)($DMF)_2$]对 H_2 的吸附(b)

2014 年，施展等利用一种六羧酸配体(TPAH)合成了一例 3,24-连接的 rht 型金属-有机框架[Cu_3(TDPAH)($H_2O)_3$]·13H_2O·8DMA[116]。结构中存在三种类型的孔穴，分别是立方八面体、截角四面体和截角八面体，比例为 1∶2∶1，内径大小约 1.2 nm、1.04 nm、1.72 nm，除去溶剂分子后，溶剂可填充体积约占 71.7%，框架密度 0.775 $g \cdot cm^{-1}$。溶剂清除可采用将化合物浸泡在 CH_3OH 中，随后在 100℃真空加热 10 h。在 77 K，利用 N_2 对活化后的该化合物进行比表面积测定，Langmuir 和 BET 比表面积分别为 2 540 $m^2 \cdot g^{-1}$ 和 2 171 $m^2 \cdot g^{-1}$。利用 N_2 吸附计算孔隙率为 0.91 $cm^3 \cdot g^{-1}$，与单晶计算值 0.89 $cm^3 \cdot g^{-1}$ 十分吻合。如图 6-12(a)所示，在 298 K，在 1.0 atm 和 0.1 atm，该化合物对 CO_2 的吸附量分别为 116 $cm^3 \cdot g^{-1}$(STP；质量分数 22.8%，体积比 90)和 20.2 $cm^3 \cdot g^{-1}$(STP；质量分数 4.0%，体积比 16)。与 CO_2 相比，该化合物对 N_2 和 CH_4 的吸附能力较差。CO_2/N_2 和 CO_2/CH_4 分别为 36.7∶1 和 10.0∶1。如图 6-12(b)所示，在 1 atm，298 K，该化合物对 C_2H_2、C_2H_4、C_2H_6 以及 CH_4 的吸附量分别为 155.7 $cm^3 \cdot g^{-1}$、116.7 $cm^3 \cdot g^{-1}$、107.2 $cm^3 \cdot g^{-1}$、22.4 $cm^3 \cdot g^{-1}$。显然，该化合物对 CH_4 的吸附能力较差。C_2H_2/CH_4、C_2H_4/CH_4、C_2H_6/CH_4 分别为 80.9∶1、40.6∶1、12.5∶1。

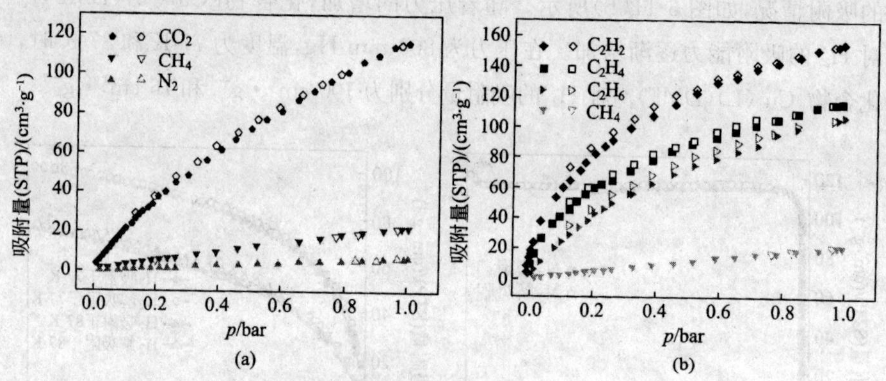

图 6-12　化合物[Cu_3(TDPAH)(H_2O)$_3$]·13H_2O·8DMA 对 CO_2、CH_4、N_2(a)和 C_2H_2、C_2H_4、C_2H_6、CH_4(b)的吸附性能测试

6.2　第ⅡB 族金属-有机框架功能配合物

第ⅡB 族金属离子锌(Zn^{2+})、镉(Cd^{2+})所构筑的金属-有机框架十分丰富。由于锌(Zn^{2+})具有极小的毒性，镉(Cd^{2+})具有从 4 到 8 的多变的配位数，因此，利用锌(Zn^{2+})、镉(Cd^{2+})来构筑的金属-有机框架受到众多配位化学工作者的关注。此外，锌(Zn^{2+})、镉(Cd^{2+})均为 d^{10} 金属离子，因此，由其构筑的金属-有机框架多数表现出有趣的荧光性能。

6.2.1　第ⅡB 族金属-有机框架功能配合物的合成

6.2.1.1　锌基金属-有机框架功能配合物的结构及合成

2013 年，东北师范大学的王新龙利用 6 齿含 N 羧酸配体 TATAT 获得了一例 3D 框架[$(CH_3)_2NH_2$]$_2$[$ZnNa_2(\mu_2\text{-}H_2O)_2(H_2O)_2$(TATAT)]·2DMF[117]。结构中，$\mu_2$-$H_2O$ 和来自 TATAT 中的羧基将 Zn^{2+}、Na^{2+} 连接成 1D 金属-有机链，该金属-有机链通过 TATAT 进一步连接成 3D 手性框架。该化合物代表了首例由非手性建筑单元构筑的手性 3D 框架结构，这为多孔型功能配合物的合成提供了一定的参考价值(图 6-13)。

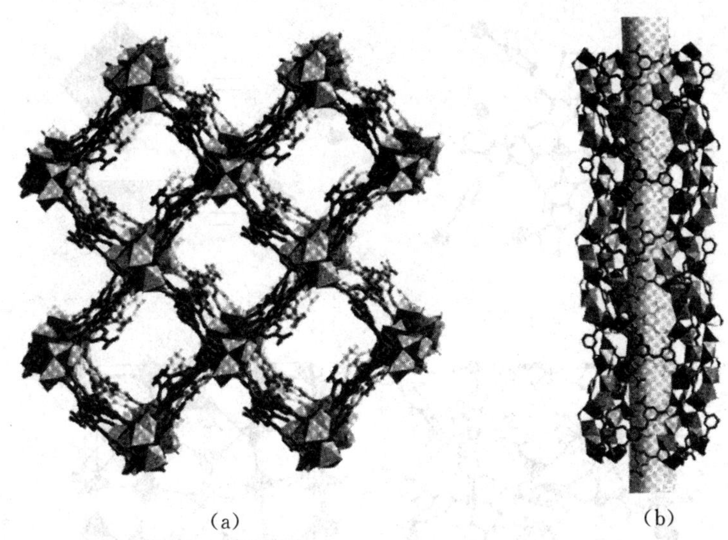

(a)　　(b)

图 6-13　化合物$[(CH_3)_2NH_2]_2[ZnNa_2(\mu_2\text{-}H_2O)_2(H_2O)_2(TATAT)]\cdot 2DMF$ 的三维框架(a)和一维孔道结构(b)

化合物$[(CH_3)_2NH_2]_2[ZnNa_2(\mu_2\text{-}H_2O)_2(H_2O)_2(TATAT)]\cdot$ 2DMF 的合成：

将 $Zn(NO_3)_2\cdot 6H_2O$(0.029 7 g,0.10 mmol)、Na_6TATAT(0.090 g,0.12 mmol)、DMF/CH_3OH(6 mL,1/1)搅拌 10 min,将混合物转移到 18 mL 反应釜中,加热到 320℃后恒温 4 d,以 58℃ · h^{-1}的速率降至室温,得到无色块状晶体,产率 57.5%。

2013 年,中国科学院福建物质结构研究所的张健利用一个三咪唑衍生物 HB$(mim)_3$ 合成了一个 3D 化合物$\{Zn_3[HB(mim)_3]_4\}(NO_3)_2$[118]。结构中,每个 B$(mim)_3$ 通过咪唑与三个锌离子配位连接,每个锌离子与四个 B$(mim)_3$ 中的咪唑基团配位拓展,最终形成一个 3,4-连接的具有 ctn 型拓扑结构的阳离子金属-有机框架。溶剂可填充的体积为 4 044.3 $Å^3$,占单胞体积的 47%(图 6-14)。

化合物$\{Zn_3[HB(mim)_3]_4\}(NO_3)_2$ 的合成：

将 $Zn(NO_3)_2\cdot 6H_2O$(149 mg,0.5 mmol)、KBH$(mim)_3$(50 mg,0.17 mmol)、TMA 溶解到 DMF(mL)/乙烯脲(0.5 g)/乙醇(2 mL)的混合溶液中。不加入 TMA,得不到目标产物。将混合物转移到 20 mL 小瓶中,加热到 80℃,恒温 7 d,降至室温,用乙醇洗涤后得到无色块状晶体,产率 30%。

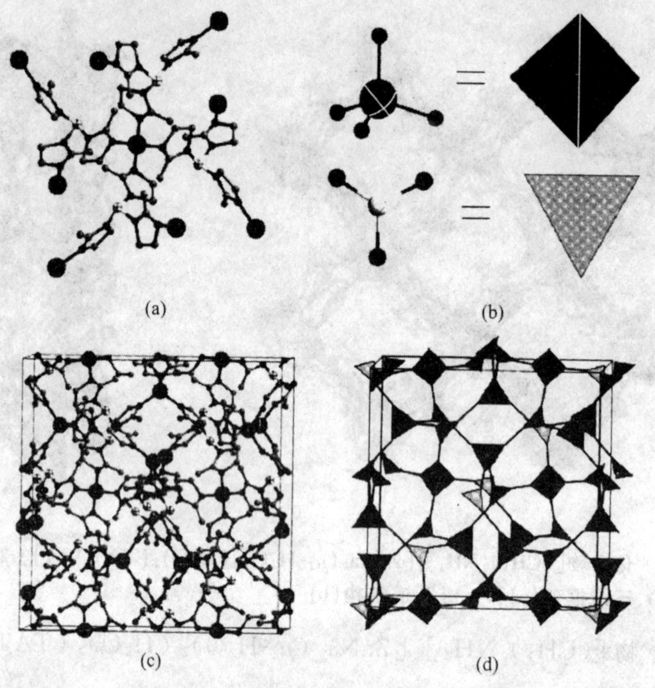

图 6-14　化合物{$Zn_3[HB(mim)_3]_4$}$(NO_3)_2$ 的配位环境(a)、结构单元(b)、三维框架(c)及三维拓扑(d)

6.2.1.2　镉基金属-有机框架功能配合物的结构及合成

2013 年，广西师范大学的边河东利用 3,5-二(4-吡啶基)-1,2,4-三氮唑(4,4′-bpt)和对苯二甲酸(p-H_2BDC)获得了一例 3 重互穿的 3D 框架[$Cd_3(p$-$BDC)_3(4,4'$-$bpt)_2(H_2O)_5$]·H_2O[119]。结构中，每个镉离子与两个 4,4′-bpt 和两个 BDC 配位，每个 4,4′-bpt 和 BDC 分别连接两个镉离子，最终形成四连接金属-有机框架，由于发生了 3 重互穿，因此，整个化合物形成很小的溶剂可填充空间。只有少量的水分子填充在其中(图 6-15)。

化合物[$Cd_3(p$-$BDC)_3(4,4'$-$bpt)_2(H_2O)_5$]·H_2O 的合成：

将 $Cd(NO_3)_2\cdot 4H_2O$(154 mg,0.5 mmol)、4,4′-bpt(112 mg,0.5 mmol)、p-H_2BDC(83 mg,0.5 mmol)、NaOH(40 mg,1 mmol)、水(10 mL)和乙醇(3 mL)装入 23 mL 反应釜内，加热至 140℃恒温 3 d，再以 5℃·h^{-1}的速率降至室温，就会得到无色的块状晶体，挑出后用去离子水冲洗后放置在空气中干燥，产率：47%(基于 Cd)。IR(KBr,cm^{-1})：3 406(m),1 615(m),1 568(vs),1 397(s),1 145(w),111(w),993(w),841(m),744(s)。

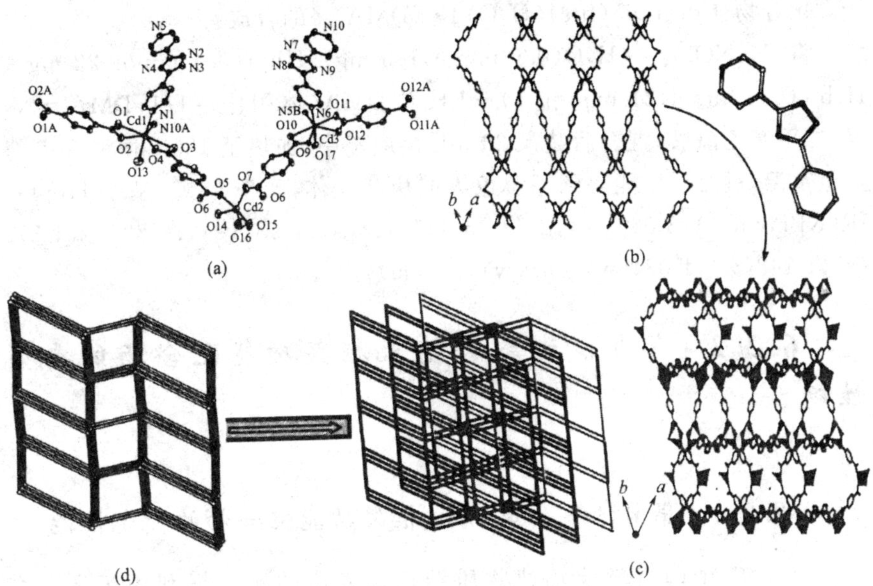

图 6-15　化合物$[Cd_3(p\text{-}BDC)_3(4,4'\text{-}bpt)_2(H_2O)_5]\cdot H_2O$的配位环境(a)、一维 Cd-(*p*-BDC)(b)、三维结构(c)及三维拓扑(d)

2013 年，中国科学院福州物质结构研究所的洪茂椿利用双吡嗪三氮唑(Hbpt)和均苯三甲酸(H_3btc)合成了一例 3D 框架$\{Cd_2(bpt)(btc)(H_2O)]\cdot(DMA)_2\}$[120]。结构中存在两个晶体学独立的镉离子，两个 Hbpt 将两个 Cd_2 离子连接成双核结构单元，该结构单元通过 Hbpt 的吡嗪 N 原子连接成 1D 金属-有机带。该金属-有机带通过 btc 拓展成 3,8-连接的具有$(4\cdot6^2)_2(4^{14}\cdot6^{12}\cdot8^2)(4^4\cdot6^{10}\cdot8)$拓扑结构的 3D 框架。该框架结构中存在着 1D 方形孔道，孔道大小约为 3.8 Å×4.6 Å。整个框架中，溶剂可填充的体积约占 43.6%(图 6-16)。

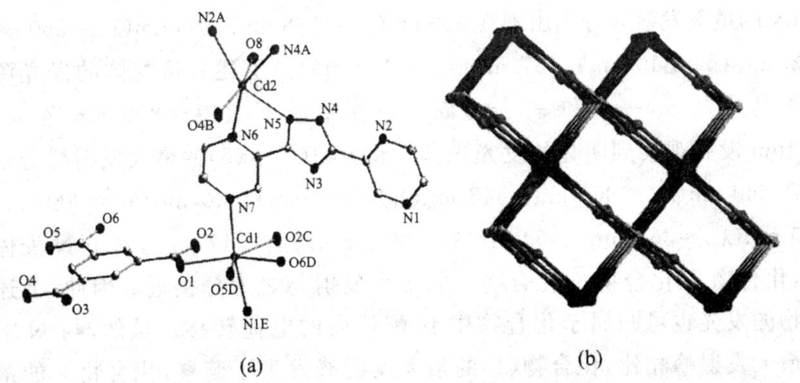

图 6-16　化合物$\{Cd_2(bpt)(btc)(H_2O)]\cdot(DMA)_2\}$的配位环境(a)和三维拓扑结构(b)

化合物{Cd_2(bpt)(btc)(H_2O)]·$(DMA)_2$}的合成：

将 $Cd(NO_3)_2 \cdot 4H_2O$(0.6 mmol,185 mg)、Hbpt(0.1 mmol,22 mg)、H_3btc(0.1 mmol,21 mg)和 10 mLH_2O-DMA(体积比＝1/1,DMA＝N,N'-二甲基乙酰胺)混合后装入 23 mL 反应釜中，加热至 120℃恒温 3 d，待降至室温，过滤后就能得到亮黄色大的块状晶体，产率 68%(基于 Hbpt)。IR(KBr,cm^{-1})：3 060(w),2 933(w),1 622(s),1 554(s),1 433(s),1 372(s),1 148(w),1 024(w),866(w),760(m),726(m)。

6.2.2 第ⅡB 族金属-有机框架功能配合物的典型性能

6.2.2.1 第ⅡB 族金属-有机框架功能配合物的荧光性能

2014 年，中国科学院福建物质结构研究所的姚元根利用丁烯二酸(H_2fum)和一系列半刚性含 N 有机配体[bpp＝1,3-二(4-吡啶)丙烷、bib＝1,4-二(N-咪唑)丁烷、bix＝1,4-二(咪唑-1-亚甲基)-苯、bmi x＝1,4-二(2-甲基咪唑-1-亚甲基)-苯]合成了 5 个锌基金属-有机框架{[Zn(fum)(bpp)]·H_2O}(1)、{[Zn-$(fum)_{0.5}(bib)_{1.5}$(H_2O)]·NO_3·3H_2O}(2)、{Zn(fum)(bib)}(3)、{[$Zn_2(fum)_2(bix)_2$]·3H_2O}(4)、{[Zn_2(fum)$(bmix)_{0.5}$]·0.5H_2O}(5)[121]。上述化合物分别展示出自互穿、4-重互穿金刚石型网络、5-重互穿金刚石型网络、unc-c 型 3D 框架、pcu 型 3D 框架。室温下，上述固态化合物展现出不同的荧光性质。

为了更好地理解上述化合物的发光本质，对 H_2fum、bpp、bib、bix、bmix 配体的发光性质在相同的条件下进行了测试。N 配体 bpp、bib、bix、bmix 的最大发射峰分别出现在 536 nm(λ_{ex}＝368 nm)、436 nm(λ_{ex}＝360 nm)、422 nm(λ_{ex}＝340 nm)、457 nm(λ_{ex}＝340 nm)。上述有机配体的发光源自于配体内的 $\pi^* \rightarrow n$ 和 $\pi^* \rightarrow \pi$ 跃迁。在室温下，400～800 nm 范围内，H_2fum 没有观察到明显的发光光谱。化合物(1)～(5)的最大发射峰分别出现在 460 nm(λ_{ex}＝360 nm)、443 nm(λ_{ex}＝360 nm)、440 nm(λ_{ex}＝360 nm)、450 nm(λ_{ex}＝360 nm)、453 nm(λ_{ex}＝360 nm)(图 6-17)。与自由 N 配体相比，化合物 2、化合物 3、化合物 5 的最大发射与之十分接近。因此，上述化合物的发光也可归属于化合物中 N 配体内的电荷转移。虽然，与 N 配体的最大发射峰相比，化合物(1)的最大发射峰发生了蓝移，化合物 4 的最大发射峰发生了 28 nm 的红移，但是，众所周知，d^{10} 金属离子 Zn^{2+} 很难发生

氧化或者还原，因此，上述化合物的荧光发射既不属于金属到配体的电荷转移(MLCT)，也不属于配体到金属的电荷转移(LMCT)。仍然属于受到金属-配体影响的配体内的电荷转移。相应的发光衰弱时间和量子产率分别为 2.44(ns)、3.66(ns)、3.27(ns)、1.69(ns)、2.25(ns)；1.35%、7.21%、5.46%、1.78%、2.33%。

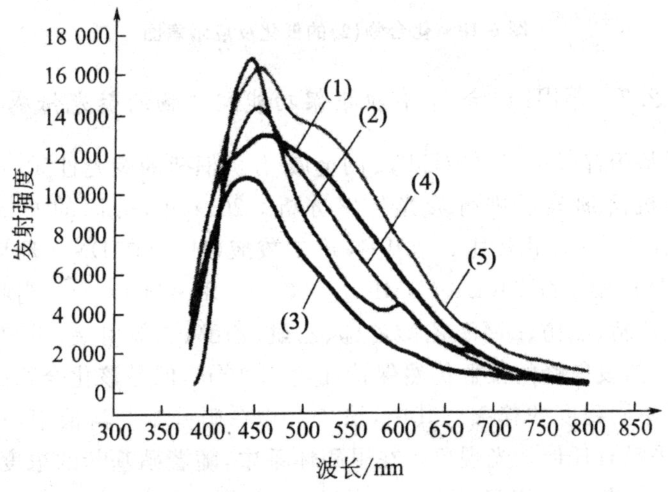

图 6-17　化合物(1)～(5)的荧光光谱图

6.2.2.2　第ⅡB 族金属-有机框架功能配合物的催化性能

2014 年，印度的 Tapas Kumar Majit 通过改变反应温度。利用 2-氨基-1,4-对苯二甲酸(NH_2-H_2bdc)和 1,2-二-(4-吡啶乙烯基)联胺(bphz)合成了两例具有相同组分的柱层式 3D 框架{[Cd(NH_2-bdc)$(bphz)_{0.5}$]·DMF·H_2O}(1)和{[Cd(NH_2-bdc)$(bphz)_{0.5}$]·DMF·H_2O}(2)(同分异构体)[122]。其中，化合物(2)对 Knoevenagel 缩合反应具有一定的催化效果。如图 6-18 所示，当 R^1 为硝基，R^2 为氰基，在乙腈溶液中，60℃加热 6 h，转化率可达 99%；当 R^1 为硝基，R^2 为氰基，在甲醇溶液中，60℃加热 6 h，转化率可达 85%；当 R^1 为硝基，R^2 为氰基，在甲醇溶液中，60℃加热 8 h，转化率可达 98%；当 R^1 为硝基，R^2 为氰基，在乙腈溶液中，40℃加热 6 h，转化率可达 81%；当 R^1 为硝基，R^2 为氰基，在乙腈溶液中，60℃加热 9 h，转化率可达 99%。从上述研究结果可知，反应的温度、时间以及溶剂体系均对转化率有不同程度的影响。

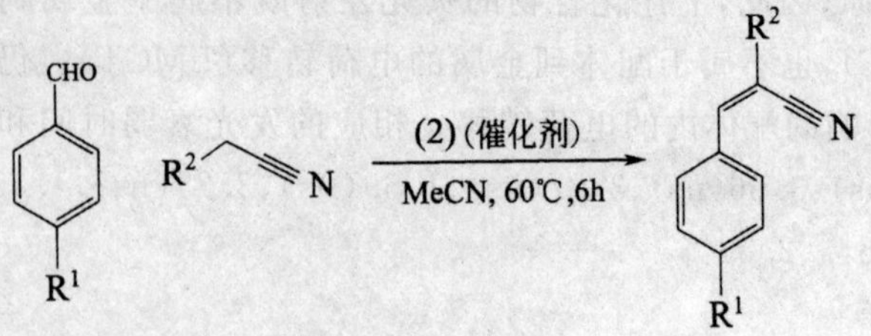

图 6-18　化合物(2)的催化反应示意图

6.2.2.3　第ⅡB 族金属-有机框架功能配合物的荧光传感性能

利用基于锌(Zn^{2+})、镉(Cd^{2+})的金属-有机框架的荧光性质,可有效地对部分有机溶剂分子进行荧光传感分析。2014 年,韩国的 Chang Seop Hong 利用 3,3′-二甲氧基二苯基-4,4′-二羧酸(H_2L)在 DMF 环境中获得了一例 3D 框架 $[Zn_4O(L)_3(DMF)_2]\cdot 0.5DMF\cdot H_2O$[123]。当将该化合物浸泡在乙腈、氯仿、DMF、乙酸乙酯、乙醚、乙醇、二氯甲烷、甲醇、硝基苯溶液中,虽然发射峰的位置仍然保持在约 380 nm,但是该化合物的荧光强度发生了不同程度的猝灭。其中,该化合物在硝基苯的溶液中,猝灭程度最大,几乎没有任何发光现象。在甲醇体系中,随着硝基苯的浓度的增加,该化合物发光猝灭程度也增加,当硝基苯的浓度为 10 ppm,荧光猝灭 20.1%,当硝基苯的浓度分别为 50 ppm 和 5 000 ppm,荧光猝灭分别为 91.1%和 99.9%(图 6-19)。通过将含有硝基苯的上述化合物在甲醇溶液中多次洗涤浸泡,可重新恢复该化合物的荧光传感能力,该化合物的荧光传感能力可恢复至少 5 次,从而表明该化合物骨架的稳定性。

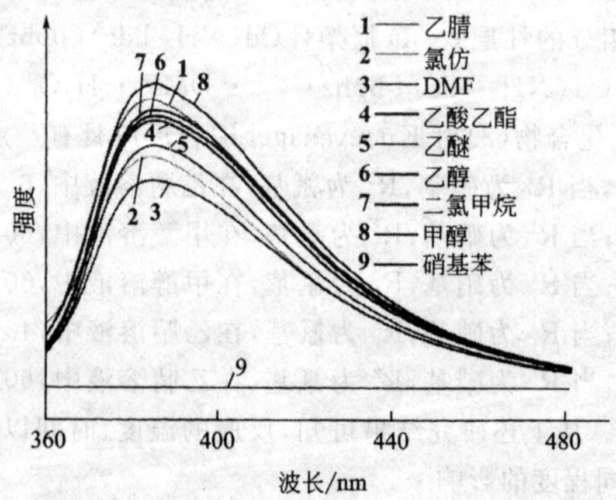

图 6-19　化合物$[Zn_4O(L)_3(DMF)_2]\cdot 0.5DMF\cdot H_2O$在不同有机溶剂中的发光光谱

6.2.2.4　第ⅡB 族金属-有机框架功能配合物的光催化性能

多数第ⅡB 族金属-有机框架功能配合物具有对光的敏感性，实际应用中往往将部分化合物用作光催化剂，来降解废水中的有机染料。2014 年，郑州大学的候红卫利用一种蝴蝶状的四齿羧酸配体[4,5-二(4′-羧基苯)邻苯二甲酸(H_4dcPP)]和不同的含 N 配体[1,4-二(2-乙基苯并咪唑-1-亚甲基)苯(beb)、1,4-二(2-甲基苯并咪唑-1-亚甲基)苯(binb)、2,2′-联吡啶(2,2′-bipy)、4,4′-联吡啶(4,4′-bipy)]合成了四例金属-有机框架{[Cd_2(dcpp)(beb)$_2$(H_2O)]·H_2O}(1)、[Cd_2(dcpp)(bmb)(H_2O)$_2$][Cd_2(dcpp)(bmb)(H_2O)$_2$](2)、{[Cd_2(dcpp)(2,2′-bipy)-(H_2O)$_2$]·2H_2O}(3)、{[Cd_2(dcpp)(4,4′-bipy)$_{0.5}$-(H_2O)$_3$]·H_2O}(4)[124]。上述四个化合物通过单、双、四核金属簇拓展成为 3D 框架。在 H_2O_2 存在下，上述四个化合物对甲基橙表现出不同程度的光催化降解性能。在没有催化剂存在情况下，甲基橙的降解率为 43%。当分别采用上述四个化合物进行催化降解时，100 min 后，甲基橙的降解率分别增加到 97%、78%、85%、67%(图 6-20)。值得一提的是，上述四种化合物在催化前后均保持较好的稳定性，表明其是一种不错的有机染料降解催化剂。

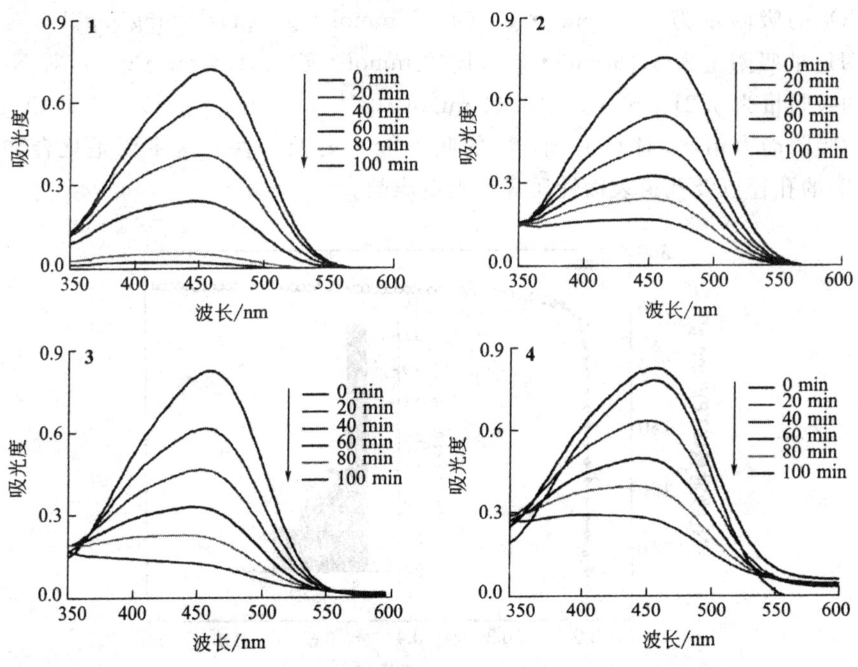

图 6-20　化合物(1)～(4)对甲基橙的光催化降解紫外吸收

6.2.2.5 第ⅡB族金属-有机框架功能配合物的吸附性能

2013年，福建物质结构研究所的洪茂椿等利用一种三(4-苯羧基)磷氧化物(H_3TPO)合成了两例金属-有机框架[$Zn(\mu_3\text{-}OH)_2(TPO)_2(H_2O)_2$](1)和[$Zn_6(\mu_6\text{-}O)(TPO)_2$]$(NO_3)_4 \cdot 3H_2O$[$Zn_6(\mu_6\text{-}O)(TPO)$]$(NO_3)_4 \cdot 3H_2O$(2)[125]。在经过除溶剂处理后，化合物(1)为非晶态，因此无法进行进一步的吸附研究。化合物(2)仍然保持很好的晶态特征。因此对化合物(2)进行了吸附研究。除去溶剂分子后，化合物(2)的溶剂可填充体积约占43.3%(孔径约为1.8 Å)，真实的空隙率为0.42 $cm^3 \cdot g^{-1}$(接近计算值0.38 $cm^3 \cdot g^{-1}$)。为证明该化合物的永久空隙率，在77 K，对其进行了N_2吸附测试。用丙酮进行浸泡交换7 d后，在100℃真空加热10 h。如图6-21所示，Langmuir比表面积为1 175 $m^2 \cdot g^{-1}$，BET比表面积为1 042 $m^2 \cdot g^{-1}$，孔径分布(PSD)如插图所示，孔径大部分集中在5.8 Å，十分接近根据结构的计算值。另外，在77 K和87 K，化合物(2)在低压对H_2展现出一定的吸附能力，在77 K，对H_2的吸附量为171.9 $cm^3 \cdot g^{-1}$[1.53%(质量分数)，7.67 $mmol \cdot g^{-1}$，1.08 bar]，如果温度为87 K，相应的吸附量稍小。此外，273 K，该化合物对CO_2、CH_4、N_2也表现出一定的吸附能力，其中，对CO_2的吸附量为90.8 $cm^3 \cdot g^{-1}$(4.05 $mmol \cdot g^{-1}$、178.3 $mg \cdot g^{-1}$)，对CH_4的吸附量为31.9 $cm^3 \cdot g^{-1}$(1.43 $mmol \cdot g^{-1}$、21.4 $mg \cdot g^{-1}$)，对N_2的吸附量为9.21 $cm^3 \cdot g^{-1}$(0.41 $mmol \cdot g^{-1}$、11.5 $mg \cdot g^{-1}$)。与对CO^2的吸附能力相比，对CH_4和N_2的吸附能力要低一些。这主要是化合物(2)的孔径以及孔道表面性质等因素造成的。

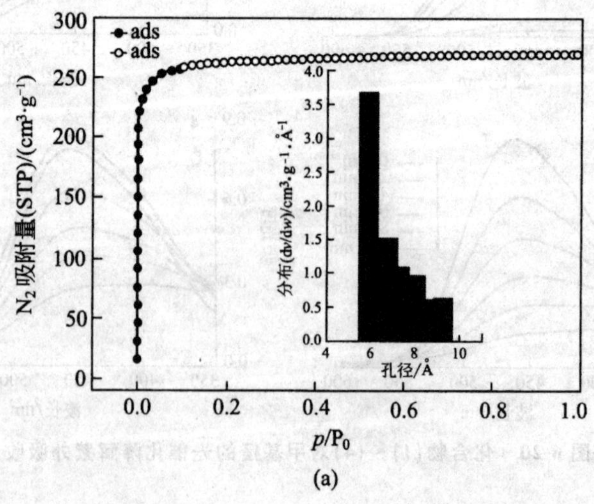

(a)

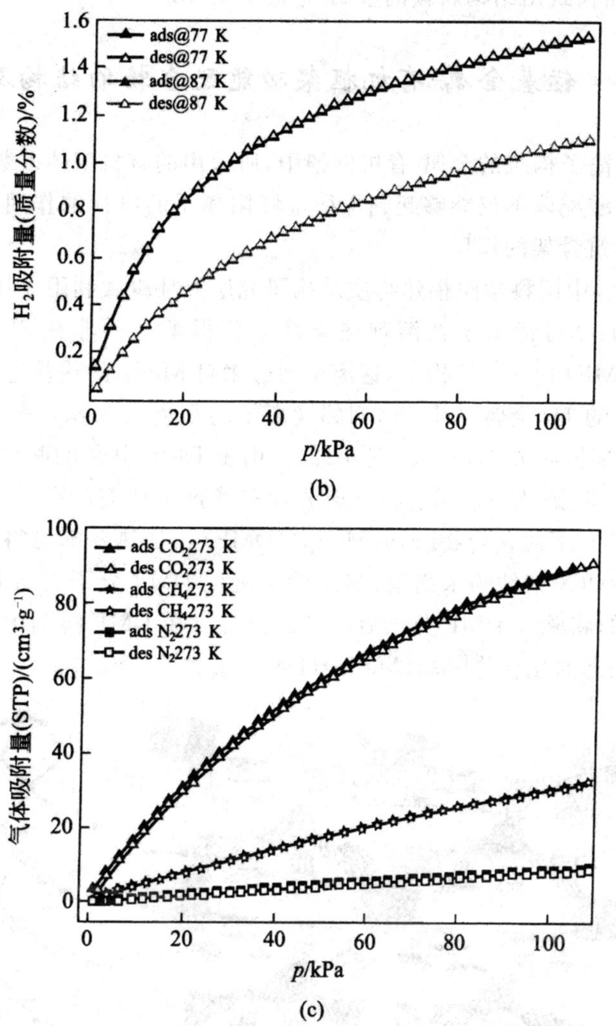

图 6-21　化合物(2)对 N_2(77 K)(a)、H_2(77 K、87 K)(b)的吸附能力随压力变化以及在 273 K 对 CO_2、CH_4、N_2 的吸附能力随压力变化(c)

6.3　第ⅦB 族金属-有机框架功能配合物

第ⅦB 族金属离子锰离子(Mn^{2+})具有较为稳定的八面体配位构型，能与 O、N 以及一些卤素离子等发生配位。在水溶液和有机溶剂体系中，均具有较好的配位能力。与锝(Tc)、铼(Re)相比，更容易与无机-有机配体发生配位，从而构筑出结构新颖的金属-有机框架（MOF）。

6.3.1 锰基金属-有机框架功能配合物的结构及合成

在与锰离子构筑的金属-有机框架中，所采用的有机配体多数为多齿羧酸配体。羧酸配体不仅能够起到平衡金属阳离子的电荷的作用，而且很好地起到了构筑骨架的作用。

2014 年，中国科学院福建物质结构研究所的杜少武利用 5-甲基间苯二甲酸（$MeipH_2$）与锰离子在溶剂热条件下获得了一例非孔 3D 框架［Mn（Me-ip）（DMF）］[126]。结构中，锰离子通过来自 Me-ip 的羧基连接形成沿 α 轴方向延展的 1D 金属-有机链，相邻锰离子的距离为 3.875 Å。该链通过 Me-ip 进一步拓展成 3D 框架（图 6-22）。由于 DMF 分子的配位占据了 3D 框架中的空间，因此该金属有机框架并没有溶剂可填充的孔穴。在真空条件下，在 250℃下对化合物$[Mn(Me\text{-}ip)(DMF)]_n$加热 8 h，可将 DMF 分子除掉。PXRD（X 射线粉末衍射）显示除去配位 DMF 分子后的上述化合物为非晶态的，将除去 DMF 分子后的上述化合物在 DMF 溶剂中浸泡 48 h，又可得到晶态的化合物$[Mn(Me\text{-}ip)(DMF)]_n$。

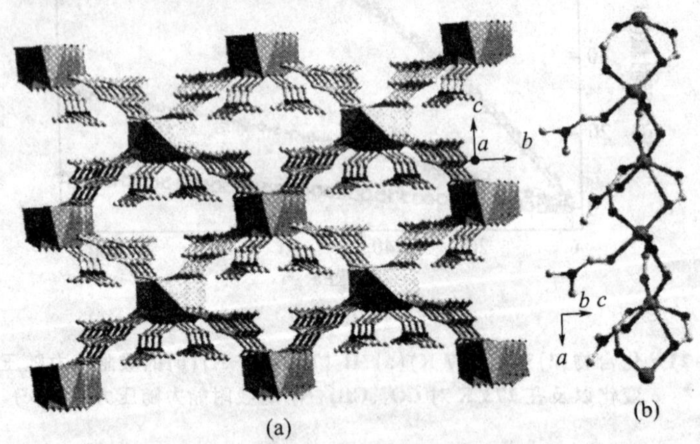

图 6-22　化合物［Mn（Me-ip）（DMF）］的三维结构（a）和结构单元（b）

化合物［Mn（Me-ip）（DMF）］的合成：

将 $Mn(CH_3COO)_2 \cdot 4H_2O$（0.25 mmol，0.061 g）、5-甲基间苯二甲酸（0.50 mmol，0.089 g）、$LiNO_3$（0.50 mmol，0.035 g）和 5 mLDMF（*N*，*N*-二甲基甲酰胺）放入 20 mL 的反应釜内，加热至 160℃并且恒温 2 d，待缓慢降至室温，得到无色的针状晶体，产率 68 mg（89％基于 Mn）。IR（KBr，cm^{-1}）：3 854（vw），3 746（vw），3 672（vw），3 423（m），3 134（s），2 346（vw），1 667 (s),1 611(s),1 578(m),1 542(s),1 388(s),1 105(w),790(vw),777(w),719(w),684(vw),510(vw)。

2014 年,齐鲁师范大学的张修堂利用联苯三甲酸(BPT)和刚性的联苯双咪唑(4,4-bibp)合成了一例 3D 框架[$Mn_{2.5}$(BPT)(4,4′-bibp)$_{2.5}$(SO_4)(H_2O)][127]。结构中,两个硫酸根和四个来自 BPT 的羧基将 5 个锰离子连接成 5 核结构单元,该结构单元通过 BPT 和 4,4′-bibp 连接成 3D 的具有 pcu 型拓扑结构的金属-有机框架(图 6-23)。

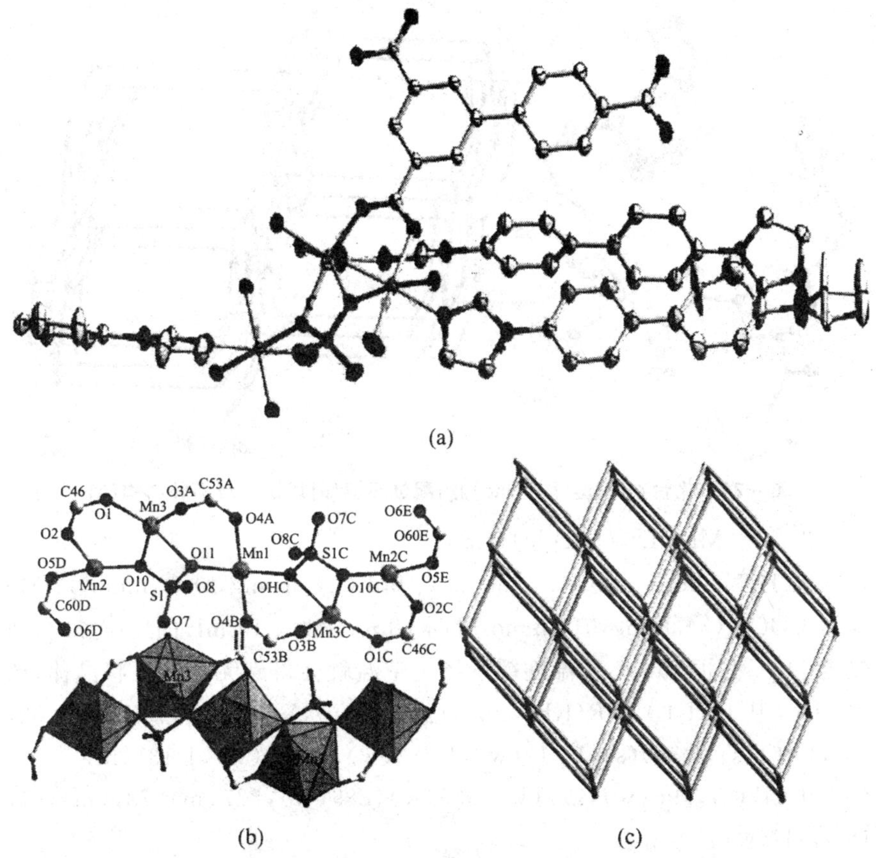

图 6-23　化合物[$Mn_{2.5}$(BPT)(4,4′-bibp)$_{2.5}$(SO_4)(H_2O)]的配位环境(a)、结构单元(b)以及三维拓扑结构(c)

化合物[$Mn_{2.5}$(BPT)(4,4′-bibp)$_{2.5}$(SO_4)(H_2O)]$_n$ 的合成:

将 H_3BPT(0.15 mmol)、4,4′-bibp(0.40 mmol)、$MnSO_4$ · H_2O(0.40 mmol)、NaOH(0.30 mmol)和 12 mL H_2O 放入 25 mL 的反应釜内,加热至 170℃并恒温 3 d,再以 10℃ · h^{-1}的速率使其缓慢降至室温,就会得到黄色块状晶体,产率 43%(基于 Mn)。IR(KBr,cm^{-1}):3 445(m),3 123 (m),1 604(s),1 509(vs),1 291(s),1 051(s),819(s),724(w)。

2014 年,东北师范大学的马建方利用一种三唑二羧酸(H_2L)和一种双三唑柔性配体(btd)组装获得一例 3D 框架[$Mn_2(L)_2(btd)$][128]。结构中,L 配体连接单金属 Mn^{2+} 节点形成 2D 的金属-有机层,相互平行的层通过 btd 连接成 3D 结构。如果将 L 和 Mn^{2+} 分别看成 4-和 5-连接点,整个结构可以看作是 4,5-连接双节点的具有($4^3 \cdot 6^3$)($4^3 \cdot 6^6 \cdot 8$)拓扑结构的金属-有机框架(图 6-24)。

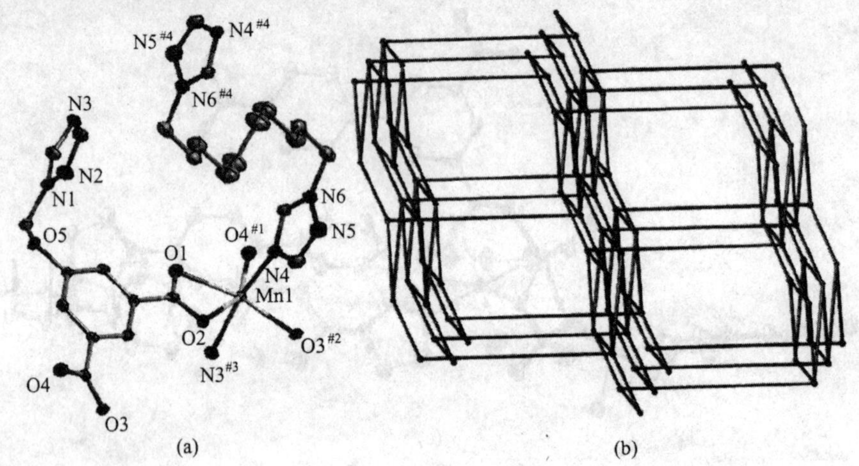

图 6-24 化合物[$Mn_2(L)_2(btd)$]的配位环境(a)以及三维拓扑结构(b)

化合物[$Mn_2(L)_2(btd)$]的合成:

将 H_2L(26.3 mg,0.1 mmol)、btd(27.6 mg,0.1 mmol)、$Mn(CH_3COO)_2$(34.6 mg,0.2 mmol)和水(8 mL)放入 15 mL 的反应釜内,加热至 140℃并恒温 3 d,待温度缓慢降至室温就会得到无色的块状晶体,产率 31%(基于 H_2L)。IR(KBr,cm^{-1}):2 967(w),1 612(s),1 561(s),1 527(s),1 461(s),1 389(s),1 319(w),1 283(w),1 223(w),1 135(m),1 076(w),1 047(s),996(w),977(w),936(w),889(w),827(m),781(m),677(w),647(w)。

6.3.2 第ⅦB 族金属-有机框架功能配合物的典型性能

Mn^{2+} 具有 5 个自旋单电子,因此,在组装金属-有机框架时很容易形成具有磁学性质的功能配合物。另外,其所构筑的金属-有机框架一旦具有一定的孔道结构,也会使其具有一定的吸附能力。

6.3.2.1 第ⅦB 族金属-有机框架功能配合物的磁学性能

2014 年，南开大学的卜显和利用苯并三氮唑(BTA)与氯离子进行组装获得一例 3D 框架 $H[Mn_6(BTA)_8Cl_5]\cdot(H_2O)_4$[129]。结构中，采取 μ_3 配位模式的 BTA 与锰离子连接形成四元环状金属-有机单元，该金属-有机单元通过 μ_4-Cl^- 连接成金属-有机簇，该结构单元进一步通过 μ_2-Cl^- 和锰离子拓展成 3D 拓扑结构。上述结构为磁学性质研究提供了基础。在 2～300 K、1 kOe(1 Oe=79.577 5 $A\cdot m^{-1}$)条件下，该化合物的 $\chi_M T$(χ_M 为摩尔磁化率)随温度(T)的变化如图 6-25 所示。在 300 K，$\chi_M T$ 为 19.24 $cm^3\cdot K\cdot mol^{-1}$。该值比 6 个孤立的高自旋的 d^5 金属离子的对应值(26.25 $cm^3\cdot K\cdot mol^{-1}$，$g$=2.0)低，表明在 Mn^{2+} 之间存在反铁磁性。随着温度的降低，$\chi_M T$ 在 46 K 时降至 9.09 $cm^3\cdot K\cdot mol^{-1}$，随后在 34 K 时，该值增加到最大值 19.53 $cm^3\cdot K\cdot mol^{-1}$，随后，该值在 2 K 时降至最小值 1.83 $cm^3\cdot K\cdot mol^{-1}$。在 50～300 K 温度范围内，遵循 Curie-Weiss 定律，Curie 常数 C=24.51 $cm^3\cdot K\cdot mol^{-1}$，Weiss 常数 θ=−76.31 K。最初的 $\chi_M T$ 的降低表明结构中存在反铁磁性作用，在 46 K 以下，$\chi_M T$ 的阶段性的增加清楚地表明结构中存在铁磁性作用或者自旋倾斜。

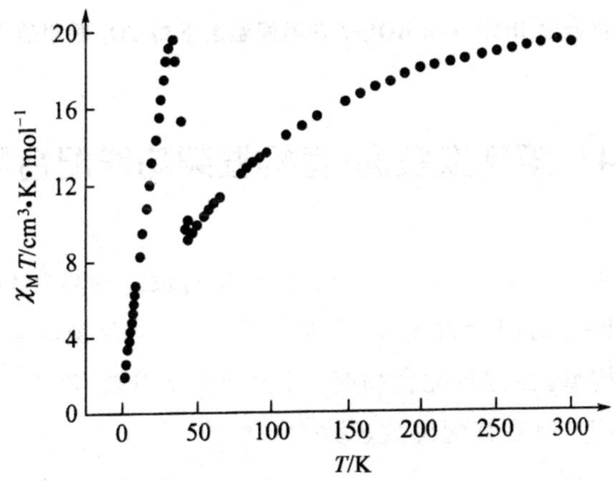

图 6-25 化合物 $H[Mn_6(BTA)_8Cl_5]\cdot(H_2O)_4$ 的 $\chi_M T$ 随温度的变化

6.3.2.2 第ⅦB 族金属-有机框架功能配合物的吸附性能

2014 年，李丹等利用一种半刚性的四羧酸配体 1,3,6,8-苯基羧酸芘(H_4TBAPy)与锰离子配位获得了一例具有 lrk 拓扑结构的 3D 框架$[Mn_2(TBAPy)(H_2O)_2]\cdot DMF\cdot H_2O$(ROD-6)[130]。为了研究该化合物的吸附能力，作者合成了一个与之相关的由 In 原子拓展的 MOF[In_2(TBAPy)$(OH)_2$](ROD-7)[131]。上述两个化合物的BET比表面积分别为345 $m^2 \cdot g^{-1}$和1 189 $m^2 \cdot g^{-1}$，对CO_2的最大吸附量分别为7.73%和6.70%。值得一提的是，如图 6-26 所示，在 273 K 和 298 K 下，随着压力的增加，化合物 ROD-6 和 ROD-7 对 CO_2 的吸附能力均在增加。然而在各个温度下，化合物 ROD-6 比 ROD-7 对 CO_2 的吸附能力均略强，这主要是由于这两个化合物中，孔道内表面的细微结构和组分差异所致。

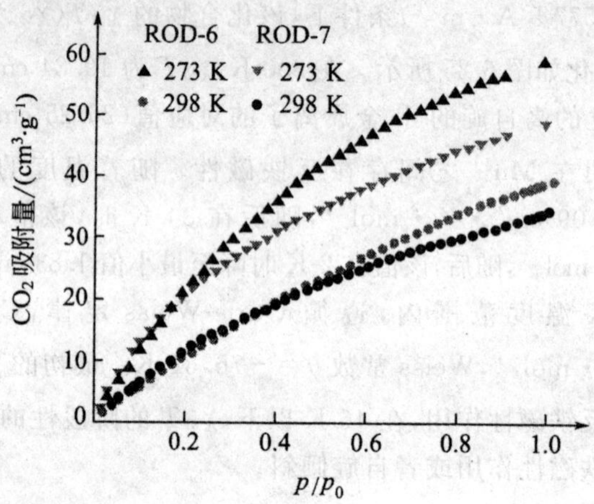

图 6-26 化合物 ROD-6 和 ROD-7 在不同温度下对 CO_2 吸附能力的比较

6.4 第Ⅷ族金属-有机框架功能配合物

第Ⅷ族金属离子 Fe^{2+}、Co^{2+}、Ni^{2+} 具有相对较好的与含 O、N 配体的配位能力，其中，Fe^{2+} 有时会发生变价，形成 Fe^{3+} 基配合物；Co^{2+} 容易出现较为丰富的配位构型，在构筑配合物时，可表现出 5、6 配位；Ni^{2+} 的配位习性与 Co^{2+} 比较接近，但是其配位数多数为 6 配位。

6.4.1 第Ⅷ族金属-有机框架功能配合物的合成

与 Fe^{2+}、Co^{2+}、Ni^{2+} 进行配位的配体中，多数仍然为有机含 O 羧酸配体。有部分含 N 多齿配体(吡唑、四唑)由于能够发生去质子，因此有时也会作为一种阴离子配体与金属离子配位。另外，一些同时含 N 含 O 配体的引入为配体的配位模式提供了丰富的空间。

6.4.1.1　铁基金属-有机框架功能配合物的结构及合成

2013 年，法国的 Christian Serre 利用一系列线性芳香二羧酸与 1,3,5-三(4-苯羧基)苯(H_3btb)协同配位，溶剂热条件下合成了一系列具有较大孔穴的铁基框架[$Fe_3O(H_2O)_2(Cl)(bdc)(btb)_{4/3}$][132]。通过调整线性二羧酸的长度可以有效调节孔穴的大小。这里只以对苯二甲酸(H_2bdc)为例描述它们的结构。结构中，三个 Fe^{3+} 通过一个 μ_3-O 和六个羧基连接成三核结构单元，该三核结构单元通过 bdc 连接成三角形结构，该三角形结构通过 btb 进一步连接形成 3D 结构。由于配体的支撑作用，该化合物展现出了迷人的大孔穴结构特点(图 6-27)。

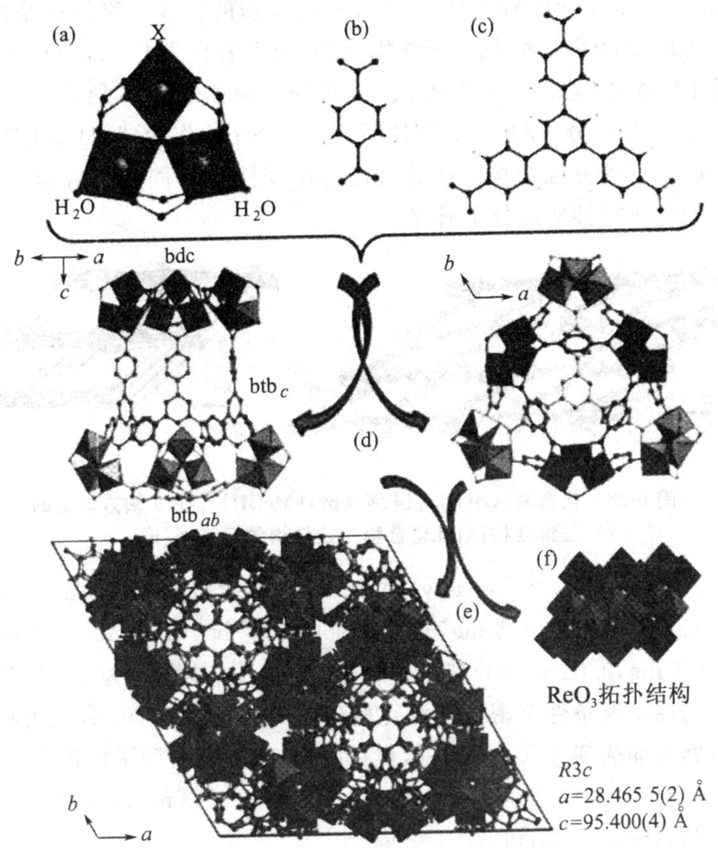

图 6-27　化合物[$Fe_3O(H_2O)_2(Cl)(bdc)(btb)_{4/3}$]的建筑单元(a)、(b)、(c)；沿着 *b* 轴和 *f* 轴方向观察的孔穴结构(d)；堆积结构(e)以及 ReO_3 拓扑结构(f)

化合物 [$Fe_3O(H_2O)_2(Cl)(bdc)(btb)_{4/3}$]・nsolv 的合成：

将 $FeCl_3 \cdot 6H_2O$(1.5 mmol,405 mg)、H_2bdc(0.5 mol,83 mg)、H_3btb(0.66 mmol,292 mg)、DMF(39 mmol,3 mL)混合于水热反应釜中,在 1 h 内加热到 150℃并在该温度下恒温 20 h。冷却后,过滤并用 200 mLDMF 搅拌洗涤过夜,再次过滤,用 200 mLMeOH 搅拌洗涤过夜,产率 72%(基于 Fe)。

6.4.1.2 钴基金属-有机框架功能配合物的结构及合成

与其他两种第Ⅷ族金属离子相比,Co^{2+}在与有机配体配位时表现出多变的配位数及配位构型。2012 年,苏州大学的朱琴玉和戴洁课题组利用 TTF-四羧酸配体(L)在溶剂热合成条件下制备了一个三维的配位聚合物 $[Co(L)_{0.5}(4,4'\text{-bpy})(MeOH)]_n$[133],此配合物的整体网络结构是由 Co-L 层和作为柱支撑的 4,4'-bpy 配体构成的,或者看作由 Co-4,4'-bpy 层和柱支撑的 L^{4-} 配体构成的,三维网络及其拓扑结构如图 6-28 所示。三维配位网络中 4,4'-bpy 分子和 TTF 配体间存在的 S…C 作用(3.41 Å)进一步巩固了此配合物的三维结构。并通过循环伏安法对此固态化合物的表面修饰电极的电化学性质进行了研究。

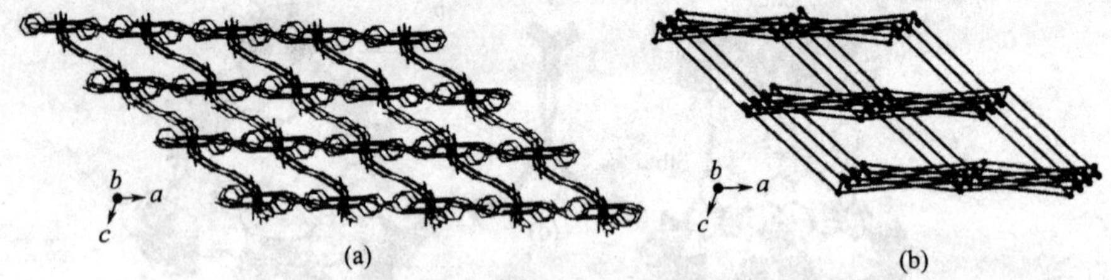

图 6-28 化合物 $[Co(L)_{0.5}(4,4'\text{-bpy})(MeOH)]_n$ 沿 *b* 轴方向上的三维结构(a)及化合物三维结构的示意图(b)

化合物 $[Co(L)_{0.5}(4,4'\text{-bpy})(MeOH)]_n$ 的合成:

将 $CoCl_2 \cdot 6H_2O$(4.8 mg,0.02 mmol)、4,4'-bpy(4.0 mg,0.02 mmol)和 Na_4L(9.4 mg,0.02 mmol)与 2 mLMeOH-H_2O(体积比为 1∶1)混合,将该混合物在室温条件下密封于派克斯玻璃管中(直径 7 mm,长 180 mm),再将玻璃管加热到 80℃恒温 6 d,然后降至室温,就得到了红色块状的化合物(1.9 mg,产率 21.6%)。IR(KBr,cm^{-1}):1 637(m),1 600(m),1 550(w),1 411(w),1 363(m)。

2013 年,三峡大学的李东升课题组在水热条件下利用 Co(Ⅱ)与 1,4-萘二酸(1,4-H_2ndc)和不同的含氮配体[bix=1,4-双(咪唑-1-甲基)-苯和 btp=4,4'-双(三唑-1-甲基)联苯]反应制备得到两个新奇的钴簇基配合物 $[Co_5(\mu_3\text{-}OH)_2(1,4\text{-}ndc)_4(bix)_2]$ 和 $\{Co_8(\mu_3\text{-}OH)_4(1,4\text{-}ndc)_6(btp)$

$(H_2O)_6 \cdot H_2O\}$[134]。在第一个配合物中,10-连接$[Co_5(\mu_3\text{-}OH)_2(COO)_8]$簇是被$\mu_4$-1,4-ndc^{2-}和顺式的 bix 配体连接拓展成为一种罕见的自穿插的 ile 骨架结构,有趣的是,此 ile 骨架可以被看作是两个互穿的 6-连接 pcu 网络的交错连接(图 6-29 和图 6-30)。在第二个配合物中,$[Co_8(\mu_3\text{-}OH)_4(COO)_{12}]$簇作为 8-连接节点被$\mu_4/\mu_5$-1,4-ndc^{2-}和顺式的-btp 配体桥连形成一种基于八核钴簇的最高连接的单节点自穿插($4^{20} \cdot 6^8$)网络(图 6-31)。两个配合物的合成和结构比较表明,辅助的含氮配体在掌控现场合成金属核簇结构和最终的三维骨架过程中起到了关键性作用。磁化率测试表明前一个配合物中的相邻钴离子间是反铁磁作用,而后一个配合物的相邻钴离子间在 300～500 K 是显著的反铁磁交换行为,在低温下是铁磁行为。

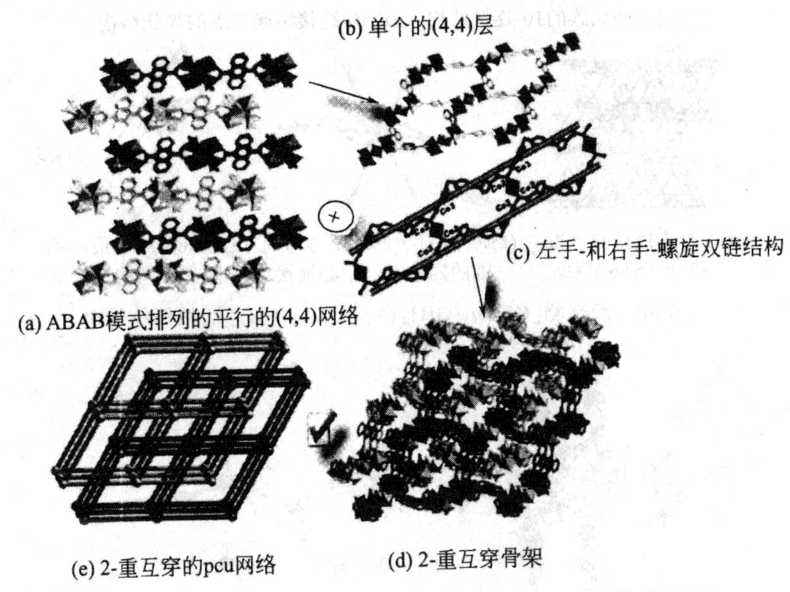

图 6-29　配合物$[Co_5(\mu_3\text{-}OH)_2(1,4\text{-}ndc)_4(bix)_2]$的缠绕骨架

化合物$[Co_5(\mu_3\text{-}OH)_2(1,4\text{-}ndc)_4(bix)_2]_n$的合成:

将 1,4-H_2ndc(0.1 mmol,21.6 mg)、bix(0.1 mmol,23.8 mg)、Co$(OCl_4)_2 \cdot 6H_2O$(0.2 mmol,96.5 mg)、NaOH(0.2 mmol,8.0 mg)和H_2O/EtOH(10 mL,体积比 1∶1)的混合物放入 25 mL 的反应釜,加热至 140℃恒温 3 d,再用 24 h 使其降至室温,就得到了紫色的块状晶体,产量 37.2 mg,产率 56%[基于 Co(Ⅱ)]。IR(KBr,cm^{-1}):3 369(m),1 619(m),1 585(s),1 517(m),1 405(s),1 356(vs),1 107(w),1 092(w),822(s),792(s),724(s),686(m),576(w),499(w)。

(a)基于2-重互穿的6-连接pcu网络和Z-型链构成的三维骨架　(b)10-连接自穿插网络

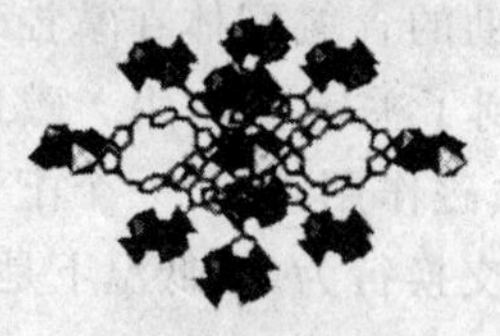

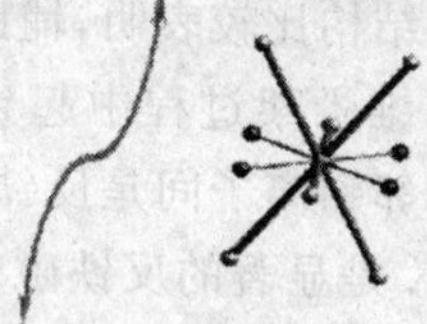

(c)五核钴簇的10-连接结构　(d)10-连接钴簇节点的简化结构

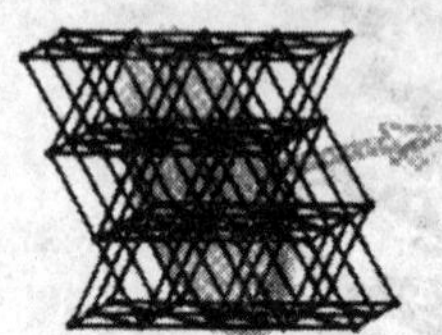

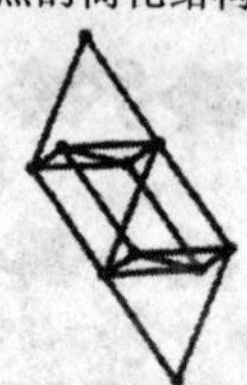

(e)10-连接自穿插ile-$(3^6 \cdot 4^{34} \cdot 5^3 \cdot 6^2)$网络　(f)每个hxl-$3^6$网络中心与周围的四个不同中心连接　(g)在ile网络中最小的四元环间的连接

图 6-30　配合物$[Co_5(\mu_3\text{-}OH)_2(1,4\text{-}ndc)_4(bix)_2]_n$的拓扑结构

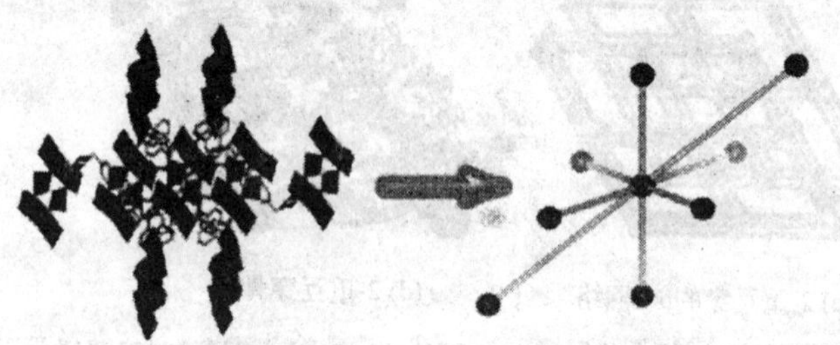

(a) 八核钴簇的8-连接模式　(b) 8-连接钴簇的简化图

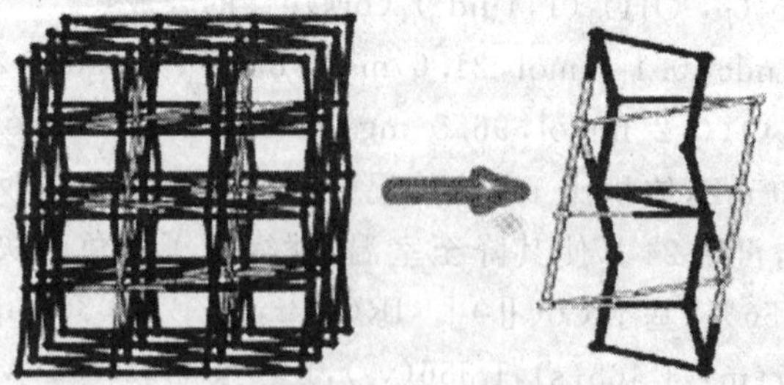

(c) 8-连接自穿插$(4^{20} \cdot 6^8)$网络　(d) 在六元最小环间的连接图

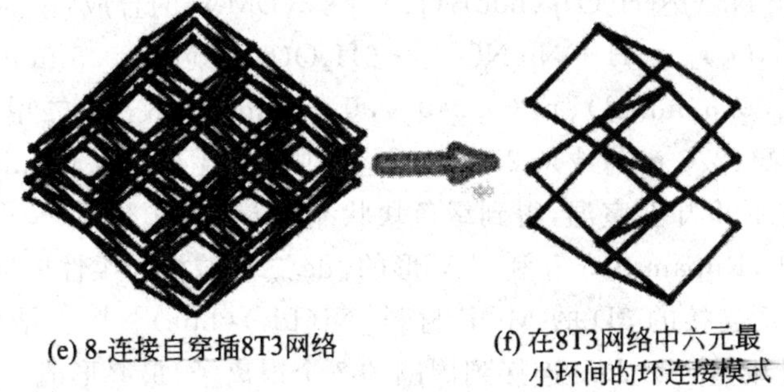

图 6-31　化合物{$Co_8(\mu_3$-$OH)_4$(1,4-ndc$)_6$(btp)($H_2O)_6$ · $H_2O\}_n$ 的拓扑结构

化合物{$Co_8(\mu_3$-$OH)_4$(1,4-ndc$)_6$(btp)($H_2O)_6$ · $H_2O\}_n$ 的合成：

化合物{$Co_8(\mu_3$-$OH)_4$(1,4-ndc$)_6$(btp)($H_2O)_6$ · $H_2O\}_n$ 的合成方法与前者类似，只是用 btp(0.1 mmol,31.6 mg)代替了上述化合物中的 bix。就可得到深红色的块状晶体，产率 46%[26.1 mg，基于 Co(Ⅱ)]。IR (KBr,cm^{-1})：3 439(s),1 597(s),1 553(s),1 458(m),1 414(s),1 356(vs),1 268(m),1 209(w),1 136(w),1 041(w),843(s),799(s),748(s),690(m),563(w),498(w)。

6.4.1.3　镍基金属-有机框架功能配合物的结构及合成

与 Co^{2+} 类似，Ni^{2+} 也是一种备受配位化学工作者关注的无机金属离子。2013 年，张健等利用对苯二甲酸根(bdc)和吡嗪(pz)构筑了一例十连接 bct 型 3D 框架材料 [$Ni_3(\mu_2$-$H_2O)_2$(bdc$)_3$(pz$)_2$] · 3(DMA)[135]。结构中，相邻的镍离子通过来自 bdc 中的羧基连接成 3 核结构单元，相邻的该结构单元通过 bdc 连接成 3D 的框架，pz 将单个的镍离子以及上述 3 核结构单元连接成 2D 的层结构，上述两种结构相互连接形成 10 连接 bct 型 3D 框架材料(图 6-32)。

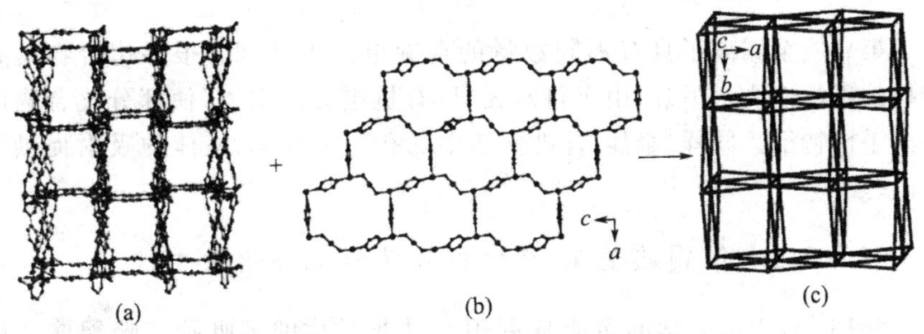

图 6-32　化合物 [$Ni_3(\mu_2$-$H_2O)_2$(bdc$)_3$(pz$)_2$] · 3(DMA)中的 Ni-(bdc)三维框架(a)和 Ni-(pz)层(b)构筑的三维框架结构(c)

化合物[$Ni_3(\mu_2-H_2O)_2(bdc)_3(pz)_2$]·3(DMA)的合成：

将 $Ni(NO_3)_2 \cdot 6H_2ONi(NO_3)_2 \cdot 6H_2O$(0.150 0 g,0.5 mmol)、$H_2bdc$(0.073 0 g,0.5 mmol)、pz(0.040 g,0.5 mmol)、N,N-二甲基甲酰胺(5 mL)、甲醇(2.5 mL)放入 25 mL 反应釜中,室温下搅拌 30 min,120℃恒温 3 d,反应后冷却至室温,得到绿色块状晶体,产率 80%。

2013 年,Rupam Sen 等利用 V 形的 fdc 二羧酸根和柔性的双吡啶配体 bpe 合成了 7 连接的 3D 的 MOF 材料[Ni(fdc)(bpe)][136]。结构中,每个镍离子通过羧基、fdc、bpe 连接到周围的 7 个镍离子,最终形成 7 连接的 3D 的 MOF 材料,由于配体的灵活性,该材料发生了 2 重互穿现象(图 6-33)。

化合物[Ni(fdc)(bpe)]的合成：

在 170℃将 $Ni(NO_3)_2 \cdot 6H_2O$、H_2fdc、1,2-bpe 按照 1∶1∶1 物质的量比混合加热 3 d,得到晶体,用乙醇淋洗后空气环境下干燥,产率 40%～55%(基于 H_2fdc)。

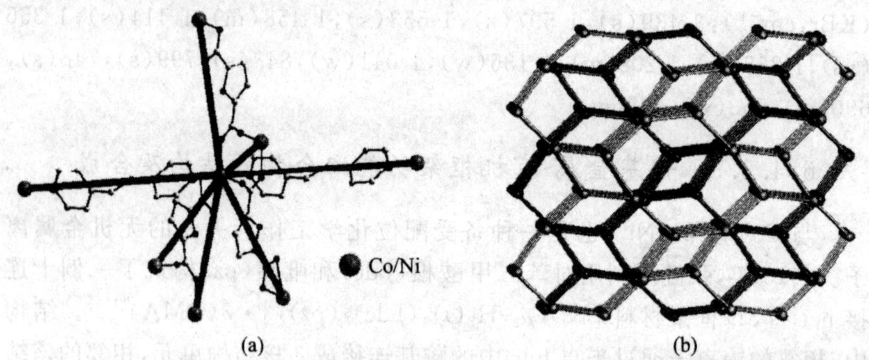

图 6-33　化合物[Ni(fdc)(bpe)]中的 7 连接结构单元(a)以及 2 重互穿拓扑结构(b)

6.4.2　第Ⅷ族金属-有机框架功能配合物的典型性能

第Ⅷ族金属离子具有不同数量的自旋单电子,因此,很多化合物具有有趣的磁学性质。另外,由于特殊无机/有机组分的引入,使部分化合物展现出手性特征。同样,金属-有机框架中的孔道为气体、液体的吸附提供了基础。

6.4.2.1　第Ⅷ族金属-有机框架功能配合物的手性

2013 年,中山大学的童明良利用一种非对称的多吡啶三唑配体 3-甲基-2-{5-[4-(吡啶)苯基]-4H-1,2,4-三唑}吡啶(Hmptpy)合成了一例手性具有 qtz 型拓扑结构 3D 框架 [$Fe(mptpy)_2$]·EtOH·0.2DMF(1)[137]。

结构中，沿着 c 轴方向存在着 3-重螺旋轴。亚铁离子存在于该轴上，与 mptpy 配体形成螺旋链。该化合物在低于 200 K 和高于 357 K 分别表现出两步自旋交叉磁学特性。另外，为了证明其对映体特征，该化合物的晶态和体相材料的固态圆二色光谱利用 KCl 压片被测试。如图 6-34 所示，体相样品没有发现响应信号，但是单独的晶体样品明显在 299 nm 和 536 nm 发现正峰，以及在 355 nm、405 nm、610 m 发现负峰。上述特征峰属于(1)-P。在相同波长处，明显看到对映体(1)-M 的相反的特征峰，上述现象表明存在同时的消旋过程。

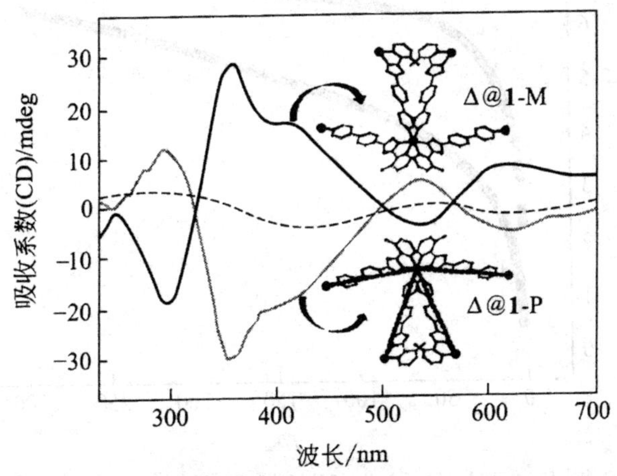

图 6-34　化合物[Fe(mptpy)$_2$]·EtOH·0.2DMF 的 CD 光谱

6.4.2.2　第Ⅷ族金属-有机框架功能配合物的磁学性能

2014 年，郑州大学的侯红卫利用 5′-(吡啶基)-2H，4′H-3，3′-二(1，2，4-三唑)(H_2pbt)合成了一例 3D 框架{[Fe_2(pbt)$_2$(H_2O)$_2$]·2H_2O}[Fe_2(pbt)$_2$(H_2O)$_2$]·2H_2O(1)。如果将上述化合物在 160℃加热 1 d，可得到化合物[Fe_2(pbt)$_2$(H_2O)$_2$]·H_2O(2)[138]。而上述两个化合物结晶水的差别可实现可逆转化。结构中存在着由相邻 N 原子连接的双核[Fe2]单元以及由三唑连接的 1D 金属-有机链，上述两种结构特点为磁学性质的研究提供了前提条件。为了研究结晶水分子的存在对化合物磁性的影响。作者研究了上述两个化合物在 1 000 Oe、2～300 K 内的磁学性质，如图 6-35 所示。对化合物(1)，在 300 K，$\chi_M T$ 为 6.90 $cm^3 \cdot K \cdot mol^{-1}$，对应于 2 个五重自旋态的 Fe^{2+} 中心。$\chi_M T$ 在 50～300 K 范围内缓慢下降，当温度低于 50 K，$\chi_M T$ 迅速下降，在 2 K 时为 2.13 $cm^3 \cdot K \cdot mol^{-1}$，这主要可能归因于零场分裂效应。与化合物(1)相比，化合物(2)的 $\chi_M T$ 下降得更快，在 50 K 下降至约

3.70 $cm^3 \cdot K \cdot mol^{-1}$，接着迅速下降，在 2 K 时降至 0.429 $cm^3 \cdot K \cdot mol^{-1}$。化合物(2)的磁化率的迅速下降归因于 Fe—N 的减少，缩短了 Fe—Fe 距离，增强了反铁磁耦合效应。值得一提的是，在 300 K，化合物(2)的 $\chi_M T$(6.367 $cm^3 \cdot K \cdot mol^{-1}$)比化合物(1)(6.90 $cm^3 \cdot K \cdot mol^{-1}$)的小 0.533 $cm^3 \cdot K \cdot mol^{-1}$，该值占化合物(1)的 $\chi_M T$ 值的 7%。上述磁学性质的不同可能归因于上述两个化合物的结构上内在差异。

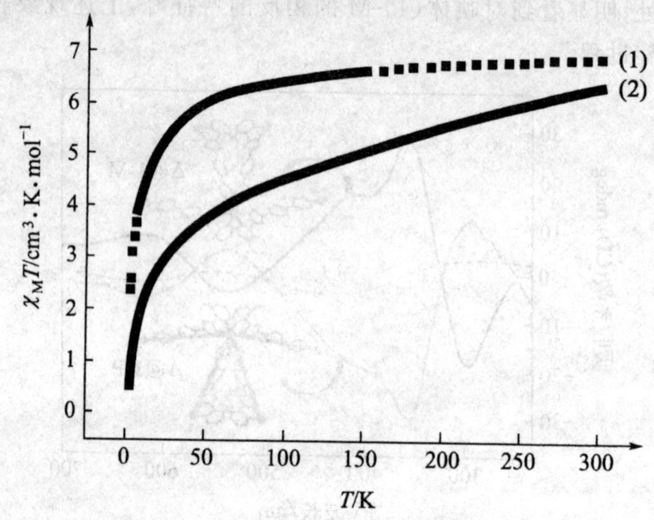

图 6-35　化合物[$Fe_2(pbt)_2(H_2O)_2$]·$2H_2O$(1)和[$Fe_2(pbt)_2(H_2O)_2$]·H_2O(2)的 $\chi_M T$ 随温度的变化

6.4.2.3　第Ⅷ族金属-有机框架功能配合物的吸附性能

2014 年，孙道峰课题组利用吡嗪(pz)和 4,4′-联吡啶(bipy)来分别连接由钴离子和 3,3′,5,5′-联苯四羧酸(H_4BPTC)形成的 2D 层获得了两例具有不同尺寸的柱层式具有 fsc 型拓扑结构的 3D 框架 Co(pz)$(BPTC)_{0.5}$·DMF·EtOH·$4H_2O$(1)和 Co(bipy)$(BPTC)_{0.5}$·solvent(2)[139](solvent 表示溶剂)。化合物(1)和化合物(2)在[110]和[011]方向分别存在 1D 孔道，孔道大小分别为 6.519 Å×7.105 Å 和 6.555 Å×11.399 Å。溶剂可填充体积分别为 630.5 $Å^3$ 和 1 328.33 $Å^3$，占相应化合物单胞体积的 38.5% 和 50.5%。将上述化合物浸泡在甲醇和二氯甲烷中，然后在 80%真空加热 10 h 可驱除溶剂。进而可研究其对 H_2、CH_4、CO_2 的吸附性能。图 6-36 所示为化合物(1)和化合物(2)对 H_2[图 6-36(a)]、CH_4[图 6-36(b)]、CO_2[图 6-36(c)]的吸附能力随压力的变化。尽管化合物(2)的比表面积(870 $m^2 \cdot g^{-1}$)要比化合物(1)(703 $m^2 \cdot g^{-1}$)的高一些，但是它们对气体的吸附能力却表现出与比表面积相反的结果。在 77 K，1 bar(10^5 Pa)，驱除溶剂后的化合物(1)和化合物(2)对 H_2 的吸附量分别为 182 $cm^3 \cdot g^{-1}$ 和 46 $cm^3 \cdot g^{-1}$。化合物(1)对 H_2 的吸附量比化合物(2)高约 136 $cm^3 \cdot g^{-1}$。而化合物(1)和化合物(2)对 CH_4 和 CO_2 也表现出类似的吸附特点。

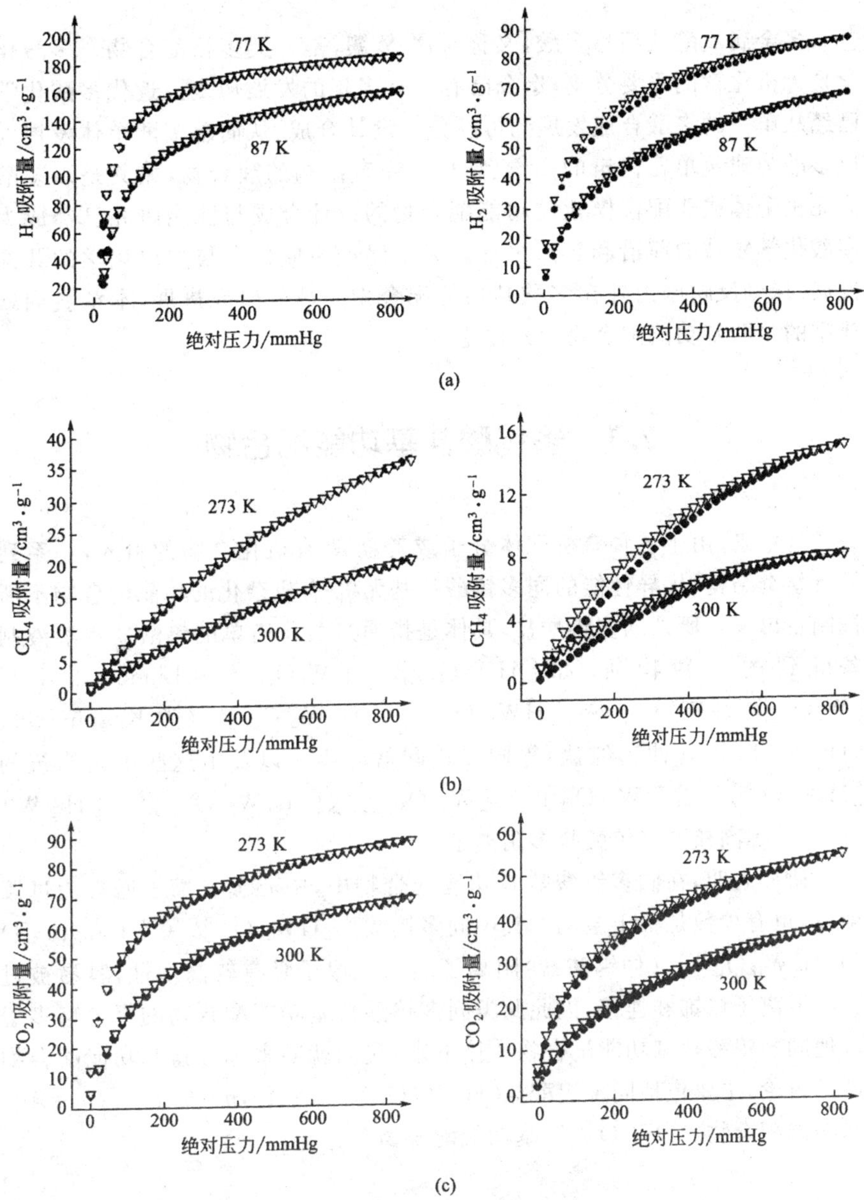

图 6-36　化合物(1)和化合物(2)对 H_2(a)、CH_4(b)、CO_2(c)的吸附性质(1 mmHg=133.322 Pa)

第7章　典型多酸基功能配合物

多金属氧酸盐简称多酸，又称金属-氧簇，是一类多核配合物。多酸化学是无机化学的重要分支，迄今已有200多年的发展历史。近代多酸化学已经从单一的多酸合成发展到可控分子设计合成、从简单多酸单体发展到以多酸为建筑单元构筑的高维、高核等新奇结构的簇合物，尤其是以多酸为无机配体或非配位模板的功能配合物的设计合成与性能研究已经成为多酸化学领域的前沿和热点之一。为了促进多酸化学与配位化学的共同发展，深刻反映国内外在多酸基功能配合物领域的研究进展，本章我们就典型的多酸基功能配合物展开讨论。

7.1　多钨酸盐基功能配合物

近年来，由于各种有机配体分子或者金属-有机化合物的引入，一系列具有新奇结构、优异性能的同多钨酸盐基无机-有机杂化的功能配合物不断被制备出来。所谓同多钨酸盐，具体是指通过酸化简单的钨酸盐水溶液制备得到的一种物质，如$[HW_5O_{19}]^{7-}$、$[W_6O_{19}]^{2-}$（Lindqvist型）、$[W_7O_{24}]^{6-}$、$[W_{10}O_{32}]^{4-}$、$[HW_{11}O_{38}]^{8-}$、$[H_2W_{12}O_{40}]^{6-}$（类Keggin型）、$[H_2W_{12}O_{42}]^{10-}$（仲钨酸盐）等同多钨酸盐阴离子以及由这些单元构筑的$[HW_{19}O_{62}]^{10-}$、$[HW_{22}O_{74}]^{15-}$、$[W_{24}O_{84}]^{24-}$、$[H_{10}W_{34}O_{116}]^{18-}$、$[H_{12}W_{36}O_{120}]^{12-}$等高核同多钨酸盐多阴离子。

研究表明，在同多钨酸盐基功能配合物中，中心金属离子通常为过渡金属，也有少数是稀土金属。其中同多钨酸盐$[HW_{12}O_{40}]^{6-}$（类Keggin型）和$[H_2W_{12}O_{42}]^{10-}$（仲钨酸盐）阴离子表面氧原子具有较高活性，容易被过渡金属离子修饰和连接，因此此类同多钨酸盐基功能配合物的报道略多于其他同多钨酸盐基功能配合物。接下来，我们就同多钨酸盐基功能配合物展开讨论，主要包括同多钨酸盐$[H_2W_{12}O_x]^{n-}$（$x=40, n=6; x=42, n=10$）基功能配合物和$[W_{10}O_{32}]^{4-}$基功能配合物等。

7.1.1　含有$[H_2W_{12}O_x]^{n-}$($x=40,n=6;x=42,n=10$)功能基的配合物

按照与$[H_2W_{12}O_x]^{n-}$($x=40,n=6;x=42,n=10$)多阴离子结合形成的多酸基功能配合物中的金属离子的不同,可以将$[H_2W_{12}O_x]^{n-}$基功能配合物分为两类:$[H_2W_{12}O_x]^{n-}$基过渡金属功能配合物和$[H_2W_{12}O_x]^{n-}$基稀土金属功能配合物。

2003 年林碧洲等人报道了一个基于十二钨酸盐簇$[H_2W_{12}O_{42}]^{10-}$和$[Cu(en)_2]^{2+}$化合物的一维链状配合物$[Cu(en)_2]_3[\{Cu(en)_2\}_2(H_2W_{12}O_{42})]\cdot 12H_2O$[140]。该配合物中的$[H_2W_{12}O_{42}]^{10-}$阴离子是经典的仲钨酸盐结构,是中心对称结构,由两种类型的亚单元构成:一个是三角帽型W_3O_{13},另一个是打开的带型的W_3O_{14}。每个帽型W_3O_{13}基团是由三个共边的WO_6八面体通过共享氧原子构成的,而带型的W_3O_{14}基团是通过三个WO_6八面体线性连接形成,如图 7-1(a)所示。进一步,在W_3O_{13}基团中的每个WO_6八面体有一个端基氧原子,而在W_3O_{14}基团中的每个WO_6八面体有两个非共享的氧原子。此配合物中的每个同多酸$[H_2W_{12}O_{42}]^{10-}$簇作为四齿无机配体与相邻的两个多阴离子簇间通过四个$[Cu(en)_2]^{2+}$配合物连接,形成配合物的一维链状结构,如图 7-1(b)所示。此外,配合物中大量氢键作用的存在对其结构起到了巩固作用。

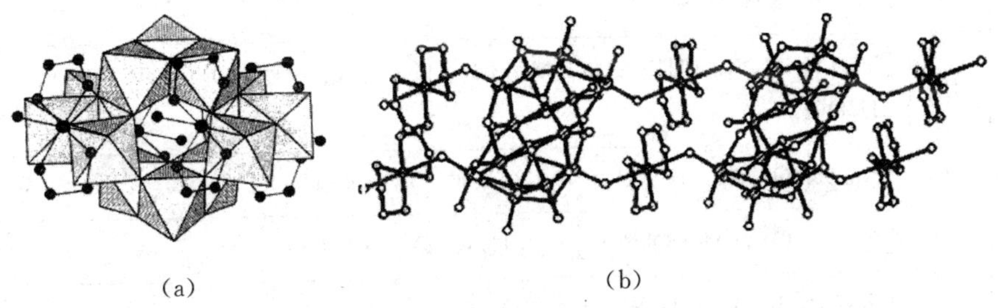

(a)　　　　(b)

图 7-1　配合物$[Cu(en)_2]_3[\{Cu(en)_2\}_2(H_2W_{12}O_{42})]\cdot 12H_2O$的结构

[$[H_2W_{12}O_{42}]^{10-}$阴离子结构图(a);配合物一维链结构(b)]

如表 7-1 所示,给出了目前已经合成的$[H_2W_{12}O_x]^{n-}$基过渡金属功能配合物,限于本书篇幅,这里不再详细讨论其具体结构与合成过程。

表 7-1 目前已经合成的$[H_2W_{12}O_x]^{n-}$基过渡金属功能配合物

序号	$[H_2W_{12}O_x]^{n-}$基过渡金属功能配合物
1	$[Cu(en)_2]_3[\{Cu(en)_2\}_2(H_2W_{12}O_{42})]\cdot 12H_2O$
2	$[Ni(bpy)_3]_{1.5}[Ni(bpy)_2(H_2O)\{H_3W_{12}O_{40}\}]\cdot 0.5H_2O(1\cdot 0.5H_2O)$
3	$[\{Ni(phen)_2(H_2O)\}_2\{H_4W_{12}O_{40}\}]\cdot 4H_2O(2\cdot 4H_2O)$
4	$[\{Cu(phen)_2\}_4\{H_2W_{12}O_{40}\}][\{Cu(phen)_2\}_2\{H_2W_{12}O_{40}\}]\cdot 3H_2O(3\cdot 3H_2O)$
5	$[Cu(en)_2(H_2O)]_2[Cu(en)_2H_2W_{12}O_{40}]10H_2O(1)$
6	$[\{Cu(en)_2\}_3\{Cu(en)_2\}H_2W_{12}O_{42}]\cdot 27H_2O(2)$
7	$[Cu(en)_2(H_2O)_2][Cu(en)_2][\{Cu(en)_2\}_3H_2W_{12}O_{42}]\cdot 15H_2O(3)$
8	$[Ag(CH_3CN)_4]\{[Ag(CH_3CN)_2]_4[H_3W_{12}O_{40}]\}$
9	$[Cu(enMe)_2(H_2O)][\{Cu(enMe)_2\}\{Cu(enMe)_2(H_2O)W_{12}O_{40}(H_2)\}]\cdot nH_2O$
10	$[Cu_2^{I}(2,2'\text{-}bipy)_2(4,4'\text{-}bipy)][Cu_{1.5}^{I}(2,2'\text{-}bipy)(4,4'\text{-}bipy)]_2[H_3W_{12}O_{40}]$
11	$Na_4[Ag_4L_4][H_2W_{12}O_{40}]\cdot 12H_2O$
12	$[Zn(bpy)_3]_{1.5}[H_3W_{12}O_{40}Zn(bpy)_2(H_2O)]\cdot 0.5H_2O$
13	$H_4\{[Cu_3(2\text{-}Hpzc)_2(H_2O)_4](H_2W_{12}O_{42})\}\cdot 13H_2O$
14	$[Cu(bbi)]_5H[H_2W_{12}O_{40}]$
15	$[Na_2(H_2O)_8Ag_2(HINA)_3(INA)][Na(H_2O)_2Ag_2(HINA)_4(H_2W_{12}O_{40})]\cdot 2H_2O(1)$
16	$[Na_2(H_2O)_4Ag_6(HNA)_2(NA)_2(H_2W_{12}O_{40})]\cdot 8H_2O(2)$
17	$[Na_6(H_2O)_{11}(Me_{10}Q[5])_2]\cdot[\beta\text{-}H_2W_{12}O_{40}]\cdot 5H_2O$
18	$[Fe(2,2'\text{-}bpy)_3]_3[H_2W_{12}O_{40}]\cdot 6H_2O$
19	$[Cu(bie)]_3H_2[H_3W_{12}O_{40}]$
20	$H_2[Cu_2(bpy)_2(H_2O)_2(l\text{-}ox)]_2[H_2W_{12}O_{40}]\cdot H_2O$
21	$Na_6[\{Cu(gly)(H_2O)\}]_2[\{Cu(H_2O)\}(H_2W_{12}O_{42})]\cdot 21H_2O(1)$
22	$Na\{Na(H_2O)_6\}\{Na(H_2O)_4\}_3[\{Cu(gly)_2\}]_2\{H_5(H_2W_{12}O_{42})\}\cdot 8.5H_2O(2)$

续表

序号	$[H_2W_{12}O_x]^{n-}$基过渡金属功能配合物
23	$[Co(bipy)_3]_3[\{Co(bipy)_2(H_2O)\}_2\{H_3W_{12}O_{40}\}_2]\cdot H_2O$(1)
24	$[H_2bipy]_{0.5}[\{Cu(bipy)_2\}_2\{H_3W_{12}O_{40}\}]\cdot H_2O$(2)
25	$[Cu_5^I(pz)_6H(H_2W_{12}O_{40})]\cdot 4H_2O$
26	$[\{Ag(H_2O)_3(Bu^IN)_4\}_2Na_2H_2(H_2W_{12}O_{40})]\cdot 4H_2O$
27	$[\{Cu(bim)(H_2O)_2\}_4(H_4W_{12}O_{42})]\cdot 14H_2O$(1)
28	$(Himi)_6[\{Mn(imi)(H_2O)\}(H_4W_{12}O_{42})]\cdot 2H_2O$(2)
29	$[\{Cu_{0.5}(H_2O)\}_2\{Cu_{0.5}(H_2O)_2\}_2\{Cu(bim)(H_2O)_2\}_2(H_4W_{12}O_{42})]\cdot 10H_2O$(3)
30	$[\{Na(H_2O)_4\}_2\{Cu_{0.5}(H_2O)\}_4\{Cu_{0.5}(H_2O)_{1.5}\}_2(H_4W_{12}O_{42})]\cdot 3H_2O$(4)
31	$KNa[Ru(bpy)_3]_2[H_2W_{12}O_{40}]\cdot 8H_2O$
32	$(NH_4)_5[Ag_5(L)_2(H_2O)_8(H_2W_{12}O_{40})]\cdot H_2O$
33	$[enH_2]_2[Cu(en)_2]_3[H_2W_{12}O_{42}]\cdot 6H_2O$
34	$(NH_4)_4[KAg_2(Hpydc)(H_2O)_{4.5}(H_2W_{12}O_{40})]\cdot 4H_2O$

2008 年陈亚光课题组合成了三个同构的基于$[H_2W_{12}O_{40}]^{6-}$簇和镧系金属-有机化合物的二维层状配合物，$[(C_6H_5NO_2)Ln(H_2O)_5]_2[H_2W_{12}O_{40}]\cdot nH_2O$ [$Ln=Ce^{3+}$(1)，Pr^{3+}(2)，$n=7$；Nd^{3+}(3)，$n=6$][141]。配合物中 α-型同多阴离子簇$[H_2W_{12}O_{40}]^{6-}$被镧系金属(Ln)阳离子-吡啶-4-羧酸配合物单元连接形成包含螺旋链的二维层状骨架结构。如表 7-2 所示，给出了目前已经合成的$[H_2W_{12}O_{40}]^{6-}$基稀土金属功能配合物，限于本书篇幅，这里不再详细讨论其具体结构与合成过程。

表 7-2　目前已经合成的$[H_2W_{12}O_x]^{n-}$基稀土金属功能配合物

序号	$[H_2W_{12}O_x]^{n-}$基稀土金属功能配合物
1	$[(C_6H_5NO_2)Ln(H_2O)_5]_2[H_2W_{12}O_{40}]\cdot 7H_2O$(1)
2	$[(C_6H_5NO_2)Pr(H_2O)_5]_2[H_2W_{12}O_{40}]\cdot 7H_2O$(2)
3	$[(C_6H_5NO_2)Nd(H_2O)_5]_2[H_2W_{12}O_{40}]\cdot 6H_2O$(3)
4	$[Sm_3(Hdipic)(dipic)(H_2O)_{13}(H_2W_{12}O_{40})]\cdot 13H_2O$(1)

续表

序号	$[H_2W_{12}O_x]^{n-}$ 基稀土金属功能配合物
5	$[Gd_3(Hdipic)(dipic)(H_2O)_{13}(H_2W_{12}O_{40})]\cdot 13H_2O$(2)
6	$(NH_4)_4[Eu_2(L)_2(H_2O)_9(H_2W_{12}O_{40})]\cdot 11H_2O$(1)
7	$(NH_4)_4[Gd_2(L)_2(H_2O)_9(H_2W_{12}O_{40})]\cdot 11H_2O$(2)
8	$(NH_4)_4[Tb_2(L)_2(H_2O)_9(H_2W_{12}O_{40})]\cdot 12H_2O$(3)
9	$(NH_4)_4[Dy_2(L)_2(H_2O)_9(H_2W_{12}O_{40})]\cdot 11H_2O$(4)
10	$(NH_4)_2\{[Gd_2(HL)_2(H_2O)_9][(H_2W_{12}O_{40})]\}\cdot 10H_2O$(1)
11	$(NH_4)_2\{[Tb_2(HL)_2(H_2O)_9][(H_2W_{12}O_{40})]\}\cdot 15H_2O$(2)
12	$(NH_4)_2\{[Ho_2(HL)_2(H_2O)_9][(H_2W_{12}O_{40})]\}\cdot 10H_2O$(3)
13	$[Hdpdo]Ln(Hdpdo)_2(H_2O)_6[H_2W_{12}O_{40}]\cdot nH_2O$
14	$(NH_4)_4[Er_2(pydc)_2(H_2O)_9(H_2W_{12}O_{40})]\cdot 12H_2O$(1)
15	$(NH_4)_3[Tm_3(pydc)_3(H_2O)_{15}(H_2W_{12}O_{40})]\cdot 17H_2O$(2)
16	$(NH_4)_3[Yb_3(pydc)_3(H_2O)_{15}(H_2W_{12}O_{40})]\cdot 20H_2O$(3)
17	$(NH_4)_3[Lu_3(pydc)_3(H_2O)_{15}(H_2W_{12}O_{40})]\cdot 13H_2O$(4)

研究表明,包含$[H_2W_{12}O_x]^{n-}$阴离子的配合物合成过程中的一些规律与特性,合成过程所需的水热合成反应一般会受起始反应物种类、起始反应物浓度、pH、反应时间和温度等因素的影响,概述如下:

①起始反应物的种类对目标配合物的形成是非常重要的。当选择多酸阴离子合成原料作为起始物时能得到目标配合物,而选择直接制备好的多酸阴离子作为起始反应物时就可能得不到目标配合物,或者能得到结构不同的产物。此外,起始反应物的浓度也会对目标产物的合成有重要的影响,即反应物配比的调节也是反应中十分重要的因素。

②反应体系中 pH 的调节是能否获得目标配合物的关键因素。当体系的 pH 调整到合适的范围就能得到目标产物,但是当改变体系 pH 时通常不会得到目标化合物或者得到不同结构的化合物。

③反应体系的反应时间和反应温度对目标配合物的形成也是非常关键的。反应时间是影响配合物形成至关重要的因素,反应时间过长或过短都有可能得不到目标产物。此外,对于水热合成体系温度选择的影响可能

更为显著，虽然水热合成可能会有一个反应温度的范围，但是反应体系中温度选择过高或者过低都会得不到相应的目标产物。

④有机含氮配体在水热条件下的还原作用。在合成多酸基的过渡金属铜配合物时，含氮配体的用量十分重要，当用量较大（远超过其配位所需用量）时，Cu^{2+}很容易被还原为Cu^{+}。有时，含氮有机配体不仅能起到与金属离子配位的作用，同时在水热条件下也可以是一种还原剂，或者起到平衡电荷的作用。

大量科学研究表明，同多钨酸阴离子$[H_2W_{12}O_x]^{n-}$中的W中心能进行可逆的多电子氧化还原过程，导致$[H_2W_{12}O_x]^{n-}$基功能配合物可以显示出良好的电化学和电催化性能，此外这种功能配合物也具有良好的降解过氧化氢的催化性能、光催化降解有机染料分子等性能。无论是$[H_2W_{12}O_x]^{n-}$基过渡金属配合物还是稀土金属功能配合物中的金属原子、配体和$[H_2W_{12}O_x]^{n-}$多阴离子通常都保持其原有的特性，如有机配体或者稀土离子具有的荧光性质在配合物中仍然得以保留。其中包含$[H_2W_{12}O_x]^{n-}$多酸的良好的氧化还原性、电催化、光催化等性能。此外部分多酸基配合物还有一定的磁性，这些磁性主要是由于多核金属簇造成的。接下来，我们将$[H_2W_{12}O_x]^{n-}$（$x=40,n=6;x=42,n=10$）基功能配合物的特性简单归纳如下：

①$[H_2W_{12}O_x]^{n-}$基功能配合物的电化学性质和电催化。水热条件下合成的$[H_2W_{12}O_x]^{n-}$基功能配合物不溶于水和常见的有机溶剂，因此配合物的体修饰碳糊电极成为研究此类配合物电化学行为的有效方法[142]。

②$[H_2W_{12}O_x]^{n-}$基功能配合物的磁性。一些d^{10}过渡金属（Cu、Co、Ni、Mn）多核簇结构的存在通常会导致配合物具有良好的磁性，包含有多核簇结构的$[H_2W_{12}O_x]^{n-}$基功能配合物也能显示出好的磁性现象[143]。

③$[H_2W_{12}O_x]^{n-}$基功能配合物的催化性质。在过去的几十年中，多金属氧酸盐已经被证明是降解过氧化氢的有效催化剂，多钨酸盐$[H_2W_{12}O_x]^{n-}$阴离子作为多金属氧酸盐的一种，其修饰的功能配合物也对过氧化氢的降解显示了良好的催化效果。

④$[H_2W_{12}O_{42}]^{10-}$基功能配合物的光催化性质。大量实验证明，几种多钨酸盐在紫外光照射下能够展示出对有机分子降解有好的光催化活性。

⑤$[H_2W_{12}O_x]^{n-}$基的功能配合物的荧光性质。研究表明，$[H_2W_{12}O_x]^{n-}$基的功能配合物的荧光性质主要取决于多阴离子$[H_2W_{12}O_x]^{n-}$内部的WO_6基团。

7.1.2 含有$[W_{10}O_{32}]^{4-}$功能基的配合物

$[W_{10}O_{32}]^{4-}$多阴离子作为同多钨酸盐阴离子的一种，其研究相对较少。2001 年，王恩波等人以钌为中心金属，利用 2,2′-联吡啶配体合成了一个同多钨酸盐$[W_{10}O_{32}]^{4-}$基化合物$[Ru(bpy)_3]_2[W_{10}O_{32}]\cdot 3DMSO$,(bpy=2,2′-联吡啶)[144]。在该化合物中，包含两个金属钌连接三个 2,2′-联吡啶构成两个$[Ru(bpy)_3]^{2+}$单核结构，一个$[W_{10}O_{32}]^{4-}$多阴离子和三个离散的 DMSO 分子。在$[W_{10}O_{32}]^{4-}$多阴离子中，两个W_5O_{18}单元是通过四个共角的氧原子镜面对称的键合在一起，形成了一种空的八面体空间模式。W_5O_{18}单元是由五个扭曲的WO_6八面体通过常见的共边模式彼此共价键相连形成的。相邻的化合物$[Ru(bpy)_3]$分子与$[W_{10}O_{32}]^{4-}$多阴离子间通过 C…O 氢键作用连接构成化合物的超分子堆积结构(如图 7-2 所示)。

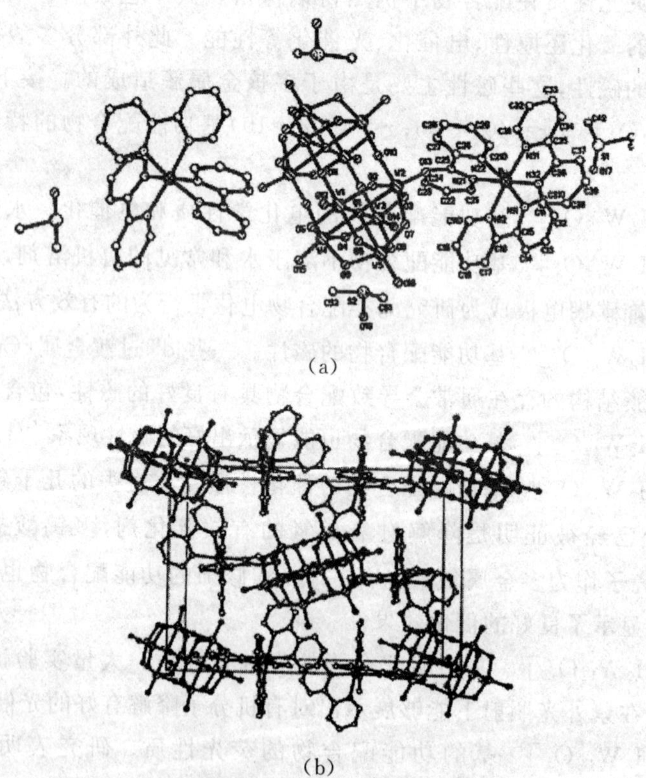

(a)

(b)

图 7-2 化合物$[Ru(bpy)_3]_2[W_{10}O_{32}]\cdot 3DMSO$的结构

[化合物的基本构建单元结构(a);沿 b-轴的堆积图(b)]

如表 7-3 所示，给出了目前已经合成的$[W_{10}O_{32}]^{4-}$基功能配合物，限于本书篇幅，这里不再详细讨论其具体结构与合成过程。

表 7-3 目前已经合成的$[H_2W_{12}O_x]^{n-}$基功能配合物

序号	$[H_2W_{12}O_x]^{n-}$基功能配合物
1	$[Ru(bpy)_3]_2[W_{10}O_{32}]\cdot 3DMSO$
2	$[(DB18C6)(DMF)_2Na]_4W_{10}O_{32}\cdot 2DMF\cdot 2H_2O$
3	$[\{Cu(bpy)_2\}_2W_{10}O_{32}]\cdot 2H_2O$
4	$[(H_2O)Na(\mu\text{-}DMSO)_3La(DMSO)_4(W_{10}O_{32})]_n$(1)
5	$[(H_2O)Na(\mu\text{-}DMSO)_3Ce(DMSO)_4(W_{10}O_{32})]_n$(2)
6	$[Ce(H_2O)(DMF)_6(W_{10}O_{32})](DMF)(CH_3CH_2OH)$
7	$[(en^*)Pd(4,4'\text{-}bpy)]_3(NO_3)_6$(1a)
8	$[(en^*)Pd(4,4'\text{-}bpy)]_4(NO_3)_8$(1b)
9	$\{[(en^*)Pd(4,4'\text{-}bpy)]_4[W_{10}O_{32}]\}[W_{10}O_{32}]$(1)
10	$[(en^*)Pd(4,4'\text{-}bpy)]_4[W_{10}O_{32}]_2$(2)
11	$[CpFeCp\text{-}CH_2\text{-}Py]_4[W_{10}O_{32}]$

实践证明，采用常规方法合成$[H_2W_{12}O_x]^{n-}$基功能配合物时，目标配合物的获得会受到一些因素的影响，例如：反应温度、体系的 pH、起始原料及反应物的配比、溶剂体系的选择等。可以总结出几点此类功能配合物在合成上的规律，简单归纳如下：

①反应体系的温度对目标配合物的形成是非常重要的。对于常规合成方法，反应体系的温度选择是非常显著的，虽然目标配合物的合成可能会有一个反应温度的范围，但是如果没有达到需要的温度，目标配合物就无法获得。此外，反应时间也是影响配合物形成至关重要的因素，反应时间过长或过短都有可能得不到目标产物。

②反应体系中起始原料的选择及反应物的配比对目标配合物的合成也有重要的影响。例如有的反应体系中氨分子的加入能有助于目标的配合物晶体的生成或结晶，当不加入氨分子时就不能得到目标产物。此外，对于不同配合的合成体系，起始反应物的配比是不同的，需要根据具体反应体系来确定。

③反应体系中 pH 的调节是能否获得目标配合物的关键因素。当体系的 pH 调整到合适的范围就能得到目标产物，但是当体系 pH 调节不当或者偏离较多时就无法得到目标配合物或者只能得到不同结构的化合物。

④溶剂的选择是常规合成的一个关键问题。在常规条件下，甲醇、乙醇、乙腈是最常见的有机溶剂，但是当遇到溶解度比较小的配体时，可能通常会选择溶解性较强的 DMF 或者 DMSO 作为溶剂，这些有机溶剂的选择对配合物的形成影响很大，因此选择合适的混合溶剂极为重要。同时各种溶剂用量和配比对晶体质量有重要影响。

当金属-有机单元与$[W_{10}O_{32}]^{4-}$多酸阴离子构建成功能配合物后，不仅拓展了其结构，而且丰富了$[W_{10}O_{32}]^{4-}$多酸阴离子基化合物的性质。接下来，我们将$[W_{10}O_{32}]^{4-}$基功能配合物的特性简单归纳如下：

①$[W_{10}O_{32}]^{4-}$基功能配合物的电化学性质。作为一种同多钨酸盐阴离子，$[W_{10}O_{32}]^{4-}$包含可以进行多电子传递的氧化还原的 W 原子，因此$[W_{10}O_{32}]^{4-}$基功能配合物可能成为潜在的电化学活性材料。2006 年，罗芳等人研究了同多钨酸阴离子$[W_{10}O_{32}]^{4-}$基有机-无机杂化配合物$[Ce(H_2O)(DMF)_6(W_{10}O_{32})](DMF)(CH_3CH_2OH)$的电化学性质。如图 7-3 所示，是配合物（$2\times10^{-4}$ mol · L^{-1}）在 1 mol · L^{-1} H_2SO_4 溶液中扫速 10 mV · s^{-1} 下的循环伏安曲线，其工作电极为玻璃碳电极，参比电极为 $Hg/HgCl_2$ 电极，Pt 丝作为对电极。在－600～＋400 mV 电位范围内，能观察到配合物的一对可逆的氧化还原峰，平均峰电位 $E_{1/2}=(E_{pa}+E_{pc})/2$ 为－130 mV。氧化还原峰 I－I′可能是归属于 1-电子的 W^{VI}/W^{V} 氧化还原。而钾盐 $K_4(W_{10}O_{32})$溶解在 Na_2SO_4 水溶液中（pH＝2.5），能展示出在－120 mV 和－370 mV 处的两个单电子的氧化还原峰。在－370 mV 附近的一个氧化还原峰的消失可能是因为 Ce（Ⅳ）接受一个电子转化成为 Ce（Ⅲ），因此阻止了 W 原子的连续氧化还原。Ce（Ⅳ）在溶液中提供强的 1-电子氧化，因此这个配合物可以作为化学反应中的电子传递设备。

②$[W_{10}O_{32}]^{4-}$基功能配合物的电子特性。电荷转移型盐具有电子特性，2010 年薛岗林等人测试了其制备的电荷转移$[W_{10}O_{32}]^{4-}$基配合物$[CpFeCp\text{-}CH_2\text{-}Py]_4[W_{10}O_{32}]$的电子特性。通过漫反射技术获得了该配合物晶体分散在硫酸钡中的紫外-可见光谱。有趣的是，除了组分的吸收带以外此光谱展示了宽的、低能量吸收（如图 7-4 所示），$CpFeCp\text{-}CH_2\text{-}Py^+$ 的碘盐和$[W_{10}O_{32}]^{4-}$的 Bu_4N^+ 盐的以摩尔比 4：1 混合后的物理混合物在$\lambda>$ 400 nm 处不能显示出任何吸收，相比较之下，$CpFeCp\text{-}CH_2\text{-}Py^+$ 和$[W_{10}O_{32}]^{4-}$以摩尔比 4：1 比例获得的化合物在 $\lambda=850$ nm 处展示出了新的吸

收峰。此结果与报道的电荷转移型盐(CT 盐)类似，因此符合 Mulliken 理论，新的(可见的)吸收带应该归属在二茂铁给体阳离子 CpFeCp-CH_2-Py^+ 与$[W_{10}O_{32}]^{4-}$阴离子受体之间的 CT 转移。

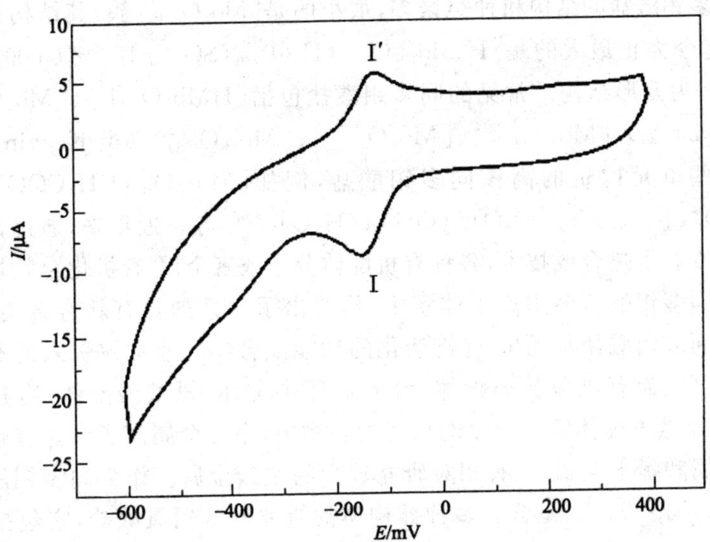

图 7-3　$[Ce(H_2O)(DMF)_6(W_{10}O_{32})](DMF)(CH_3CH_2OH)$的循环伏安曲线

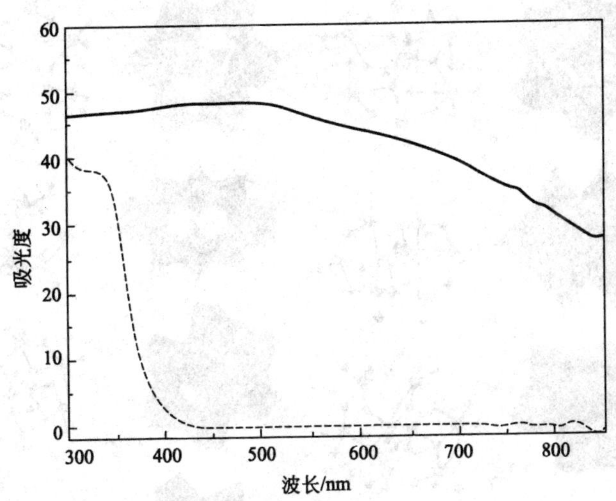

图 7-4　CpFeCp-CH_2-Py^+ 给体和$[W_{10}O_{32}]^{4-}$受体形成的电荷转移盐的漫反射光谱(实线)，CpFeCp-CH_2-Py^+ 的碘盐和$[W_{10}O_{32}]^{4-}$的四丁基铵盐以 4∶1 摩尔比形成的物理混合物的漫反射光谱(虚线)

7.2 多钼酸盐基功能配合物

同多钼酸盐的结构和种类繁多，最小的是$[Mo_2O_7]^{2-}$簇，其结构也相对简单；迄今为止最大的是$[H_xMo_{368}O_{1032}(H_2O)_{240}(SO_4)_{48}]^{48-}\cdot 1\,000H_2O=\{Mo_{368}\}$，为笼形结构。常见的同多钼酸盐包括$[HMo_5O_{17}]^{3-}$、$[Mo_6O_{19}]^{2-}$(Lindqvist 型)、$[Mo_2O_4]^{6-}$、$[Mo_8O_{26}]^{4-}$、$[Mo_{13}O_{40}]^{2-}$(类 Keggin 型)以及由这些单元构筑的高核同多钼酸盐，例如$[Mo_{18}O_{56}(CH_3COO)_2]^{6-}$、$[Mo_{40}O_{128}]^{16-}$、$[Mo_{154}(NO)_{14}(OH)_{28}(H_2O)_{70}]^{n-}$等。近年来，通过常规合成方法或者水热合成技术，各种有机配体分子或者金属-有机化合物被陆续引入到同多钼酸盐多阴离子体系中，构筑出了一系列具有新奇结构、优异性能的同多钼酸盐基无机-有机杂化的功能配合物。通常被引入的有机配体分子可以为有机羧酸类配体、含氮杂环类配体、氨基酸配体、有机胺配体、Schiff 碱类配体等。杂化的功能配合物中，中心金属离子的选择通常为过渡金属和稀土金属，也有相对研究较少的主族金属。作为同多钼酸盐中的一种，$[Mo_8O_{26}]^{4-}$是含有多种异构体的重要的八钼氧酸盐，它包括$\alpha,\beta,\gamma,\delta,\varepsilon,\zeta,\eta$和$\theta$多种异构体(如图 7-5 所示)。

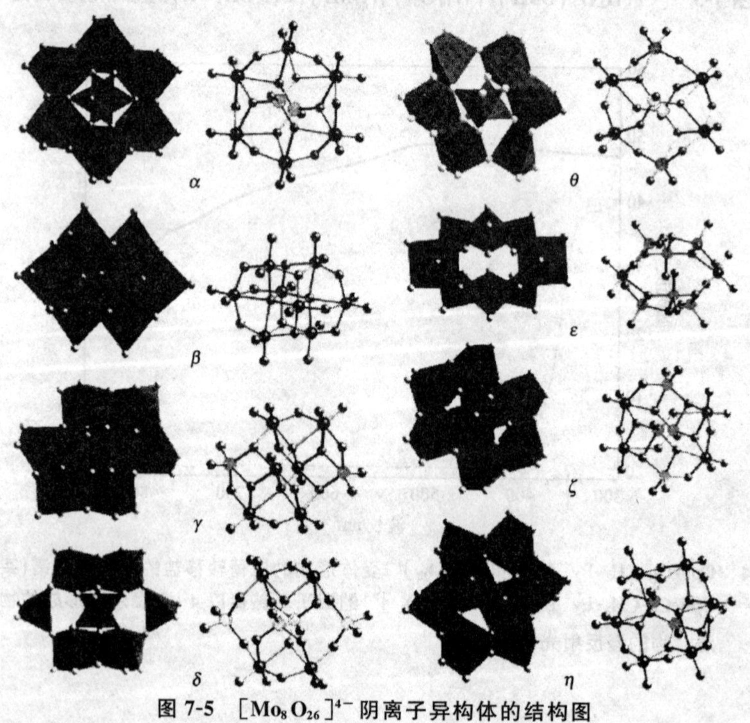

图 7-5 $[Mo_8O_{26}]^{4-}$阴离子异构体的结构图

早在 1976 年，Klemperer 教授和 Shum 教授就曾指出，八钼氧酸盐的 α 和 β 两种异构体可以通过中间体来实现相互转换，并在乙腈溶液中用红外光谱法分析了它们的结构不同之处。γ-$[Mo_8O_{26}]^{4-}$ 结构是 α-$[Mo_8O_{26}]^{4-}$ 和 β-$[Mo_8O_{26}]^{4-}$ 异构体互相转化的中间体。δ-$[Mo_8O_{26}]^{4-}$ 异构体与 α 构型的类似，由四个 MoO_6 八面体和四个 MoO_4 四面体共边共角相连构筑而成。ε-$[Mo_8O_{26}]^{4-}$ 主轴位于连接八面体点的矢量方向。ε 异构体的最特殊之处在于它的中心位置形成了空穴结构。ζ-$[Mo_8O_{26}]^{4-}$ 异构体包含四个 MoO_6 八面体和四个 MoO_5 结构单元。η-$[Mo_8O_{26}]^{4-}$ 由六个（MoO_6）八面体和两个 MoO_5 四方金字塔锥构成，由十四个端基氧，四个双桥氧还有八个三桥氧组成。θ-$[Mo_8O_{26}]^{4-}$ 可以描述为四个 MoO_6 八面体和两个 MoO_5 四方金字塔锥通过共顶点共边构成，两个面又分别由 MoO_4 五面体次级单元通过共顶点连接。

2004 年，Zubieta 教授对八钼氧酸盐异构体稳定性作了十分详细的评论。设计和合成八钼氧酸盐-过渡金属杂化化合物是当今钼氧酸盐研究的一个热点领域。目前已有大量新奇的包含八钼氧酸盐单元的零维核簇结构、一维的线性、带状链结构、二维层结构和三维骨架结构的过渡金属、稀土金属功能配合物被报道。这些功能配合物的合成不仅极大地丰富了钼氧酸盐的结构化学，还使这类化合物具有更优越的性质，从而具有更广阔的应用前景。限于本书篇幅，这里我们仅就 $[Mo_8O_{26}]^{4-}$ 基功能配合物展开讨论。

由于 $[Mo_8O_{26}]^{4-}$ 根据其 Mo 原子不同的配位模式和空间构型排列不同而具有多种异构体，因此 $[Mo_8O_{26}]^{4-}$ 基功能配合物的报道相对较多。根据 $[Mo_8O_{26}]^{4-}$ 在合成功能配合物中的不同作用，可以将多酸基配合物分为如下两类：

①$[Mo_8O_{26}]^{4-}$ 为无机配体（建筑单元）的配合物。根据 $[Mo_8O_{26}]^{4-}$ 为建筑单元的功能配合物中金属离子的不同，又可以将其分为如下两种：

a. $[Mo_8O_{26}]^{4-}$ 基过渡金属功能配合物。1997 年，Zubieta 等人在水热条件下制备了一个基于同多钼酸盐 $[Mo_8O_{26}]^{4-}$ 的过渡金属 Ni^{II} 的二维有机-无机配合物 $[\{Ni(H_2O)_2(4,4'\text{-bpy})_2\}_2Mo_8O_{26}]$[145]，其结构中包含新奇的 ε—$[Mo_8O_{26}]^{4-}$ 簇和 $\{Ni(H_2O)_2(4,4'\text{-bpy})_2\}_n^{2n+}$ 一维 Z 形链两种亚单元，两种亚单元间通过金属 Ni^{II} 离子与 ε-$[Mo_8O_{26}]^{4-}$ 的端氧的配位键连接形成二维配位骨架，如图 7-6 所示。之后，许多种以 $[Mo_8O_{26}]^{4-}$ 为无机配体（建筑单元）的配合物被陆续合成了出来，如 $[\{Cu(bpe)\}_4(\alpha\text{-}Mo_8O_{26})]\cdot 2H_2O$、$[\{Cu_3(4,7\text{-phen})_3\}_2(Mo_{14}O_{45})]\cdot 0.5H_2O$、$[\{Ni(phen)_2\}_2Mo_8O_{26}]$ 等，限于本书篇幅，这里不再赘述。

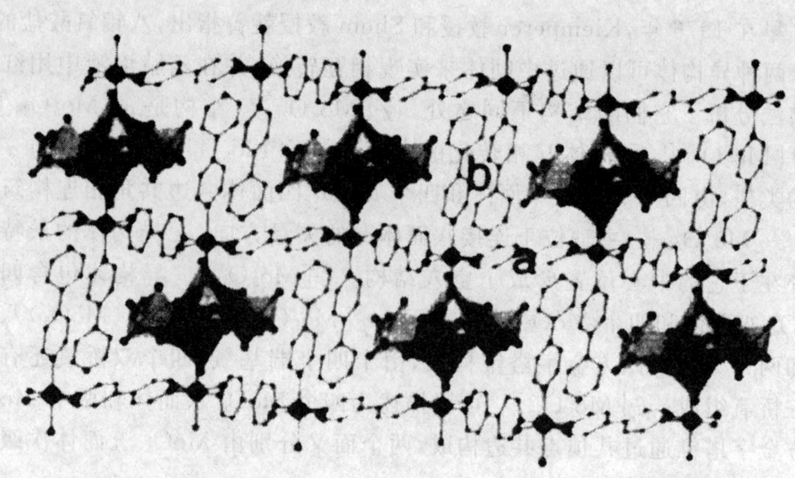

图 7-6　配合物$[\{Ni(H_2O)_2(4,4'\text{-bpy})_2\}_2Mo_8O_{26}]$的二维层结构

b. $[Mo_8O_{26}]^{4-}$基主族金属及稀土金属功能配合物。2002 年，卢灿忠课题组报道了两个新的$[\beta\text{-}Mo_8O_{26}]^{4-}$多阴离子支撑的稀土金属配合物$[NH_4]_2[\{Gd(DMF)_7(\beta\text{-}Mo_8O_{26})\}][\beta\text{-}Mo_8O_{26}]$(1)和$[NH_4][La(DMF)_7(\beta\text{-}Mo_8O_{26})]$(2)，是通过$(NH_4)_6Mo_7O_{24}\cdot 4H_2O$与$LnCl_3$（配合物(1)，Ln＝Gd；配合物(2)，Ln＝La）在低 pH 的 H_2O/DMF 或 H_2O/DMF/CH_3CN 混合溶剂中反应得到的[146]。配合物(1)由离散的中心对称的十核$\{Gd(DMF)_7\}_2(\beta\text{-}Mo_8O_{26})]^{2+}$混金阳离子、$[\beta\text{-}Mo_8O_{26}]^{4-}$多阴离子和两个氨根阳离子组成。在每个十核$\{Gd(DMF)_7\}_2(\beta\text{-}Mo_8O_{26})]^{2+}$混金阳离子中，一部分β-型$[Mo_8O_{26}]^{4-}$多阴离子连接到两个与 7 个 DMF 配体及钼中心的一个终端氧原子配位的八配位的 $Gd^{Ⅲ}$ 离子上，如图 7-7 所示。配合物(2)由与 7 个 DMF 分子配位的 $La^{Ⅲ}$ 阳离子通过两个多钼酸阴离子的端基阳离子连接到$[\beta\text{-}Mo_8O_{26}]^{4-}$上形成，如图 7-8 所示。

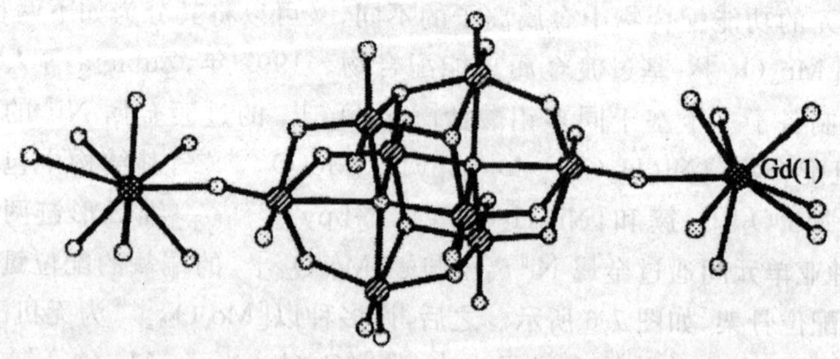

图 7-7　配合物(1)的十核$\{Gd(DMF)_7\}_2(\beta\text{-}Mo_8O_{26})]^{2+}$混金阳离子结构

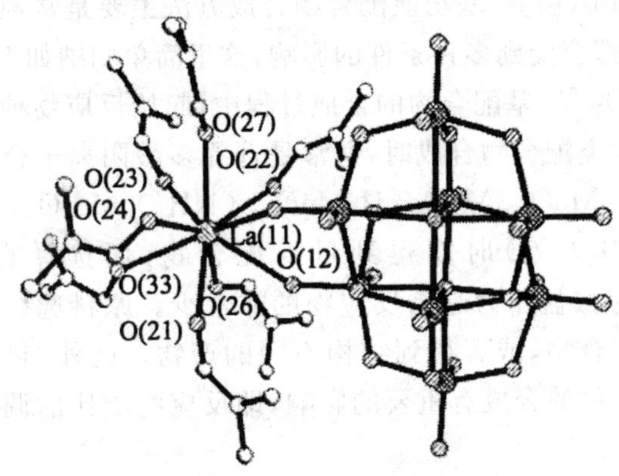

图 7-8　配合物(2)的 La(DMF)$_7$(β-Mo_8O_{26})$]^-$ 离子的结构

②$[Mo_8O_{26}]^{4-}$ 为非配位模板（或抗衡阴离子）的配合物。目前报道的 $[Mo_8O_{26}]^{4-}$ 为模板的功能配合物中的金属-有机建筑单元中，金属离子都是过渡金属，$[Mo_8O_{26}]^{4-}$ 为模板且稀土离子作为中心金属的功能配合物尚未面世。1997 年，Zubieta 等人在水热条件下制备了一个基于多钼酸 $[Mo_8O_{26}]^{4-}$ 的过渡金属 Cu^I 的 2D 层状配合物 $[\{Cu(4,4'\text{-bpy})\}_4Mo_8O_{26}]$[145]。$[\delta\text{-}Mo_8O_{26}]^{4-}$ 阴离子和 $[Cu(4,4'\text{-bpy})]^+$ 线形链是配合物的两个基本构筑单元，多阴离子填充在相邻的阳离子聚合物链间的孔穴中，多阴离子端氧原子与 Cu^I 离子间的弱作用巩固结构，如图 7-9 所示。

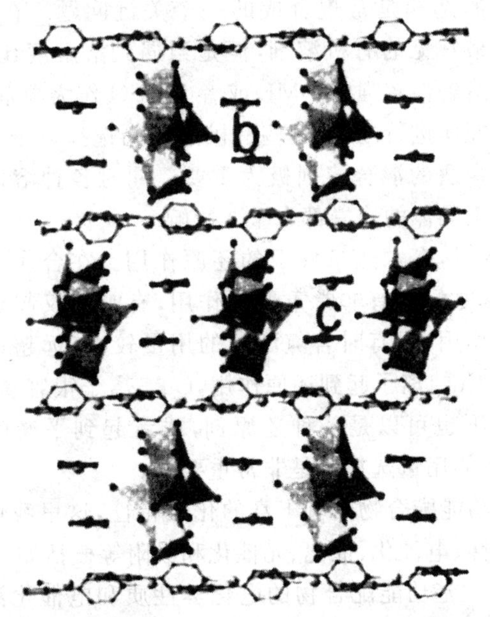

图 7-9　配合物 $[\{Cu(4,4'\text{-bpy})\}_4Mo_8O_{26}]$ 的堆积结构

一般地,$[Mo_8O_{26}]^{4-}$基功能配合物合成方法主要是常规和水热合成两种,其反应过程都会受到多种条件的影响,这里简单归纳如下:

①在$[Mo_8O_{26}]^{4-}$基配合物的合成过程中,起始反应物种类的选择是非常重要的。在此类配合物合成时,通常是选择多酸阴离子合成原料作为起始物(例如 Na_2MoO_4、MoO_3、H_2MoO_4、$(NH_4)_6Mo_7O_{24}\cdot 4H_2O$、$[(n\text{-}Bu)_4N]_2[Mo_6O_{19}]$等)时能得到目标配合物,而选择直接制备好的$[Mo_8O_{26}]^{4-}$多钨酸盐作为起始反应物的非常少。原料选择的不同可能导致得不到目标配合物,或者得到结构不同的产物。此外,起始反应物的浓度也会对目标产物的合成有重要的影响,即反应物配比的调节也是反应中十分重要的因素。

②反应体系中 pH 的调节是能否获得目标配合物的关键因素。当体系的 pH 调整到合适的范围就能得到目标产物,同一个反应体系,调节不同的 pH 时可能获得不同结构的功能配合物。当体系的 pH 调节偏离生成目标产物的范围,就可能得不到目标化合物。

③反应体系的反应时间和反应温度对目标配合物的形成也是非常关键的。反应时间是影响配合物形成至关重要的因素,反应时间过长或过短都有可能得不到目标产物。此外,对于水热合成体系温度选择的影响可能更为显著,虽然水热合成可能会有一个反应温度的范围,但是反应体系中温度选择过高或者过低都会得不到相应的目标产物。

④溶剂体系的选择是常规合成的一个关键问题。在常规条件下,甲醇、乙醇、乙腈是最常见的有机溶剂,但是当遇到溶解度比较小的配体时,可能通常会选择溶解性较强的 DMF 或者 DMSO 作为溶剂,有时有机溶剂分子还可能作为配体进行配位,这些有机溶剂的选择对配合物的形成影响很大。因此选择合适的混合溶剂极为重要。同时各种溶剂用量和配比对晶体质量以及析出晶体的快慢都有重要影响。

⑤有机含氮配体在水热条件下的还原作用。在合成多酸基的过渡金属铜配合物时,含氮配体有非常重要的作用,有时仅仅起到桥连配体或者螯合配体的配位作用,但有时含氮配体的用量较大(远超过其配位所需用量)时,会对金属 Cu^{2+} 离子起到还原作用,Cu^{2+} 离子很容易被还原为 Cu^{+}。同时在水热条件下也可以是一种还原剂,或者起到平衡电荷的作用。因此,含氮有机配体的用量选择也是非常重要的。

多钼酸盐基功能配合物具有丰富的化学特性,这里我们将有代表性的性质如氧化还原性、电催化、催化、光催化和吸附等概括如下:

①$[Mo_8O_{26}]^{4-}$基功能配合物的电化学性质和电催化活性。同多钼酸盐$[Mo_8O_{26}]^{4-}$阴离子能进行可逆的多电子氧化还原过程,因此表现出良好

的电化学行为和电催化活性。2011 年，游效曾等人对其合成的三种配合物［Cu^{II} Ⅱ$(btp)_2(H_2O)(\beta\text{-}Mo_8O_{26})_{0.5}$］·$H_2O$(1)［btp-1,3-双(1,2,4-三唑-1-基)丙烷］、［$Cu_2^{II}(btb)_3(H_2O)_2(\zeta\text{-}Mo_8O_{26})$］·$3H_2O$(2)［btb-1,4-双(1,2,4-三唑-1-基)丁烷］和［$Cu^{II}(bth)_2(\theta\text{-}Mo_8O_{26})_{0.5}$］·$H_2O$(3)［bth＝1,6-双(1,2,4-三唑-1-基)己烷］的电化学和电催化性质进行了测试。由于三种配合物不溶于水和常见的有机溶剂，因此制备了配合物修饰的碳糊电极(CPEs)进行电化学行为研究，这种电极既廉价又容易更新。进一步对配合物修饰的碳糊电极进行研究，科学家们发现［Mo_8O_{26}］$^{4-}$的还原物种都具有电催化活性。

②［Mo_8O_{26}］$^{4-}$基功能配合物的荧光性质。2012 年，马建方等人对其合成的配合物［$Ag_{0.52}Na_{0.48}(\beta\text{-}Mo_8O_{26})(H_2O)$］［$Ag_3(Tipa)_2$］［Tipa＝三(4-咪唑基苯基)胺］的荧光性质进行了研究。如图 7-10 所示，当在 330 nm 激发时，配合物［$Ag_{0.52}Na_{0.48}(\beta\text{-}Mo_8O_{26})(H_2O)$］［$Ag_3(Tipa)_2$］在 416 nm 处有发射峰，这与 Tipa 配体(λ_{ex}＝365 nm，λ_{em}＝420 nm)相比有 4 nm 轻微的蓝移，因此配合物的发射峰可以归属于配体内部的荧光发射，小的蓝移可能是由于配体与金属配位后的电子能级变化引起。

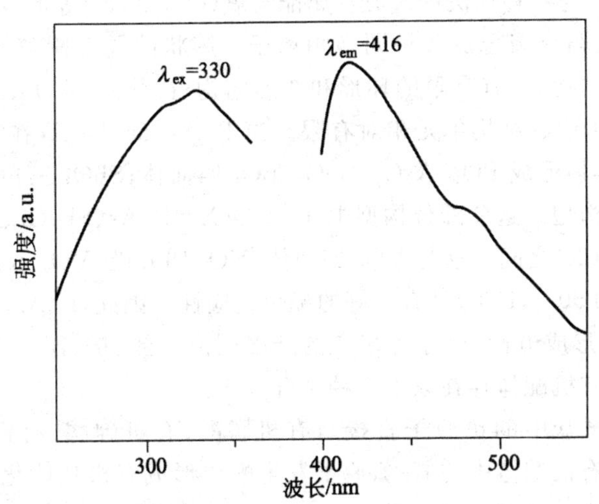

图 7-10　配合物［$Ag_{0.52}Na_{0.48}(\beta\text{-}Mo_8O_{26})(H_2O)$］［$Ag_3(Tipa)_2$］的荧光性质

③［Mo_8O_{26}］$^{4-}$基功能配合物的电导性质。研究表明，一些［Mo_8O_{26}］$^{4-}$基功能配合物具有相对较低的带隙，并在紫外-可见范围内有电导性，因此可以作为潜在的光电探测器的半导体材料。当半导体材料在光照下被激发，例如可见光、红外光照射下等，一些材料能吸收光能量和产生光致电子和空穴，导致半导体的导电性增加。换句话说，这样的材料具有光电导特性，

在光电探测器方面具有潜在的应用前景。

④$[Mo_8O_{26}]^{4-}$基功能配合物的磁性质。研究表明，一些$[Mo_8O_{26}]^{4-}$基功能配合物具有自旋倾斜和变磁性[147]。

⑤$[Mo_8O_{26}]^{4-}$基功能配合物的光催化性质。众所周知，在紫外光下多金属氧酸盐可以通过氧化有机染料分子而实现对染料分子的光催化降解。2011年，杨进等人测试了其合成的配合物$[Ag_8(L^1)_4(\alpha\text{-}Mo_8O_{26})(\beta\text{-}Mo_8O_{26})(H_2O)_3]\cdot H_2O$(1)($L^1$=1,1′-(1,3-丙烷基)-双[2-(4-吡啶)苯并咪唑])对亚甲基蓝(MB)的光催化活性，结果表明此配合物对亚甲基蓝(MB)的降解有好的光催化活性[148]。

⑥$[Mo_8O_{26}]^{4-}$基功能配合物的光催化析氢性质与吸附性质。研究表明，一些$[Mo_8O_{26}]^{4-}$基功能配合物具有良好的光催化析氢性质与吸附性质，限于本书篇幅，这里不再赘述。

7.3 多钒酸盐基功能配合物

钒(V)作为一种活泼的过渡金属能与氧(O)、氮(N)等形成共价键。其中，钒很容易与氧聚合成各种同多阴离子。簇状的同多阴离子最多，其中多数为笼形结构，只有有限的环形和线形结构；链状的V-O结构单元为数较少；层状的V-O结构单元相对有限。当P、As、Sb、Ge、B在与O共价键结合时，很容易形成PO_4、AsO_4、GeO_4、BO_4四面体；SbO_3三角锥以及BO_3三角形配位构型。这些配位构型中，O-X-O(X=P、As、Sb、Ge、B)的键角大约在117°～120°之间。这与VO_4四面体、VO_5四方锥、VO_6八面体的O-V-O的键角(约90°～180°)具有很好的配位适应性。因此，P、As、Sb、Ge、B能够与V一起形成电荷、尺寸等多变的杂多阴离子簇、链、层。上述同多/杂多钒酸盐与有机配体存在以下三种结合方式：

①多钒酸盐中的钒原子直接与有机膦酸、有机砷酸、有机羧酸、有机胺、醇、酚等有机配体中的氧/氮原子发生配位形成有机功能化的多钒酸盐基功能配合物。

②多钒酸盐通过氧原子与金属-有机配合物单元中的金属发生配位形成金属-有机单元修饰的多钒酸盐基的功能配合物。

③多钒酸盐通过氢键、静电作用等与金属-有机配合物单元结合形成金属-有机单元为超分子导向剂的多钒酸盐基的功能配合物。

7.3.1　与有机配体中的氧/氮原子直接配合形成的多钒酸盐基功能配合物

多钒酸盐中的氧原子可以被许多有机分子中的氧/氮原子所取代形成有机功能化的多钒酸盐基功能配合物，如有机膦酸、有机砷酸、有机羧酸、芳香/脂肪有机胺、醇、酚、氨基酸、胺-醇、胺-酚等有机配体。在有机组分功能化的多钒酸盐基功能配合物中，钒的配位几何构型多为四面体、四方锥、三角双锥、八面体。在不同的合成条件下，钒表现出不同的聚合度，通常形成“环”“笼”“饼”等簇状结构，有时会形成更高维度的链或层状结构。在化合物的主体结构内部，常包含一些 H_2O、CH_3CN、CH_3OH 等小分子，Cl^-、Br^- 等无机阴离子，$[(Me)_4N]^+$、$[(Bu)_4N]^+$ 等有机胺阳离子。接下来，我们简要讨论如下几类有机组分功能化的多钒酸盐基功能配合物：

①有机膦酸功能化的多钒酸盐基功能配合物。1991 年，美国的 Huan 等人合成了一个甲基膦酸参与构筑的基于 V_{16} 的簇合物 $[N(CH_3)_4]_8[H_6(VO_2)_{16}(CH_3PO_3)_8]\cdot 11H_2O$[149]，这是首例有机膦酸功能化的多钒酸盐基功能配合物。其结构中的 16 个 V 中有 14 个是＋Ⅳ价，2 个是＋Ⅴ价。整个簇结构可以看成是共边的 4 个 VO_5（V1、V2、V3、V4）形成的四核 V 簇通过 8 个 $CH_3PO_3^{2-}$ 连接起来的笼形结构，有一个 $[N(CH_3)_4]^+$ 占据着簇的中心，另外还有一些结晶水和孤立的 $[N(CH_3)_4]^+$ 分散在各多酸簇的间隙。如图 7-11 所示，是 $[H_6(VO_2)_{16}(CH_3PO_3)_8]^{8-}$ 的结构图。在当时，闭合的多钒簇通常都是由 μ_2-和 μ_3-O 来连接形成的，而像这种由 μ_2 和 μ_3-的有机膦酸连接而成的还很罕见。由于拥有多个含氧配齿，有机膦酸在多钒酸盐有机功能化材料的构筑方面展现出多样的配位模式，构筑了许多具有磁学特性的新材料。这些化合物的结构多为离散的环、笼等簇状或者层状结构；笼形簇的内部多有一些体积较小的溶剂分子或者离子填充其中；多钒簇中的钒的化合价有＋Ⅲ、＋Ⅳ、＋Ⅴ以及一些混合价态；合成过程受到溶剂、温度、有机模板以及合成方法等的影响；钒的配位方式有 VO_4 四面体、VO_5 四方锥以及 VO_6 八面体；一些其他类型的含 N 或含 O 配体有时也会协同有机膦酸参与多钒化合物的构筑。

②有机砷酸功能化的多钒酸盐基功能配合物。有机砷酸根功能化的多钒簇合物与有机膦酸根功能化的多钒簇合物的结构在许多方面相似，多数为零维的离散簇结构。簇中钒的化合价多为混价，钒的配位模式多为 VO_4 四面体、VO_5 四方锥和少量的 VO_6 八面体。由于含砷化合物的毒性，

相对于有机磷酸根功能化的多钒簇合物，关于有机砷酸根功能化的多钒簇合物报道相对较少。

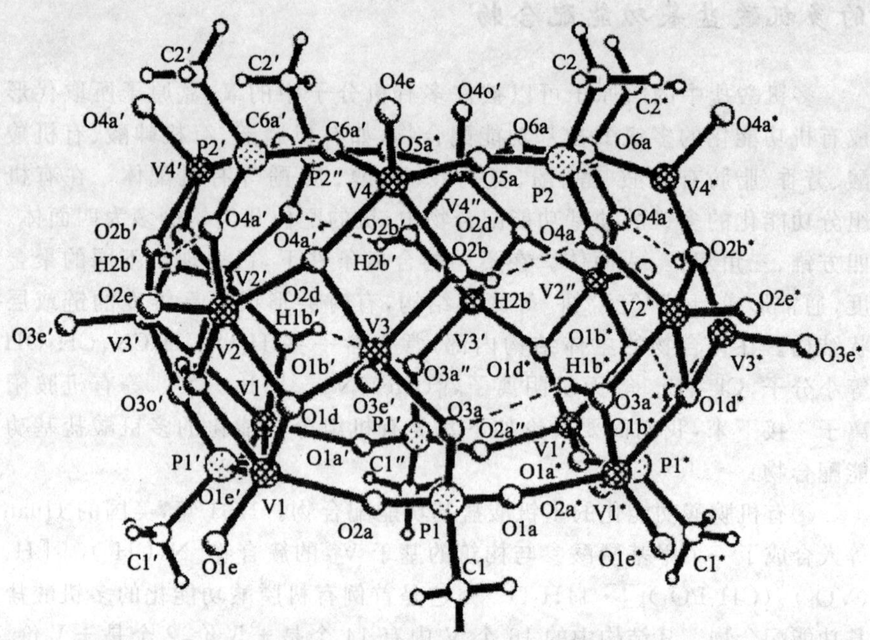

图 7-11 $[H_6(VO_2)_{16}(CH_3PO_3)_8]^{8-}$ 的结构

③有机羧酸功能化的多钒酸盐基功能配合物。由于有机羧酸良好的稳定性和多变的结构，因此有机羧酸功能化的多钒化合物表现出多样的结构特征，包括离散的多核簇、环和 3D 的框架结构；其中钒多表现为＋Ⅲ价，＋Ⅳ和＋Ⅴ价相对较少，以混价的多钒化合物居多；与羧基 O 配位后，钒几乎都是 VO_6 八面体配位模式，只有有限的关于 VO_5 四方锥和 VO_4 四面体的配位模式钒的化合物的报道；另外一些有机磷酸、乙酰丙酮和一元醇等有机配体常协助有机羧酸构筑多钒化合物。

④有机醇/酚功能化的多钒酸盐基功能配合物。有机醇-酚中的羟基 H 去质子后，剩下的羟基 O 具有一定的配位能力。当它与钒配位后，可展现出多变的 μ_1-、μ_2-、μ_3-配位模式。因此，有机醇-酚因其结构的多样性以及配位的丰富性在功能化的多钒化合物的构筑中发挥着重要的作用，其中包括简单的甲醇、乙醇等一元醇；乙二醇、甲基丙三醇、新戊醇等多元醇；甚至一些糖类分子、杯芳烃等复杂醇、酚等。有机醇、酚参与钒的配位后，钒原子一般展现出 VO_5 四方锥或 VO_6 八面体配位模式；钒的化合价也多为＋Ⅳ或＋Ⅴ价以及混合价态，＋Ⅲ价的钒相对较少；多钒化合物通常为离散的多核簇结构，高维结构极少。1994 年，美国的 Zubieta 合成了一个四元醇

功能化的 V_{16} 簇合物$[V_{16}O_{20}\{(OCH_2)_3CCH_2OH\}_8(H_2O)_4]\cdot 3H_2O$[150]。如图 7-12 所示，结构中每个四元醇中的三个羟基 O 与 $V^{Ⅳ}$ 配位，其余的羟基没有参与配位。两个 μ_5-O 将 6 个共面的 V 和另外的两个 V 连接成八核结构单元，两个这样的结构单元通过 4 个 μ_2-O 连接成 16 核簇合物。

⑤有机胺功能化的多钒酸盐基功能配合物。由于在热、酸、碱及各种溶剂环境下的良好的稳定性以及出色的配位能力，有机胺类配体被广泛应用于多钒化合物的合成中。无论是芳香胺还是脂肪胺，这些多齿含 N 配体多数表现出螯合终端基配位模式，只有有限的咪唑类配体表现出单齿的终端基配位模式；多数化合物的结构为 2D 层状结构，少数为离散的笼形或环形簇结构；通过有机胺的修饰，该类化合物中的有机胺功能化的钒原子无一例外的展现出八面体配位模式，绝大多数为＋Ⅳ价，只有少数为＋Ⅴ价或＋Ⅳ/＋Ⅴ混合价态；由于＋Ⅳ价钒的广泛存在，该类材料表现出优异的磁学性质。

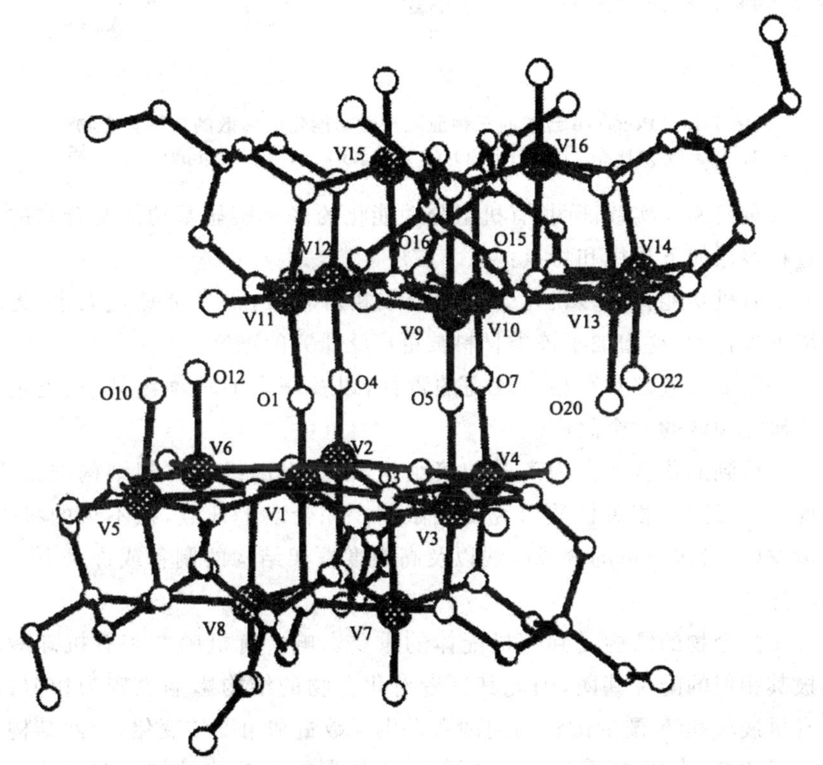

图 7-12　簇合物$[V_{16}O_{20}\{(OCH_2)_3CCH_2OH\}_8(H_2O)_4]\cdot 3H_2O$ 的结构

⑥N-O 混合有机组分功能化的多钒酸盐基功能配合物。通过有机反应，化学工作者设计合成了 N-O 混合有机配体，并将这类配体应用于合成

有机功能化的多钒化合物中。由于在该有机物中同时含有 C、N、O 三种原子，因此，N-O 混合有机配体可以衍生出极其丰富的结构，比如氨基酸、吡啶羧酸、吡啶醇等。1996 年，美国的 Pecoraro 合成了一系列亚胺羧酸功能化的离散的单钒化合物 K[VO(O_2)Hheida]和 K[VO(O_2)ada]和[VO(O_2)bpg][151]。结构中，所有的 V 均为＋Ⅳ价，每个 V^{IV} 与一个四齿配体、一个端 O、一个过氧根形成五角双锥配位模式，如图 7-13 所示。其中[VO(O_2)bpg]表现出较好的卤化物协助催化氧化性质。

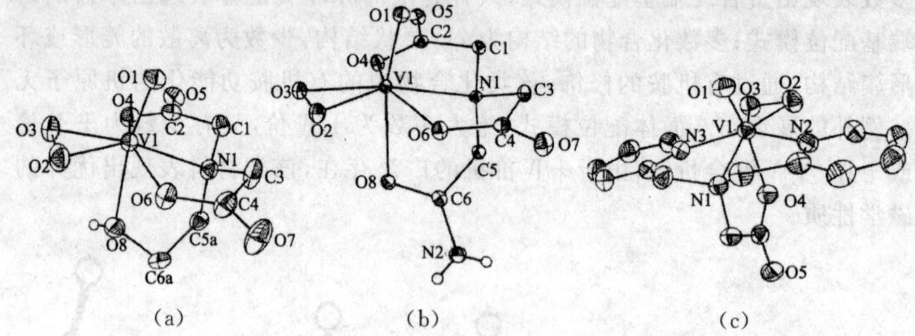

图 7-13　Pecoraro 合成的三种亚胺羧酸功能化的离散的单钒化合物
K[VO(O_2)Hheida](a)、K[VO(O_2)ada](b)、[VO(O_2)bpg](c)的结构

大量研究与实践证明，有机组分功能化的多钒酸盐基功能配合物的合成过程遵循如下规律和特点：

①有机功能化的多钒化合物的合成相对较难，很多都是在无水、无氧环境下进行的，这增加了该类材料被更广泛研究的难度。

②很多反应都具有相对较高的毒性，以及一定的环境污染，这也是制约该研究领域的一个因素。

③得到的化合物多为离散的簇结构，很少有高维度框架结构被报道，因此一些吸附等相关性质研究受到限制。综合以上几点，在不久的将来，环境友好、操作简单的合成路线以及高维度框架结构的制备或许是下一个研究热点。

④配合物的结构受到有机配体的重要影响。有机膦酸和有机砷酸具有极其相似的配位基团，因此其二者对化合物的结构影响也较为相似；由于有机羧酸和醇-酚的配齿与前两者发生了数量和角度的变化，因此结构也发生了改变；有机胺及 N-O 混合配体是中性含 N 配体，因此，在构筑多钒酸盐基的功能配合物时也表现出与前者不同的特点。此外，配体的非配位基团、反应的温度、反应的溶剂环境以及协同配体等对配合物的结构也具有一定的影响。

有机组分功能化的多钒酸盐基功能配合物在电化学、催化和磁性等领域均有潜在的应用，这为该类材料的深入研究提供了一定的原动力。接下来，我们将这类配合物的主要性质归纳如下：

①有机组分功能化的多钒酸盐基功能配合物的磁学性质。由于在许多有机组分功能化的多钒酸盐基配合物中存在具有多个自旋单电子的 V^{IV}，因此许多化合物都表现出引人关注的磁学性质。

②有机组分功能化的多钒酸盐基功能配合物的电化学性质。由于有机组分功能化的多钒酸盐基配合物中存在具有一定变价能力的钒和其他过渡金属，因此，许多化合物表现出一定的电化学性质。

③有机组分功能化的多钒酸盐基功能配合物的催化性质。值得一提的是，部分有机组分功能化的多钒酸盐基的功能配合物表现出良好的催化氧化性质。

7.3.2　与金属-有机配合物单元结合形成的多钒酸盐基功能配合物

由于钒具有 VO_4 四面体、VO_5 四方锥以及 VO_6 八面体多种配位构型，因此，钒能与氧形成多种钒-氧亚单元结构，其中包括零维的簇、一维的链、二维的平面甚至是三维的框架结构。而在众多的钒-氧亚单元结构中，零维的簇、一维的链、二维的平面的外围存在着大量的端氧和桥氧，这些氧原子具有不同程度的配位能力；同时，上述亚单元结构带有不同数量的负电荷，因此，这些亚单元结构很容易与带正电荷的金属离子发生配位；而由于受到电荷平衡以及空间位阻等因素的制约，在与钒-氧亚单元结构配位的金属离子周围，还存在不同数量的配位点，这就为有机配体提供了配位修饰的机会。这样一来，具有负电荷的无机钒-氧亚单元、带有正电荷的金属离子以及中性的有机配体三者便有可能成功引入到一个化合物中形成金属-有机单元修饰的多钒酸盐基功能配合物。另一方面，能够引入到金属-有机单元修饰的多钒酸盐基的功能配合物中的有机配体的种类也十分丰富。就目前的发展状况来看，已经合成的金属-有机单元修饰的同多钒酸盐基功能配合物主要有如下几种类型：

①基于簇状同多钒酸盐的金属-有机功能配合物。簇状同多钒酸根离子的种类十分丰富，许多簇状同多钒酸根离子均能与金属-有机配合物单元进行配位结合，形成各种结构复杂的金属-有机配合物，主要包括如下几类：

a. 基于$[V_2O_7]^{4-}$的金属-有机配合物。$[V_2O_4]^{3-}$在适当的温度和溶剂中，很容易通过一个 μ_2-O 共角连接形成$[V_2O_7]^{4-}$。2004 年，美国的 Khan 合成了一个基于$[V_2O_7]^{4-}$的 3D 化合物$[\{Co(4,4'\text{-bipy})\}V_2O_6]$[152]。结构中，$Co^{2+}$通过共角连接的两个$[V_2O_4]^{3-}$形成的二聚体$[V_2O_7]^{4-}$拓展成 2D 无机层，该层进一步通过 4,4′-bipy 连接成 3D 框架。

b. 基于$[V_4O_{12}]^{4-}$的金属-有机配合物。4 个 VO_4 四面体共角连接便可形成环状的$[V_4O_{12}]^{4-}$。$[V_4O_{12}]^{4-}$具有适中的电荷和 8 个配位能力较强的端 O。因此，基于$[V_4O_{12}]^{4-}$的金属-有机配合物的报道屡见不鲜，限于本书篇幅，这里不再赘述。

c. 基于$[V_6O_{18}]^{6-}$的金属-有机化合物。2009 年，中山大学的鲁统部课题组合成了一个 3D 具有 NaCl 型拓扑结构的化合物$\{[NiL][VO_3]_2 \cdot 0.33H_2O\}$[153]。该化合物中 6 个 VO_4 四面体共角连接形成 6 元环状亚单元$[V_6O_{18}]^{6-}$，每个$[V_6O_{18}]^{6-}$与 6 个$[NiL]^{2+}$配位，每个$[NiL]^{2+}$与两个$[V_6O_{18}]^{6-}$连接。如果以$[V_6O_{18}]^{6-}$为节点，以$[NiL]^{2+}$为连接剂，化合物$\{[NiL][VO_3]_2 \cdot 0.33H_2O\}$展现出扭曲的 NaCl 型拓扑结构。

d. 基于$[V_8O_{23}]^{6-}$的金属-有机化合物。2001 年，北京大学的高松课题组合成了首例基于$[V_8O_{23}]^{6-}$的笼状化合物$[(bpa)_2Co]_3V_8O_3$。结构中，每个 Co^{2+}与两个 bpa 配位形成$[(bpa)_2Co]^{2+}$金属-有机阳离子；在$[V_8O_{23}]^{6-}$结构中，每个 VO_4 中均有一个非配位端 O 原子，仔细分析发现有两种类型的 VO_4，第一种类型中包含了 6 个 VO_4，每两个 VO_4 共角形成 V_2O_8 结构单元，3 个 V_2O_8 将 3 个$[(bpa)_2Co]^{2+}$金属-有机阳离子连接成三角形环状结构。第二种类型的 2 个 VO_4 分别提供 3 个桥 O 原子“扣”在三角形环状结构的两侧，形成首例由 6 个 V_4-Co 环组成的笼形结构。

e. 基于$[V_{10}O_{29}]^{8-}$、$[V_{10}O_{26}]^{4-}$、$[V_{10}O_{28}]^{6-}$的金属-有机配合物。2000 年，中山大学的陈小明等合成了首例基于“哑铃型”V_{10}簇的杂金属簇合物$[\{Cu(phen)_2\}_4V_{10}O_{29}] \cdot 6H_2O$。2008 年，东北师范大学的苏忠民等人合成了首例基于$[V_{10}O_{26}]^{4-}$簇的 3D 手性编织型框架$[Cu^{I}(bbi)_2V_{10}O_{26}][Cu^{II}(bbi)]_2 \cdot H_2O$。2009 年，东北师范大学的王恩波课题组合成了一个互锁化合物$[Ag(btx)]_4H_2V_{10}O_{28} \cdot 2H_2O$。

f. 基于$[V_{15}O_{36}]^{3-}$的金属-有机配合物。1997 年，美国的 Zubieta 课题组合成了一个基于$[V_{15}O_{36}Cl]^{6-}$的化合物$[Cu(enMe)_2]_3[V_{15}O_{36}Cl] \cdot 2.5H_2O$。其中两个 enMe 与 Cu^{2+}离子螯合配位形成$[Cu(enMe)_2]^{2+}$金属-有机阳离子，该阳离子与相邻的两个$[V_{15}O_{36}Cl]^{6-}$的端氧配位形成 1D 链状结构。离散的$[Cu(enMe)_2]^{2+}$金属-有机阳离子分布在相互平行的 1D 链之间起到平衡电荷的作用。

g. 基于$[V_{16}O_{38}]^{4-}$的金属-有机配合物。2002 年，福州大学的林碧洲等合成了首例基于$[V_{16}O_{38}]^{7-}$的金属-有机开架 3D 化合物$[\{Cu(enMe)_2\}_7\{V_{16}O_{38}(H_2O)\}_2]\cdot 4H_2O$。结构中，每个$Cu^{2+}$与两个采取螯合配位模式的 enMe 形成$[Cu(enMe)_2]^{2+}$金属-有机结构单元。每个$[Cu(enMe)_2]^{2+}$通过 Cu—O—V 与两个$[V_{16}O_{38}(H_2O)]^{7-}$连接，每个$[V_{16}O_{38}(H_2O)]^{7-}$与 7 个$[Cu(enMe)_2]^{2+}$连接，最终形成 3D 结构。有一个$H_2O$被包裹在$[V_{16}O_{38}]^{7-}$的中心，还有部分水分子占据 3D 结构的孔道中。经过氧化还原滴定和价键计算确定，在$[V_{16}O_{38}]^{7-}$中有 11 个+Ⅳ价 V、5 个+Ⅴ价 V。

h. 基于$[V_{18}O_{42}]^{5-}$的金属-有机配合物。1997 年，美国的 Zubieta 课题组合成了一个基于$[V_{18}O_{42}Cl]^{6.5-}$的杂金属化合物$Cs_{0.5}[Ni(en)_2]_3[V_{18}O_{42}Cl]\cdot 2en\cdot 6H_2O$。其中，两个 en 与$Ni^{2+}$离子螯合配位形成$[Ni(en)_2]^{2+}$金属-有机阳离子，该阳离子与相邻的两个$[V_{18}O_{42}Cl]^{6.5-}$的端氧配位，每个$[V_{18}O_{42}Cl]^{6.5-}$和周围的 6 个$[Ni(en)_2]^{2+}$连接形成 2D 网络结构，$Cs^+$、en 和$H_2O$占据着多酸阴离子和金属-有机阳离子间的空隙。

②基于链状同多钒酸盐的金属-有机功能配合物。VO_4四面体在一定条件下可发生缩合，形成$[VO]_n^{n-}$链状结构单元。另外，VO_4四面体也可以先组成四元、六元或者十二元环状等多元环状结构单元，在该结构单元的基础上，进一步通过二聚的$[V_2O_7]^{4-}$连接成 1D 结构；多元环状结构单元彼此也可以共角连接成 1D 结构、比如V_4环与V_2簇交替连接形成的$[(V_4O_{10})(V_2O_7)]_n^{4n-}$；$V_4$环共角连接形成的$[V_4O_{11}]_n^{2n-}$；$V_4$环和$V_4$棒交替连接形成的$[(V_4O_{10})(V_2O_{13})]_n^{6n-}$；$V_5$环和$VO_4$交替连接形成的$[(V_5O_{15})(VO_2)]_n^{5n-}$；$V_6$环共角连接形成的$[V_6O_{17}]_n^{4n-}$以及$V_{12}$环共边连接形成的$[V_8O_{23}]_n^{6n-}$。研究表明，上述 V—O 链均带有负电荷，可以与带正电荷的金属-有机配合物单元共价连接，形成复杂的结构。

③基于层状同多钒酸盐的金属-有机功能配合物。在水热条件下，V^V可以发生部分或者全部还原反应，而形成的VO_5四方锥可以共边形成二聚甚至是多聚结构单元，这些结构单元可以通过进一步的聚合形成带有负电荷的 V-O 平面结构，一些带正电的金属-有机配合物单元可以共价修饰在该结构上。限于本书篇幅，这里不再赘述。

大量研究与实践证明，金属-有机单元修饰的同多钒酸盐基功能配合物的合成过程遵循如下规律和特点：

①金属离子对化合物的结构具有一定的影响。比如，参与配位的不同的金属离子可使最终形成 3D 手性框架展现出明显的结构差异。

②有机配体对化合物的结构具有很大的影响。比如，具有不同长度的

有机配体可以导致最终的金属-有机框架具有不同的空隙度。

③在合成时，所用的 H_3BO_3、$H_2C_2O_4$ 等一些弱酸，虽然在最终化合物的结构中没有看到其存在，但是它们对维持反应时的稳定的 pH 环境以及最终单晶的形成等具有不可估量的作用。SiO_2 等一些物质在合成晶体时能够起到矿化剂的作用，对提高单晶质量和产率具有一定的作用。

④无论是偏钒酸盐还是 V_2O_5，均可以在一定的 pH 环境和温度下形成不同的多钒氧簇、链、层，甚至在一定程度上具有不可预知性。这使得定向合成的难度大幅度提高，但是同时也是水热反应的一个魅力所在。

金属-有机单元修饰的同多钒酸盐基功能配合物具有十分丰富的性质，在现代材料中也有十分重要的应用。当金属-有机单元与同多钒酸盐配位之后，不仅拓展了其结构，而且使该类化合物具有潜在的电化学、磁学、催化以及手性等性质，主要表现如下：

①金属-有机单元修饰的同多钒酸盐基功能配合物的电化学性质。由于钒存在着＋Ⅲ、＋Ⅳ和＋Ⅴ价，所以在一定的电位下，许多多钒酸盐基功能配合物表现出一定的电化学响应信号。

②金属-有机单元修饰的同多钒酸盐基功能配合物的光催化性质。在许多化学实验研究中，金属-有机多钒化合物也表现出了出色的光催化活性。

③金属-有机单元修饰的同多钒酸盐基功能配合物的磁学性质。由于许多多钒酸盐基功能配合物中都存在着 V^{4+}(3d1)，其自旋单电子为研究该类材料的磁学特性提供了机会。因此，许多报道中都对多钒酸盐基功能配合物的磁学性质进行了研究。

④金属-有机单元修饰的同多钒酸盐基功能配合物的手性。金属-有机配合物也可以表现出手性特征。2008 年，东北师范大学的苏忠民课题组通过非手性配体柔性的双咪唑配体(bbi)合成了两对纯手性的多酸基化合物 $[Ni_2(bbi)_2(H_2O)_4V_4O_{12}]\cdot 2H_2O$(1)和 $[Co(bbi)(H_2O)V_2O_6]$(2)。

7.3.3 与金属-有机配体中的氧/氮原子配位形成的超分子导向多钒酸盐基功能配合物

由 V、O 以及其他杂原子组成的同多或杂多钒酸根阴离子的种类很多，如 $[V_2O_7]^{4-}$、$[V_3O_9]^{3-}$、$[V_4O_{12}]^{4-}$、$[V_5O_{14}]^{3-}$、$[V_{10}O_{26}]^{2-}$、$[V_{12}O_{32}]^{4-}$、$[V_{15}O_{36}]^{3-}$、$[V_{17}O_{42}]^{-}$、$[V_{19}O_{49}]^{3-}$、$[V_{34}O_{82}]^{6-}$ 等同多钒酸根离子以及 $[V_3P_3BO_{19}]^{5-}$、$[As_3V_{14}O_{42}]^{4-}$、$[V_{15}Sb_6O_{42}]^{6-}$、$[V_{16}Sb_4O_{42}]^{6-}$ 等杂多钒酸根离子。然而，由于上述多阴离子的端 O 或桥 O 具有较好的配位能

力，因此，当与金属-有机配合物单元结合时，很容易发生配位，使金属-有机配合物直接修饰在同多或杂多钒酸根阴离子上，只有当一些配位能力很强的螯合类含 N 配体占据了金属离子的配位点后，将金属离子包裹起来，这时这些同多或杂多钒酸根阴离子才会游离在金属-有机配合物阳离子外围起到阴离子模板的作用，最后通过金属-有机单元与多阴离子之间的一些超分子作用将结构拓展开来形成复杂超分子网络。因此，能够起到超分子模板作用的多钒酸根比较有限，如$[V_4O_{12}]^{4-}$、$[V_{10}O_{28}]^{6-}$、$[V_3P_3BO_{19}]^{5-}$、$[As_8V_{14}O_{42}]^{4-}$、$[V_{15}Sb_6O_{42}]^{6-}$、$[V_{16}Sb_4O_{42}]^{8-}$等。而具有较强螯合配位能力的有机配体也相对有限，比如大家熟知的：乙二胺(en)、胺乙二胺(dien)、胺三乙胺(tren)等脂肪胺；2,2′-联吡啶(2,2′-bpy)、1,10-邻菲罗啉(1,10-phen)等芳香胺。因此，关于金属-有机单元为超分子导向剂的多钒酸盐基的功能配合物的报道相对较少。就目前的发展状况来看，最常见的金属-有机单元为超分子导向剂的多钒酸盐基功能配合物主要有如下两类：

①金属-有机单元为超分子导向剂的同多钒酸盐基功能配合物。在众多的同多钒酸根中，由于其体积和电荷上的差异，并非所有的同多钒酸根均能与金属-有机单元形成金属-有机单元为超分子导向剂的同多钒酸盐基的功能配合物，只有一些电荷和体积适中、结构稳定的同多钒酸根容易与金属-有机单元形成超分子化合物。这里分别介绍一下簇状的$[V_4O_{12}]^{4-}$、$[V_{10}O_{28}]^{6-}$、$[V_{15}O_{36}]^{5-}$以及链状的$[VO_3]_n^{n-}$与金属-有机单元形成的超分子化合物。$[V_4O_{12}]^{4-}$具有适中的尺寸和电荷，虽然其表面的 8 个端 O 具有较强的配位能力，但是通常在金属周围修饰上具有较强配位能力的有机配体，比如：2,2′-bipy、phen、dpa、en、ox、trz，阻断金属与$[V_4O_{12}]^{4-}$的配位机会，就可以实现$[V_4O_{12}]^{4-}$与金属-有机单元的超分子组装。2003 年，东北师范大学的胡长文课题组合成了一个$[V_4O_{12}]^{4-}$为阴离子模板的化合物$[Ni(phen)_3]_2[V_4O_{12}]\cdot 17.5H_2O$[154]。结构中，每个$Ni^{2+}$和 3 个 phen 配体配位形成$[Ni(phen)_3]^{2+}$金属-有机阳离子。这样，$Ni^{2+}$的 6 个配位点均被 phen 的 N 原子所占据，因此$[V_4O_{12}]^{4-}$只是作为抗衡阴离子起到平衡电荷的作用。相邻的结构单元通过氢键作用拓展成 3D 超分子网络，如图 7-14 所示。与之结构类似的化合物还有化合物$[Zn(2,2'\text{-bipy})_3]_2[V_4O_{12}]\cdot 11H_2O$、$[(Co(phen)_2)_2V_4O_{12}]$、$[H_2pn][Mn_2(ox)(V_4O_{12})]$、$[Ni(Hdpa)_2V_4O_{12}]$、$[\{Co(3,3'\text{-bpy})_2\}_2V_4O_{12}]$、$[Mn(Hen)_2V_4O_{12}]$以及$[Cu_3(trz)_2V_4O_{12}]$，限于本书篇幅，这里不再赘述。

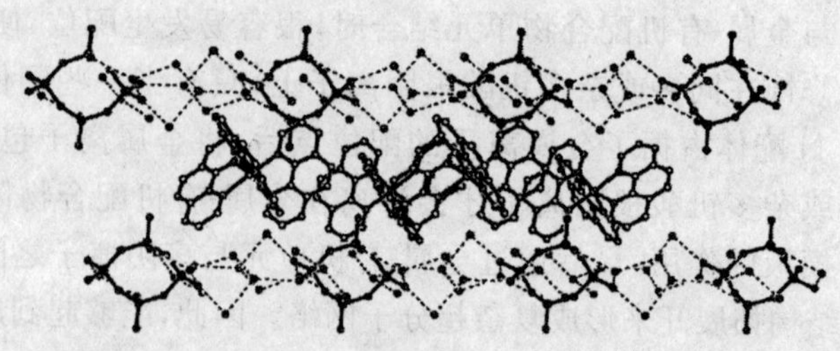

图 7-14　化合物$[Ni(phen)_3]_2[V_4O_{12}]\cdot 17.5H_2O$的超分子结构

②金属-有机单元为超分子导向剂的杂多钒酸盐基功能配合物。杂多钒酸根的种类虽然也非常多，但是与同多钒酸根类似，杂多钒酸根的配位能力也比较强，因此关于杂多钒酸根为阴离子模板的金属-有机超分子化合物的报道也比较少，这里只简单讨论一下以 B-P-V、As-V、Sb-V 构筑的杂多钒酸根为阴离子模板的金属-有机超分子化合物。2004 年，吉林大学的于吉红课题组还报道了一个以$[V_3P_3BO_{19}]^{5-}$为阴离子模板的化合物$[Co(en)_3]_2[V_3P_3BO_{19}][H_2PO_4]\cdot 4H_2O$。该化合物中包含有一个$[V_3P_3BO_{19}]^{5-}$、一个$[H_2PO_4]^-$、两个手性的$[Co(en)_3]^{3+}$和一个$H_2O$分子，如图 7-15 所示。虽然已经有一些以$[Co(en)_3]^{2+}$阳离子为模板的化合物，比如$[d\text{-}Co(en)_3][H_3Ga_2P_4O_{16}]_{30}$、$[Co(en)_3]_2[Zn_6P_8O_{32}H_8]$和$[Co(en)_3][Zn_8P_6O_{24}Cl]\cdot 2H_2O$，但是以$[V_3P_3BO_{19}]^{5-}$为阴离子模板的化合物还比较少见。

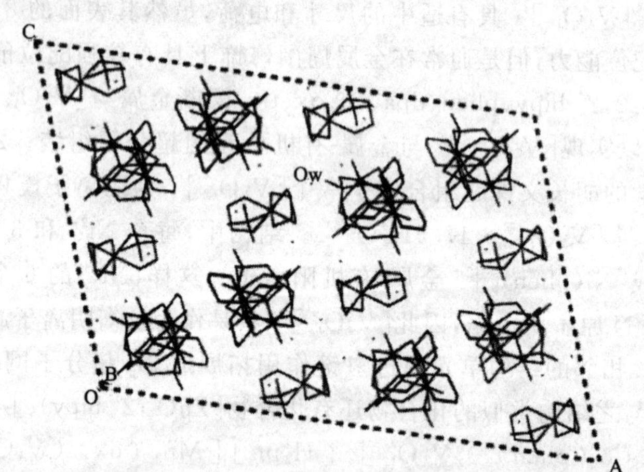

图 7-15　化合物$[Co(en)_3]_2[V_3P_3BO_{19}][H_2PO_4]\cdot 4H_2O$的堆积图

大量研究与实践证明，金属-有机单元为超分子导向剂的多钒酸盐基功能配合物的合成过程遵循如下规律和特点：

①同多或杂多钒酸根阴离子的种类虽然很多，但是参与构筑金属-有机

单元为超分子导向剂的多钒酸盐基的功能配合物并不是很多。这可能是因为电荷或者尺寸以及稳定性等各方面的因素所致。这为在该领域继续深入探索提供了机会。

②金属-有机单元为超分子导向剂的多钒酸盐基的功能配合物中，金属-有机配合物单元多表现出离散的簇结构，只有极少的 2D 网络结构。如何设计合理的有机配体，既能阻断金属离子与配位能力较强的多钒酸根中的端 O 或者桥 O 的配位，又能实现金属-有机配合物单元的高维拓展，让多酸阴离子以超分子作用镶嵌在金属-有机框架结构中，有可能是将来的一个研究工作热点。

③水热或者低温常规反应都可以得到金属-有机单元为超分子导向剂的多钒酸盐基的功能配合物。合理的阻断金属离子与多酸中的给体配体之间的配位概率是合成该类材料的一个关键因素。

④在一些特殊的例子中，温度可以改变超分子的堆积方式。这为合成一些具有特定堆积方式的超分子化合物提供了一定的参考价值。

当金属-有机单元为超分子导向剂与同多和杂多钒酸盐构筑功能配合物时，金属-有机单元和同多/杂多钒酸盐本身的特有性质大部分被保留下来，比如磁学性质等。2001 年，美国的 Jacobson 课题组报道了一个基于$[V_{10}O_{28}]^{6-}$的化合物 $Cu_3(2\text{-pzc})_4(H_2O)_2(V_{10}O_{28}H_4)\cdot 6.5H_2O$(2-pzc-2-吡嗪羧酸)，在 60～300 K，该化合物的 χ_m 和 $\chi_m T$ 几乎不变，这主要表现出弱的铁磁性作用；当温度继续降低至 8 K 时，$\chi_m T$ 迅速升高至 1.220 $cm^3\cdot K\cdot mol^{-1}$，当温度继续降至 2 K 时，$\chi_m T$ 降低至 1.06 $cm^3\cdot K\cdot mol^{-1}$，这可能归属于在低温时反铁磁性为主的弱的铁磁性作用，如图 7-16 所示。

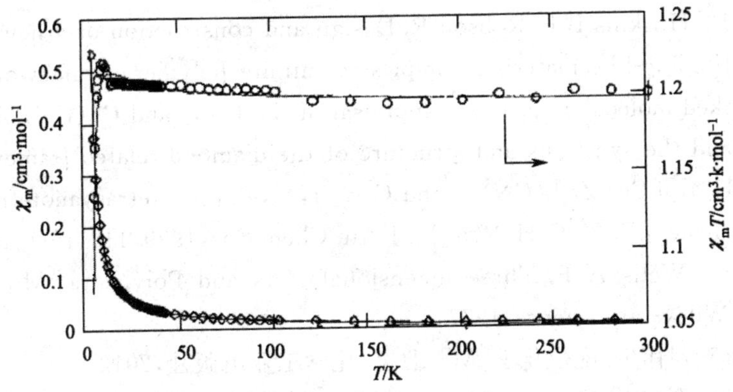

图 7-16　化合物 $Cu_3(2\text{-pzc})_4(H_2O)_2(V_{10}O_{28}H_4)\cdot 6.5H_2O$ 的 χ_m 和 $\chi_m T-T$ 关系

参考文献

[1]游效曾,孟庆金,韩万书.配位化学进展[M].北京:高等教育出版社,2000.

[2]孙为银.配位化学[M].北京:化学工业出版社,2004.

[3]张祥麟.配合物化学[M].北京:高等教育出版社,1991.

[4] Hoskins B F,Robson R. Infinite polymeric frameworks consisting of three dimensionally linked rod-like segments [J]. J. Am. Chem. Soc. 1989:111,5962-5964.

[5]陈小明.金属-有机框架材料[M].北京:化学工业出版社,2017.

[6]罗勤慧.配位化学[M].南京:江苏科学技术出版社,1987.

[7]杨帆,林纪筠.配位化学[M].上海:华东师范大学出版社,2002.

[8]朱文祥,刘鲁美.中级无机化学[M].北京:北京师范大学出版社,1998.

[9]戴安邦.配位化学[M].北京:科学出版社,1987.

[10]孟庆金,戴安邦.配位化学的创始与现代化[M].北京:高等教育出版社,1998.

[11]徐志固.现代配位化学[M].北京:化学工业出版社,1987.

[12]Eddaoudi M,Li H,O Keeffe M,et al. Design and synthesis of an exceptionally stable and highly porous metal-organic framework[J]. Nature,1999,402: 276-279.

[13]Hoskins B F,Robson R. Design and construction of a new class of scaffolding-like materials comprising infinite polymeric frameworks of 3D-1inked molecular rods. A reappraisal of $Zn(CN)_2$ and $Cd(CN)_2$ structures and the synthesis and structure of the diamond-related frameworks $[N(CH_3)_4][Cu^{I}Zn^{II}(CN)_4]$ and Cu^{I}[4,4′,4″,4‴-tetracyanotetraphenylmethane]$BF_4 \cdot xC_6H_5NO_2$[J]. J Am Chem Soc,1990,112:1546-1554.

[14] Wells A F. Three-dimensional Nets and Polyhedra[M]. New York:Wiley-Interscience,1977.

[15]刘伟生.配位化学[M].北京:化学工业出版社,2012.

[16]徐如人,庞文琴,霍启升.无机合成与制备化学[M].2版.北京:高等教育出版社,2009.

[17]Cohen S M. Postsynthetic methods for the functionalization of

metal-organic frameworks[J]. Chem Rev,2012,112:970-1000.

[18]Hwang Y K,Hong D Y,Chang J S,et al. Amine grafting on coordinatively unsaturated metal centers of MOFs:consequences for catalysis and metal encapsulation[J]. Angew Chem Int Ed,2008,47:4144-4148.

[19]Liao P Q,Li X Y,Bai J,et al. Drastic enhancement of catalytic activity via post-oxidation of a porous Mn Ⅱ triazolate framework[J]. Chem Eur J,2014. 20:11303-11307.

[20]Zheng Y Z,Xue W,Tong M L,et al. A two-dimensionaliron(Ⅱ) carboxylate linear chain polymer that exhibits a metamagnetic spin-canted antiferromagnetic to single-chain magnetic transition[J]. Inorg Chem, 2008,47:4077-4087.

[21]Evans O R,Xiong R G,Wang Z,et al. Crystal Engineering of acentric diamondoid metal-organic coordination networks[J]. Angew Chem Int Ed Engl,1999,38:536-538.

[22]Wang Y T,Fan H H,Wang H Z,et al. A solvothermally in-situ generated mixed-ligand approac for NLO-active metal-organic framework materials[J]. Inorg Chem,2005,44:4148-4149.

[23]Li D,Wu T,Zhou X P,et al. Twelve-connected net with face-centered cubic topology: A coordination polymer based on [Cu_{12}(μ_4-SCH_3)$_6$]$^{6+}$ clusters and CN^- linkers[J]. Angew Chem Int Ed,2005,44(27):4175-4178.

[24]Yaghi O M,Li H,Davis C,et al. Synthetic strategies,structure patterns,and emerging properties in the chemistry of modular porous solids[J]. Acc. Chem. Res,1998,31:474-484.

[25]Hong M C,Zhao Y J,Su W P,et al. A nanometer-sized metallosupramolecular cube with O_h symmetry[J]. J. Am. Chem. Soc. ,2000,122(19):4819-4820.

[26]Kostakis G E,Casella L Boudalis A K,Monzani E,et al. Structural variation from 1D chains to 3D networks: a systematic study of coordination number effect on the construction of coordination polymers using the terepthaloylbisglycinate ligand[J]. New J. Chem. ,2011,35: 1060-1071.

[27]Wang X Z,Zhu D R,Xu Y,et al. Three novel metal-organic frameworks with different topologies based on 3,3′-dimethoxy-4,4′-biphenyldicarboxylic acid: syntheses, structures, and properties[J]. Cryst. Growth Des. ,2010,10: 887-894.

[28]Yao X Q, Zhang M D, Hu J S, et al. Two porous Zinc coordination polymers with (10,3) topological features based on a N-centered tripodal Ligand and the conversion of a (10,3)-d subnet to a (10,3)-a subnet[J]. Cryst. Growth Des., 2011, 11 (7): 3039-3044.

[29]Li J R, Zhou H C. Bridging-ligand-substitution strategy for the preparation of metal-organic polyhedra [J]. Nature Chem., 2010, 2: 893-898.

[30] Yang Q X, Chen X Q, Chen Z J, et al. Metal-organic frameworks constructed from flexible V-shaped ligand: adjust the topology, interpenetration and porosity via solvent system [J]. Chem. Commun., 2012, 48: 10016-10018.

[31] Mondal R, Basu T, Sadhukhan D, et al. Influence of anion on the coordination mode of a flexible neutral ligand in Zn(Ⅱ) complexes: from discrete zero-dimensional to infinite 1D helical chains, 2D nanoporous bilayer networks, and 3D interpenetrated metal organic frameworks [J]. Cryst. Growth Des., 2009, 9(2): 1095-1105.

[32] Zhang K L, Hou C T, Song J J, et al. Temperature and auxiliary ligand-controlled supramolecular assembly in a series of Zn(Ⅱ)-organic frameworks: syntheses, structures and properties [J]. CrystEngComm, 2012, 14: 590-600.

[33] Chen M, Chen S S, Okamura T, et al. pH dependent structural diversity of metal complexes with 5-(4H-1,2,4-triazol-4-yl) benzene-1,3-dicarboxylic acid[J]. Cryst. Growth Des., 2011, 11 (5): 1901-1912.

[34]Pschirer N G, Ciurtin D M, Smith M D, et al. Noninterpenetrating square-grid coordination polymers with dimensions of 25×25 Å^2 prepared by using N, N′-type ligands: the first chiral square-grid coordination polymer[J]. Angewandte Chemie, 2002, 114(4): 603-605.

[35]Qu Z R, Zhao H, Xiong R G, et al. Isolation and crystallographic characterization of a solid precipitate/intermediate in the preparation of 5-substituted 1H-tetrazoles from nitrile in water[J]. Inorganic Chemistry, 2003, 42(13): 7710.

[36]Qu Z R, Zhao H, Wang Y P, et al. Synthesis of novel chiral and acentric coordination polymers by the reaction of zinc or cadmium salts with racemic 3-pyridyl-3-aminopropionic acid[J]. Chemistry-A European Journal, 2004, 10(1): 53-60.

[37]Macdonnell F M, Kim M J, Bodige S. Substitutionally inert complexes as chiral synthons for stereospecific supramolecular syntheses[J]. Coordination Chemistry Reviews, 1999, s 185-186(3): 535-549.

[38] Yong C, Suk Joong L, Wenbin L. Interlocked chiral nanotubes assembled from quintuple helices[J]. Journal of the American Chemical Society, 2003, 125(20): 6014.

[39]Chen Y Q, Liu S J, Li Y W, et al. Mn(Ⅱ) metal-organic frameworks based on Mn_3 clusters: from 2D layer to 3D framework by the "pillaring" approach[J]. Crystengcomm, 2013, 15(8): 1613-1617.

[40]Curtis N F, Curtis Y M. Some nitrato-amine nickel(Ⅱ) compounds with monodentate and bidentate nitrate ions[J]. Inorganic Chemistry, 1965, 4(6): 804-809.

[41]Chen X Y, Yang X, Holliday B J. Photoluminescent europium-containing inner sphere conducting metallopolymer[J]. Journal of the American Chemical Society, 2008, 130(5): 1546-1547.

[42] 陈小明,蔡继文.单晶结构分析的原理与实践[M]. 2 版. 北京:科学出版社,2007.

[43]Abrahams B F, Hoskins B F, Michail D M, et al. Assembly of porphyrin building blocks into network structures with large channels[J]. Nature, 1994, 369: 727-729.

[44]Simard M, Su D, Wuest J D. Use of hydrogen bonds to control molecular aggregation. Self-assembly of three-dimensional networks with large chambers. J. Am[J]. Chem. Soc., 1991, 113: 4696-4698.

[45]O'Keeffe M, Hyde B G. Crystal Structures. I. Patterns and Symmetry[M]. Mineralogical Society of America Monograph, Mineralogical Society of America. Washington, DC, 1996.

[46]Öhrström L, Larsson K. Molecule-based Materials, the Structural Network Approach[M]. Elsevier. Amsterdam, 2005.

[47] Wang X L, Qin C, Lan Y Q, et al. Metal-organic replica of γ-Pu: the first uninodal 10-connected coordination network based on pentanuclear cadmium clusters. Chem. Commun., 2009: 410-412.

[48] Reticular Chemistry Structure Resource (RCSR), http://rcsr.anu.edu.au/.

[49]Chen Y Q, Li G R, Chang Z, et al. A Cu(Ⅰ) metal-organic framework with 4-fold helical channels for sensing anions[J]. Chem. Sci.,

2013,4,3678-3682.

[50]苏成勇.配位超分子结构化学基础与进展[M].北京:科学出版社,2010.

[51] Chui S S Y,Lo S M F,Charmant J P H,et al. A chemically functionalizable nanoporous material [Cu_3(TMA)$_2$(H_2O)$_3$]$_n$ [J]. Science, 1999,283,1148-1150.

[52] Chen Y Q,Tian Y,Li N,et al. Ni(Ⅱ)/Zn(Ⅱ)-Triazolate clusters based MOFs constructed from a V-shaped dicarboxylate ligand:magnetic properties and phosphate sensing[J]. Journal of Solid State Chemistry,2018,262,100-105.

[53] Chen Y Q,Liu S J,Li Y W,et al. A two-fold interpenetrated coordination framework with a rare (3,6)-connected loh1 topology:Magnetic properties and photocatalytic behavior[J]. Crystal Growth & Design, 2012,12,5426-5431.

[54]Haasnoot J G,Vos G,Groeneveld W L. Transitional coordination compounds with triazoles[J]. Z. Naturforsch,1977,32b:1421.

[55]Coronado E,Galdn-Mascars J R,Monrabal-Capilla M,et al. Bistable spin-crossover nanoparticles showing magnetic thermal hysteresis near room temperature [J]. Adv. Mater. (Weinheim, Ger.), 2007, 19: 1359-1361.

[56]Munoz M C,Gaspar A B,Galet A,et al. Spin-crossover behavior in cyanide-bridged iron(Ⅱ)-silver(Ⅰ) bimetallic 2D Hofmann-like metal-organic frameworks[J]. Inorg. Chem. ,2007,46:8182-8192.

[57]Martinez V,Gaspar A B,Munoz M C,et al. Synthesis and characterisation of a new series of bistable Iron(Ⅱ)spin-crossover 2D metal-organic frameworks[J]. Chem. -Eur. J. ,2009,15:10960-10971.

[58]Real J A,Gaspar A B,Niel V,et al. Communication between iron(Ⅱ)building blocks in cooperative spin transition phenomena[J]. Cood. Chem. Rev. ,2003,236:121-141.

[59]Bronisz R. Tetrazol-2-yl as a donor group for incorporation of a spin-crossover function based on Fe(Ⅱ) ions into a coordination network [J]. Inorg. Chem. ,2007,46:6733-6739.

[60]Evans O R,Wang Z,Xiong R G,et al. Nanoporous,interpenetrated metal-organic diamondoid networks [J]. Inorg. Chem., 1999, 38: 2969-2973.

[61]Evans O R, Lin W. Crystal engineering of nonlinear optical materials based on interpenetrated diamon doid coordination networks[J]. Cherm. Mater. ,2001,13:2705-2712.

[62]Lin W, Ma L, Evans O R. NLO-active zinc(Ⅱ)and cadmium(Ⅱ) coordination networks with 8-fold dia mortdoid structures[J]. Chem. Commun. ,2000,22:2263-2264.

[63]Liu Y, Xu X, Zheng F, et al. Chiral octupolar metal-organoboron NLO frameworks with(14,3) topology. Angew[J]. Chem. , Int. Ed. , 2008,47:4538-4541.

[64]Maury O, Le Bozec H. Molecular engineering of octupolar NLO molecules and materials based on bipyri dyl metal complexes[J]. Acc. Chem. Res. ,2005,38:691-704.

[65]Lin W, Evans O R, Xiong R G, et al. Supramolecular engineering of chiral and acentric 2D networks. Syn thesis, structures, and second-order nonlinear optical properties of bis(nicotinato)zinc and bis{3-[2-(4-pyridyl) ethenyl] benzoato} cadmium[J]. J. Am. Chem. Soc. , 1998, 120, 13272-13273.

[66]Evans O R, Lin W. Rational design of nonlinear optical materials based on 2D coordination networks[J]. Chem. Mater. ,2001,13. 3009-3017.

[67]Zhang H, Zelmon D E, Price G E. et al. Wide spectral range nonlinear optical crystals of one-direedsional coordination Solids[Et_4N][$Cd(SCN)_3$] and[Et_4N][$Cd(SeCN)_3$]and the general design criteria for [R_4N][$Cd(XCN)_3$] (Where R=Alkyl and X=S, Se, Te)as NLO crystals [J]. Inorg. Chem. ,2000,39:1868-1873.

[68]Bi W, Louvain N, Mercier N, et al. A SWitchable NLO organic-inorganic compound based on conforma tionally chiral disulfide molecules and Bi(Ⅲ)I_5 iodobismuthate networks[J]. Adv. Mater. (Weinheim, Ger.) 2008,20:1013-1017.

[69]Tang Y Z, Huang X F, Song Y M, et al. Homochiral 1D zinc-quitenine coordination polymer with a high dielectric constant[J]. Inorg. Chem. ,2006,45:4868-4870.

[70]Gesi K. Ferroelectricity in $N(CH_3)_4CdBr_3$[J]. J. Phys. Soc. Jpm. ,1990,59:432.

[71]Bednarska-Bolek B, Zaleski J, Bator G, et al. On structural phase transitions in piperidinium halogenoan timonates(Ⅲ) and bismuthates

(Ⅲ):X-ray,calorimetric,dilatometric,dielectric and Raman studies[J]. J. Phvs. Chem. Solids,2000,61:1249-1261.

[72]Okubo T,Kawajiri R,Mitani T,et al. A mixed-valence coordination polymer featuring two-dimensional ferroelectric order:{[Cu Ⅰ 4 Cu Ⅱ (Et_2dtc)$_2$$Cl_3$][Cu Ⅱ ($Et_2$dtc)$_2$]$_2$($FeCl_4$)}$_n$($Et_2dtc^-$=diethyldithiocarbamate)[J]. J. Am. Chem. Soc. ,2005,127:17598-17599.

[73]Xu G C,Ma X M,Zhang L,et al. Disorder-order ferroelectric transition in the metal formate framework of[NH_4][Zn($HCOO$)$_3$][J]. J. Am. Chem. Soc. ,2010,132:9588-9590.

[74]Jain P,Ramachandran V,Clark R J,et al. Multiferroic behavior associated with an order-disorder hydro gen bonding transition in metal-organic frameworks(MOFa)with the perovskite ABX_3 architecture[J]. J. Am. Chem. Soc. ,2009,131:13625-13627.

[75]Qu Z R,Zhao H,Wang Y P. et al. Synthesis of novel chiral and acentric coordination polymers by the re action of zinc or cadmium salts with racemic 3-pyridyl-3-aminopropionic acid[J]. Chem. -Eur. J. ,2004,10:53-60.

[76]Li H,Eddaoudi M,O'Keeffe M,et al. Design and synthesis of an exceptionally stable and highly porous metal-organic framework[J]. Nature,1999,402,276-279.

[77]Eddaoudi M,Kim J,Rosi N L,et al. Systematic design of pore size and functionality in isoreticular metal-organic frameworks and application in methane storage[J]. Science,2002,295,469-472.

[78]侯磊.含芳香羧酸配体的微孔配位聚合物的合成、结构与性质研究[D].广州:中山大学,2009.

[79]Nagao Y,Ikeda R,Kanda S,et al. Complex-plane impedance study on a hydrogen-doped copper coordinatlon polymer:N,N'-bis(2-hvdroxvethyl) dithiooxamidato-copper(Ⅱ)[J]. Mol Cryst Liq Crvst,2002,379:89-94.

[80]Yoon M,Suh K,Natarajan S,et al. Proton conduction in metal-organic frameworks and related modularly builI porous solids[J]. AngeW Chem Int Ed,2013,52:2688-2700.

[81]Agmon N. The grothuss rnechanism[J]. Chem Phys Lett,1995,244:456-462.

[82]Serre C,Millange F,Thouvenot C,et al. Very large breathing

effect in the first nalloporous chronlium(Ⅲ)-based solids: MIL-53 or $Cr^{III}(OH)\cdot\{O_2C\text{-}C_6H_4\text{-}CO_2\}\cdot\{HO_2C\text{-}C_6H_4\text{-}CO_2H\}_x\cdot H_2O_y$[J]. J Am Chem Soc,2002,124:13519-13526.

[83]Zhu M, Hao Z M, Song X Z, et al. A new type of double-cham based 3D lanthanide(Ⅲ) metal-organlc framework demonstrating proton conduction and tunable emlsslon[J]. Chem Commun. 2014. 50:1912-1914.

[84]Liang X Q, Zhang F, Zhao H X, et al. A proton conducting lanthanide metal-organic framework integrated with a dielectnc anomaly and second order nonlinear optlcal effect[J]. Chem Commun. 2014. 50: 65l3-65l6.

[85]Ramaswamy P, Matsuda R, Kosaka W, et al. Highly proton conductlve nanoporous coordination polvmers with sulfonic acid groups on the nore surface[J]. Chem Commun. 2014, 50:1144-1146.

[86]Tominaka S. Coudert F X. Dao TD, et al. Insulator-to-proton-Conductor transltion in a dense metal-organic framework[J]. J Am Chem Soc, 2015. 137:6428-6431.

[87]Furukawa H, Ko N, Go Y B, et al. A route to high surface area, porosity and inclusion of large molecules in crystals[J]. Nature, 2004, 427: 523-527.

[88] Furukawa H, Ko N, Go Y B, et al. Ultrahigh Porosity in Metal-Organic Frameworks[J]. Science, 2010, 329(5990):424-428.

[89] Mendoza-Cortes J L, Goddard III W A, Furukawa H, et al. A covalent organic framework that exceeds the DOE 2015 volumetric target for H_2 uptake at 298 K[J]. J. Phys. Chem. Lett., 2012, 3(18):2671-2675.

[90] Fang Q R, Yuan D Q, Sculley J, et al. A novel MOF with mesoporous cages for kinetic trapping of hydrogen[J]. Chem. Commun., 2012, 48:254-256.

[91] Britt D, Furukawa H, Wang B, et al. Highly efficient separation of carbon dioxide by a metal-organic framework replete with open metal sites[J]. PNAS., 2009, 106:20637-20640.

[92] Roswell J L C, Yaghi O M. Effect of functionalization, catenation, and variation of the metal oxide and organic linking units on the low-pressure hydrogen adsorption properties of metal-organic frameworks[J]. J. Am. Chem. Soc., 2006, 128:1304-1315.

[93] Burd S D, Ma S Q, Perman J A, et al. Highly selective carbon di-

oxide uptake by [Cu(bpy-n)$_2$(SiF$_6$)] (bpy-1 = 4,4′-Bipyridine; bpy-2 = 1,2-Bis(4-pyridyl)ethene)[J]. J. Am. Chem. Soc. ,2012,134(8):3663-3666.

[94] Eddaoudi M,Kim J,Rosi N,et al. Systematic design of pore size and functionality in isoreticular MOFs and their application in methane storage[J]. Science,2002,295(5554):469-472.

[95] Zhang J P, Chen X M. Exceptional framework flexlbility and sorption behavlor of a multifunctional porotls cuprous triazolate framework[J]. J Am. Chem Soc. 2008. 130:6010-6017.

[96]Li B, Wang H, Chen B. Microporous metal-organic frameworks for gas separation[J]. Chem Asian J,2014,9:1474-1498.

[97]Hu TL, Wang H, Li B, et al. Microporous metal-organic framework with dual functionalities for highly efficient removal of acetylene from ethylerie/acetylene mixtures[J]. Nat Commun,2015,6:7328.

[98]He Y,Krishlla R. Chen B. Metal-organic frameworks with potential for energy-efficlent adsorptive separation of light hydrocarbons[J]. Energy Envlron Scl,2012,5:9107-9120.

[99] Li L B, Lin R B, Li J P, et al. Ethane/ethylene separation in a metal-organic frameworkwith iron-peroxo sites[J]. Science,2018,362:443-446.

[100]Stylianou KC, Heck R, Chong S, et al. A guest-responsive nuorescent 3D microporous metal-organic framework derlved from a long-hfetime pyrene core[J]. J Am Chem Soc,2010,132:4119-4130.

[101]Zhan S Z, Li M, Zhou X P, et al. When Cu_4I_4 cubane meets Cu_3(pyrazolate)$_3$ triangle: dynamic interplay between two classical luminophores functioning in a reversibly thermochromic cootdination polymer [J]. Chem Conlmun,2011,47:12441-12443.

[102]Feng P L. Perry Lv J J, Nikodemski S, et al. Assessing the purity of metal-organic frameworks using photoluminescence: MOF-5, ZnO quantum dots, and framework decomposition[J]. J Am Chem Soc. 2010. 132:15487-15489.

[103]Suglkawa K, Nagata S. Furnkawa Y, et al. Stable and functional gold nanorod composites with a metal-organic framework crvstalline shell [J]. Chem Mater,2013,25:2565-2570.

[104]Caneschi A, Gatteschi D, Lalioti N, et al. C0balt(Ⅱ)-nitronyl nitroxide chains as molecular magnetic nanowires[J]. Angew. Chem. ,Int.

Ed. ,2001,40:1760-1763.

[105]Coulon C,Clerac R,Lecren L,et al. Glauber dynamics in a single-chain magnet:from theory to real sys terns[J]. Phvs. Rev. B,2004,69:132408.

[106]Beers A E W,Nijhuis T A,Aalders N,et al. BEA coating of structured supports-pelformance in acylation[J]. Appl Catal A. 2003,243:237-250.

[107]刘国成. 过渡金属-有机框架功能配合物[M]. 北京:化学工业出版社,2015.

[108]Zheng B S,Yun R R,Bai J F,et al. Expanded porous MOF-505 analogue exhibiting large hydrogen storage capacity and selective carbon dioxide adsorption[J]. Inorg. Chem. ,2013,52(6):2823-2829.

[109]Zhan S Z,Li M,Ng S W,et al. Uminescent metal-organic frameworks(MOFs)as a chemopalette:tuning the thermochromic behavior of dual-emissive phosphorescence by adjusting the supramolecular micro-environments[J]. Chem. Eur. J. ,2013,13:10217-10225.

[110]刘志亮. 功能配位聚合物[M]. 北京:科学出版社,2013.

[111]Wan C Q,Zhang Y,Sun X Z,et al. A series of 2-D and 3-D silver(Ⅰ)cootdination polymers constructed from a new angular-shaped di-2-pyrazinylsulfide:role of anions in molecular construction[J]. CrystEngComm. ,2014,16:2959-2968.

[112]Shi H Y,Dong Y B,Liu Y Y,et al. Multinuclear coordination polymers based on Ag-Ag interaction:syntheses,structures,and luminescence properties[J]. CrystEngComm. ,2014,16:5110-5120.

[113]Wang Z H,Wang D F,Zhang T,et al. Synthesis,characterization,crystal structures and thermal and photoluminescence studies of dimethylpyrazine-carboxylate mixed ligand silver(Ⅰ) coordination polymers with various multinuclear silver units[J]. CrystEngComm. , 2014, 16:5028-5039.

[114]Meng W,Li H J,Xu Z Q,et al. New mechanistic insight into stepwise metal-center exchange in a metal-organic framework based on asymmetric Zn_4 clusters[J]. Chem. Eur. J. ,2014,20(10):2945-2952.

[115]Ju Z F,Yuan D Q. Wings Waving:Coordinating solvent-induced structural diversity of new Cu(Ⅱ)flexible MOFs with crystal to crystal transformation and gas sorption capability[J]. CrystEngComm. ,2013,15:

9513-9520.

[116]Liu K,Li B Y,Li Y,et al. An *N*-rich metal-organic framework with rht topology:high CO_2 and C_2 hydrocarbons uptake and selective capture from CH_4[J]. ChemComm. ,2014,50:5031-5033.

[117]Sun C Y,Wang X L,Qin C,et al. Solvatochromic behavior of chiral mesoporous metal-organic frameworks and their applications for sensing small molecules and separating cationic dyes[J]. Chem. Eur. J. , 2013:3639-3645.

[118]Zhang H X,Fu H R,Li H Y,et al. Porous ctn-type boron imidazolate framework for gas storage and separation[J]. Chem. Eur. J. ,2013: 11527-11530.

[119]Huang F P,Yang Z M,Yao P F,et al. Coordination assemblies of the Cd^{II}-BDC/bpt mixed ligand system:positional isomeric effect,structural diversification and luminescent properties [J]. CrystEngComm. , 2013,15:2657-2668.

[120]Pan J,Jiang F L,Yuan D Q,et al. The 3D porous metal-organic frameworks based on bis(pvrazinvl)-trizole:structures,photolumlnescence and gas adsorption properties[J]. Cryst Eng Comm. ,2013,15:5673-5680.

[121]Yang J X,Qin Y Y,Cheng J K,et al. Tuning different kinds of entangled networks by Varying *N*-donor ligands:from self-penetrating to multi-interpenetrating[J]. Cryst. Growth Des. ,2014,14(3):1047-1056.

[122]Haldar R,Reddy S K,Suresh V M,et al. Flexible and rigid amine-functionalized microporous frameworks based on different secondary building units: supramolecular isomerism, selective CO_2 capture, and catalvsis[J]. Chem. Eur. J. ,2014,20(15):4347-4356.

[123]Kim Y,Song J H,Lee W R,et al. Reversible structural flexibilitv and sensing properties of a Zn(Ⅱ) metal-organic framework:phase transformation between interpenetrating 3D net and 2D sheet[J]. Cryst. Growth Des. ,2014,14(4):1933-1937.

[124]Meng W,Xu Z Q,Ding J,et al. A systematic research on the synthesis,structures,and application in photocatalysis of cluster-based coordination complexes[J]. Cryst. Growth Des. ,2014,14(2):730-738.

[125]Li X J,Jiang F L,Wu M Y,et al. Construction of two microporous metal-organic frameworks with flu and pyr topologies based on $Zn_4(\mu_3\text{-}OH)_2(CO_2)_6$ and $Zn_6(\mu_6\text{-}O)(CO_2)_6$ secondary building units[J]. In-

org. Chem. ,2014,53(2):1032-1038.

[126]Tian C B,Chen R P,He C,et al. Reversible crystal-to-amorphous-to-crystal phase transition and large magnetocaloric effect in a spongelike metal organic framework material[J]. Chem Comm. ,2014,50:1915-1917.

[127]Zhang X T,Fan L M,Zhang W,et al. Syntheses,structures,and magnetic properties of five cootdination polymers constructed from biphenyl-3,4',5-tricarboxylic acid and(bis) imidazole linkers[J]. Cryst Eng Comm. ,2014,16:3203-3213.

[128]Yang Y,Yang J,Du P,et al. A series of metal-organic frameworks based on a serei-rigid bifunctional ligand 5-[(1*H*-1,2,4-triazol-1-yl)methoxy]isophthalic acid and flexible *N*-donor bridging ligands[J]. Cryst Eng Comm. ,2014,16:6380-6390.

[129]Han S D,Zhao J P,Chen Y Q,et al. A spin-canted polynuclear manganese cornplex comprised of alternating linkage of cyclic tetra-and mononuclear fragments[J]. Cryst. Growth Des. ,2014,14(1):2-5.

[130]Li R J,Li M,Zhou X P,et al. A highly stable MOF with rod SBU and tetracar-boxylate linker: unusual topology and CO_2 adsorption behaviour at ambient condition[J]. Chem. Commun. ,2014,50:4047-4049.

[131]Stylianou K C,Heck R,Chong S Y,et al. A guest-responsive fluorescent 3D microporous metal-organic framework derived from a long-lifetime pyrene core[J]. J. Am. Chem. Soc. ,2010,132:4119-4130.

[132]Chevreau H,Devic T,Salles F,et al. Mixed-linker hybrid superpolyhedra for the production of a series of large-pore Iron(Ⅲ)carboxylate metal-organic frameworks[J]. Angew. Chem. Int Ed. ,2013,52(19):5056-5060.

[133]Shao M Y,Huo P,Sun Y G,et al. Synthetic methods and structural study of coordination Dolvmers of Cd(Ⅱ)and Co(Ⅱ)with tetrathiafulvalene-tetracarboxylate[J]. Cryst Eng Comm. ,2013,15:1086-1094.

[134]Li D S,Zhao J,Wu Y P,et al. Co_5/Co_8-cluster-based coordination polymers showing high-connected self-penetrating networks: syntheses,crystal structures,and magnetlc properties[J]. Inorg. Chem. ,2013,52(14):8091-8098.

[135]Hou D C,Jiang G Y,Fu H R,et al. A microporous nickel-organic framework with unusual 10-connected bct net and high capacity for

CO_2, H_2 and hydrocarbons[J]. Cryst Eng Comm. ,2013,15:9499-9503.

[136]Sen R,Mal D,Brandfro P,et al. Synthesis,characterization and observation of structural diversities in a series of transition metal based furan dicarboxylic acid system[J]. Cryst Eng Comm. ,2013,15:2113-2119.

[137]Liu W,Bao X,Mao L L,et al. A chiral spin crossover metal-organic framework[J]. Chem Comm. ,2014,50:4059-4061.

[138]Xu Z Q,Meng W,Li H J,et al. Guest molecule release triggers changes in the catalytic and magnetic properties of a Fe^{II}-based 3D metal-organic framework[J]. Inorg. Chem. ,2014,53(7):3260-3262.

[139]Wang R M,Meng Q G,Zhang L L,et al. Investigation of the effect of pore size on gas uptake in two fsc metal-organic frameworks[J]. Chem Comm. ,2014,50:4911-4914.

[140]Lin B Z,Chan Y M,Liu P D. A new polymeric chain formed by paradodecatungstate clusters and $[Cu(en)_2]^{2+}$ cornplexes: hydrothermal synthasis and characterization of $[Cu(en)_2]_3[\{Cu(en)_2\}_2(H_2W_{12}O_{42})]\cdot 12H_2O$[J]. Dalton Trans. ,2003,32:2474-2477.

[141]Pang H J,Chen Y G,Meng F X,et al. Assembly of three novel 2D frameworks with helical chains based on $[H_2W_{12}O_{40}]^{6-}$ clusters and lanthanide-organic complexes[J]. Inorg. Chim. Acta. ,2008,361:2508-2514.

[142]王秀丽，田爱香. 多酸基功能配合物[M]. 北京：化学工业出版社，2014.

[143]Chen Y,Peng J,Pang H J,et al. A new high-dimensional architecture constructed from paradodecatungstate and $[Cu(2\text{-}Hpzc)]^{2+}$ complexes[J]. Inorg. Chem. Commun. ,2009,12:1242-1245.

[144]Han Z B, Wang E B, Luan G Y, et al. Synthesis and crystal structure of a novel compound constructed from tris-(2,2′-bipy) ruthenium(Ⅱ)and decatungstate[J]. Inorg. Chem. Commun. ,4,2001:427-429.

[145]Hagrman D,Zubieta C,Rose D J,et al. Composite solids constructed from one-dimensioriftl coordination polymer matrices and molybdenum oxide subunits: polyoxomolybdate clusters within $[(Cu(4,4'\text{-}bpy))4Mo_8O_{26}]$ and $[\{Ni(H_2O)_2(4,4'\text{-}bpy)_2\}_2Mo_8O_{26}]$ and one-dimensional oxide chains in $[\{Cu(4,4'\text{-}bpy))4Mo_{15}O_{47}]\cdot 8H_2O$[J]. Angetw. Cham. Int. Ed. Engl. ,1997,36:873-876.

[146]Wu C D,Lu C Z,Lin X,et al. Two new β-octamolybdate supported rare earth metal complexes: $[NH_4]_2[\{Gd(DMF)_7\}_2(\beta\text{-}Mo_8O_{26})]$

[β-Mo_8O_{26}]and[NH_4] [La(DMF)$_7$(β-Mo_8O_{26})][J]. Inorg. Chem. Commun. ,2002,5:664-666.

[147]Wu X Y,Dong P,Yu R M,et al. A 2D polyoxometalate-based com plex: spin-canting and metamagnetism[J]. CrystEngComm. , 2011, 13:3686-3688.

[148]Liu H Y,Bo L,Yang J,et al. Two novel inorganic-organic hybrid materials constructed from two kinds of octamolybdate clusters and flaNible tetradentate ligands[J]. Dalton Trans. ,2011,40:9782-9788.

[149]Huan G H,Jacobson A J,Day V W. An unusual polyoxovanadium organophosphonate anion, [$H_6(VO_2)_{16}(CH_3PO_3)_8$]$^{8-}$ [J]. Angew. Chem. Int. Ed. Engl. ,1991,30:42-423.

[150]Khan M I,Lee Y S,O'Connor C J,et al. Hydrothermal synthesis and crystal and molecular structure of a neutral polyoxoalkoxyvanadium(Ⅳ) cluster with a hexadecametalate core,[$V_{16}O_{20}${($(OCH_2)_3CCH_2OH)_8(H_2O)_4$} · $3H_2O$[J]. J. Am. Chem. Soc. ,1994,116:5001-5002.

[151]Colpas G J,Hamstra B J,Kampf J W,et al. Functional models for vanadium haloperoxidase:reactivity and mechanism of halide oxidation [J]. J. Am. Chem. Soc. ,1996,118:3469-3478.

[152]Khan M I,Yohannes E,Nome R C,et al. Inorganic-organic hybrid materials containing porous frameworks: synthesis,characterization, and magnetic properties of the open framework solids[{Co(4,4'-Bipy)} V_2O_6]and[{$Co_2(4,4'$-Bipy$)_3(H_2O)_2$)V_4O_{12}] · $2H_2O$[J]. Chem. Mater. , 2004,16:5273-5279.

[153]Ou G C,Jiang L,Feng X L,et al. Vanadium polyoxoanion-bridged macrocyclic metal complexes: from one-dimensional to three-dimensional structures[J]. Dalton Trans. ,2009,38:71-76.

[154]Qi Y J,Wflug Y H,Li H M,et al. Hydrothermal syntheses and crystal structures of bimetallic cluster complexes [{Cd(phan)$_2$}$_2V_4O_{12}$] · $5H_2O$ and [Ni(phan)$_3$]$_2$[V_4O_{12}] · 17. $5H_2O$[J]. J. Mol. Struct. ,2003, 650:123-129.